高等职业院校精品教材系列

市政工程制图与识图

主　编　郭启臣

副主编　蒋俊山　袁忠文　高秋生

電子工業出版社
Publishing House of Electronics Industry
北京·BEIJING

内 容 简 介

本书根据国家示范建设项目成果及企业岗位技能要求，结合教育部最新的职业教育教学改革要求进行编写。主要内容包括制图基础、投影基础、点线面的投影、立体的投影、剖面图、断面图、标高投影、轴测投影、道路工程图、桥隧工程图、涵洞与通道工程图、给排水工程图等。每章包含多个教学任务，每章前面有教学导航，后面有知识梳理与总结、思考与习题，有利于学生掌握识图知识与技能。

本书为高等职业本专科院校相应课程的教材，也可作为开放大学、成人教育、自学考试、中职学校及培训班的教材，同时也是市政工程技术人员的一本好参考书。

本书配有免费的电子教学课件、练习参考答案和图片素材，详见前言。

图书在版编目（CIP）数据

市政工程制图与识图/郭启臣主编. —北京：电子工业出版社，2018.8（2023.7 重印）
高等职业院校精品教材系列
ISBN 978-7-121-34631-6

Ⅰ. ①市… Ⅱ. ①郭… Ⅲ. ①市政工程－工程制图－识图－高等学校－教材 Ⅳ. ①TU990.02

中国版本图书馆 CIP 数据核字（2018）第 137806 号

策划编辑：陈健德（E-mail：chenjd@phei.com.cn）
责任编辑：陈健德
印　　刷：北京虎彩文化传播有限公司
装　　订：北京虎彩文化传播有限公司
出版发行：电子工业出版社
　　　　　北京市海淀区万寿路 173 信箱　邮编 100036
开　　本：787×1 092　1/16　印张：18.5　字数：473.6 千字
版　　次：2018 年 8 月第 1 版
印　　次：2023 年 7 月第10次印刷
定　　价：56.00 元

《市政工程制图与识图》是高职院校建筑类多个专业的核心课程之一，其系统性和实践性较强。本书在开展多次行业和企业调查的基础上，根据国家示范建设项目成果及企业岗位技能要求，结合教育部最新的职业教育教学改革理念及国家现行的有关规范、规程、技术标准进行编写。

本书针对高等职业院校的教学特点，结合职业岗位实际工作任务需求和职业发展所需的知识、能力、素质要求，体现“任务驱动”的人才培养模式，通过对教学内容进行重构和优化，增加建筑 BIM 软件 Revit Architecture 应用知识的电子版课件，突出实践技能训练，体现了教学与行业发展的紧密结合。在内容编排上做到由浅入深、难易结合，知识点和技能点合理应用与衔接，在图样的选取上做到易识易绘，在文字表达上易读易懂，使教材具有较强的专业针对性和实用性，同时易于自学。

本书主要内容包括制图基础、投影基础、点线面的投影、立体的投影、剖面图、断面图、标高投影、轴测投影、道路工程图、桥隧工程图、涵洞与通道工程图、给排水工程图等。每章包含多个教学任务，每章前面有教学导航，后面有知识梳理与总结、思考与习题，有利于学生掌握识图知识与技能。

本书为高等职业本专科院校相应课程的教材，也可作为开放大学、成人教育、自学考试、中职学校及培训班的教材，同时也是市政工程技术人员的一本好参考书。

本书由黑龙江建筑职业技术学院郭启臣副教授主编和统稿，编写分工为：郭启臣编写第 5、8、9 章，袁忠文编写第 2 章，蒋俊山编写第 7 章，高秋生编写第 3、6、11 章，王晓帆编写第 1、4、10 章。全书由黑龙江建筑职业技术学院边喜龙教授主审。

由于编者的水平有限，书中难免存在错漏，希望阅读本书的读者批评指正，以适时修改。

为方便教师教学及学生学习，本书配有免费的电子教学课件、习题参考答案和图片素材，请有需要的教师登录华信教育资源网（http://www.hxedu.com.cn）免费注册后再进行下载，有问题时请在网站留言或与电子工业出版社联系（E-mail:hxedu@phei.com.cn）。

编 者

目录

第1章 制图基础

教学导航

<table>
<tr><td rowspan="4">教</td><td>知识重点</td><td>1. 常用的绘图工具及其使用方法;
2. 《道路工程制图标准》关于图幅、图框的规定;
3. 《道路工程制图标准》关于尺寸标注的规定;
4. 一些常用的几何作图法;
5. 绘图的步骤与方法</td></tr>
<tr><td>知识难点</td><td>1. 《道路工程制图标准》关于图幅、图框的规定;
2. 《道路工程制图标准》关于尺寸标注的规定;
3. 一些常用的几何作图法</td></tr>
<tr><td>推荐教学方式</td><td>从学习任务入手，从实际问题出发，讲解绘图工具及其使用方法，绘图的相关标准、步骤和方法</td></tr>
<tr><td>建议学时</td><td>6 学时</td></tr>
<tr><td rowspan="3">学</td><td>推荐学习方法</td><td>查资料，看不懂的地方做出标记，听老师讲解，在老师的指导下动手练习</td></tr>
<tr><td>必须掌握的理论知识</td><td>1. 常用的绘图工具及其使用方法;
2. 《道路工程制图标准》关于图幅、图框的规定;
3. 《道路工程制图标准》关于尺寸标注的规定;
4. 一些常用的几何作图法;
5. 绘图的步骤与方法</td></tr>
<tr><td>需要掌握的工作技能</td><td>1. 能够准确地绘制图框线、标题栏、会签栏、角标等;
2. 能快速、准确地标注尺寸</td></tr>
</table>

任务 1.1 绘图工具和用品

绘制工程图必须借助绘图工具来进行，要使图样的质量好、绘制速度快，就必须正确、熟练地掌握绘图工具的使用方法。传统的绘图工具种类繁多，常用的有图板、铅笔、丁字尺、三角板等，如图 1-1 所示。

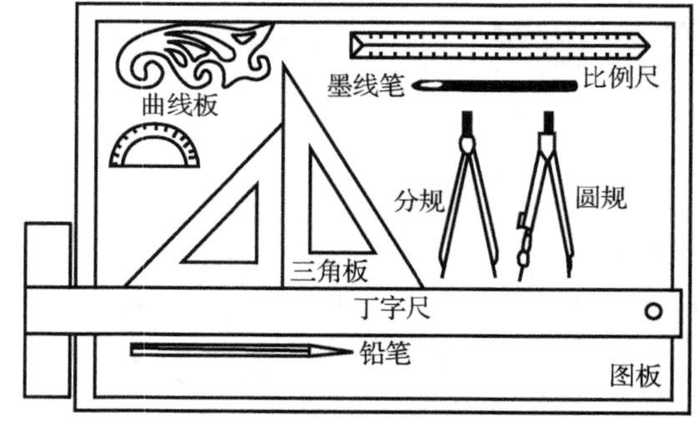

图 1-1 常用绘图工具

1. 图板

图板主要用作画图的垫板，如图 1-1 所示。图板通常用胶合板制成，为防止翘曲变形，四周镶以硬木条。图板板面应光滑平整、有弹性、软硬适宜，图板两端要平整，角边应垂直。图板有 0 号、1 号、2 号等不同规格，可根据所画图幅的大小来选定。

图板不能受潮或曝晒，以防变形后影响绘图质量。为保持板面平滑，往图板上贴图纸宜用透明胶纸，不宜使用图钉。不画图时，应将图板竖立保管（长边在下面），并随时注意避免碰撞或刻损板面和硬木边条。

2. 丁字尺

丁字尺由有机玻璃制作而成，尺头和尺身相互垂直，丁字尺与图板配合主要用来画水平线，如图 1-2 所示。使用时应检查尺头和尺身是否坚固，再检查尺身的工作边和尺头内侧是否平直光滑，且勿用工作边裁纸。丁字尺用完后要挂起来，防止尺身变形。

用丁字尺画水平线时，左手握住尺头，使它紧靠图板的左侧导边，铅笔应沿着尺身工作边从左画到右，如水平线较多，则应由上而下逐条画出。丁字尺每次移动位置都要注意尺头是否紧靠图板，画线时应防止尺身移动。移动丁字尺的手势如图 1-3 所示。

为保证图线的准确，不允许用丁字尺的下边画线，也不许把尺头靠在图板的上边、下边或右边来画铅垂线或水平线。

图 1-2 丁字尺

图 1-3 移动丁字尺的手势

3. 铅笔

绘图铅笔的种类很多，一般根据铅芯的软硬不同，可将绘图铅笔划分成不同的等级，用 B、H、HB 或分别在 H、B 字母前加数字表示。B 表示软而浓，H 表示硬而淡，HB 表示

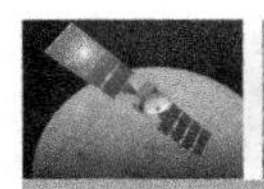

软硬适中。B 之前的数字越大，表示铅笔的硬度越软而浓；H 之前的数字越大，表示铅笔的硬度越硬而淡。制图中常用 2H、H、HB、B、2B 等铅笔，可根据图线的粗细不同来选用。画底稿时常用 H、2H 铅笔，线条描粗时常用 HB、B、2B 铅笔。

铅笔应削成图 1-4 所示的式样，削好的铅笔还要用“0”号砂纸将铅芯磨成圆锥形或矩形。锥形铅笔用于画细线及书写文字，矩形铅笔用于描深粗实线。

使用铅笔绘图时，握笔要稳，运笔要自如。铅笔与尺身应保持正确的相对位置，画图时，从侧面看笔身要铅直，如图 1-5 所示；从正面看，笔身倾斜约 60°，如图 1-6 所示。画长线时可转动铅笔，使图线粗细均匀。

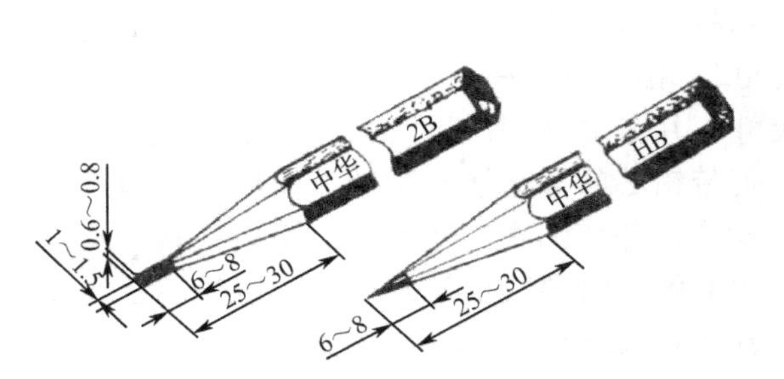

图 1-4　绘图铅笔（单位：mm）

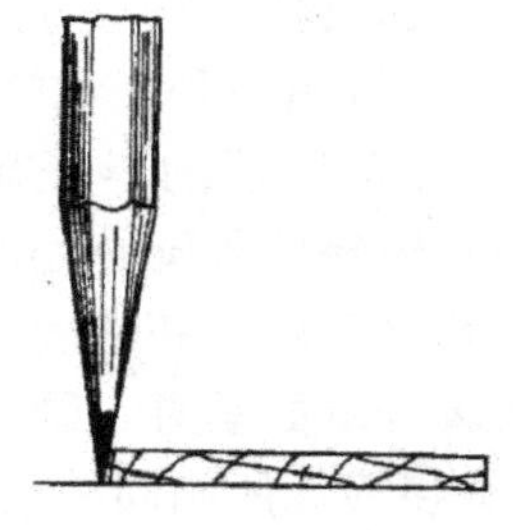

图 1-5　铅笔与尺身的相对位置

图 1-6　握铅笔方法

4. 三角板

三角板主要用来与丁字尺配合，用于画铅垂线和某些角度的斜线。一副三角板包括 45°×45°×90°三角板和 30°×60°×90°三角板各一块。它的每一个角都必须十分准确，各边都应平直光滑。

使用三角板画铅垂线时，应使丁字尺尺头靠紧图板左边硬木导边，先推动丁字尺到线的下方，将三角板放在线的右侧，三角板的一直角边紧靠在丁字尺的工作边上，然后移动三角板，直至另一直角边紧靠铅垂线，再用左手按住丁字尺和三角板，右手持铅笔，由下向上画出铅垂线，如图 1-7 所示。

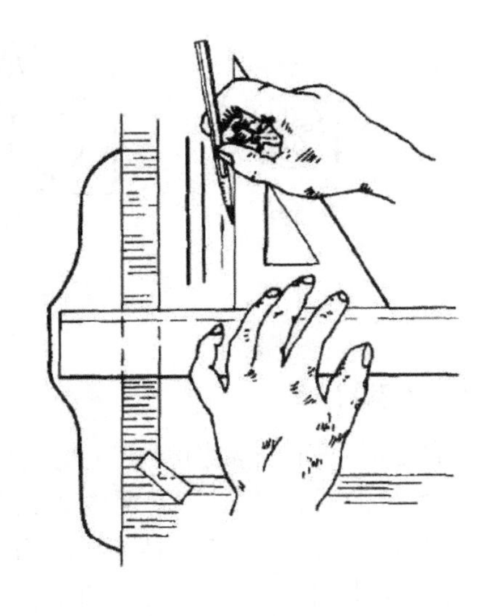

图 1-7　用三角板画铅垂线

用一副三角板和丁字尺配合可画出与水平线成 15° 及其倍数角（30°、45°、60°、75°）的斜线，如图 1-8 所示。

5. 分规

分规的形状像圆规，如图 1-9 所示，但两腿都为钢针。分规是用来等分线段或量取长度的，量取长度是从直尺或比例尺上量取需要的长度，然后移动到图纸上相应的位置。当用分规量取尺寸时，不要把针尖垂直插入尺面。用分规来等分线段，通常用来等分直线段或圆弧。为了准确地量取尺寸，分规的两针尖应对齐。

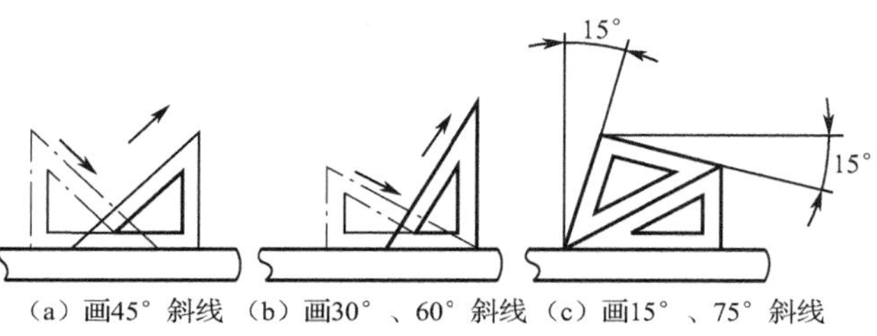

（a）画45°斜线 （b）画30°、60°斜线 （c）画15°、75°斜线

图 1-8　用三角板与丁字尺配合画斜线

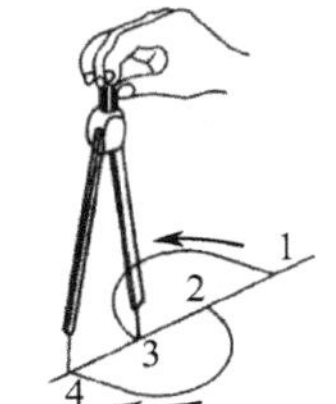

（a）量取长度　（b）等分线段

图 1-9　分规用法

6. 圆规

圆规是用来画圆或圆弧的仪器，它与分规形状相似，在一只腿上附有插脚，换上不同的插脚可作不同的用途。其插脚有三种：钢针插脚、铅笔插脚和墨水笔插脚。

画圆时，先将两脚分开至所需的半径尺寸，用左手食指把针尖放在圆心位置，如图 1-10 所示，将带针插脚轻轻插入圆心处，使带铅芯的插脚接触图纸，然后转动圆规手柄，沿顺时针方向画圆，转动时用力和速度要均匀，并使圆规向转动方向稍微倾斜。画较大的圆弧时，应使圆规两脚与纸面垂直。画更大的圆弧时要接上延长杆。圆规铅芯宜磨成楔形，并使斜面向外，其硬度应比所画同种直线的铅笔软一号，以保证图线深浅一致。

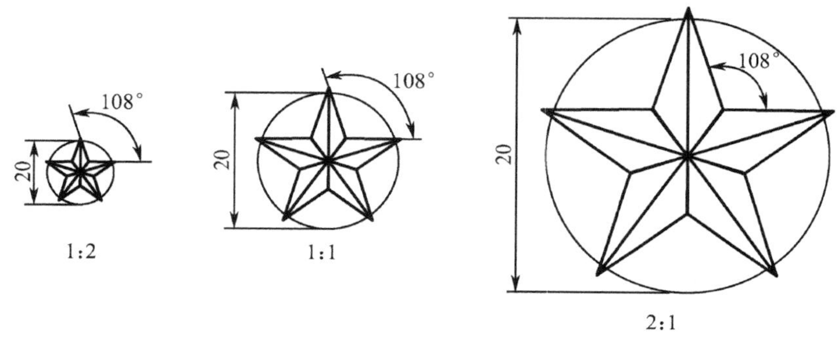

图 1-10　圆规用法

7. 比例尺

在图样中图形与实物相应的线性尺寸之比，称为比例。刻有不同比例的直尺称为比例尺。比例尺的式样很多，常用的为三棱尺（见图 1-11），它在三个棱面上刻有六种比例，其比例有百分比例尺和千分比例尺两种。百分比例尺，如 1∶100、1∶200；千分比例尺，如 1∶1000、1∶2000。比例尺上刻度所注数字的单位为米（m）。

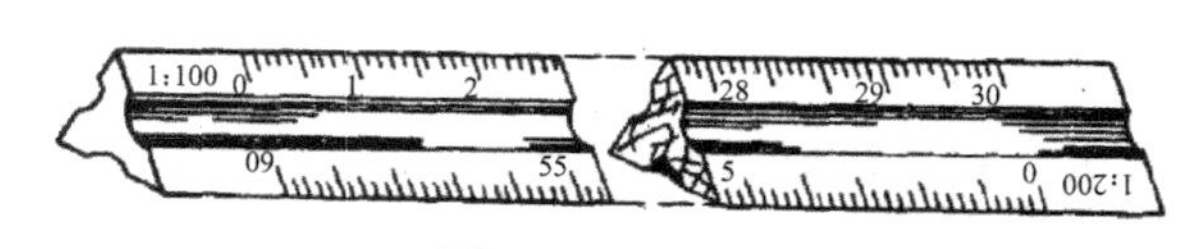

图 1-11　比例尺

值得注意的是图形上所注的尺寸是指物体实际的大小，它与图形的比例无关。绘图时不必通过计算，可直接将物体的实际长度，按所选用的比例缩小或放大画在图纸上。

比例尺一般用木料或塑料制成，因此不能将比例尺作直尺使用，也不能将棱线碰缺而损坏尺面上的刻度。

8. 曲线板

曲线板用来画非圆曲线。作图时，应先徒手将曲线上的各点轻轻连接起来，然后从一端开始选择曲线板上与所画曲线吻合的部分，沿曲线板逐段画出，每画一段时，至少应有三个点与曲线板上某一段重合，并与上次画出的曲线段重合一部分，以保证曲线圆滑，如图 1-12 所示。

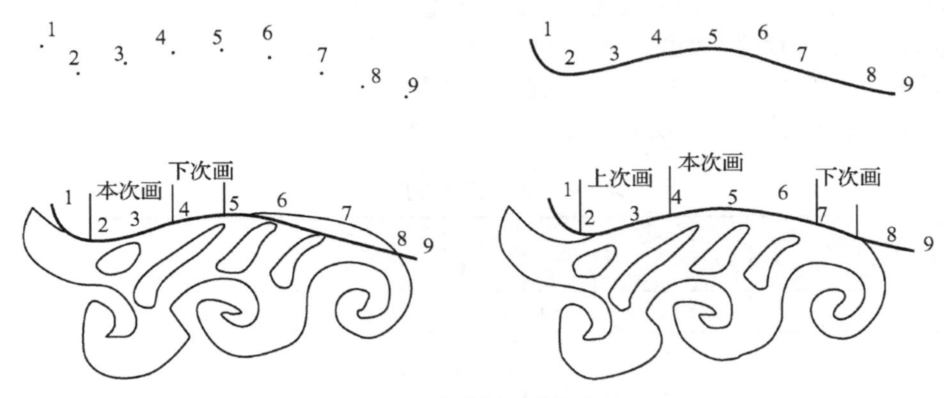

图 1-12　曲线板画非圆曲线

9. 擦线板

擦线板是用透明胶片或金属片制成的，是用来擦去画错图线的工具。使用时选择适当形状的挖孔框住图上需擦去的线条，压紧擦线板，再用橡皮擦去框住的线条，这样擦图的准确性很高，可避免误擦有用的图线。

10. 绘图墨水笔

绘图墨水笔是用来上墨线用的。它的针尖为一针管，所以又称针管笔。笔尖的口径有多种规格，笔尖按粗细不同共分 12 种，尺寸为 0.1～1.2 mm，间隔为 0.1 mm，每支笔只可画一种线宽。用完后，需刷干净存放在盒内。

11. 图纸

绘图纸的纸面应该洁白、质地坚实，用橡皮擦拭时不易起毛。绘图纸有正反面之别，绘图时应该使用正面。识别方法为：用橡皮在图纸的角处擦拭几下，不易起毛的一面为正面。

任务 1.2　制图基础

工程图是施工过程中的重要技术资料和主要依据。为使工程图样图形准确、图面清晰，符合生产要求和便于技术交流，就要对图幅大小、图线线型、尺寸标注、图例、字体等内容有统一的规定，使工程图样基本统一。

《技术制图》（GB/T 10609—2008）和《道路工程制图标准》（GB 50162—1992）中对图幅大小、图线的线型、尺寸标注、图例、字体等做了统一的规定。

1.2.1　图幅

图幅是指图纸的幅面大小。每项工程都会有一整套的图纸，为了便于装订、保存和合理使用图纸，国家标准对图纸幅面进行了规定，见表 1-1。表中尺寸代号如图 1-13 所示。表中 b 及 l 分别表示图幅的短边及长边的尺寸，a 及 c 分别表示图框线到图纸边线的距离，其中 a 为装订边的尺寸，不同图纸幅面的 a 值可直接查表 1-1。在画图时，如果图纸以短边作为垂直边，则称为横式，如图 1-13（a）所示；以短边作为水平边的则称为立式，如图 1-13（b）所示。一般 A0～A3 图纸按横式使用，必要时，也可立式使用。A4 图纸定为立式画法。在选用图幅时，应以一种规格为主，尽量避免大小幅面的图纸掺杂使用。

表 1-1　图幅及图框尺寸　（单位：mm）

尺寸代号 \ 图幅代号	A0	A1	A2	A3	A4
$b \times l$	841×1189	594×841	420×594	297×420	210×297
a	35	35	35	30	25
c	10	10	10	10	10

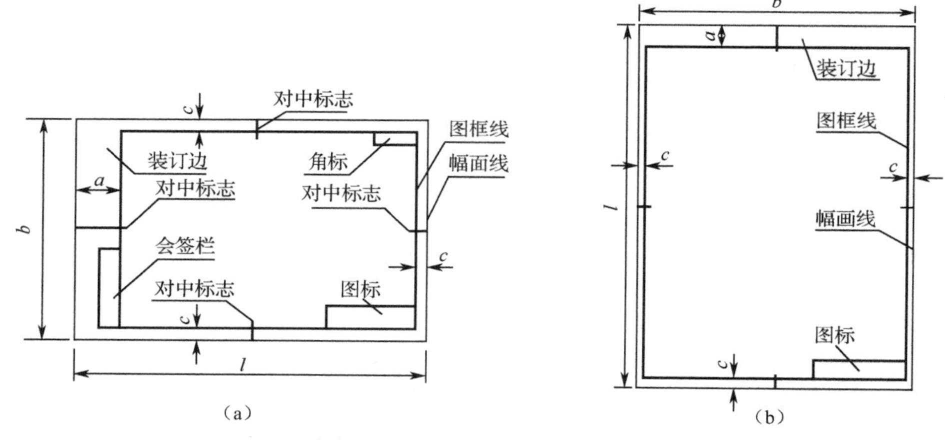

图 1-13　画幅基本格式及名称

图纸幅面的长边是短边的 $\sqrt{2}$ 倍，即 $l=\sqrt{2}\,b$，且 A0 幅面的面积为 1 m^2。A1 幅面是沿 A0 幅面长边的对裁，A2 幅面是沿 A1 幅面长边的对裁，其他幅面依此类推。

根据需要，图纸幅面的长边可以加长，但短边不得加宽，长边加长的尺寸应符合有关规定。长边加长时，图幅 A0、A2、A4 应为 150 mm 的整倍数，图幅 A1、A3 应为 210 mm 的整倍数。对中标志应画在幅面线中点处，线宽应为 0.35 mm，伸入图框内 5 mm。图框内右下角应绘图纸标题栏，《道路工程制图标准》规定的格式有三种，如图 1-14（a）～（c）所示。图框线线宽宜为 0.7 mm；图标内分格线线宽宜为 0.25 mm。

会签栏绘制在图框外左下角，如图 1-15 所示，会签栏外框线线宽宜为 0.5 mm，内外格线的线宽宜为 0.25 mm。当图纸要绘制角标时，应布置在图框内右上角，如图 1-16 所示。角标线线宽宜为 0.25 mm。

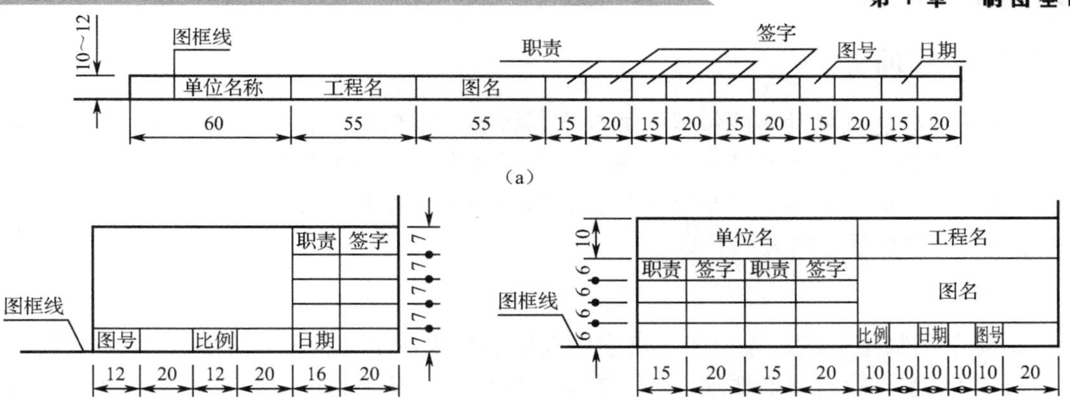

图 1-14　图标（单位：mm）

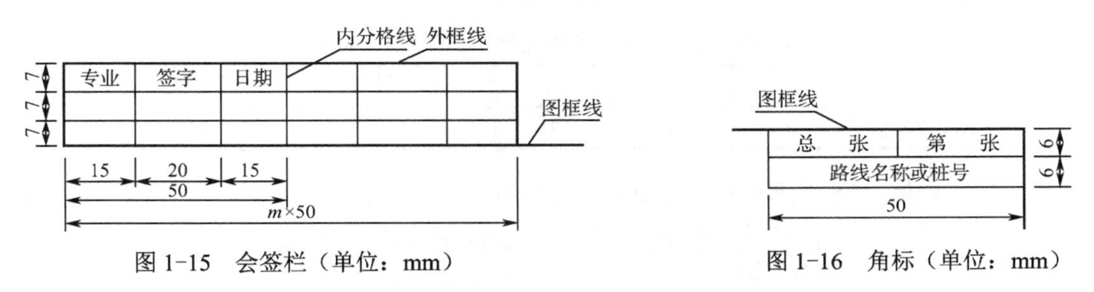

图 1-15　会签栏（单位：mm）

图 1-16　角标（单位：mm）

1.2.2　比例

图形线性尺寸与相应实物实际尺寸之比，称为比例。绘图比例的选择，应遵循图面布置合理、均匀、美观的原则，按图形大小及图面复杂程度确定，一般优先选用表 1-2 中的常用比例。

表 1-2　绘图所用的比例

常用比例	1 : 1	1 : 2	1 : 5	1 : 10	1 : 20	1 : 50
	1 : 100	1 : 200	1 : 500	1 : 1 000	1 : 2 000	1 : 5 000
	1 : 10 000	1 : 20 000	1 : 50 000	1 : 100 000	1 : 200 000	1 : 60
可用比例	1 : 3	1 : 15	1 : 25	1 : 30	1 : 40	1 : 1 500
	1 : 150	1 : 250	1 : 300	1 : 400	1 : 600	
	1 : 2 500	1 : 3 000	1 : 4 000	1 : 6 000	1 : 15 000	1 : 30 000

比例应采用阿拉伯数字表示，宜标注在视图图名的右侧或下方，字高可比图名字体小一号或二号，如图 1-17 所示。当同一张图纸中图样的比例完全相同时，可在图标中注明，也可以在图纸中适当位置采用标尺标注。当竖直方向与水平方向的比例不同时，可采用 V 表示竖直方向比例，用 H 表示水平方向比例。

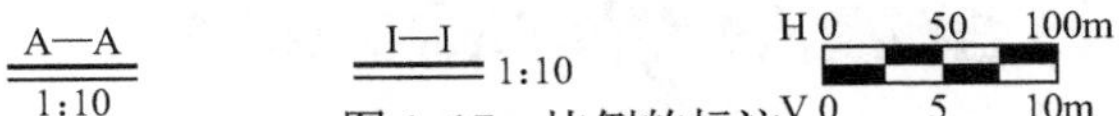

A—A
1:10

I—I 1:10

H 0　50　100m
V 0　5　10m

图 1-17　比例的标注

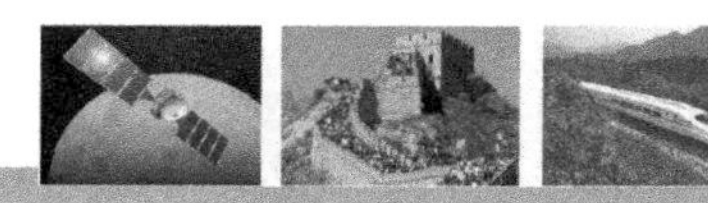

1.2.3 字体

工程图中会遇到各种字或符号，如汉字、数字、字母等。若字体潦草，会导致辨认困难，或引起读图错误，容易造成工程事故，给国家和个人带来损失，同时也影响图面整洁美观。因此，绘制工程图时要求字体端正、笔画清晰、排列整齐、标点符号清楚正确，采用规定的字体并按规定的大小书写。

1. 汉字

《道路工程制图标准》规定图中汉字应采用长仿宋体字（又称工程字），并采用国家正式公布的简化字，除有特殊要求外，不得采用繁体字。汉字的宽度与高度的比例为 2∶3，字体的高度即为字号（见表 1-3）。汉字书写要求采用从左向右、横向书写的格式，且汉字高度不宜小于 3.5 mm。

表 1-3　长仿宋体字的高度尺寸（单位：mm）

字高	20	14	10	7	5	3.5
字宽	14	10	7	5	3.5	2.5

书写长仿宋体字的要领是：横平竖直，起落分明，排列匀称，填满方格，如图 1-18 所示。

要求字体端正笔划清晰排列整齐道
路工程制图标准规定汉字采用长仿
宋体并采用国家公布的简化字高度

图 1-18　长仿宋体字示例

2. 数字和字母

图中的阿拉伯数字、外文字母、汉语拼音字母笔画宽度宜为字高的 1/10。大写字母的宽度宜为字高的 2/3，小写字母的高度应以 b、f、h、p、g 为准，字宽宜为字高的 1/2。a、m、n、o、e 的字宽宜为上述小写字母高度的 2/3。

数字与字母的字体可采用直体或斜体，但同一册图样中应一致。直体笔画的横与竖应成 90°；斜体字头向右倾斜，与水平线应成 75° 。字母不得写成手写体。数字与字母要与汉字同行书写，其字高应比汉字的高小一号。图 1-19 为数字和字母书写示例。

直体 1234567890
斜体 *1234567890*
大写字母直体 ABCDEFGHIJKLMNOP
斜体 *ABCDEFGHIJKLMNOP*
小写字母直体 abcdefghijklmnop
斜体 *abcdefghijklmnop*

图 1-19　数字和字母书写示例

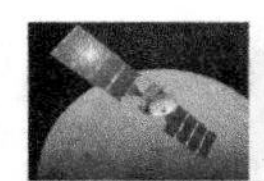

当图样中有需要说明的事项时，宜在图样所在图纸的右下角图标上方处加以叙述。该部分文字应采用“注”字表明，“注”写在叙述事项的左上角，每条“注”的结尾应标句号“。”。

说明事项需要划分层次时，第一、第二、第三层次的编号应分别用阿拉伯数字、带括号的阿拉伯数字及带圆圈的阿拉伯数字标注。当表示数量时，应采用阿拉伯数字书写。如五千六百五十毫米应写成 5650 mm，二十三小时应写成 23 h。分数不得用数字与汉字混合表示，如三分之一应写成 1/3，不得写成 3 分之 1。不够整数位的小数数字，小数点前应加 0 定位。

1.2.4　图线

1. 图线线型及其应用

工程图是由不同种类的线型，不同粗细的线条所构成，这些图线可表达图样的不同内容，以及分清图中的主次，工程图中常用的图线见表 1-4。

表 1-4　工程图中常用的图线

名称	线型	线宽	一般用途
标准实线	————————	b	可见轮廓线、钢筋线
中实线	————————	$0.5b$	较细的、可见轮廓线、钢筋线
细实线	————————	$0.25b$	尺寸线、剖面线、引出线、图例线等
加粗实线	————————	$1.4b$～$2.0b$	图框线、路线设计线、地平线等
粗虚线	- - - - - - - - - -	b	地下管线或建筑物
中虚线	- - - - - - - - - -	$0.5b$	不可见轮廓线
细点画线	—·——·——·——	$0.25b$	中心线、对称线、轴线等
双点画线	·——··——··——	$0.25b$	假想轮廓线
波浪线	～～～～～～	$0.25b$	断开界线
折断线	———∧———	$0.25b$	断开界线

虚线、长虚线、点画线、双点画线和折断线应按图 1-20 绘制。

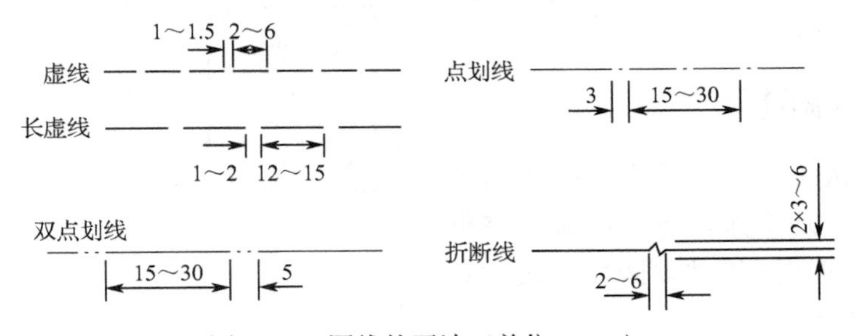

图 1-20　图线的画法（单位：mm）

图线的宽度应根据图的复杂程度及比例大小，从《道路工程制图标准》规定的线宽系列：0.13 mm、0.18 mm、0.25 mm、0.35 mm、0.5 mm、0.7 mm、1.0 mm、1.4 mm、2.0 mm

中选取。每个图样一般使用三种线宽，且互成一定的比例，即粗线（线宽为 b）、中粗线、细线，比例规定为 $b:0.5b:0.25b$。绘图时，应根据图样的复杂程度及比例大小，选用表 1-5 中的线宽组合。

表 1-5　线宽组合　（单位：mm）

线宽比	线宽组合				
b	1.4	1.0	0.7	0.5	0.35
$0.5b$	0.7	0.5	0.35	0.25	0.25
$0.25b$	0.35	0.25	0.18（0.2）	0.13（0.15）	0.13（0.15）

2. 图线的画法

（1）同一图样中同类图线的宽度应基本一致，虚线、点画线、双点画线的线段长度和间隔应各自大致相等，在图样中要显得匀称协调，建议采用表 1-4 所示的图线规格。

（2）虚线与虚线相交，或与其他图线相交时，应以线段相交，如图 1-21（a）所示。当虚线为实线的延长线时，应留有间隙，以示两种不同线型的分界线，如图 1-21（b）所示。

（3）绘制点画线时，首末两端及相交处应是线段而不是短画，超出图形轮廓 2～5 mm，如图 1-21（c）所示。在较小的图形上绘制点画线和双点画线有困难时，可用细实线代替。

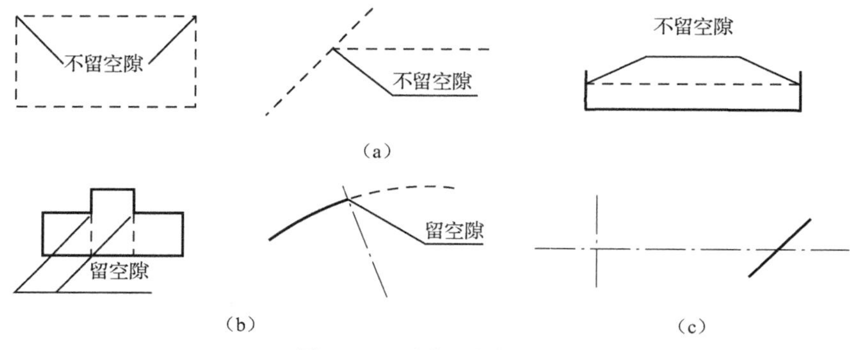

图 1-21　图线相交的画法

（4）图线间的净距不得小于 0.7 mm。

（5）图纸图框线、图标外框线和图标分格线的宽度，将随图纸幅面大小而不同，可以参考表 1-6 来选用。

表 1-6　图纸图框线、图标外框线和图标分格线的宽度　（单位：mm）

幅面代号	图框线	图标外框线	图标分格线
A0、A1	1.4	0.7	0.25
A2、A3、A4	1.0	0.7	0.25

1.2.5　尺寸标注

作为施工的依据，工程图上除了要画出构造物的形状外，还必须清晰、准确、完整地标注出构造物的实际尺寸。因此，尺寸是图样的重要组成部分。

1. 尺寸的组成

图样上标注的尺寸，由尺寸线、尺寸界线、尺寸起止符和尺寸数字四部分组成，如图 1-22 所示。

1）尺寸线

尺寸线用细实线绘制，尺寸线应与被标注长度平行，且不应超出尺寸界线。任何其他图线都不得作为尺寸线。相互平行的尺寸线应从被标注的轮廓线由近向远排列，并且小尺寸在内，大尺寸在外。所有平行尺寸线间的间距一般在 5～15 mm，同一张图样上这种间距应当保持一致，分尺寸线应离轮廓线近，总尺寸线离轮廓线远，如图 1-23 所示。

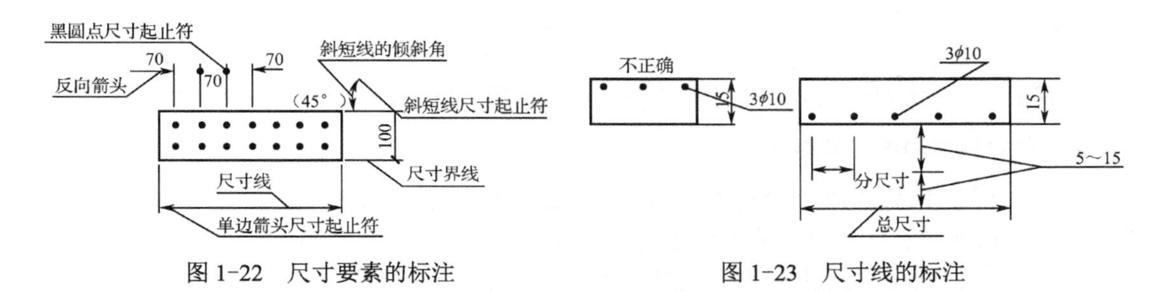

图 1-22　尺寸要素的标注　　　　图 1-23　尺寸线的标注

2）尺寸界线

尺寸界线应用细实线绘制，由一对垂直于被标注长度的平行线组成，其间距等于被标注线段的长度；当标注困难时，也可不垂直于被标注长度，但尺寸界线应互相平行。尺寸界线一端应离开图样轮廓线不小于 2 mm，另一端应超出尺寸线 1～3 mm，如图 1-24 所示。图形轮廓线、中心线也可作为尺寸界线。

3）尺寸起止符

尺寸线与尺寸界线的相交点为尺寸的起止点，在起止点上应画尺寸起止符号。尺寸起止符号宜采用单边箭头表示，箭头在尺寸界线的右边时，应标注在尺寸线之上；反之，应标注在尺寸线之下（见图 1-22）。箭头大小可按绘图比例取值。尺寸起止符也可采用中粗斜短线表示，长度为 2～3 mm，把尺寸界线顺时针转 45°，作为斜短线的倾斜方向。同一张图纸上的图样应采用同一种尺寸起止符。在连续标注的小尺寸中，也可在尺寸界线同一水平的位置，用黑圆点表示中间部分的尺寸起止符。

4）尺寸数字

工程图样上标注的尺寸数字，是物体的实际尺寸，它与绘图所用的比例无关。因此，抄绘工程图时，不得从图上直接量取，应以所注尺寸数字为准。

尺寸数字应按规定的字体书写，字高一般是 3.5 mm 或 2.5 mm。尺寸数字一般标注在尺寸线中部的上方中部，离尺寸线应不大于 1 mm。当没有足够的注写位置时，可采用反向箭头，最外边的尺寸数字可注写在尺寸界线外侧箭头的上方，中间相邻的尺寸数字可错开注写，也可引出注写，见图 1-23。尺寸均应标注在图样轮廓线以外，任何图线不得穿过尺寸数字，当不可避免时，应将尺寸数字处的图线断开（见图 1-24）。

尺寸数字及文字注写时，水平尺寸字头朝上，垂直尺寸字头朝左，倾斜尺寸的尺寸数字方向如图 1-25 所示。同一张图纸的图样上，尺寸数字的大小应相同。

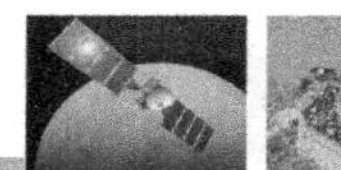

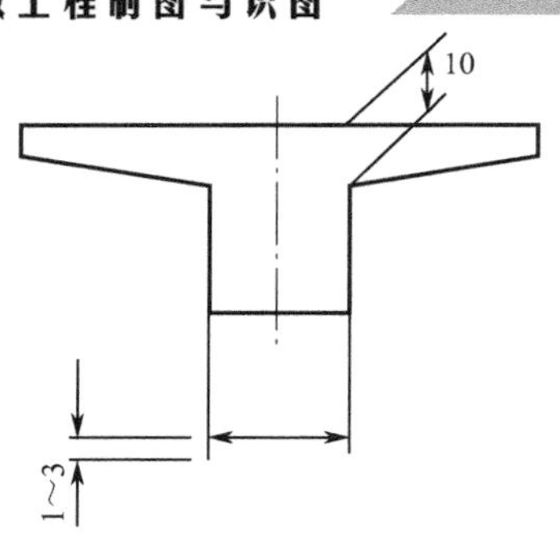

图 1-24 尺寸界线的标注

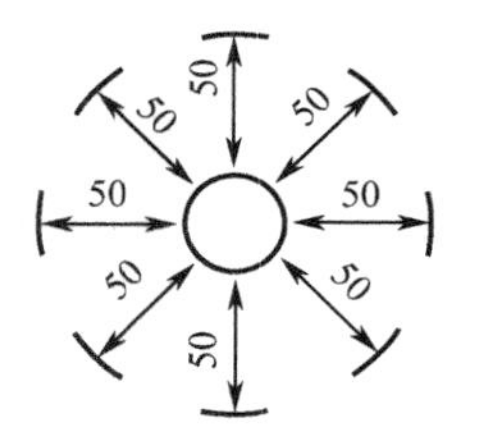

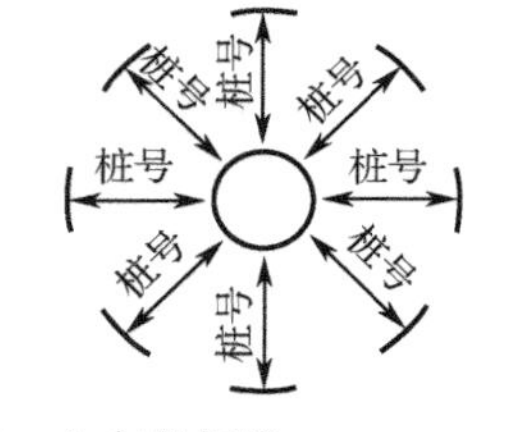

图 1-25 尺寸数字、文字的标注

2. 尺寸标注中的一些规定

（1）在道路工程图中，线路的里程桩号以 km 为单位；标高、坡长和曲线要素均以 m 为单位；一般砖、石、混凝土等工程结构物及钢筋和钢材的长度以 cm 为单位；钢筋和钢材断面以 mm 为单位。图上尺寸数字之后不必注写单位，但在注解及技术要求中要注明尺寸单位。

（2）半径与直径的标注。在标注圆的直径尺寸数字前面，加注符号“ϕ”或“d”“D”，在半径尺寸数字前面，加注符号“r”“R”，如图 1-26（a）所示。当圆的直径较小时，半径与直径可标注在圆外，如图 1-26（b）所示；当圆的直径较大时，半径尺寸的起点可不从圆心开始，按图 1-26（c）所示标注。

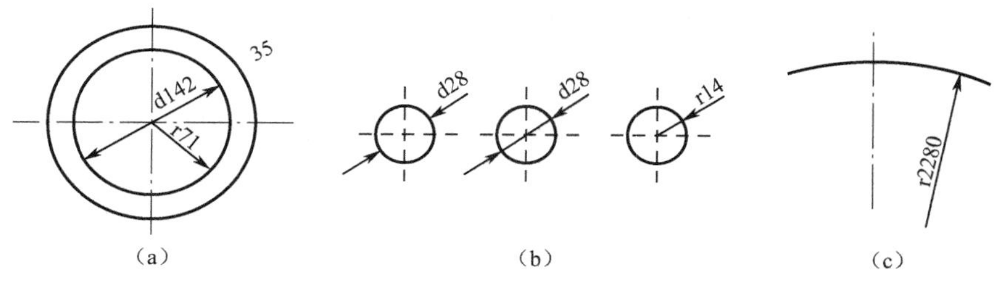

图 1-26 半径与直径的标注

（3）弧长与弦长的标注。圆弧尺寸按图 1-27（a）所示标注，当弧长分为数段标注时，尺寸界线也可沿径向引出，如图 1-27（b）所示。弦长的尺寸界线应垂直于该圆弧的弦，如图 1-27（c）所示。

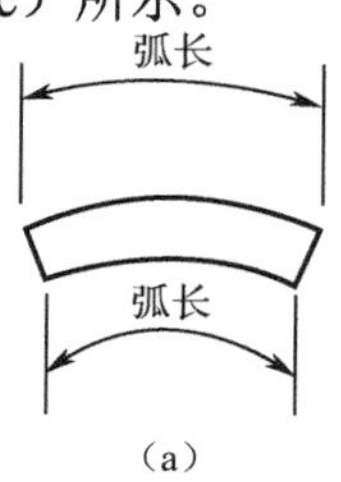

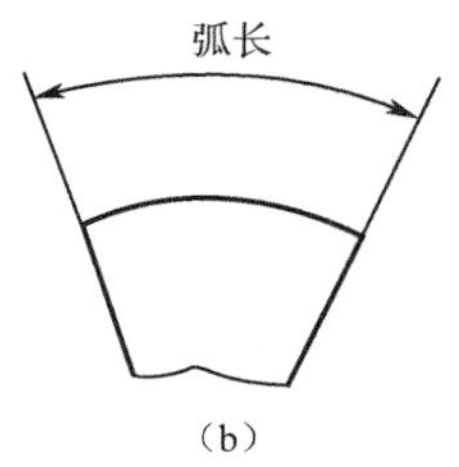

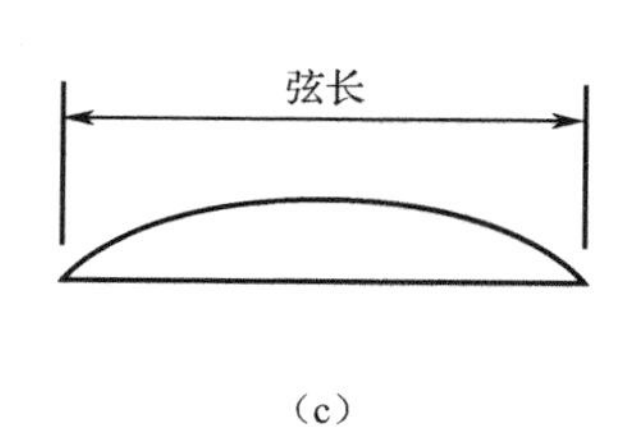

图 1-27 圆弧与弦长的标注

（4）角度的标注。角的尺寸线应以角的顶点为圆心的圆弧来表示，角的两边为尺寸界线。角度数值宜写在尺寸线上方中部。当角度太小时，可将尺寸线标注在角的两条边的外侧，角度数字应按图 1-28 所示标注。

（5）球的标注。标注球体的尺寸时，应在直径和半径符号前加“*S*”，如“*Sϕ*”“*SR*”。

（6）标高与水位的标注。标高符号应采用细实线绘制的等腰直角三角形表示，三角形高为 2～3 mm，底角为 45°。顶角应指在需要标注的被标注点上，向上、向下均可。标高数字宜标注在三角形的右边。正标高（包括零标高）数字前可不冠以“＋”号，负标高应标“－”号。当图形复杂时，也可采用引出线形式标注，如图 1-29（a）所示。水位线标注如图 1-29（b）所示。

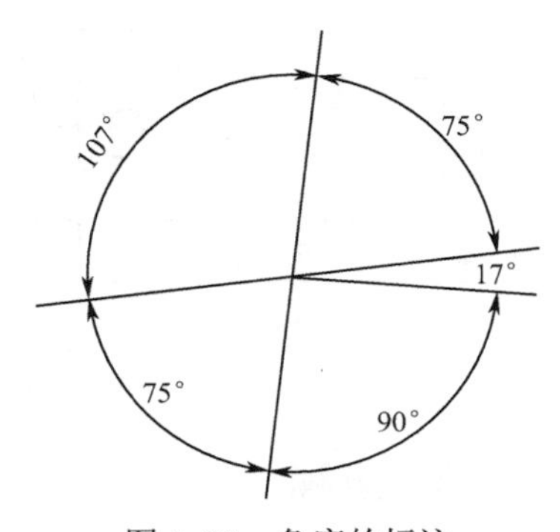

图 1-28　角度的标注

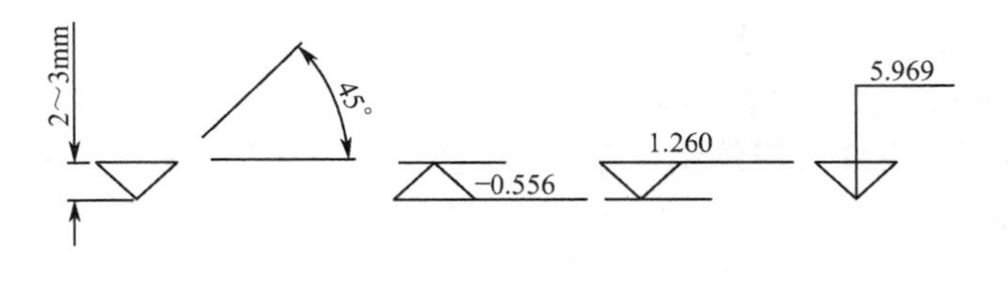

（a）标高的标注

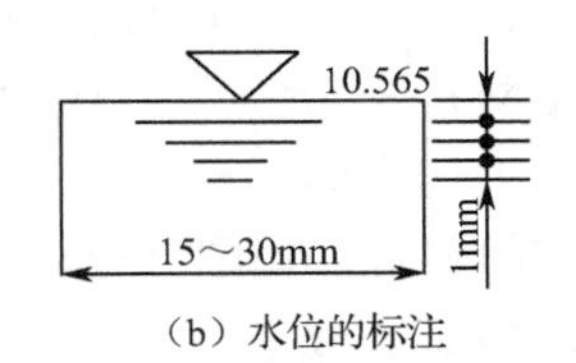

（b）水位的标注

图 1-29　标高与水位的标注

（7）坡度的标注。当坡度值较小时，坡度的标注宜用百分数表示，并应标注坡度符号。坡度符号应由细实线、单边箭头以及在线上标注的百分数组成。坡度符号的箭头应指向下坡。当坡度值较大时，坡度的标注宜用比例的形式表示，如 1∶*n*，如图 1-30 所示。

（8）倒角的标注。倒角尺寸可按图 1-31（a）标注，当倒角为 45°时，可按图 1-31（b）标注。

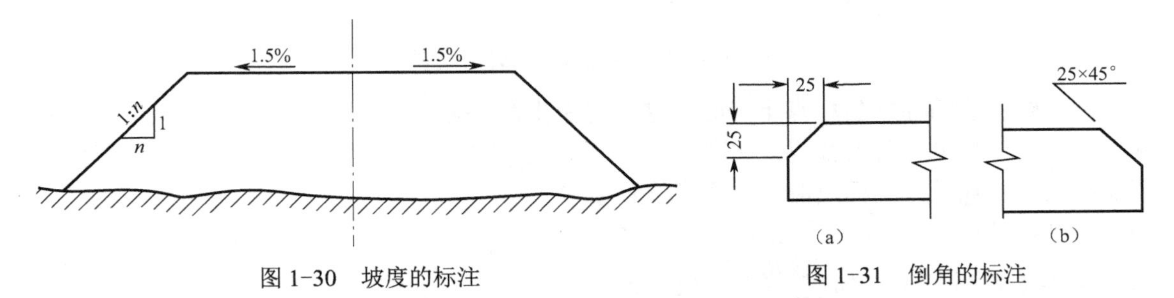

图 1-30　坡度的标注

图 1-31　倒角的标注

（9）尺寸的简化标注。连续排列的等长尺寸可采用“间距数乘间距尺寸”的形式标注，见图 1-32（a）。

两个相似图形可仅绘制一个。未示出图形的尺寸数字可用括号表示。如有数个相似图形，当尺寸数值各不相同时，可用字母表示，其尺寸数值应在图中适当位置列表示出，如图 1-32（b）所示。

（10）引出线的斜线与水平线应采用细实线绘制，其交角可按 90°、120°、135°、150°绘制。当图形需要文字说明时，可将文字说明标注在引出线的水平线上。当斜线在一条以上时，各斜线宜平行或交于一点，如图 1-33 所示。

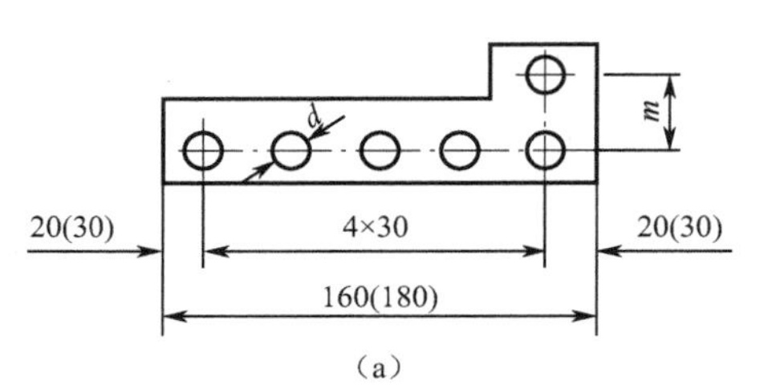

（a）

编号	尺寸	
	m	d
1	25	10
2	40	20
3	60	30

（b）

图 1-32　尺寸的简化标注

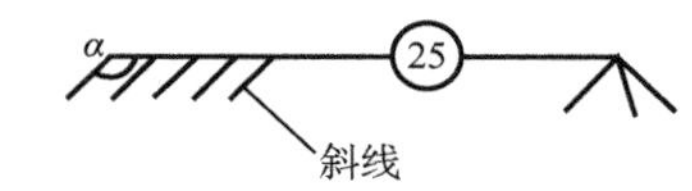

图 1-33　引出线的标注

1.2.6　坐标

为表示地区的方位和路线的走向，地形图上需画出坐标网格或指北针，图样上指北针标志的绘制方法如图 1-34（a）所示。圆的直径应为 24 mm，指针尾部的宽度为 3 mm，需用较大直径绘制指北针时，指针尾部宽度为直径的 1/8。

用网格表示坐标，坐标网格应采用细实线绘制，东西方向轴线代号应为 Y，向东为坐标值增大的方向，南北方向轴线代号应为 X，向北为坐标值增大的方向。坐标网格也可采用十字线代替，如图 1-34（b）所示。坐标值的标注应靠近被标注点，书写方向平行于网格或在网格延长线上。坐标值前应标注坐标轴代号，当无坐标轴代号时，图纸上应绘制指北针标志。

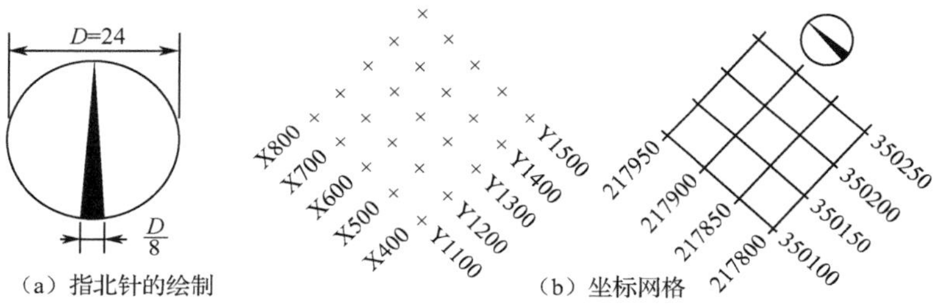

图 1-34　坐标网格及指北针的绘制

当需要标注的控制坐标点不多时，宜采用引出线进行标注。水平线上、下两部分应分别标注 X、Y 轴的代号及数值，如图 1-35 所示。当需要标注的控制坐标点较多时，图样上可仅标注点的代号，坐标数值可在适当位置列表示出。坐标数值的计量单位应为 m，并精确至小数点后三位，如 $\frac{\text{X470.575}}{\text{Y350.750}}$ 表示该点距坐标原点向北 470.575 m，向东 350.750 m。当坐标数值较多时，可将前面相同数字省略，但应在图样中说明。坐标数值也可采用间隔标注。

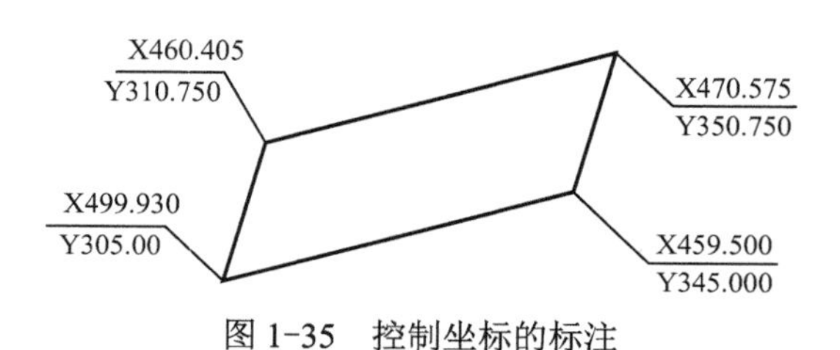

图 1-35　控制坐标的标注

任务 1.3　几何作图

图样是由直线、圆弧及曲线构成的几何图形。为了准确、迅速地绘制图样，并提高绘

图质量，必须掌握各种几何图形的作图方法。下面介绍几种常用的作图方法。

1.3.1　过已知点作已知直线的平行线

过已知点 *A* 作已知直线 *BC* 的平行线，作图步骤如图 1-36 所示。

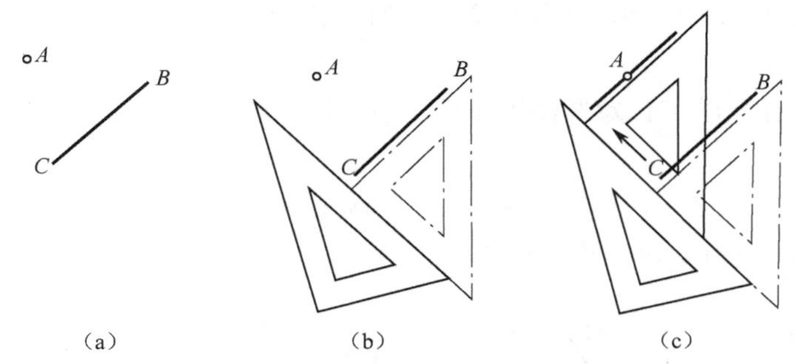

图 1-36　过已知点作已知直线的平行线

1.3.2　过已知点作已知直线的垂直线

已知点 *A* 和直线 *BC*，过 *A* 点作直线与 *BC* 垂直。作图的方法与步骤，如图 1-37 所示。

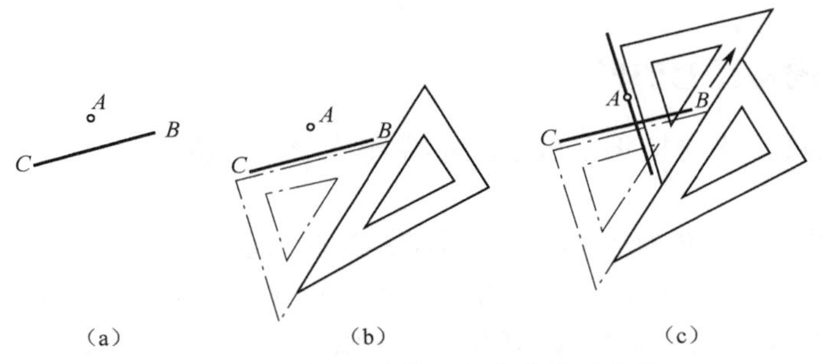

图 1-37　过已知点作已知直线的垂直线

1.3.3　分已知线段为任意等份

将图 1-38（a）所示的已知直线分为 5 等份，作图步骤如下：

（1）已知直线 *AB*，如图 1-38（a）所示。

（2）过 *A* 点作任意直线 *AC*，用直尺在 *AC* 上从点 *A* 起截取任意长度的 5 等份，得 1、2、3、4、5 点，如图 1-38（b）所示。

（3）连 *B*5，然后过其他点分别作直线平行于 *B*5，交 *AB* 于 4 个等分点即为所求，如图 1-38（c）所示。

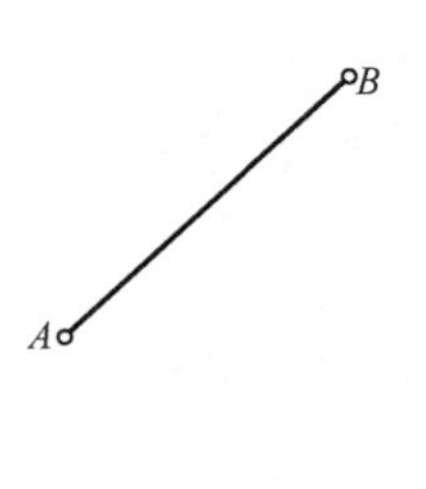

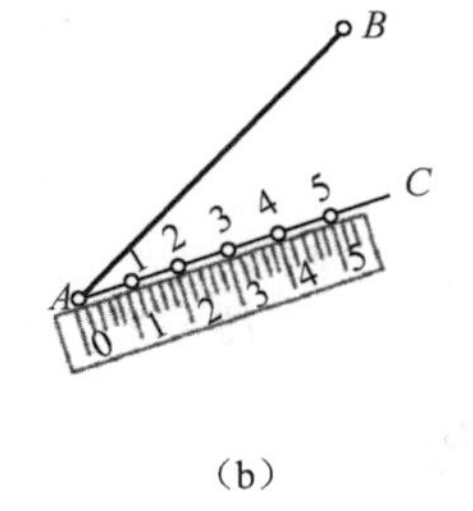

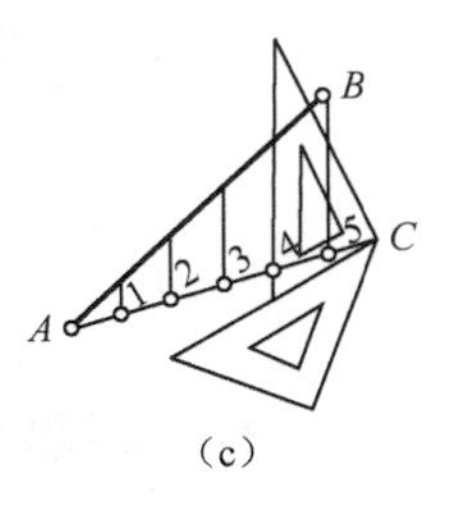

图 1-38　等分已知线段

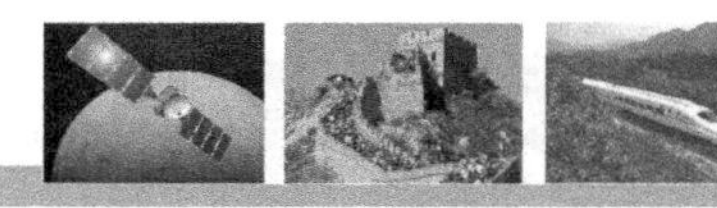

1.3.4　已知外接圆求作圆内接正五边形

如图 1-39（a）所示，已知外接圆 *O*，求作圆内接正五边形。

（1）平分半径 *OA*，得平分点 *B*。

（2）以 *B* 点为圆心，*B*1 为半径作弧交 *AO* 的延长线于 *C* 点，*C*1 即为五边形的边长，如图 1-39（b）所示。

（3）以 1 为圆心，以 *C*1 为半径作圆弧，与已知的圆 *O* 相交于 2、5 两点，如图 1-39（c）所示。

（4）分别以 2、5 为圆心，以 *C*1 为半径，在圆 *O* 上截取 3、4 两点，顺次连接各点，即得圆内接正五边形，如图 1-39（d）所示。

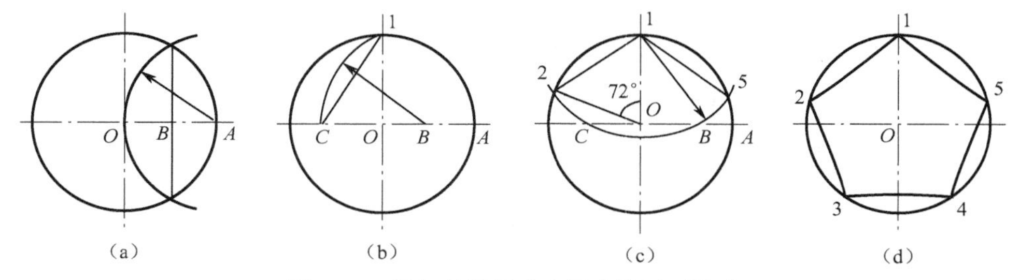

图 1-39　已知外接圆求作圆内接正五边形

1.3.5　作圆内接正七边形

（1）已知外接圆，作内接正七边形，先将直径 *AB* 分成为 7 等份，如图 1-40（a）所示。

（2）以 *B* 点为圆心，*AB* 为半径，画圆弧与 *DC* 延长线相交于 *E*，再自 *E* 引直线与 *AB* 上每隔一分点（如 2、4、6）连接，并延长与圆周交于 *F*、*G*、*H* 等点，如图 1-40（b）所示。

（3）求出 *F*、*G* 和 *H* 的对称点 *K*、*J* 和 *I*，并顺次连接 *F*、*G*、*H*、*I*、*J*、*K*、*A* 等点，即得正七边形，如图 1-40（c）所示。

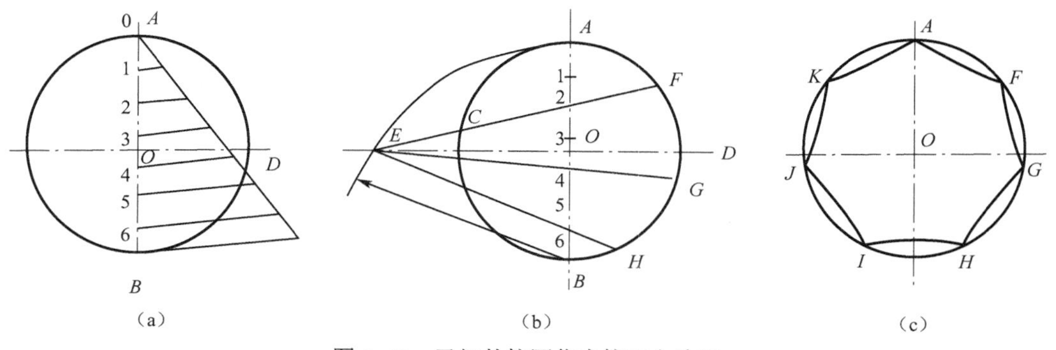

图 1-40　已知外接圆作内接正七边形

1.3.6　圆弧连接

在道路工程中，经常会遇到圆弧与直线、圆弧与圆弧连接的情况，如道路的中心线、

涵洞的洞口、隧道的洞门等。圆弧连接的形式很多，其关键是根据已知条件，准确地求出连接圆弧的圆心和切点（即连接点）。下面介绍几种常用的作图方法。

1. 圆弧连接两直线

如图 1-41（a）所示，已知直线 *AB*、*CD* 和连接圆弧的半径 *R*，求作半径为 *R* 的圆弧光滑连接两直线 *AB* 和 *CD*。

（1）在直线 *AB*、*CD* 上各取任意点 *P* 和 *S*，过 *P*、*S* 分别作 *AB*、*CD* 的垂线，并在垂线上截取 $Pm = Sn = R$，如图 1-41（b）所示。

（2）过 *m*、*n* 分别作直线 *AB*、*CD* 的平行线，两平行线相交于 *O* 点，*O* 点即为所求连接圆弧的圆心，如图 1-41（c）所示。

（3）过 *O* 点分别作直线 *AB*、*CD* 的垂线，得垂足 T_2、T_1，即为所求连接点，以 *O* 点为圆心，*R* 为半径，即可作出圆弧 T_1T_2，如图 1-41（d）所示。

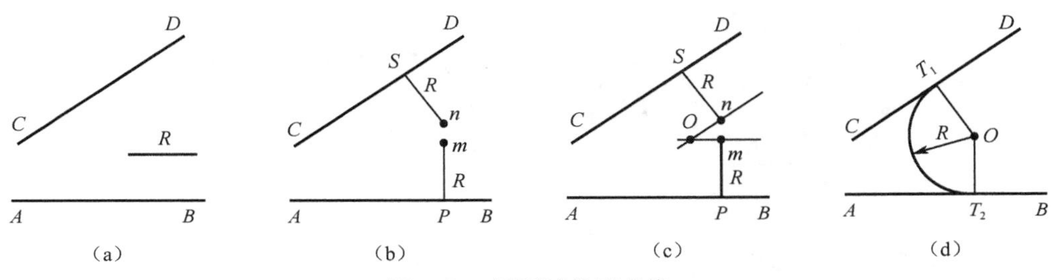

图 1-41　圆弧连接两直线

2. 圆弧连接直线和圆弧

如图 1-42（a）所示，已知直线 *AB* 及以 O_1 为圆心、R_1 为半径的圆弧和连接圆弧的半径 *R*，求作半径为 *R* 的圆弧，光滑连接直线 *AB* 和已知圆弧。

（1）在直线 *AB* 任取一点 *P*，过 *P* 作 $Pm \perp AB$，并截取 $Pm = R$，过 *m* 作直线 *AB* 的平行线；再以 O_1 点为圆心，$R_1 + R$ 为半径作圆弧，该圆弧与平行线相交于 *O* 点，*O* 点即为所求连接圆弧的圆心，如图 1-42（b）所示。

（2）连接 OO_1，与已知圆弧相交于 T_1，过 *O* 点作直线 *AB* 的垂线，得垂足 T_2，T_1、T_2 即为连接点，如图 1-42（c）所示。

（3）以 *O* 点为圆心，*R* 为半径，即可作出圆弧 T_1T_2，如图 1-42（d）所示。

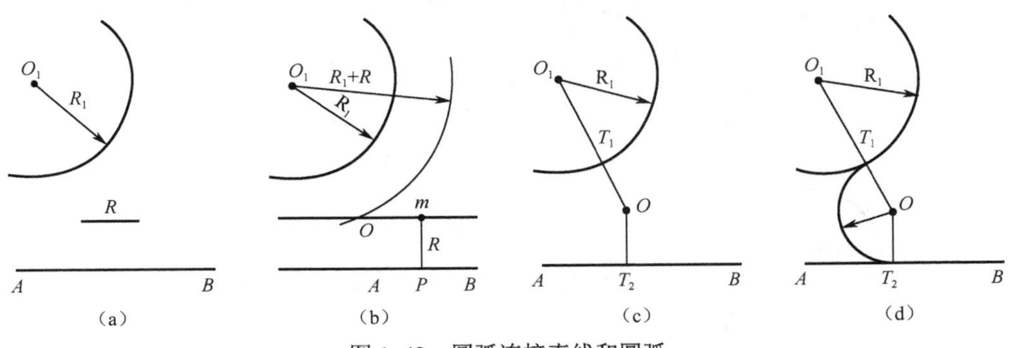

图 1-42　圆弧连接直线和圆弧

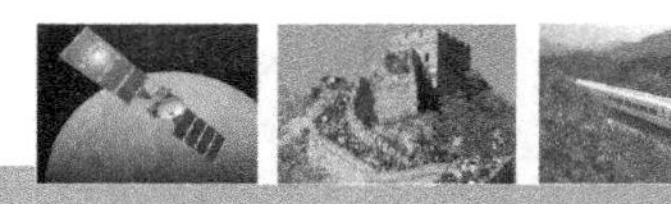

3. 圆弧连接两圆弧

圆弧连接两圆弧通常有外连接、内连接和混合连接三种情况。

1）外连接

所谓外连接是指已知两圆心与连接圆弧的圆心，位于连接圆弧的两侧。

如图 1-43（a）所示，已知半径为 R_1、R_2 的两段圆弧和连接圆弧的半径 R，求作半径为 R 的圆弧与已知两圆弧光滑外连接。

（1）以 O_1 点为圆心，$R+R_1$ 为半径作圆弧；再以 O_2 为圆心，$R+R_2$ 为半径作圆弧，两圆弧相交于 O 点，O 点即为连接圆弧的圆心，如图 1-43（b）所示。

（2）连接 OO_1，与半径为 R_1 的已知圆弧相交于 T_1，连接 OO_2，与半径为 R_2 的已知圆弧相交于 T_2，T_1、T_2 即为连接圆弧的连接点，如图 1-43（c）所示。

（3）以 O 点为圆心，R 为半径，即可作出圆弧 T_1T_2，如图 1-43（d）所示。

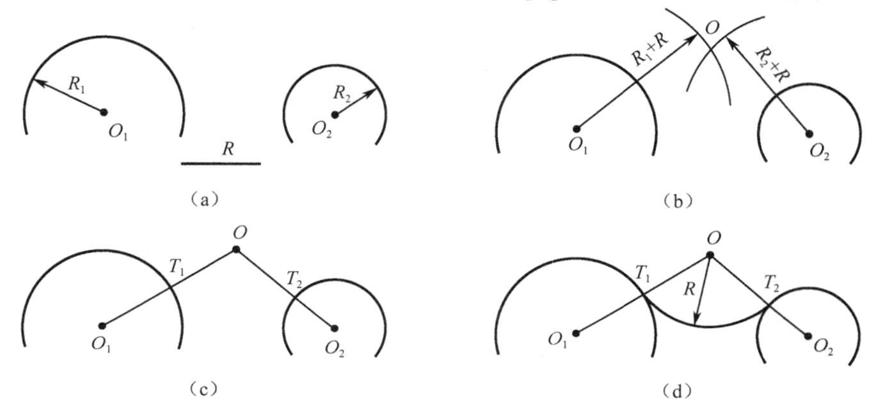

图 1-43　外连接

2）内连接

所谓内连接是指已知两圆心与连接圆孤的圆心，且两圆心位于连接圆孤的同一侧。如图 1-44（a）所示，已知半径为 R_1、R_2 的两段圆弧和连接圆弧的半径 R，求作半径为 R 的圆弧与已知两圆弧光滑内连接。

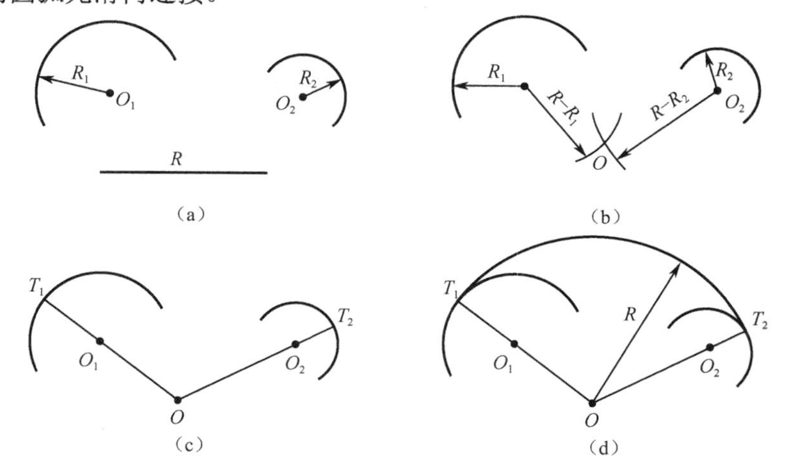

图 1-44　内连接

（1）以 O_1 为圆心，$R-R_1$ 为半径作圆弧；再以 O_2 为圆心，$R-R_2$ 为半径作圆弧，两圆弧相交于 O 点，即为连接圆弧的圆心，如图 1-44（b）所示。

（2）连接 O_1O_2 并延长与半径为 R_1 的已知圆弧相交于 T_1，连接 OO_2 也延长与半径为 R_2 的已知圆弧相交于 T_2，T_1、T_2 即为连接圆弧的连接点，如图 1-44（c）所示。

（3）以 O 点为圆心，R 为半径，即可作出所求圆弧，如图 1-44（d）所示。

3）混合连接

所谓混合连接是指已知两圆心中的其中一个与连接圆弧的圆心，位于连接圆弧的同一侧。如图 1-45（a）所示，已知半径为 R_1、R_2 的两段圆弧和连接圆弧的半径 R，求作半径为 R 的圆弧与半径为 R_1 的圆弧光滑外连接、与半径为 R_2 的圆弧光滑内连接。

（1）以 O_1 为圆心，$R+R_1$ 为半径作圆弧；再以 O_2 为圆心，$R-R_2$ 为半径作圆弧，两圆弧相交于 O 点，即为连接圆弧的圆心，如图 1-45（b）所示。

（2）连接 OO_1 与半径为 R_1 的已知圆弧相交于 T_1，连接 OO_2 并延长与半径为 R_2 的已知圆弧相交于 T_2，T_1、T_2 即为连接圆弧的连接点，如图 1-45（c）所示。

（3）以 O 点为圆心，R 为半径，即可作出圆弧 T_1T_2，如图 1-45（d）所示。

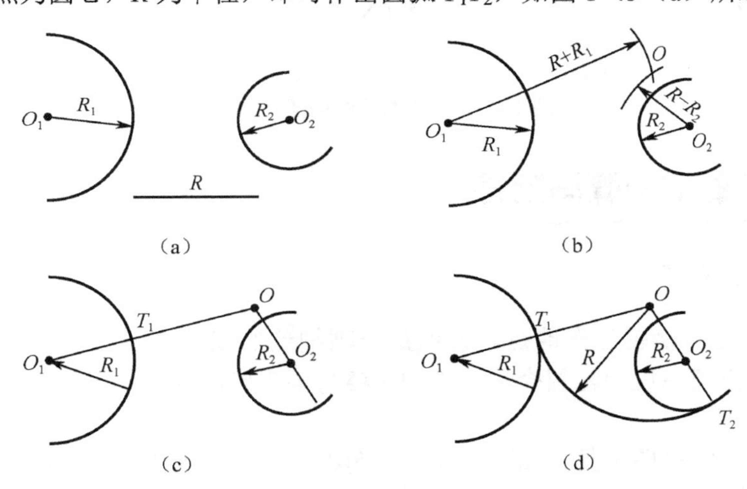

图 1-45　混合连接

1.3.7　用四心圆法画椭圆

如图 1-46（a）所示，已知椭圆长轴 AB 和短轴 CD，求作椭圆。

（1）以 O 为圆心，OA（或 OB）为半径作圆弧，交 DC 延长线于 E；又以 C 为圆心，CE 为半径，作圆弧交 AC 于 F，如图 1-46（b）所示。

（2）作 AF 垂直平分线，交长轴 AB 于 O_1，交短轴 CD 于 O_4，如图 1-46（c）所示。

（3）定出 O_1 和 O_4 的对称点 O_2 和 O_3，并将 O_1、O_2、O_3 和 O_4 两两连接，如图 1-46（d）所示。

（4）分别以 O_3、O_4 为圆心，O_4C（或 O_3D）为半径，作圆弧 T_1T_2 和 T_3T_4，如图 1-46（e）所示。

（5）分别以 O_1、O_2 为圆心，O_1A（或 O_2B）为半径，作圆弧 T_3T_1 和 T_2T_4，即得所求的近似椭圆，如图 1-46（f）所示。

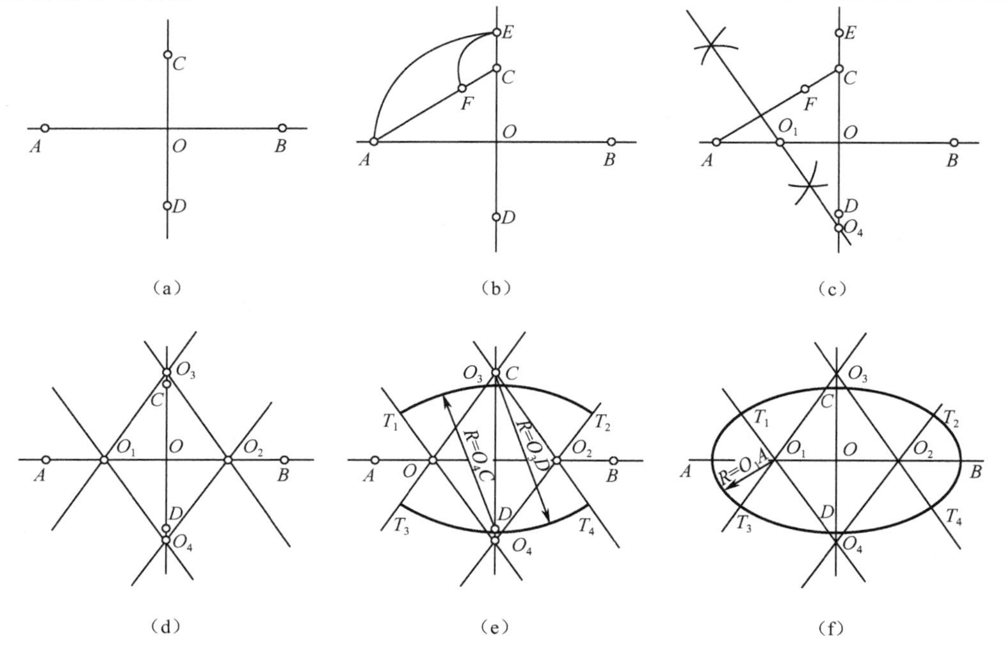

图 1-46　四心圆法画椭圆（续）

任务 1.4　绘图的步骤与方法

1.4.1　准备工作

（1）安排合适的绘图工作地点。绘图是一项细致的工作，要求绘图工作地点光线明亮、柔和。绘图桌椅高度要配置合适，绘图时姿势要正确，否则不仅影响工作效率，而且会影响身体健康。

（2）准备必需的绘图工具，如丁字尺、三角板、铅笔、橡皮等，使用之前应逐个进行检查、校正并擦拭干净，以保证绘图质量和图面整洁。

（3）根据所绘工程图的要求，按制图标准规定选用图幅大小。图纸在图板上粘贴的位置尽量靠近左边（离图板边缘 3～5 mm），图纸下边至图板边缘的距离应略大于丁字尺的宽度。

（4）根据制图标准规定，画出图框线和标题栏。

1.4.2　画底稿

（1）布图。在绘制图形之前，应首先根据图形的大小、比例，合理布置图面，要做到图纸布局合理，图形分布均匀。

（2）画底稿。任何工程图样的绘制必须先画底稿，再进行加深或描图。图面布置之后，根据选定的比例用 H 或 2H 铅笔轻轻画出底稿。底稿必须认真画出，以保证图样的正确性和精确度，如发现错误，不要立即擦，可用铅笔轻轻标上记号，待全图完成后，再一次擦净，以保证图面整洁。

（3）画底稿时，用分规从比例尺上量取长度，然后标注在图上。相同长度尺寸应一次量取，以保证尺寸的准确，提高绘图速度。

（4）在画完底稿后，必须认真逐图检查，看是否有遗漏和错误的地方，切不可匆忙加深。

1.4.3　加深和描图

在检查底稿确定无误后，即可加深或描图。

1. 加深

（1）加深之前，应先确定标准实线的宽度，再根据线型标准确定其他线型宽度。同类图线应粗细一致。一般粗度在 b 以上的图线用 B 或 2B 铅笔加深；$b/2$ 或更细的图线和尺寸数字、注解等可用 H 或 HB 铅笔绘写。

（2）为使图线粗细均匀，色调一致，铅笔应该经常修磨，加深粗实线一次不够时，则应重复再画，切不可来回描粗。

（3）加深图线的步骤是：同类型的图线一次加深；先画细线，后画粗线；先画曲线，后画直线；先画图，后标注尺寸和注解；最后加深图框和标题栏。这样不仅可以加快绘图速度，提高精度，而且可减少丁字尺与三角板在图纸上的摩擦，保持图面清洁。

（4）图全部加深之后，再仔细检查，若有错误应及时改正。

这种用绘图仪器画出的图叫做仪器图。

2. 描图

凡有保存价值和需要复制的图样均需描图。描图是将描图纸覆盖在铅笔底稿上用描图墨水描绘的。

知识梳理与总结

本章主要内容如下：

（1）绘图工具和用品；

（2）制图基础；

（3）几何作图；

（4）绘图的步骤与方法。

思考与练习题 1

1.《道路工程制图标准》规定图纸幅面有哪几种？A0 图幅的尺寸是多少？如何得到 A1、A2、A3、A4 图幅？

2.《道路工程制图标准》中关于图纸加长有哪些规定？

3.《道路工程制图标准》中规定字体高度有哪几种？字号是如何规定的？汉字采用什么字体？其高宽比如何？

4．地形图上用什么表示方向？根据坐标网格如何确定东、南、西、北？坐标值应保留几位小数？

5．《道路工程制图标准》对尺寸线、尺寸界线、尺寸起止符、尺寸数字有哪些规定？尺寸线、尺寸界线应采用什么线型？一般应采用什么样的尺寸起止符？尺寸数字的方向应怎样确定？

6．绘图的步骤分为哪几步？

教学导航

教	知识重点	1. 影子和投影的概念； 2. 投影的分类； 3. 工程上常用的几种图示法； 4. 正投影特性； 5. 三投影面体系的建立过程； 6. 三面投影图的形成； 7. 三面投影图的投影关系
	知识难点	1. 正投影特性； 2. 三面投影图的投影关系
	推荐教学方式	从学习任务入手，从实际问题出发，讲解投影的概念、分类和特性，三面投影图的形成和投影关系
	建议学时	2 学时
学	推荐学习方法	查资料，看不懂的地方做出标记，听老师讲解，在老师的指导下练习建立三投影面体系
	必须掌握的理论知识	1. 投影的分类； 2. 正投影特性； 3. 三投影面体系的建立过程及其名称； 4. 三面投影图的投影关系
	需要掌握的工作技能	能够建立三投影面体系

任务 2.1　投影的概念

2.1.1　影子和投影

物体在阳光或灯光的照射下，在地面上或墙上会产生影子，这种常见的自然现象称之为投影现象。人们根据生产活动的需要，对于投影现象进行长期的观察与研究，总结并形成一套用平面图形表达物体立体形状的投影方法。

投影法就是一束光线照射物体，在给定的平面上产生图像的方法。例如灯光照射在桌面上，在地面上产生的影子比桌面大，如图 2-1（a）所示。如果灯的位置在桌面的正中上方，它与桌面的距离越远，则影子越接近桌面的实际大小。可以设想如果把灯移到无限远的高度，即光线相互平行并与地面垂直，这时影子的大小就和桌面一样了，如图 2-1（b）所示。

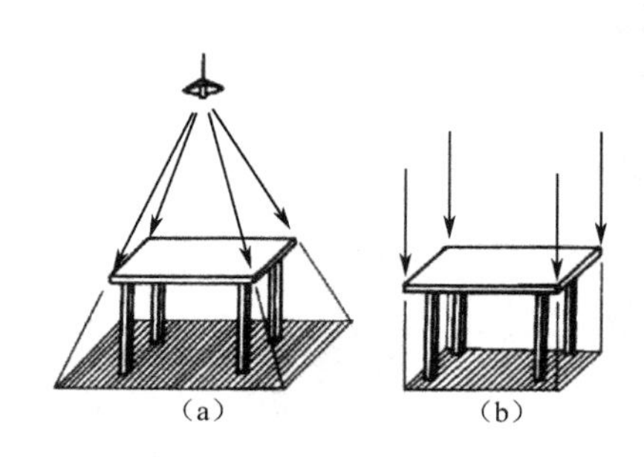

图 2-1　光线、物体和影子

人们对这种现象进行科学抽象，即按照投影的方法，把形体的所有内外轮廓和内外表面交线全部表示出来，且依投影方向凡可见的轮廓线画实线，不可见的轮廓线画虚线。这样，形体的影子就发展成为能满足生产需要的投影图，简称投影，如图 2-2 所示。这种以投影的方法达到用二维平面表示三维形体的方法，称为投影法。

我们把光线称为投射线，把承受投影的平面称为投影面。若求物体上任一点 A 的投影 a，就是通过 A 点作投射线与投影面的交点。

2.1.2　投影的分类

按投射线的不同情况，投影可分为中心投影和平行投影。

1. 中心投影

所有投射线都从一点（投影中心）引出的，称为中心投影。如图 2-3 所示，若投影中心为 S，把投射线与投影面 H 的各交点相连，即得三角形的中心投影。

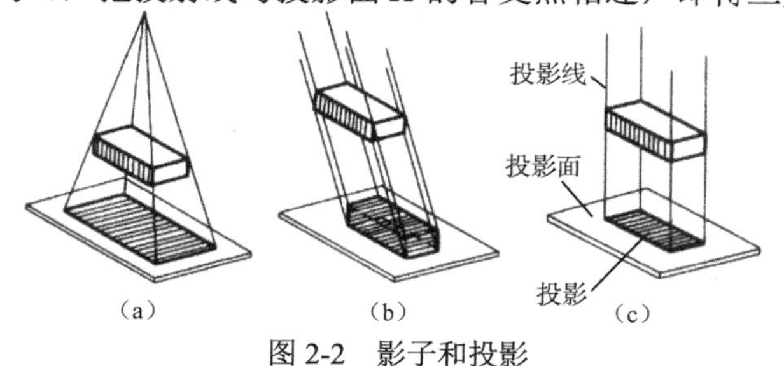

图 2-2　影子和投影

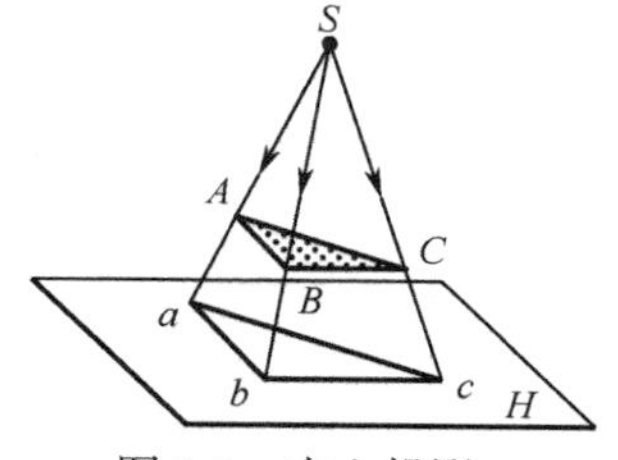

图 2-3　中心投影

2. 平行投影

所有投射线互相平行则称为平行投影。若投射线与投影面斜交，称为斜角投影或斜投影，如图 2-4（a）所示；若投射线与投影面垂直，则称直角投影或正投影，如图 2-4（b）

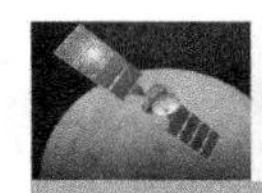

所示。

大多数的工程图，都是采用正投影法来绘制。正投影法是本课程研究的主要对象，今后凡未作特别说明，都属正投影。

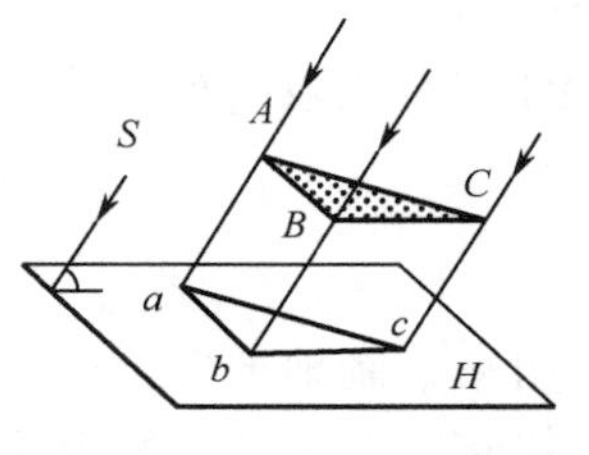

（a）斜投影

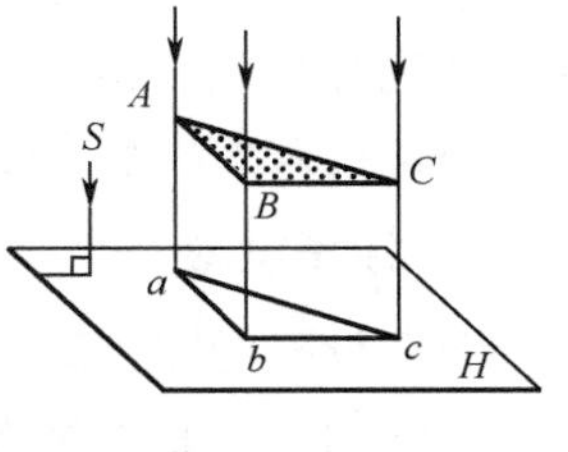

（b）正投影

图 2-4　平行投影

2.1.3　工程上常用的几种图示法

图示工程结构物时，由于表达目的和被表达对象特征的不同，需要采用不同的图示方法。常用的图示方法有正投影法、轴测投影法、透视投影法和标高投影法。下面作一下简要介绍，其详细的作图原理和方法，将在后面相关章节中介绍。

1. 正投影法

正投影法是一种多面投影。空间几何体在两个或两个以上互相垂直的投影面上进行正投影，然后将这些带有几何体投影图的投影面展开在一个平面上，从而得到几何体的多面正投影图，由这些投影便能完全确定该几何体的空间位置和形状。如图 2-5 所示，为桥台的三面正投影图。

正投影图的优点是作图较简便，而且采用正投影法时，常将几何体的主要平面放成与相应的投影面相互平行的位置，这样画出的投影图能反映出这些平面的实形，因此，从图上可以直接量得空间几何体的许多尺寸，即正投影图有很好的度量性，所以在工程上应用最广。其缺点是无立体感，直观性较差。

2. 轴测投影

轴测投影采用单面投影图，是平行投影之一，它是把物体按平行投影法投射至单一投影面上所得到的投影图。如图 2-6 所示，为桥台的正等测轴测图。轴测投影的特点是在投影图上可以同时反映出几何体长、宽、高三个方向上的形状，所以富有立体感，直观性较好，但不够悦目和自然，也不能完整地表达物体的形状，而且作图复杂、度量性差，只能作为工程上的辅助图样。

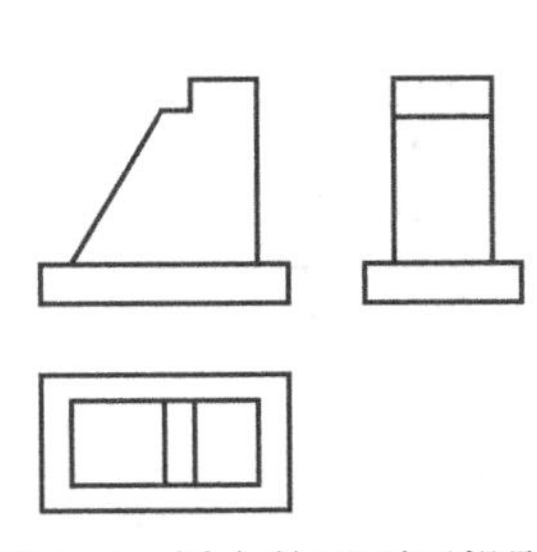

图 2-5　桥台的三面正投影

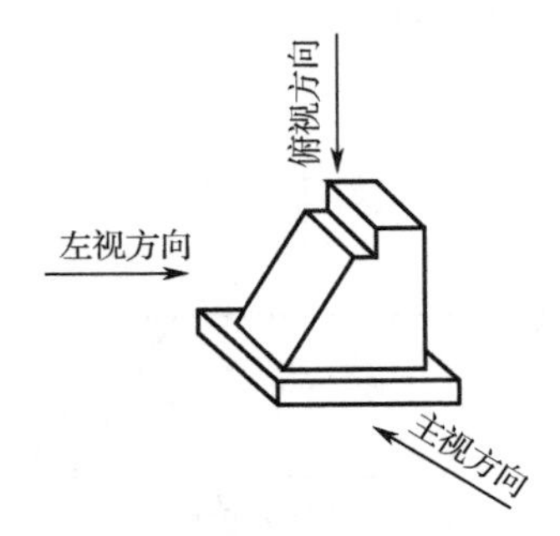

图 2-6　桥台正等测轴测图

3. 透视投影

透视投影即中心投影法，如图 2-7 所示，是按中心投影法画出的某建筑物的透视投影

图。由于透视图和照相原理相似，它符合人们的视觉，图像接近于视觉映像，逼真、悦目，直观性很强，常用于设计方案比较、展览用图样等。但绘制较繁琐，且不能直接反映物体的真实大小，不便度量。

4. 标高投影

标高投影图在工程中常用来绘制地形图，建筑总平面图和道路、水利工程等方面的平面布置的图样，它是地面或构筑物在一个水平基面上的正投影图，并标注出与水平基面之间的高度数字标记。

如图 2-8（a）所示，在水平基面 H 上有一座小山，与 H 面相交于高度标记为 0 的曲线，再用高于 H 面 10 m、20 m 的水平面剖切这座小山，得到高度标记为 10、20 的曲线，这些曲线称为等高线，作出它们在 H 面上的正投影，并标注高度标记数字，就能得到这座小山的标高投影图，也就是这座小山的地形图，如图 2-8（b）所示。

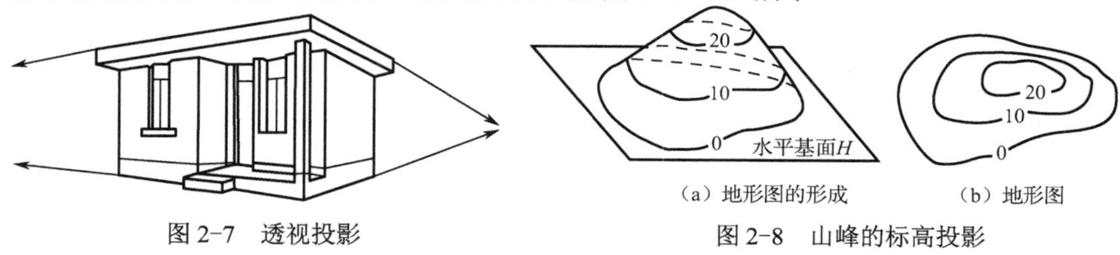

图 2-7　透视投影

（a）地形图的形成　（b）地形图

图 2-8　山峰的标高投影

2.1.4　正投影特性

正投影是我们研究的重点，因此本节介绍正投影的投影特性。

1. 相似性

（1）点的投影仍是点，如图 2-9（a）所示。

（2）直线的投影在一般情况下仍为直线，当直线段倾斜于投影面时，其正投影短于实长。如图 2-9（b）所示，通过直线 AB 上各点的投射线，形成平面 $ABba$，它与投影面 H 的交线 ab 即为 AB 的投影。

（3）平面的投影在一般情况下仍为平面，当平面倾斜于投影面时，其正投影小于实形，如图 2-9（c）所示。

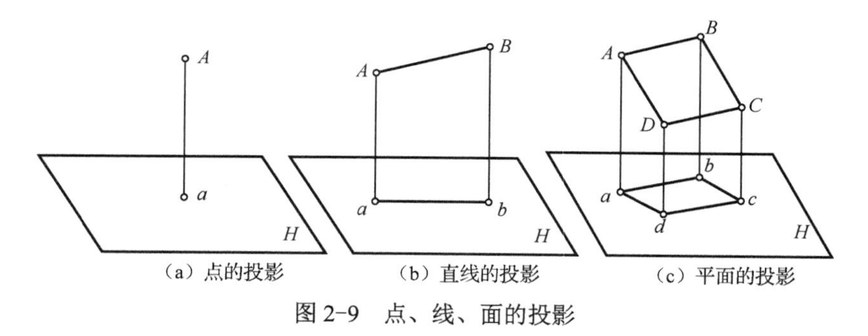

（a）点的投影　（b）直线的投影　（c）平面的投影

图 2-9　点、线、面的投影

2. 从属性

若点在直线上，则点的投影必在该直线的投影上。如图 2-10 所示，点 K 在直线 AB

上，投射线 Kk 必与 Aa、Bb 在同一平面上，因此点 K 的投影 k 一定在 ab 上。

3. 定比性

直线上一点把该直线分成两段，该两段之比，等于其投影之比。如图 2-10 所示，由于 $Aa//Kk//Bb$，所以 $AK:KB=ak:kb$。

4. 平行性

两平行直线的投影仍互相平行，且其投影长度之比等于两平行线段长度之比。如图 2-11 所示：$AB//CD$，其投影 $ab//cd$，且 $AB:CD=ab:cd$。

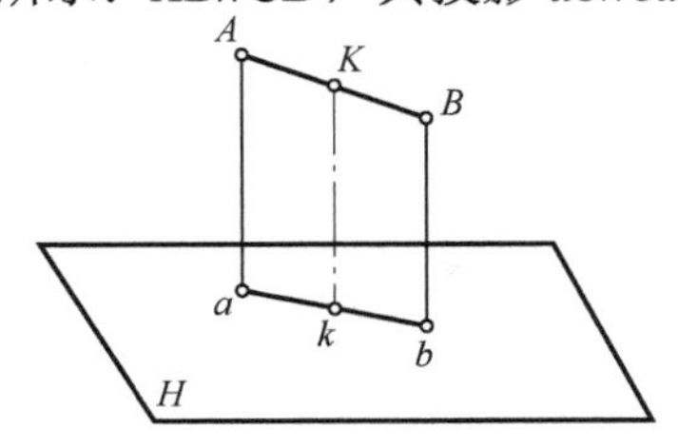

图 2-10　直线的从属性和定比性

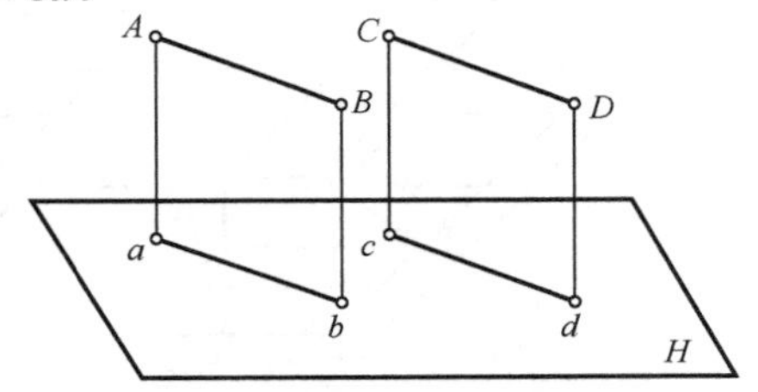

图 2-11　两平行直线的投影

5. 实形性

平行于投影面的直线和平面，其投影反映实长和实形。如图 2-12 所示，直线 AB 平行于投影面 H，其投影 $ab=AB$，即反映 AB 的真实长度。平面 $ABCD$ 与 H 面平行，其投影 $abcd$ 反映 $ABCD$ 的真实大小。

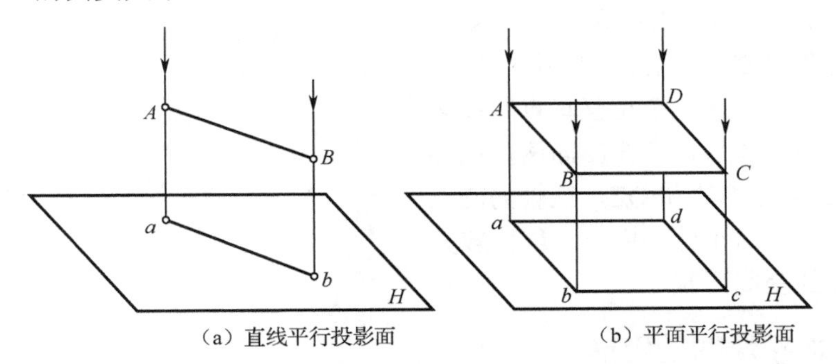

图 2-12　投影的实形性

6. 积聚性

垂直于投影面的直线，其投影积聚为一点；垂直于投影面的平面，其投影积聚为一条直线。如图 2-13 所示，直线 AB 垂直于投影面 H，其投影积聚成一点 $a(b)$。平面 $ABCD$ 垂直于投影面 H，其投影积聚成一直线 $a(b)\ d(c)$。

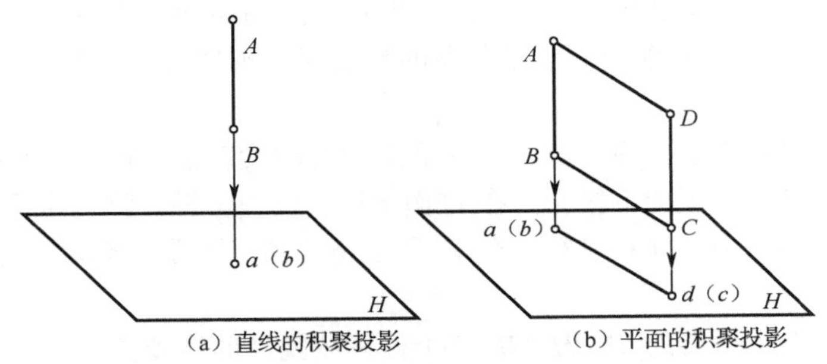

图 2-13　直线和平面的积聚性

任务 2.2 形体的三面投影图

2.2.1 三投影面体系的建立

如图 2-14 所示，三个形状不同的形体，在同一投影面上的投影却是相同的。这说明根据形体的一个投影，往往不能准确地表示形体的形状，因此，一般把形体放在三个互相垂直

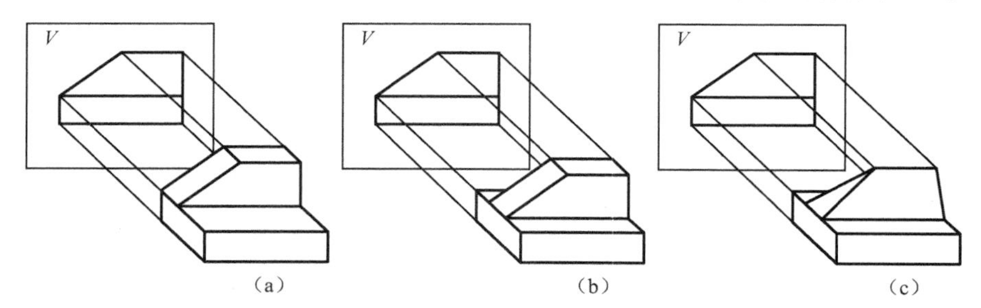

图 2-14 一个投影图不能确定形体的空间形状

的平面所组成的三面投影体系中进行投影，如图 2-15 所示。在三投影面体系中，水平放置的平面称为水平投影面，用字母“H”表示，简称为 H 面；正对观察者的平面称为正立投影面，用字母“V”表示，简称为 V 面；观察者右侧的平面称为侧立投影面，用字母“W”表示，简称为 W 面。这三个相互垂直的投影面就构成了三面投影体系，三投影面两两相交构成三条投影轴 OX、OY 和 OZ，三轴的交点 O 称为原点。只有在这个体系中，才能比较充分地表示出形体的空间形状。

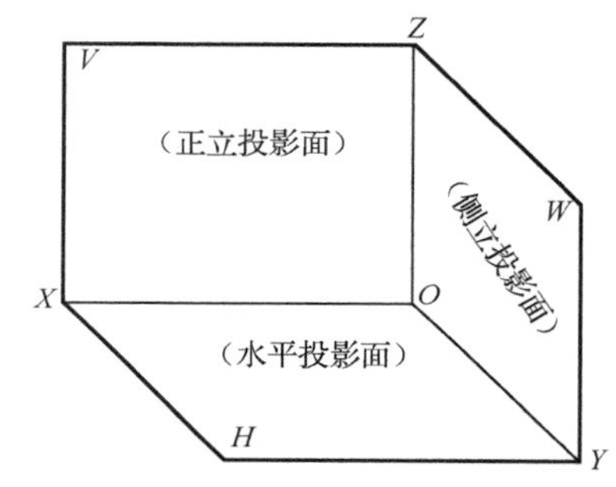

图 2-15 三投影面体系

2.2.2 三面投影图的形成

现将被投影的形体置于三投影面体系中，且形体在观察者和投影面之间，如图 2-16 所示，形体靠近观察者一面称为前面，反之称为后面。同理定出形体其余的左、右、上、下四个面。由安放位置可知，形体的前、后两面均与 *V* 面平行，顶、底两面则与 *H* 面平行。用三组分别垂直于三个投影面的投射线对形体进行投影，就得到该形体在三个投影面上的投影。

（1）由前向后投影，在 *V* 面上所得的投影图，称为正立面投影图，简称 *V* 面投影。

（2）由上向下投影，在 *H* 面上所得的投影图，称为水平投影图，简称 *H* 面投影。

（3）由左向右投影，在 *W* 面上所得的投影图，称为（左）侧立面投影图，简称 *W* 面投影。

上述所得的 *V*、*H*、*W* 三个投影图就是形体最基本的三面投影图。根据形体的三面投影图，就可以确定该形体的空间位置和形状。

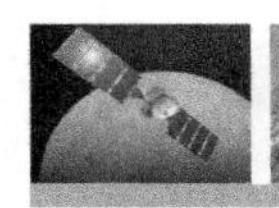

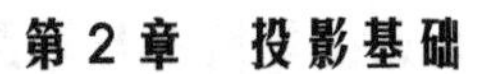

为了使三投影图能画在一张图纸上，还必须把三个投影面展开，使之摊平在同一个平面上。国家标准规定：*V* 面不动，*H* 面绕 *OX* 轴向下旋转 90°，*W* 面绕 *OZ* 轴向右旋转 90°，使它们转至与 *V* 面同在一个平面上，如图 2-17 所示，这样就得到在同一平面上的三面投影图。这时 *Y* 轴出现两次，一次是随 *H* 面转至下方，与 *Z* 轴同在一铅垂线上，标以 Y_H；另一次随 *W* 面转至右方，与 *X* 轴在同一水平线上，标以 Y_W。摊平后的三面投影图，如图 2-18（a）所示。

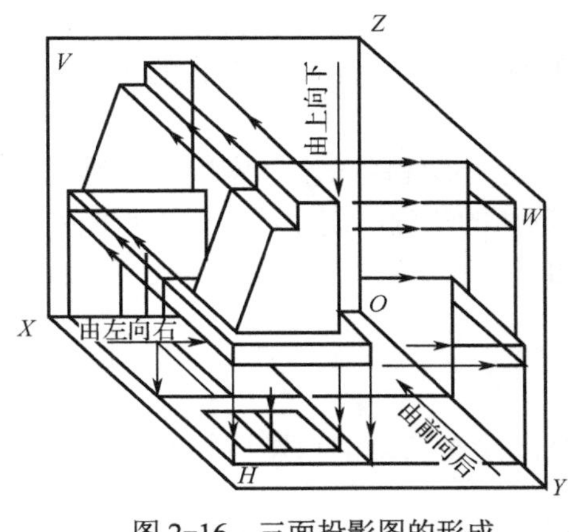

图 2-16　三面投影图的形成

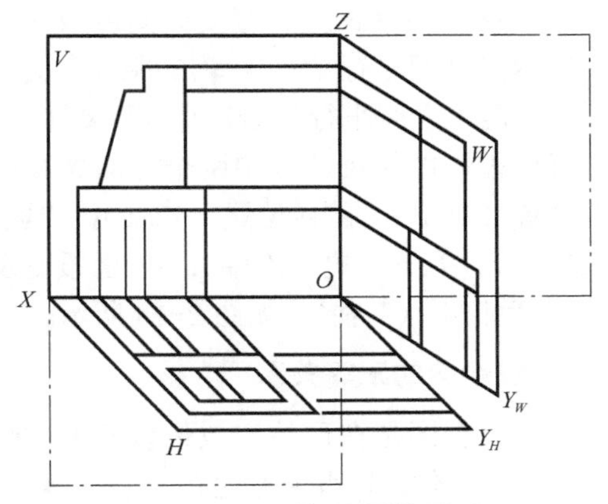

图 2-17　三面投影图的展开

为了简化作图，在三面投影图中不画投影面的边框线，投影图之间的距离可根据需要确定，三条轴线也可省去，如图 2-18（b）所示。

2.2.3　三面投影图的投影关系

由于三面投影图是将同一个形体从不同的三个方向投影得到的，而且在投影过程中物体的位置不会发生改变。所以，三面投影图之间存在着密切的关系，主要表现在它们的度量和相互位置的联系上。

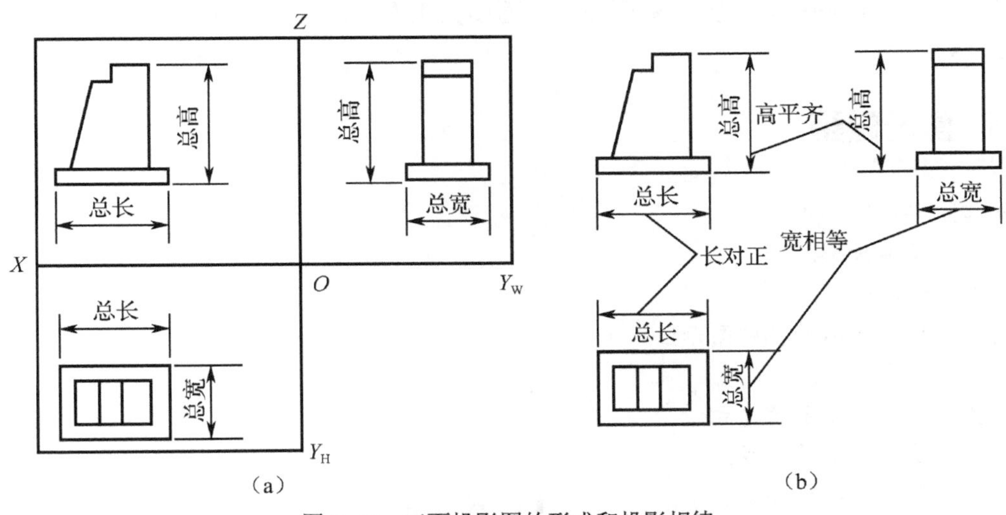

图 2-18　三面投影图的形成和投影规律

1. 投影形成相关的顺序关系

在三投影面体系中：从前向后，以人→物→图的顺序形成 *V* 面投影；从上向下，以人→物→图的顺序形成 *H* 面投影；从左向右，以人→物→图的顺序形成 *W* 面投影。所以，投影形成相关的顺序关系是人→物→图。

2. 投影中的长、宽、高和方位关系

每个形体都有长度、宽度、高度或左右、前后、上下三个方向的形状和大小变化。形体左右两点之间平行于 *OX* 轴的距离称为长度；上下两点之间平行于 *OZ* 轴的距离称为高度；前后两点之间平行于 *OY* 轴的距离称为宽度。

每个投影图能反映其中两个方向关系：*H* 面投影反映形体的长度和宽度，同时也反映左右位置（*X* 轴）、前后位置（*Y* 轴）；*V* 面投影反映形体的长度和高度，同时也反映左右位置（*X* 轴）、上下位置（*Z* 轴）；*W* 面投影反映形体的高度和宽度，同时也反映上下位置（*Z* 轴）、前后位置（*Y* 轴），如图 2-18 所示。

3. 投影图的三等关系

三面投影图是在形体安放位置不变的情况下，从三个不同方向投影所得到的，它们共同表达同一形体，因此它们之间存在着紧密的关系。

（1）长对正。*V*、*H* 两面投影都反映形体的长度，展开后所反映形体的长度不变，因此画图时必须使它们左右对齐，即“长对正”的关系。

（2）高平齐。*V*、*W* 两面投影都反映物体的高度，有“高平齐”的关系。

（3）宽相等。*H*、*W* 两面投影都反映物体的宽度，有“宽相等”的关系。

“长对正、高平齐、宽相等”是三面投影图最基本的投影规律，它不仅适用于整个形体的投影，也适用于形体的每个局部的投影。因此，在画图时必须遵守这一投影关系。

4. 投影位置的配置关系

根据三个投影面的相对位置及展开的规定，三面投影图的位置关系是：以立面图为准，平面图在立面图的正下方，侧面图在立面图的正右方。这种配置关系不能随意改变，如图 2-18 所示。

知识梳理与总结

本章主要内容如下：

（1）影子和投影；

（2）投影的分类；

（3）工程上常用的几种图示法；

（4）正投影特性；

（5）三投影面体系的建立；

（6）三面投影图的形成；

（7）三面投影图的投影关系。

思考与练习题 2

1．什么是投影？投影分为几类？
2．正投影有哪些特性？
3．形体的三面投影图是怎样形成的？
4．什么是“三等关系”？
5．在投影图中如何度量长、宽、高?如何确定形体的前后位置？

第3章 点、直线和平面

教学导航

<table>
<tr><td rowspan="4">教</td><td>知识重点</td><td>1. 点的三面投影；
2. 各种位置直线的投影；
3. 平面的投影；
4. 平面上的点和直线的投影；
5. 投影规律和作图方法</td></tr>
<tr><td>知识难点</td><td>1. 两直线的相对位置；
2. 直线与平面、平面与平面</td></tr>
<tr><td>推荐教学方式</td><td>结合本章学习任务，以讲练结合、小组讨论的教学方法为主学习点、线、面的投影</td></tr>
<tr><td>建议学时</td><td>8学时</td></tr>
<tr><td rowspan="3">学</td><td>推荐学习方法</td><td>以小组讨论和练习为主的方式学习。结合本章学习任务，练习绘制点、直线和平面的投影</td></tr>
<tr><td>必须掌握的理论知识</td><td>1. 点的三面投影及其规律；
2. 各种位置直线的投影及直线上的点的投影；
3. 平面的投影以及平面上的点和线的投影</td></tr>
<tr><td>必须掌握的技能</td><td>1. 能够绘制、识读点的投影图；
2. 能够绘制、识读直线的投影图；
3. 能够绘制、识读平面的投影图</td></tr>
</table>

任务 3.1 点的投影

3.1.1 点的三面投影

1. 投影的形成

点是构成三维形体的最基本的几何要素，点只有空间位置，而无大小之分。在工程图样中，点的空间位置是通过点的投影来确定的。

在三面投影体系中，有一个空间点 A，由 A 分别向三个投影面 H、V 和 W 引垂线，垂足为 a、a' 和 a''，即为 A 点的三面投影，如图 3-1（a）所示。按旋转规定，展开并去掉边框线后，即得到点的三面投影图，如图 3-1（b）和（c）所示。

规定空间点用大写字母表示，如 A、B、C…；H 面投影用相应的小写字母表示，如 a、b、c…；V 面投影用相应的小写字母加一撇表示，如 a'、b'、c'…；W 面投影用相应的小写字母加两撇表示，如 a''、b''、c''…。

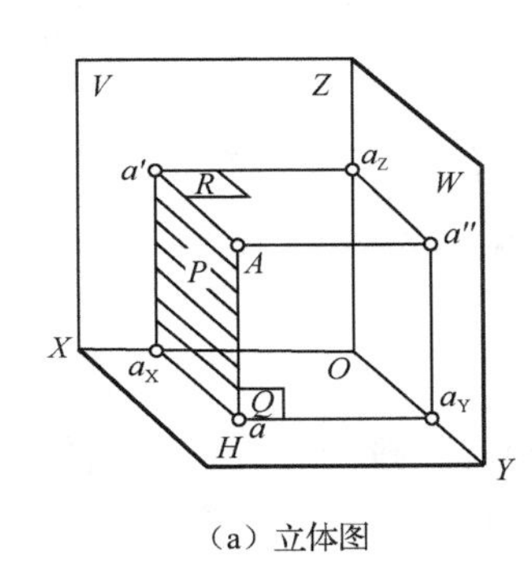

（a）立体图

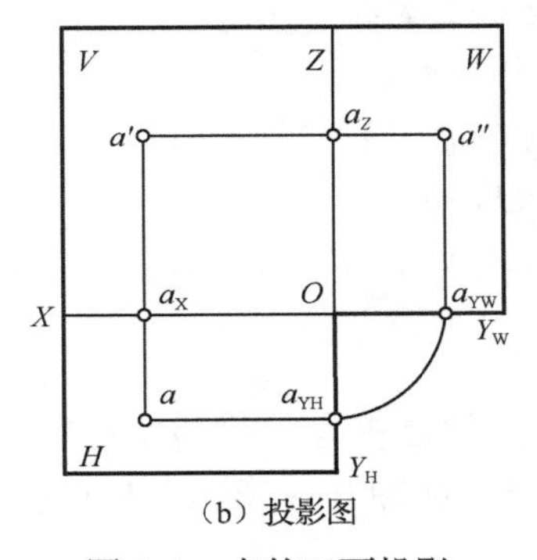

（b）投影图

（c）去边框后的投影图

图 3-1 点的三面投影

2. 投影规律

分析图 3-1 可得出点在三面投影体系中的投影规律：

（1）点的 H 面投影和 V 面投影的连线垂直于 OX 轴；点的 V 面投影和 W 面投影的连线垂直于 OZ 轴，即两投影的连线必垂直于相应的投影轴，即 $aa' \perp OX$、$a'a'' \perp OZ$。

如图 3-1（a）所示，由投射线 Aa'、Aa 所构成的投射平面 P（$Aa'a_xa$）与 OX 轴相交于 a_x 点，因 $P \perp V$、$P \perp H$，即 P、V、H 三面投影互相垂直，由立体几何可知，此三平面的交线必互相垂直，即 $a'a_x \perp OX$，$aa_x \perp OX$，$a'a_x \perp aa_x$，故 P 面为矩形。

当 H 面旋转至与 V 面重合时，a_x 不动，且 $aa_x \perp OX$ 的关系不变，所以 a'、a_x、a 三点共线，即 $a'a \perp OX$ 轴。

同理，$a'a'' \perp OZ$ 轴。

（2）点的投影至投影轴的距离，反映点至相应投影面的距离，如图 3-1（a）所示：

点的 H 面投影至 OX 轴的距离，等于其 W 面投影至 OZ 轴的距离（即宽相等），即：$aa_X = a''a_Z = Aa'$；

点的 V 面投影至 OZ 轴的距离，等于其 H 面投影至 OY 轴的距离（即长对正），即：

$a'a_Z = aa_Y = Aa''$；点的 V 面投影至 OX 轴的距离，等于其 W 面投影至 OY 轴的距离（即高平齐），即：$a'a_X = a''a_Y = Aa$。

$aa_X = a''a_Z = Aa'$，反映 A 点至 V 面的距离；

$a'a_Z = aa_Y = Aa''$，反映 A 点至 W 面的距离；

$a'a_X = a''a_Y = Aa$，反映 A 点至 H 面的距离。

此投影规律即“长对正、高平齐、宽相等”的根据所在。

为能更直接地看到 a 和 a''之间的关系，经常用以 O 为圆心的圆弧把 a_{YH} 和 a_{YW} 联系起来，如图 3-1（b）所示，也可以自 O 点作 45°的辅助线来实现 a 和 a''的联系。根据此投影规律，只要已知点的任意两投影，即可求其第三投影。

实例 3.1 已知一点 B 的 V、W 面投影 b'、b''，求 b（见图 3-2）。

解：（1）按第一条规律，过 b' 作垂线并与 OX 轴交于 b_X 点。

（2）按第二条规律在所作垂线上量取 $b_Xb = b_Zb''$ 得 b 点，即为所求。作图时，也可以借助于过 O 点作 45°斜线 Ob_0，因为 $Ob_{YH}b_0b_{YW}$ 正方形，所以 $Ob_{YH}=Ob_{YW}$。

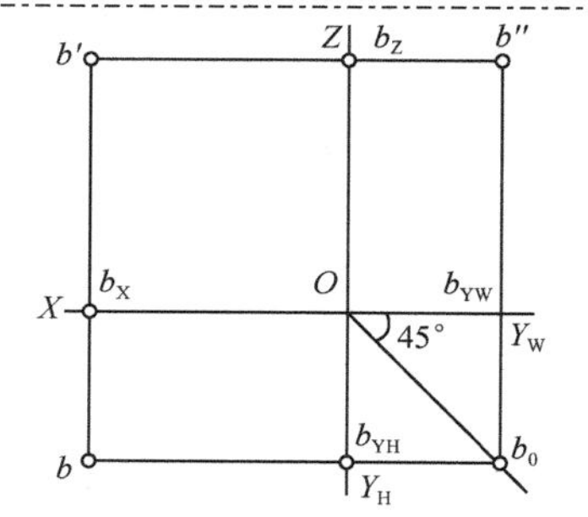

图 3-2　已知点的两投影求第三投影

3. 投影面上的点

投影面上的点，一个投影与空间点重合，另两个投影在相应的投影轴上。它们的投影仍完全符合上述两条基本投影规律。如图 3-3 所示，F 点在 V 面上，M 点在 H 面上，G 点在 W 面上。

4. 投影轴上的点

投影轴上的点的投影，其中两个投影与空间点重合，另一个投影在原点上。如图 3-4 所示，A 点在 OX 轴上，a、a'与 A 重合，a''在原点；B 点在 OZ 轴上，b'、b''与 B 重合，b 在原点；C 点在 OY 轴上，c、c''与 A 重合，c'在原点。

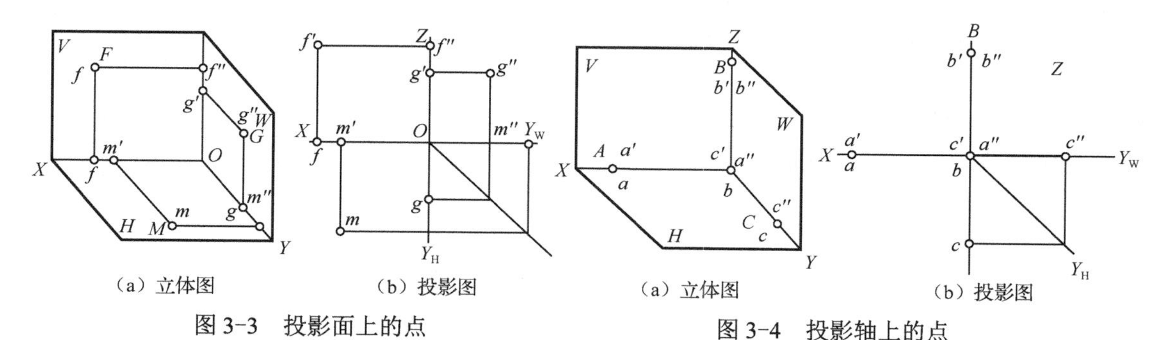

图 3-3　投影面上的点　　图 3-4　投影轴上的点

5. 分角

设想将图 3-1（a）中的 V 面、H 面和 W 面向后、向下、向右扩展而将整个空间划分为

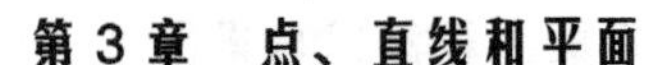

八个部分，称为八个分角，如图 3-5 所示。上面研究了点位于第一分角中的两条投影规律，这些规律完全适用于其他各个分角中的投影。

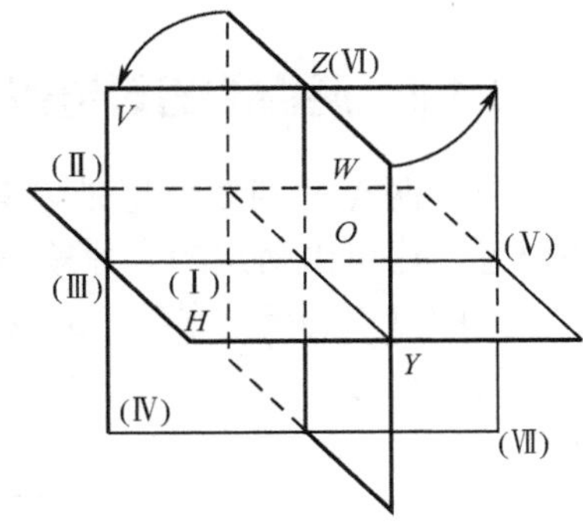

图 3-5　八个分角

3.1.2　点的投影与坐标

如果把三投影面体系看作直角坐标系，则可把三个投影面看作坐标面，投影轴 OX、OY、OZ 看作坐标轴 X、Y、Z，则点到三个投影面的距离，就是点的坐标。如图 3-1（a）所示，点 A 到 W 面的距离为 X 坐标；点 A 到 V 面的距离为 Y 坐标；点 A 到 H 面的距离为 Z 坐标。用三个坐标确定点 A，即 A（X_A，Y_A，Z_A）则有：

$$X_A=Aa''=a'a_Z=aa_Y$$
$$Y_A=Aa'=aa_X=a''a_Z$$
$$Z_A=Aa=a'a_X=a''a_Y$$

点的每个投影反映两个坐标，点的三面投影与点的坐标关系为：

（1）A 点的 H 面投影 a 可反映该点的 X 和 Y 坐标。

（2）A 点的 V 面投影 a' 可反映该点的 X 和 Z 坐标。

（3）A 点的 W 面投影 a'' 可反映该点的 Y 和 Z 坐标。

如果已知一点 A 的三投影（a、a'、a''），就可从图中量出该点的三个坐标（X_A、Y_A、Z_A）；反之，如果已知 A 点的三个坐标（X_A、Y_A、Z_A），就能作出该点的三面投影（a、a'、a''）。空间点的任意两个投影都反映了点的三个坐标，所以给出一个点的两个投影即可求得第三个投影。

实例 3.2　已知点 B（5、4、6），求作点 B 的三面投影。

解： 作图步骤如下。

（1）画出三轴及原点 O 后，在 X 轴上自 O 点向左量取 5 个单位得 b_X 点，如图 3-6（a）所示。

（2）过 b_X 引 OX 抽的垂线，由 b_X 向上量取 Z=6 单位，得 V 面投影 b'；向下量取 Y=4 单位，得 H 面投影 b，如图 3-6（b）所示。

（3）由 b' 和 b 求出 b''，即为点 B 的三面投影，如图 3-6（c）所示。

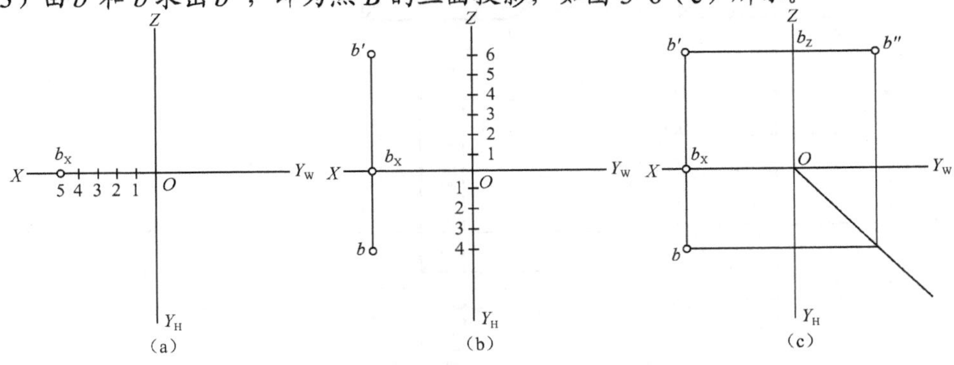

图 3-6　已知点的坐标求作点的三面投影

3.1.3 两点的相对位置

空间两点的相对位置是以其中某一点为基准，判别另一点在该点的上下、左右和前后的位置，这可由两点的坐标差来确定。

如图 3-7 所示，若以 B 点为基准，因为 $X_A<X_B$，$Y_A<Y_B$，$Z_A>Z_B$，所以 A 点在 B 点的右、后、上方。

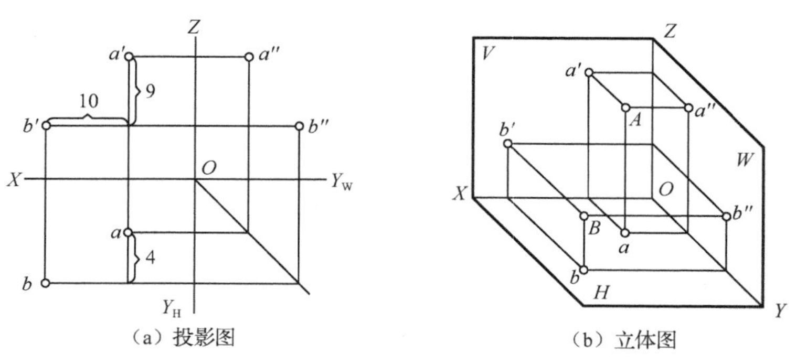

（a）投影图　　（b）立体图

图 3-7　两点的相对位置

3.1.4 重影点及其可见性的判别

当空间两点位于某一投影面的同一投射线上时，则此两点在该投影面上的投影重合，此两点称为对该投影面的重影点。

如图 3-8（a）所示，A、B 两点在 H 面的同一投射线上，A 点在 B 点的正上方；B 点则在 A 点的正下方，a、b 两投影重合，为对 H 面的重影点，但其他两面的投影不重合。至于

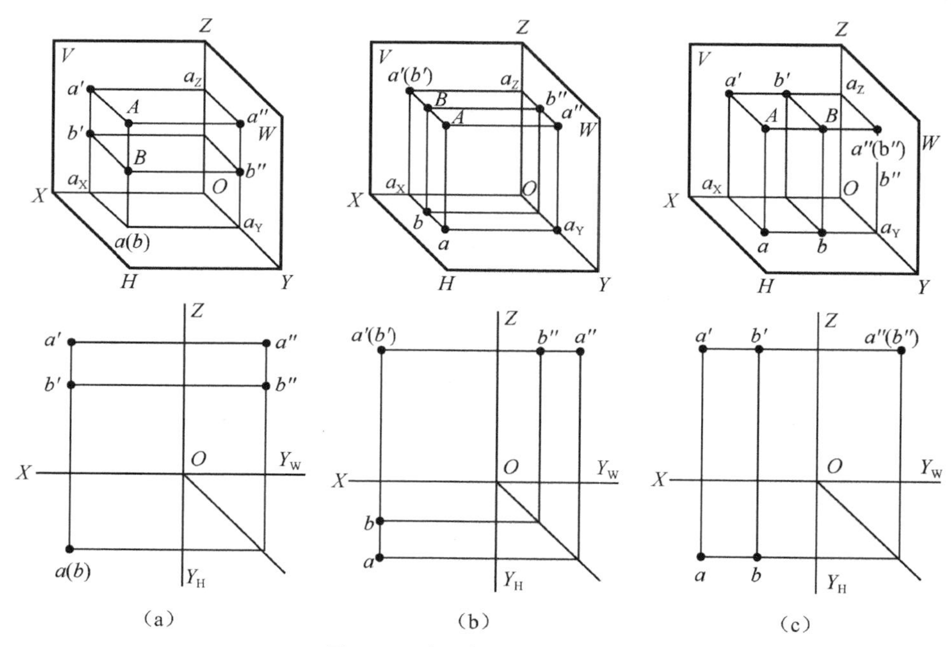

（a）　　（b）　　（c）

图 3-8　重影点及可见性判别

a、b 两点的可见性，可从 V 面投影（或 W 面投影）进行判别：因为 a' 高于 b'（或 a'' 高于 b''），即 A 点在 B 点之正上方，所以 a 为可见，b 为不可见。为区别起见，凡不可见的投影其字母写在后面，并可加括号表示。

同理，如图 3-8（b）所示，A 点在 B 点的正前方，位于 V 面的同一投射线上，a'、b' 两投影重合，为对 V 面的重影点，a' 可见，b' 不可见；如图 3-8（c）所示，A 点在 B 点的正左方，位于 W 面的同一投射线上，a''、b'' 两投影重合，为对 W 面的重影点，a'' 可见，b'' 不可见。

任务 3.2　直线的投影

由初等几何可知，两点确定一条直线。画出直线上任意两点的投影，连接其同面投影，即为直线的投影。直线的投影一般仍为直线，特殊情况下，当直线垂直于投影面时，其投影积聚为一个点。

直线和它在某一投影面上的投影间的夹角，称为直线对该投影面的倾角。对 H 面的倾角用 α 表示；对 V 面的倾角用 β 表示；对 W 面的倾角用 γ 表示，如图 3-9 所示。

根据直线与投影面的相对位置，直线可分为：一般位置直线、投影面平行线和投影面垂直线三种，后两种统称为特殊位置直线。

3.2.1　一般位置直线

对三个投影面均不平行不垂直的直线称为一般位置直线（简称一般线）。如图 3-9 所示，为一般位置直线的立体图和投影图。一般位置直线的投影特性：

（1）从图 3-9（a）可看出，$ab=AB\cos\alpha$，$a'b'=AB\cos\beta$，$a''b''=AB\cos\gamma$，而 α、β 和 γ 均介于 0° 与 90° 之间，$\cos\alpha$、$\cos\beta$ 和 $\cos\gamma$ 均小于 1，所以一般位置直线的三个投影都小于实长。

（2）直线上各点对某一投影面的距离都不相等，所以其三面投影都倾斜于各投影轴，各投影与相应的投影轴所成的夹角，都不反映直线对各投影面的真实倾角，如图 3-9（b）所示。

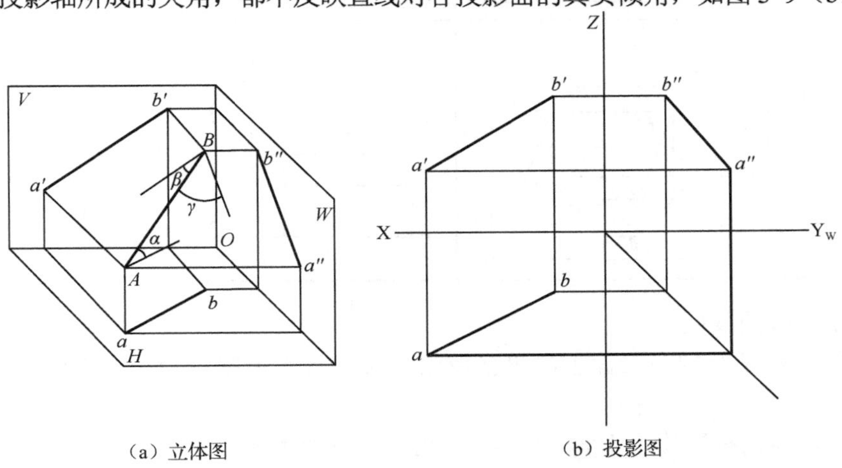

（a）立体图　　（b）投影图

图 3-9　一般位置直线

3.2.2 投影面平行线

只平行于某个投影面，而倾斜于另外两个投影面的直线，称为某投影面的平行线。与 *V* 面平行的直线称为正面平行线，简称正平线，见表 3-1 中的 *AB*；与 *H* 面平行的直线称为水平面平行线，简称水平线，见表 3-1 中的 *CD*；与 *W* 面平行的直线称为侧面平行线，简称侧平线，见表 3-1 中的 *EF*。现以正平线为例讨论其投影特性：

（1）因为 $AB // V$ 面，正平线的正面投影反映实长，即 $a'b'=AB$，而且 $a'b'$ 与投影轴的夹角反映了直线与 *H*、*W* 面的真实倾角 α、γ。

（2）因为 *AB* 上各点到 *V* 面的距离都相等，所以正平线的水平投影平行于 *OX* 轴，即 $ab // OX$ 轴；同理，正平线的侧面投影平行于 *OZ* 轴，即 $a''b'' // OZ$ 轴。

各种投影面平行线的投影图及其投影特性见表 3-1。

表 3-1　投影面平行线

投影面平行线	立体图	投影图	投影特性
正面平行线（正平线）			1．$ab//OX$ 轴； $a''b''//OZ$ 轴 2．$a'b'=AB$ 3．$a'b'$ 与投影轴的夹角，反映直线与 *H*、*W* 面的真实倾角 α、γ
水平面平行线（水平线）			1．$c'd'//OX$ 轴； $c''d''//OY$ 轴 2．$cd=CD$ 3．cd 与投影轴的夹角反映直线与 *V*、*W* 面的真实倾角 β、γ
侧面平行线（侧平线）			1．$e'f'//OZ$ 轴； $ef//OY_H$ 轴 2．$e''f''=EF$ 3．$e''f''$ 与投影轴的夹角反映直线与 *H*、*V* 面的真实倾角 α、β

投影面平行线的共性：

（1）直线在所平行的投影面上的投影反映实长，且该投影与相应投影轴所成夹角，反映直线对其他两投影面的倾角；

（2）直线其他两投影均小于实长，且平行于相应的投影轴。

实例 3.3　已知水平线 AB 的长度为 25 mm，β=30°，A 点的二面投影 a、a'，试求 AB 的三面投影（见图 3-11）。

解：（1）过 a 作直线 ab=25 mm，并与 OX 轴成 30° 角。

（2）过 a' 作直线平行 OX 轴，与过 b 作 OX 轴的垂线相交于 b'。

（3）根据 ab 和 $a'b'$ 作出 $a''b''$。

（4）根据已知条件，B 点可以在 A 点的前、后、左、右四种位置，本题有四种答案。

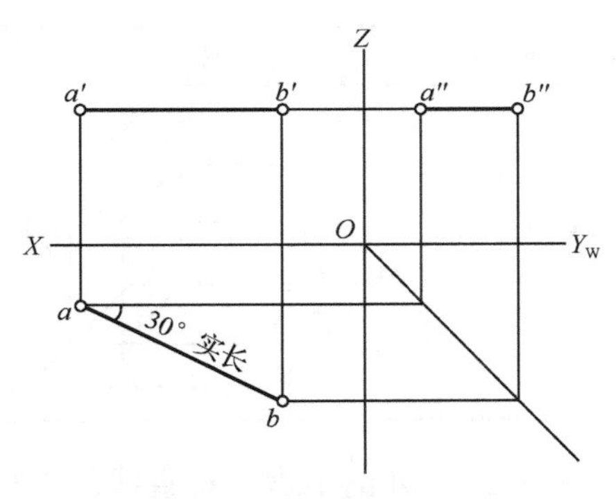

图 3-11　求水平线的三面投影

3.2.3　投影面垂直线

与某一个投影面垂直的直线统称为投影面垂直线，垂直于一个投影面，必平行于另两个投影面。投影面垂直线有三种情况。

（1）与 V 面垂直的称为正面垂直线，简称正垂线，见表 3-2 中的 CE。

（2）与 H 面垂直的称为水平面垂直线，简称铅垂线，见表 3-2 中的 AB。

（3）与 W 面垂直的称为侧面垂直线，简称侧垂线，见表 3-2 中的 CD。

现以正垂线为例，讨论其投影特性：

（1）正垂线 $CE \perp V$ 面，所以其 V 面投影 $c'e'$ 积聚为一点。

（2）正垂线 CE 平行于 H、W 面，其 H、W 面投影反映实长，即 $ce=c''e''=CE$。

（3）$ce \perp OX$；$c''e'' \perp OZ$。

表 3-2　投影面垂直线

投影面垂直线	立体图	投影图	投影特性
正面垂直线（正垂线）			1. $c'e'$ 积聚为一点 2. $ce \perp OX$；$c''e'' \perp OZ$ 3. $ce=c''e''=CE$
水平面垂直线（铅垂线）			1. ab 积聚为一点 2. $a'b' \perp OX$；$a''b'' \perp OY_W$ 3. $a'b'=a''b''=AB$

续表

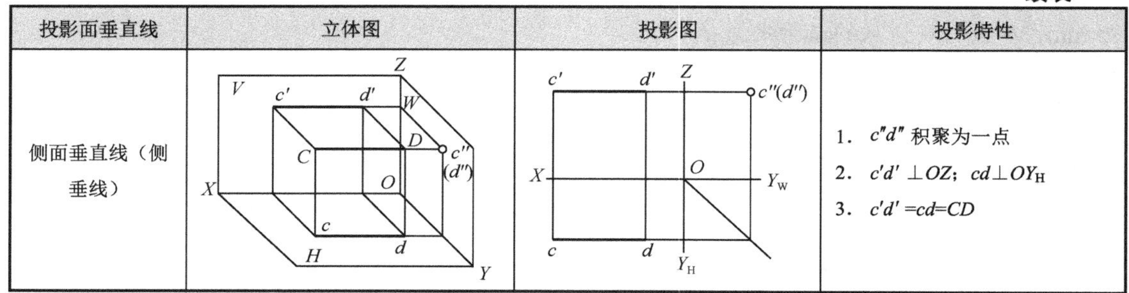

投影面垂直线	立体图	投影图	投影特性
侧面垂直线（侧垂线）			1. $c''d''$ 积聚为一点 2. $c'd' \perp OZ$；$cd \perp OY_H$ 3. $c'd' = cd = CD$

表 3-2 中列出了这三种直线的直观图和三面投影图，从中可以归纳出投影面垂直线的投影特性：

（1）直线在所垂直的投影面上的投影积聚成一点（积聚性）。

（2）直线的其他两投影与相应的投影轴垂直，并都反映实长（显实性）。

3.2.4 直线的实长及其与投影面的倾角

一般位置直线的三面投影图既不反映其实长，也不反映倾角，要想求得一般线的实长和倾角，可以采用直角三角形法。

如图 3-12 所示，在 $BEeb$ 所构成的投射平面内，延长 BE 和 be 交于点 M，则 $\angle BMb$ 就是 BE 直线对 H 面的倾角 α。过 E 点作 $EB_1 /\!/ eb$，则 $\angle BEB_1=\alpha$，且 $EB_1=eb$。所以只要在投影图上作出直角三角形 BEB_1 的实形，即可求出 BE 直线的实长和倾角 α。

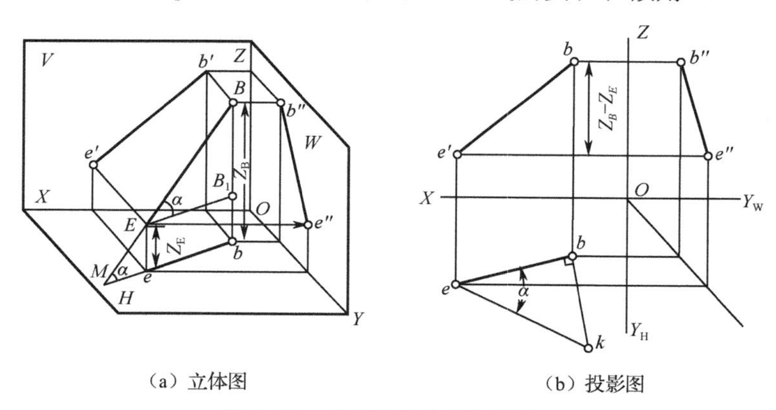

图 3-12　求直线的实长与倾角 α

其中直角边 $EB_1=eb$，即 BE 为已知的 H 面投影；另一直角边 BB_1，是直线两端点的 Z 坐标差，即 $BB_1=Z_B-Z_E$，可从 V 面投影图中量得，也是已知的，其斜边 BE 即为实长。

作图步骤为：

（1）过 H 面投影 eb 的端点 b 作直线垂直于 eb。

（2）在所作垂线上截取 $bk=Z_B-Z_E$，得 k 点。

（3）连接直角三角形的斜边 ek，即为所求的实长，$\angle bek$ 即为倾角 α。

如图 3-13 所示，求作 BE 直线对 V 面的倾角 β 的立体图和投影图。以直线的 V 面投影，直线上两端点的 Y 坐标差为两条直角边，组成一个直角三角形，就可求出直线的实长

和直线对 V 面的倾角 β。如果求直线对 W 面的倾角 γ，则以直线的 W 面投影，直线两端点的 X 坐标差为两直角边，组成一个直角三角形。

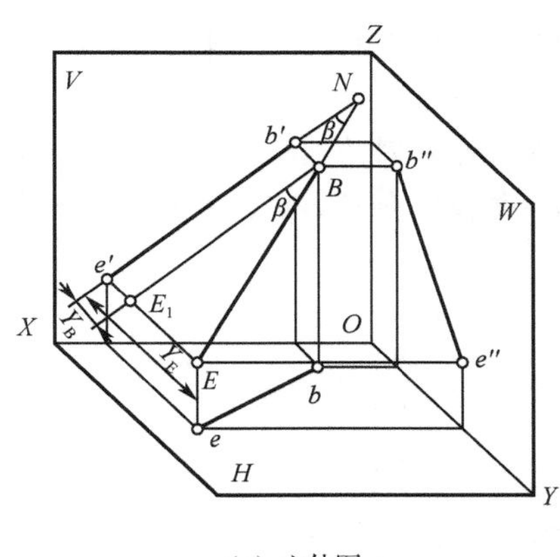

（a）立体图

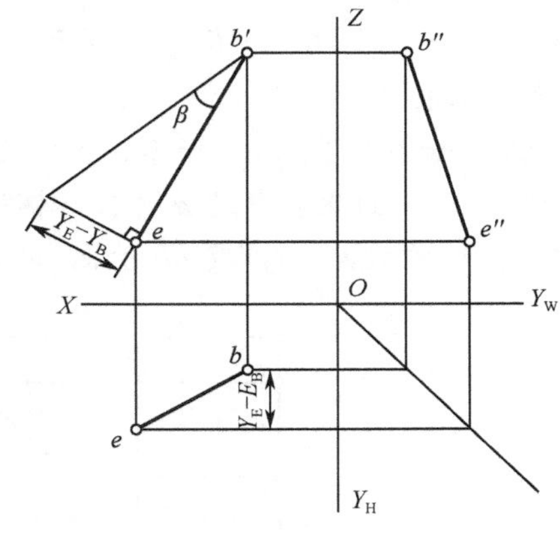

（b）投影图

图 3-13　求直线的实长与倾角 β

这种利用直角三角形求一般位置直线的实长及倾角的方法称为直角三角形法，其要点是以线段的一个投影为直角边，以线段两端点相对于该投影面的坐标差为另一直角边，所构成的直角三角形的斜边即为线段实长，斜边与线段投影之间的夹角即为直线对该投影面的倾角。

实例 3.4　已知直线 AB 的实长为 20 mm，并已知 a、a'、b'，求 b（见图 3-14）。

解：（1）过 $a'b'$ 的端点 a' 作 $a'b'$ 的垂线，以 b' 为圆心，R=20 mm 画圆弧，与垂线相交于 A_0 点，得直角三角形 $A_0a'b'$。

（2）过 b' 作 OX 轴的垂线，再过 a 作 OX 轴的平行线，两直线相交于 b_0，在 $b'b_0$ 线上截取 Y 坐标差 $b_0b_1=a'A_0$，得 b_1 点，边 ab_1 即为所求。

如果截取 $b_0b_2=a'A_0$，连 ab_2 也为所求，所以本题有两解。

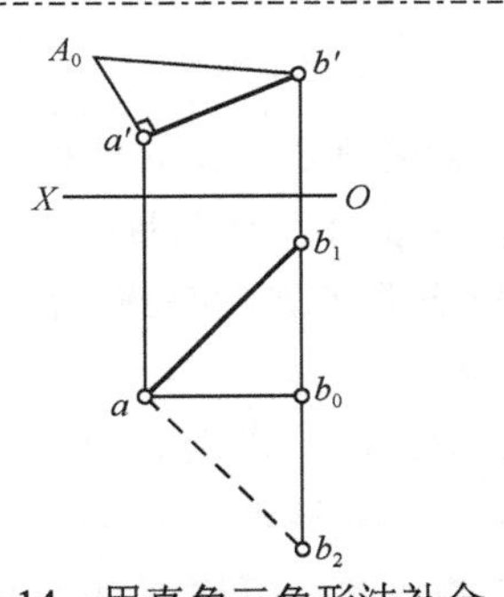

图 3-14　用直角三角形法补全直线的投影

3.2.5　直线上的点

由正投影的特性可知：

（1）点在直线上，则点的各个投影必在直线的同面投影上，即点的从属性。

（2）点分割线段成定比，其投影也把线段的投影分成相同的比例，即点的定比分割特性。

如图 3-15 所示，点 M 在直线 AB 上，则其投影 m、m'、m'' 必在 AB 的相应投影 ab、$a'b'$、$a''b''$ 上；且 $AM:MB=am:mb=a'm':m'b'=a''m'':m''b''$。

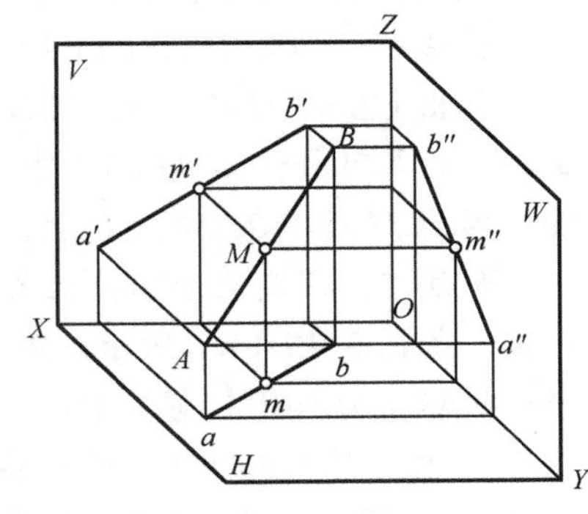

图 3-15　直线上的点

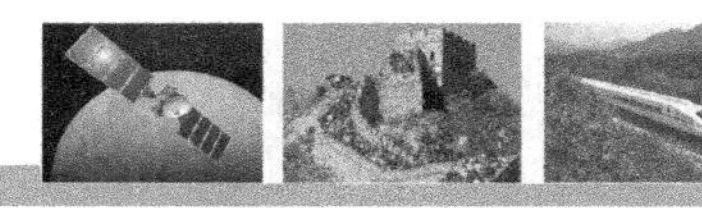

实例 3.5 已知侧平线 AB 的两投影 ab 和 $a'b'$，并知 AB 线上一点 K 的 V 面投影 k'，求 k，如图 3-16 所示。

解： 作法一：如图 3-16（a）所示，由 ab 和 $a'b'$ 求出 $a''b''$；根据点的属性先求出 k''，再由 k'' 作出 k。

作法二：如图 3-16（b）所示，用定比分割特性求作。因为 $AK:KB=a'k':k'b'=ak:kb$，所以可在 H 面投影中过 a 作任一辅助线 aB_0，并使它等于 $a'b'$，再取 $aK_0=a'k'$。连 B_0b，并过 K_0 作 $K_0k // B_0b$ 交 ab 于 k，即为所求。

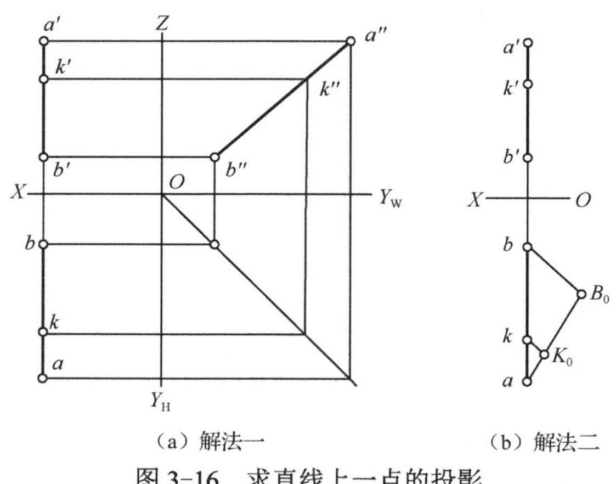

（a）解法一　（b）解法二

图 3-16　求直线上一点的投影

实例 3.6 已知侧平线 CD 及点 M 的 V、H 面投影，试判定 M 点是否在侧平线 CD 上（见图 3-17）。

解： 判定点是否在直线上，一般只要观察两面投影即可，但对于侧平线，只考虑两面投影还不行，可作出 W 面投影来判定，或用定比分割特性来判定。

作法一：如图 3-17（a）所示，作出 CD 和 M 的 W 面投影，由作图结果可知：m'' 在 $c''d''$ 外面，因此 M 点不在直线 CD 上。

作法二：用定比分割特性来判定。如图 3-17（b）所示，在任一投影（如 H 面投影）中，过 c 任作一辅助线 cD_0，并在其上取 $cD_0=c'd'$，$cM_0=c'm'$，连接 dD_0、mM_0。因 mM_0 不平行于 dD_0，说明 M 点不在直线 CD 上。

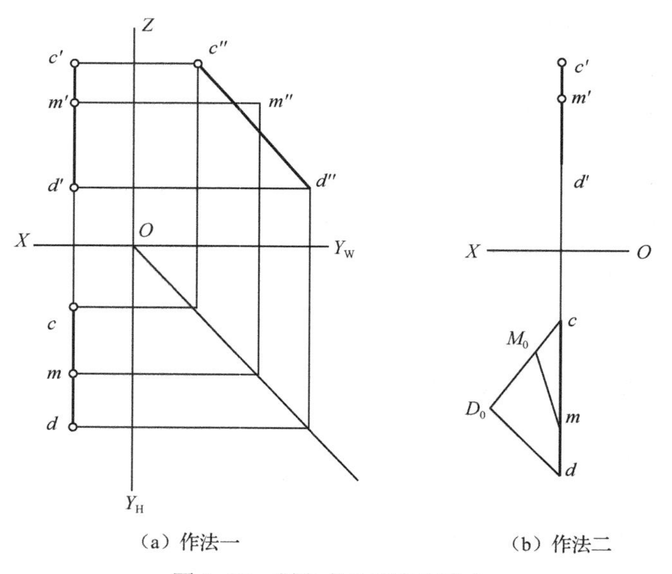

（a）作法一　（b）作法二

图 3-17　判定点是否在直线上

3.2.6　直线的迹点

直线与投影面的交点，称为直线的迹点。与水平投影面的交点称为水平迹点，用 *M* 表示；与正立投影面的交点称为正面迹点，用 *N* 表示；与侧投影面的交点称为侧面迹点，用 *S* 表示。图 3-18 为直线 *AB* 的 *H* 面和 *V* 面迹点的求作方法。

迹点是直线与投影面的交点，所以迹点既在直线上又在投影面内，因此，迹点的投影必须同时具有直线上的点和投影面上的点的投影特点，这是求作迹点的依据。

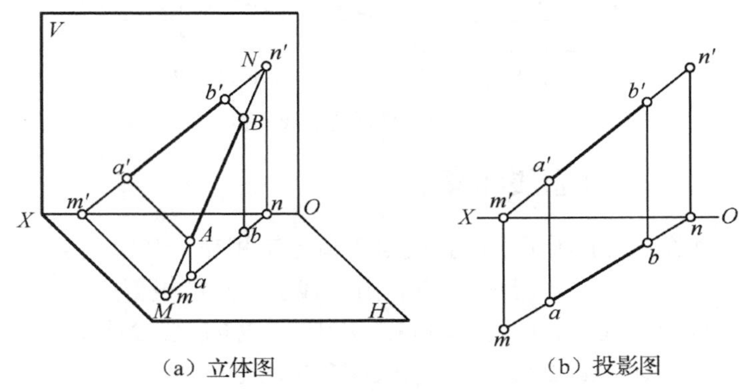

（a）立体图　（b）投影图

图 3-18　直线的迹点

如图 3-18 所示，由于水平迹点 *M* 是 *H* 面上的点，所以 *m′* 必在 *OX* 轴上；同时 *M* 也是直线 *AB* 上的点，所以 *m′* 一定在 *a′b′* 上，*m* 在 *ab* 上。

求水平迹点 *M* 的方法是：（1）延长 *AB* 的正面投影 *a′b′* 与 *OX* 轴相交得 *m′*；（2）自 *m′* 引 *OX* 轴的垂线与直线的水平投影 *ab* 的延长线相交，即得 *m*。

同理，求正面迹点 *N* 的方法是：（1）延长 *AB* 的水平投影 *ab* 与 *OX* 轴相交得 *n*；（2）自 *n* 引 *OX* 轴的垂线与直线的正面投影 *a′b′* 的延长线相交，即得 *n′*。

任务 3.3　两直线的相对位置

空间两直线的相对位置分为三种情况：平行、交叉和相交，其中交叉位置的两直线称为异面直线。

3.3.1　两直线平行

若空间两直线互相平行，则其同面投影互相平行；反之，若两直线的同面投影互相平行，则此空间两直线一定互相平行。如图 3-19 所示，如果 *AB*//*CD*，则 *ab* // *cd*，*a′b′* // *c′d′*，*a″b″* // *c″d″*。

在一般情况下，判定两直线是否平行，只要直线的任意两同面投影互相平行，就可判定两直线是平行的，但对与投影面平行的两直线来说，有时不能肯定。例如，图 3-20 所示的两条侧平线 *CD* 和 *EF*，它们的 *V*、*H* 面投影平行，但是还不能确定它们是否平行，必须求出它们的侧面投影或通过判断比值是否相等才能最后确定。如图 3-20 所示，作出其侧面投影 *c″d″* 和 *e″f″* 不平行，则 *CD* 和 *EF* 两直线不平行。

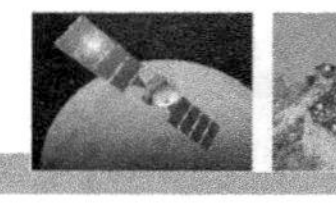

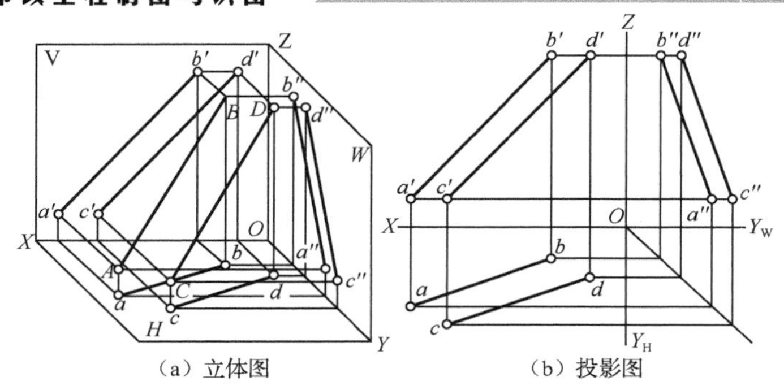

图 3-19　平行两直线的投影

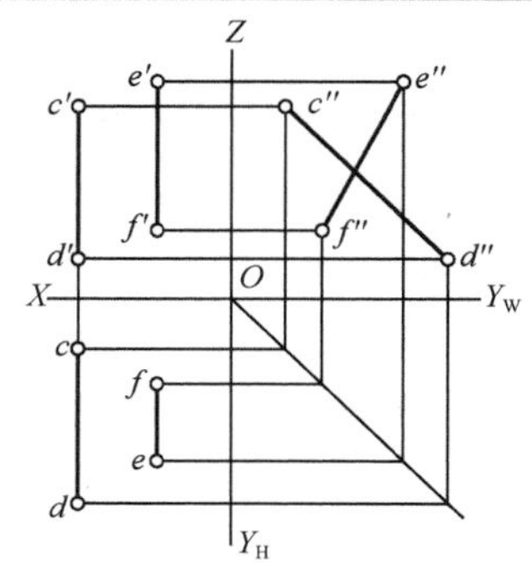

图 3-20　判定两直线的相对位置

3.3.2　两直线相交

如图 3-21 所示，两直线 *AB* 和 *CD* 相交，其交点 *K* 为两直线的共有点，它既是 *AB* 上的一点，又是 *CD* 上的一点。由于线上一点的投影必在该直线的同面投影上，因此 *K* 点的 *H* 面投影 *k* 既在 *ab* 上，又应在 *cd* 上。这样 *k* 必然是 *ab* 和 *cd* 的交点；同理 *k'* 必然是 *a'b'* 和 *c'd'* 的交点；*k"* 必然是 *a"b"* 和 *c"d"* 的交点。

由此可得出结论：两直线相交，其同面投影必相交，交点符合点的投影规律。反之，如果两直线的各同面投影相交，且交点符合点的投影规律，则此两直线在空间必定相交。

判定两直线是否相交，对一般位置直线，根据任意两组同面投影即可判断，但当两直线之一为投影面平行线时，则要看该直线在所平行的那个投影面上的投影情况。如图 3-22 所示，两直线 *AB* 和 *CD*，因为 *a"b"* 和 *c"d"* 的交点与 *a'b'* 和 *c'd'* 的交点不符合点的投影规律，所以可以判定 *AB* 和 *CD* 不相交。

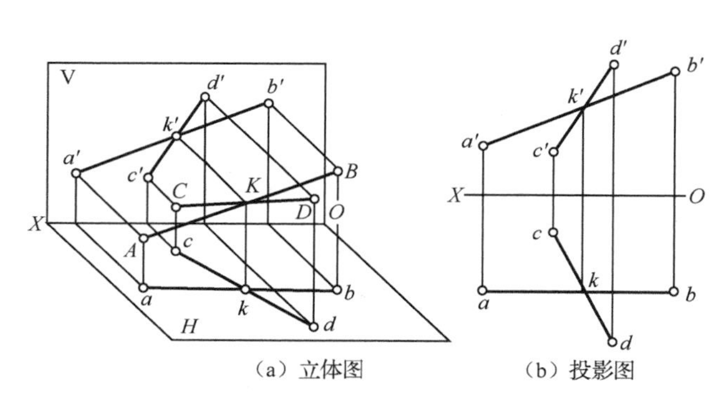

图 3-21　相交两直线的投影

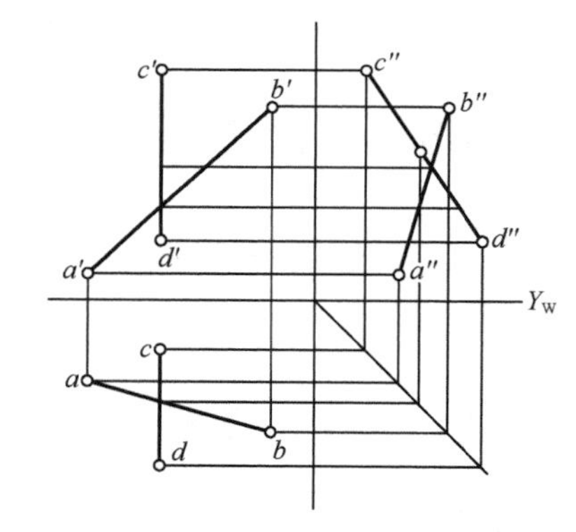

图 3-22　判定两直线的相对位置

3.3.3　两直线交叉

两直线交叉，则两直线既不平行也不相交，其各面投影既不符合平行两直线的投影特性，也不符合相交两直线的投影特性。若两直线的同面投影不同时平行，或同面投影虽相交但交点连线不垂直于投影轴，则该两直线必交叉。它们的投影可能有一对或两对同面投影互相平行，但决不可能有三对同面投影都互相平行。交叉两直线也可表现为一对、两对或三对同面投影相交，但其交点的连线不可能符合点的投影规律。

如图 3-23 所示，AB 和 CD 是两条交叉直线，其三面投影都相交，但其交点不符合点的投影规律，即 ab 和 cd 的交点不是一个点的投影，而是 AB 上的 M 点和 CD 上的 N 点在 H 面上的重影点，M 点在上，m 可见，N 点在下，n 为不可见。同样 $a'b'$ 和 $c'd'$ 的交点是 CD 上的 E 点和 AB 上的 F 点在 V 面上的重影点，E 点在前，e' 为可见，F 点在后，f' 为不可见。W 面投影 $a''b''$ 和 $c''d''$ 的交点也是重影点。

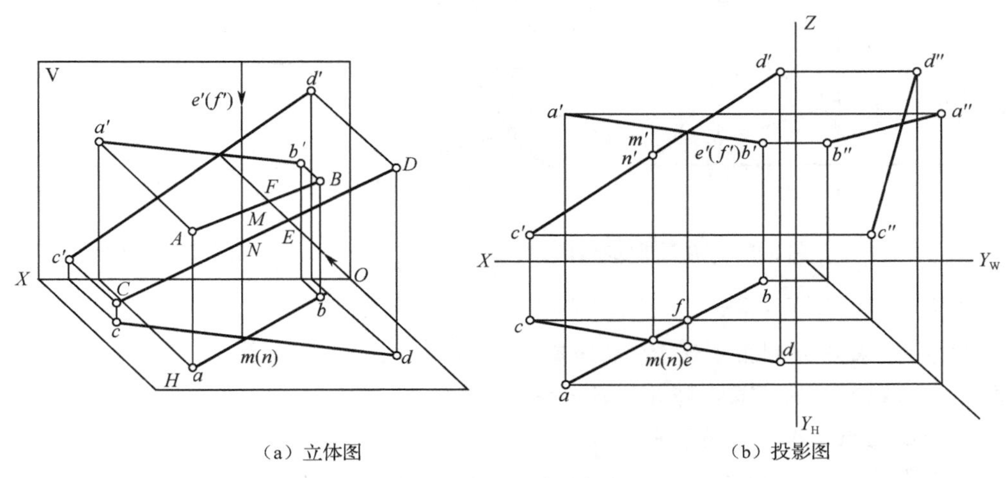

（a）立体图　　（b）投影图

图 3-23　交叉两直线的投影

3.3.4　直角投影

两直线相交（或交叉）成直角，如果其中有一条直线与某一投影面平行，则在该投影面上的投影仍反映直角。反之，相交或交叉两直线的某一投影成直角，且有一条直线平行于该投影面，则此两直线的交角必是直角。

1. 垂直相交

已知：如图 3-24 所示，直线 AB 垂直于 BC，$BC/\!/H$ 面，求证：$\angle abc=90°$。

证明：因为 $BC\perp AB$，$BC\perp Bb$；所以 $BC\perp$平面 $ABba$；又 $bc/\!/BC$，所以 $bc\perp$平面 $ABba$。因此，bc 垂直平面 $ABba$ 上的一切直线，即 $bc\perp ab$，所以$\angle abc=90°$。

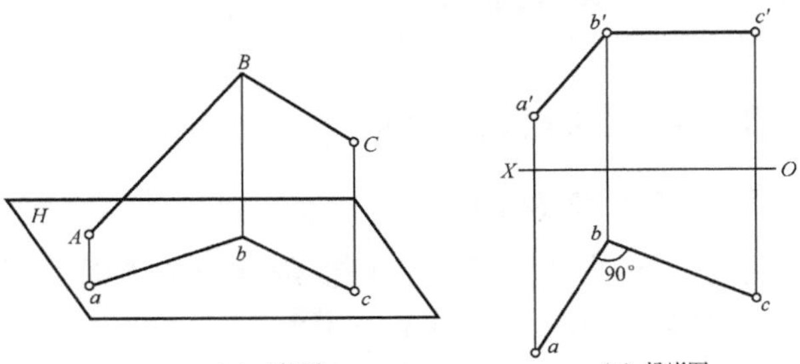

（a）立体图　　（b）投影图

图 3-24　一边平行于一投影面的直角的投影

2. 垂直交叉

已知：如图 3-25 所示，BC 与 MN 成垂直交叉，$BC/\!/H$ 面。求证：$bc\perp mn$。

证明：过 BC 上任一点 B 作 $BA/\!/MN$，则 $AB\perp BC$。根据上述证明已知 $bc\perp ab$，现 $AB/\!/MN$，故 $ab/\!/mn$，所以 $bc\perp mn$。因为 BC 为水平线，故 $bc\perp mn$。

图 3-26 中两条垂直相交的直线 AB 和 BC，其中 AB 为水平线，$a'b' // OX$ 轴，则$\angle abc$ 为直角。

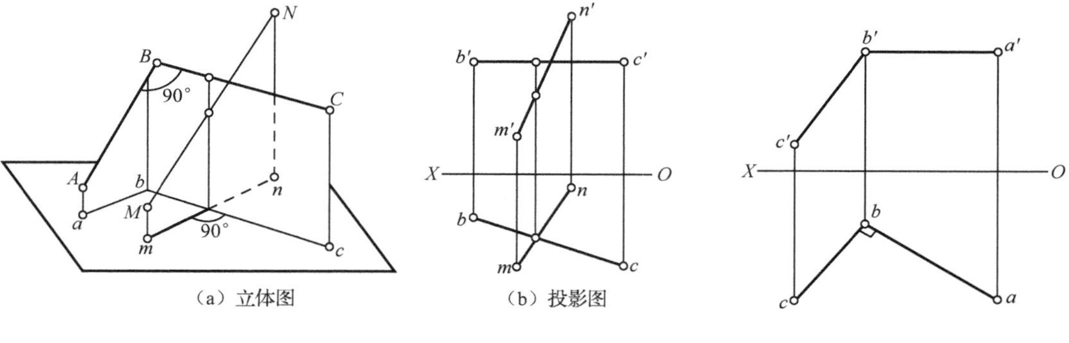

图 3-25　两直线成垂直交叉

图 3-26　直角投影

实例 3.7　求点 A 到正平线 BC 的距离。

解：一点到直线的距离，即为该点向该直线所引垂线之长，根据直角投影定理，其作图步骤如下（见图 3-27）：

（1）由 a' 向 $b'c'$ 作垂线，得垂足 k'。

（2）过 k' 向 OX 轴作垂线，在 bc 上得 k。

（3）连 ak 即为所求垂线的 H 面投影。因 AK 是一般线，故要用直角三角形法求其实长。

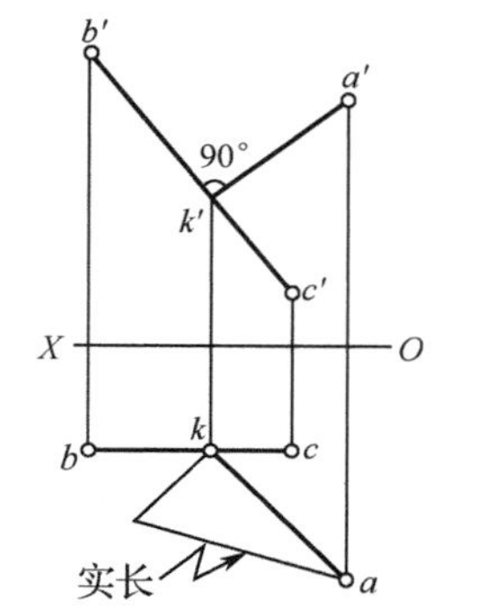

图 3-27　求点到直线之间的距离

任务 3.4　平面的投影

3.4.1　平面的表示法

1. 几何元素表示法

不在同一直线上的三点可以确定一个平面。因此，在投影图上能用下列任一组几何元素的投影表示平面，如图 3-28 所示。

（1）不在同一直线上的三点，如图 3-28（a）所示。

（2）一直线和直线外一点，如图 3-28（b）所示。

（3）相交两直线，如图 3-28（c）所示。

（4）平行两直线，如图 3-28（d）所示。

（5）任意平面图形，如图 3-28（e）所示，即平面的有限部分，如三角形、矩形、圆形及其他封闭平面图形。

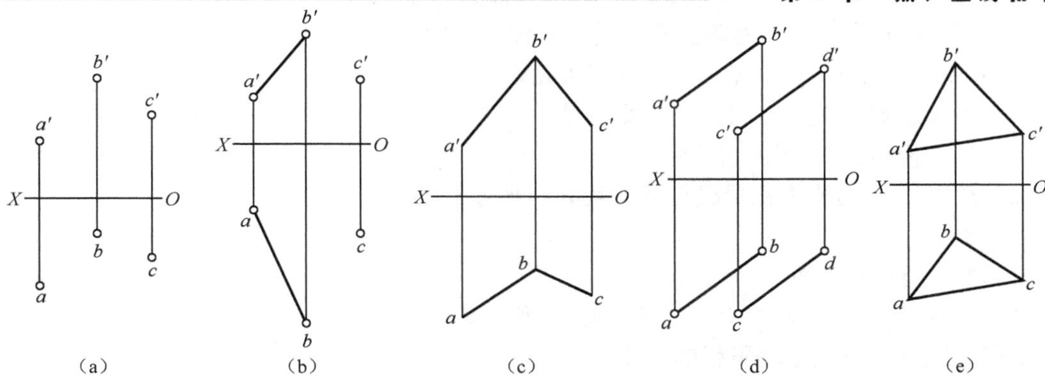

图 3-28　平面的五种表示方法

2. 迹线表示法

平面除上述五组表示法外，还可以用迹线表示。迹线就是平面与投影面的交线。图 3-29（a）、（b）中的 Q 平面，就是用迹线表示的一般位置平面，与 V 面的交线称为正面迹线，用 Q_V 表示；它与 H 面的交线称为水平迹线，用 Q_H 表示；与 W 面的交线称为侧面迹线，用 Q_W 表示。迹线与投影轴的交点称集合点，分别以 Q_X、Q_Y 和 Q_Z 表示。　图 3-29（c）、（d）是用迹线表示的铅垂面 P。

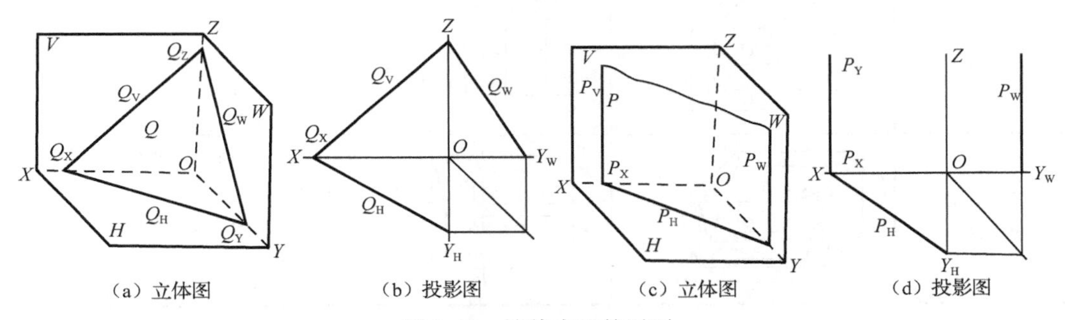

图 3-29　迹线表示的平面

用迹线表示的平面简称迹线平面，用几何元素表示的平面简称非迹线平面。

3.4.2 各种位置平面投影特性

在三投影面体系中，平面与投影面的相对位置，归纳起来有投影面平行面、投影面垂直面和一般位置平面三种。前两种统称为特殊位置平面。

1. 投影面平行面

平行于某一投影面的平面，称为投影面平行面，简称平行面。投影面平行面与另外两个面垂直。它也有三种情况：

（1）与 V 面平行的称为正面平行面，简称正平面，见图 3-30 中的平面 $ADFG$，表 3-3 中的△DEF。

（2）与 H 面平行的称为水平面平行面，简称水平面，见图 3-30 中的平面 $ABCD$，表 3-3 中的△ABC。

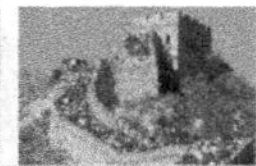

（3）与 W 面平行的称为侧面平行面，简称侧平面，见图 3-30 中的平面 $DCEF$，表 3-3 中的△KMN。

以水平面△ABC 为例，讨论其投影特性：

（1）H 面投影△abc 反映实形；

（2）V 面、W 面投影积聚成直线，且分别平行于 OX 轴和 OY 轴；

投影面平行面的共性：

平面在所平行的投影面上的投影反映实形，其他两投影都积聚成与相应投影轴平行的直线。

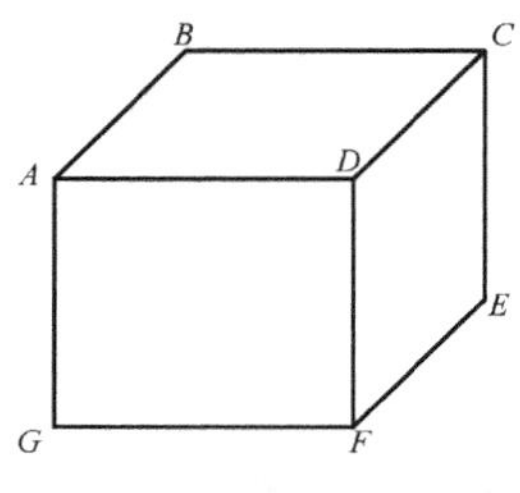

图 3-30　投影面平行面

表 3-3　投影面平行面

投影面平形面	立体图	投影图	投影特性
水平面平行面 （水平面）			1. V 面投影积聚成直线且平行于 OX 轴； 2. W 面投影积聚成直线且平行于 OY_W 轴； 3. H 面投影反映实形
正面平行面 （正平面）			1. H 面投影积聚成直线且平行于 OX 轴； 2. W 面投影积聚成直线且平行于 OZ 轴； 3. V 面投影反映实形
侧面平行面 （侧平面）			1. V 面投影积聚成直线且平行于 OZ 轴； 2. H 面投影积聚成直线且平行于 OY_W 轴； 3. W 面投影反映实形

2. 投影面垂直面

垂直于一个投影面，倾斜于其他投影面的平面称投影面垂直面，简称垂直面。垂直面的三种情况：

（1）垂直于 H 面的称为水平面垂直面，简称铅垂面，如图 3-31（a）中的平面 $ACEG$，表 3-3 中的△ABC。

（2）垂直于 V 面的称为正面垂直面，简称正垂面，如图 3-31（b）中的平面 $ABEF$，表 3-3 中的△DEF。

（3）垂直于 W 面的称为侧面垂直面，简称侧垂面，如图 3-31（c）中的平面 $BCFG$，表 3-3 中的平面 $ABCD$。

以铅垂面△ABC 为例讨论其投影特性：

（1）H 面投影 abc 积聚成一直线；

（2）abc 与 OX 轴的夹角，即为该平面与 V 面的倾角 β，与 OY 轴的夹角为该平面与 W 面的倾角 γ；

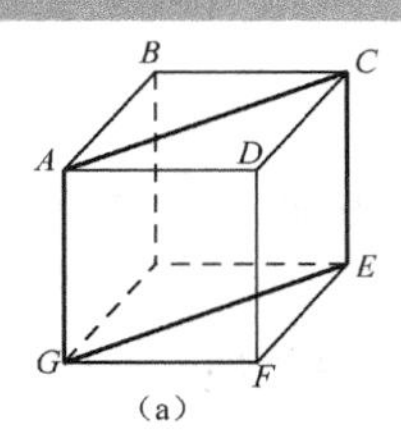

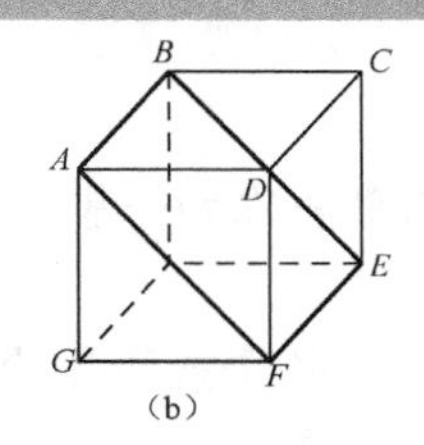

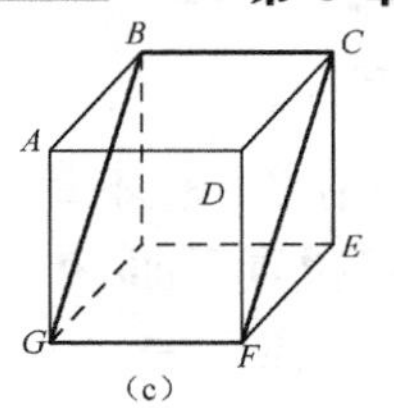

图 3-31　投影面垂直面

（3）*V*、*W* 面投影仍为三角形，但小于实形。

各种投影面垂直面的投影特性见表 3-4。投影面垂直面的共性是：

（1）平面在所垂直的投影面上的投影积聚成一直线，它与相应投影轴所成的夹角，即为该平面对其他两个投影面的倾角。

（2）其他两投影是类似图形，并小于实形。

表 3-4　投影面垂直面

投影面垂直面	立体图	投影图	投影特性
水平面垂直面 （铅垂面）			1．*H* 面投影积聚成一直线； 2．*H* 面投影与投影轴的夹角反映 β、γ 实角； 3．*V*、*W* 面投影仍为类似图形，但小于实形
正面垂直面 （正垂面）			1．*V* 面投影积聚成一直线； 2．*V* 面投影与投影轴的夹角反映 α、γ 实角； 3．*H*、*W* 面投影仍为类似图形，但小于实形
侧面垂直面 （侧垂面）			1．*W* 面投影积聚成一直线； 2．*W* 面投影与投影轴的夹角反映 α、β 实角； 3．*V*、*H* 面投影仍为类似图形，但小于实形

实例 3.8　过已知点 *K* 的两面投影 *k*′、*k*，作一铅垂面，使它与 *V* 面的倾角 β=30°（见图 3-32）。

解：（1）过 *A* 点作一条与 *OX* 轴成 30°的直线，这条直线就是所求作铅垂面的 *H* 面投影。

（2）所作平面的 *V* 面投影可以用任意图形表示，例如△*a*′*b*′*c*′。过 *k* 可以作两个方向与 *OX* 轴成 30°角的直线，所以本题有两解。

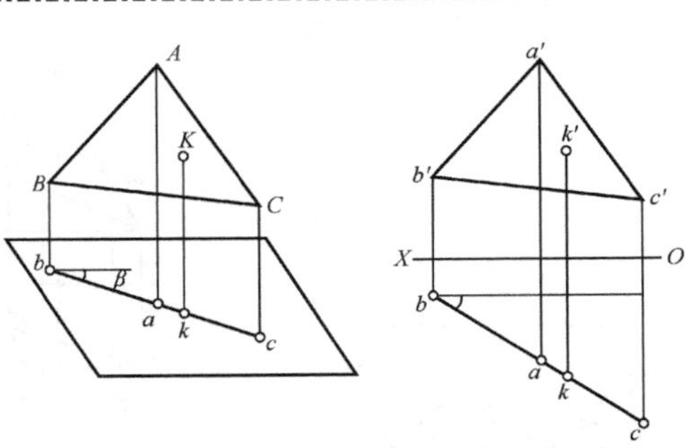

图 3-32　过已知点 *K* 作铅垂面

3. 一般位置平面

与三个投影面既不平行也不垂直的平面称为一般位置平面，简称一般面。图 3-33 中平面 *ACF* 即为一个一般位置平面。

根据平面的投影特点可知，一般面的各个投影都没有积聚性，均小于实形，如图 3-34 所示。

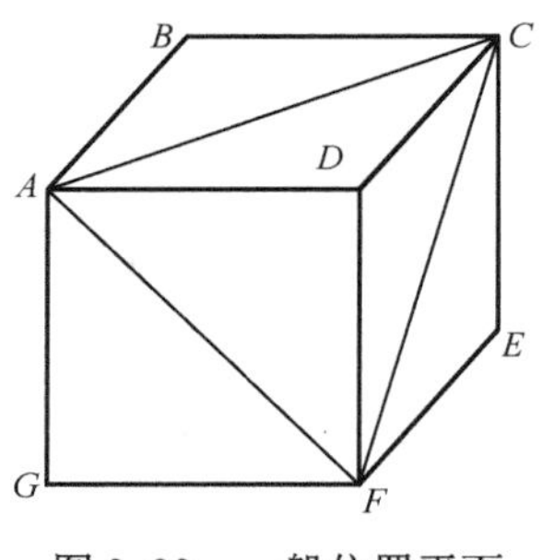

图 3-33　一般位置平面

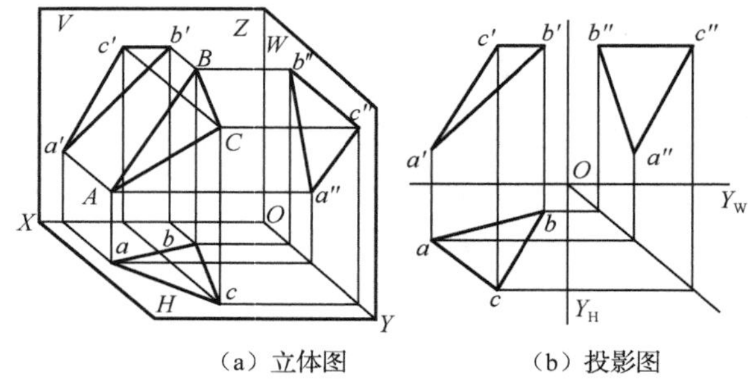

（a）立体图　（b）投影图

图 3-34　一般位置平面的投影

任务 3.5　平面上的点和直线

直线在平面上必须具备下列两条件之一：

（1）直线通过平面上的两点。如图 3-35 所示，在平面 *P* 上的两条直线 *AB* 和 *BC* 上各取一点 *D* 和 *E*，则过该两点的直线必在 *P* 面上。

（2）直线通过平面上的一点，且平行于该平面上的一直线。如图 3-35 所示，过 *P* 平面上的 *C* 点，作 *CF*//*AB*，*AB* 是平面 *P* 内的一条直线，则直线 *CF* 必在 *P* 平面上。如图 3-36 所示，要在△*ABC* 上任作一条直线 *MN*，则可在此平面上的两条直线 *AB* 和 *BC* 上各取点 *M*（*m*，*m*′，*m*″）和 *N*（*n*，*n*′，*n*″），连接 *M* 和 *N* 的同面投影，则直线 *MN* 就是△*ABC* 上的一条直线。

3.5.1　平面上的投影面平行线

平面上平行于投影面的直线称为平面上的投影面平行线。平面上的投影面平行线有三种：平面上平行于 *H* 面的直线称为平面上的水平线；平行于 *V* 面的直线称为平面上的正平线；平行于 *W* 面的直线称为平面上的侧平线。如图 3-37 所示，是用迹线表示的 *P* 平面上的水平线 *AB* 和正平线 *CD*。

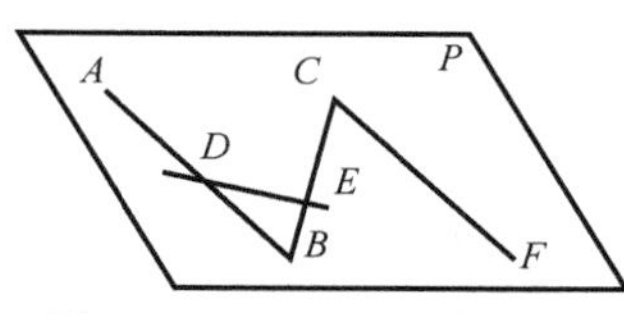

图 3-35　平面上的直线

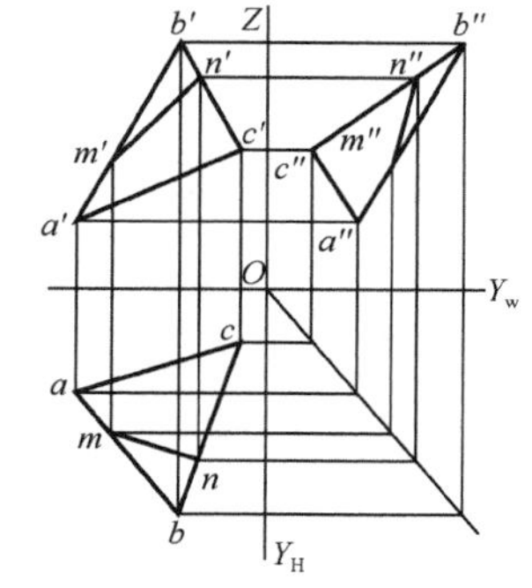

图 3-36　在平面上任作一直线

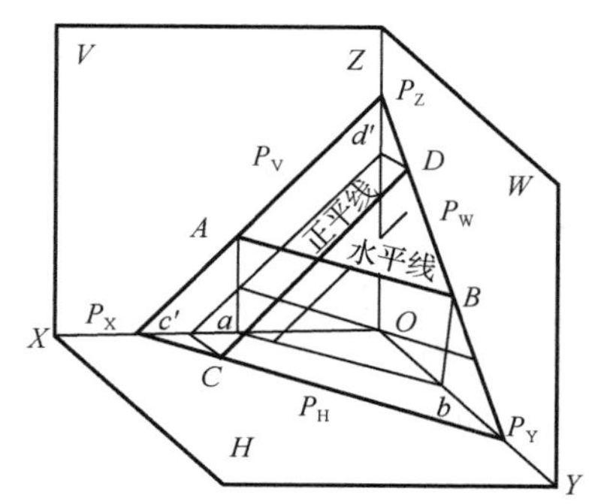

图 3-37　平面上的投影面平行线

平面上的投影面平行线，既在平面上，又具有投影面平行线的一切投影特性。在 P 平面上可作出无数条水平线、正平线和侧平线。它们的投影分别与平面的相应迹线平行。

实例 3.9　已知△ABC，过 A 点作平面上的水平线（见图 3-38）。

解： 过 a' 作 $a'd'$ // OX，交 $b'c'$ 于 d'，求出 d。连接 ad，AD（$a'd'$，ad）即为平面上的水平线。

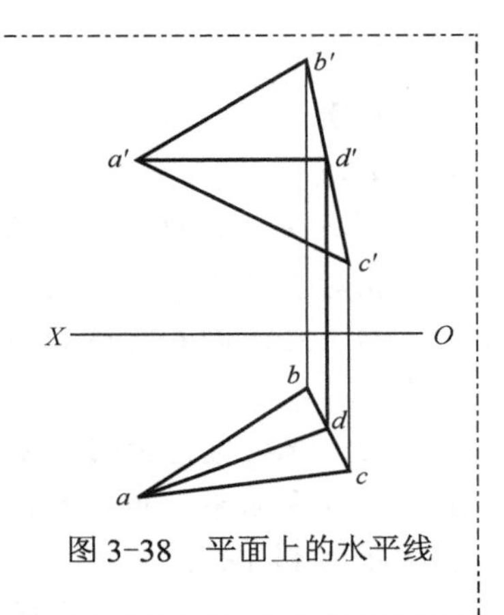

图 3-38　平面上的水平线

3.5.2　平面上的最大坡度线

平面上对投影面倾角为最大的直线称为平面上对投影面的最大坡度线，它必垂直于该平面上的同面平行线及迹线。最大坡度线有三种：垂直于水平线的称为对 H 面的最大坡度线；垂直于正平线的称为对 V 面的最大坡度线；垂直于侧平线的称为对 W 面的最大坡度线。

图 3-39 所示的△ABC，扩展成平面 P 后，它与 H 面的交线为 P_H，在△ABC 上作水平线 BG，则 P_H // BG。过 A 点作 $AD \perp P_H$，则 AD 对 H 面的倾角 α 为最大，证明如下：

（1）过 A 点任作一直线 AE，它对 H 面的倾角为 α_1；

（2）在直角△ADa 中，$\sin\alpha = \dfrac{Aa}{AD}$；在直角△$AEa$ 中，$\sin\alpha_1 = \dfrac{Aa}{AE}$。又因为△$ADE$ 为直角三角形，$AD<AE$，所以 $a>a_1$。

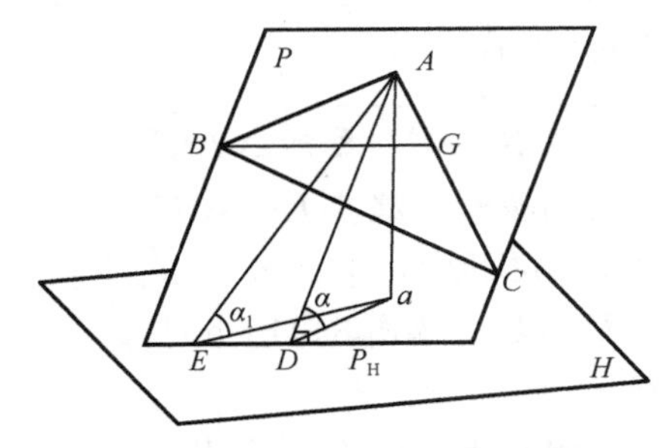

图 3-39　平面上的最大坡度线

所以，垂直于 P_H（或垂直于水平线 BG）的直线 AD 对 H 面的倾角为最大，因此称其为“最大坡度线”。从物理意义上讲，在坡面上，小球或雨滴必沿对 H 面的最大坡度线方向滚落。同理，平面上对 V、W 面的最大坡度线也分别垂直于平面上的正平线和侧平线。

由于 $AD \perp P_H$，$aD \perp P_H$（直角投影），则∠Ada =α，它是 P、H 面所成的二面角，所以平面 P 对 H 面的倾角就是最大坡度线 AD 对 H 面的倾角。

综上所述，最大坡度线的投影特性是：平面内对 H 面的最大坡度线其水平投影垂直于面内水平线的水平投影，其倾角 α 代表了平面对 H 面的倾角；平面内对 V 面的最大坡度线

其正面投影垂直于面内正平线的正平投影，其倾角 β 代表了平面对 V 面的倾角；平面内对 W 面的最大坡度线其侧面投影垂直于面内侧平线的侧平投影，其倾角 γ 代表了平面对 W 面的倾角。

实例 3.10 求△ABC 对 H 面的倾角 α（见图 3-40）。

解： 要求△ABC 对 H 面的倾角 α，必须首先作出对 H 面的最大坡度线，作法如下：

（1）在△ABC 上任作一水平线 BG 的两面投影 $b'g'$ 、bg;

（2）根据直角投影规律，过 a 作 bg 的垂线 ad，即为所求最大坡度线的 H 面投影，并求出其 V 面投影 $a'd'$；

（3）用直角三角形法求 AD 对 H 面的倾角 α，即为所求△ABC 对 H 面的倾角 α。

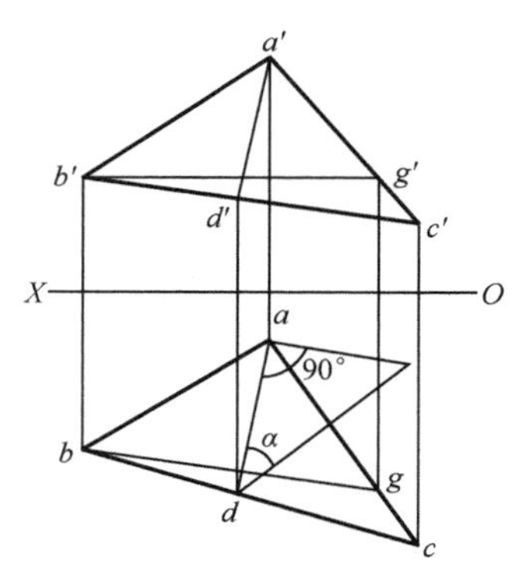

图 3-40　求△ABC 对 H 面顷角

3.5.3　平面上取点和平面上的圆

1. 平面上取点

如果点在平面内的任一直线上，则此点一定在该平面上。因此在平面上取点，必须先在平面上取辅助线，再在辅助线上取点。在平面上可作出无数条线，一般选取作图方便的辅助线为宜。

实例 3.11 已知△ABC 的两面投影，及其上一点 K 的 H 面投影 k，求 K 点的 V 面投影 k'，如图 3-41（a）所示。

解： 点 K 在△ABC 内，它必在该平面内的一条直线上。k' 、k 应分别位于该直线的同面投影上。所以，若要求点 K 的投影，则必先在△ABC 内过点 K 的已知投影作辅助线。

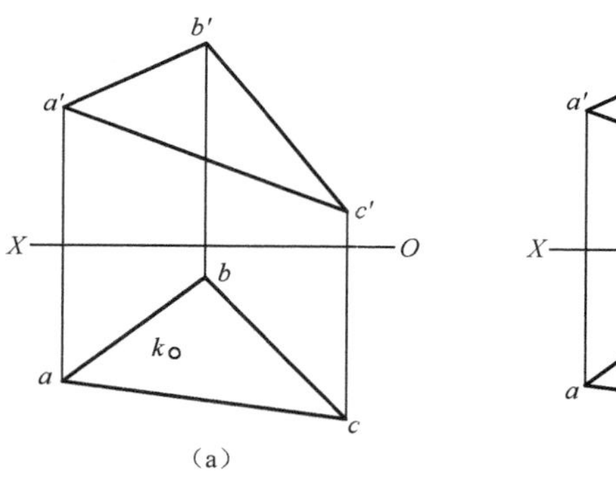

（a）

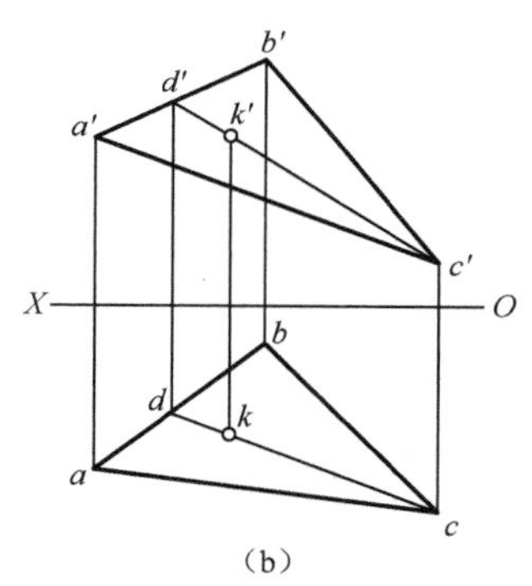

（b）

图 3-41　平面上取点

作图：如图 3-41（b）所示。

（1）先在水平投影上过 k 任作一直线 cd，作过 K 点的辅助线的水平投影。

（2）求出辅助线 CD 的正面投影 $c'd'$ 。

（3）过点 k 作投影连线与 $c'd'$ 相交即得 k' 。

实例 3.12　已知△ABC 和 M 点的 V、H 投影，判别 M 点是否在平面上（见图 3-42）。

解： 如果能在△ABC 上作出一条通过 M 点的直线，则 M 点在该平面上，否则不在该平面上。

连接 $a'm'$，交于 $b'c'$ 于 d'，求出 d、m 在 ad 上，则 M 点是该平面上的点。

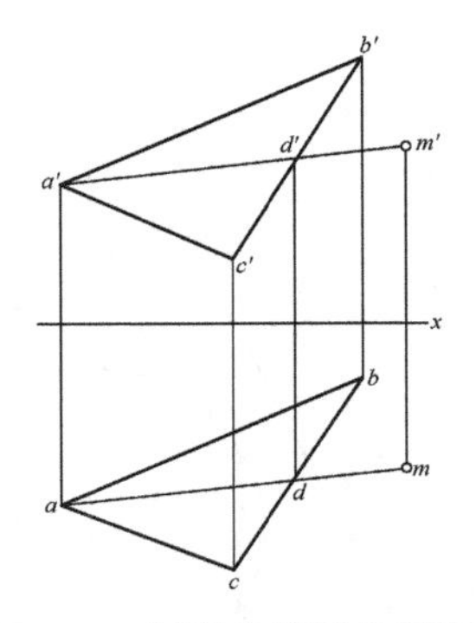

图 3-42　判别点是否在平面上

实例 3.13　已知四边形 $ABCD$ 的 H 面投影和其中两边的 V 面投影，完成四边形的 V 面投影（见图 3-43）。

解： 已知的 A、B、C 三点决定一平面，而 D 点是该平面上的一点，已知 D 点的 H 面投影求其 V 面投影，也就是在平面上取点。

作图步骤：连接 bd 和 ac 交于 m，再连接 $a'c'$，根据 m 可在 $a'c'$ 上作出 m'，连接 $b'm'$，过 d 向 OX 轴作垂线，与 $b'm'$ 的延长线相交于 d'，连接 $a'd'$ 和 $d'c'$，$a'b'c'd'$ 即为四边形的 V 面投影。

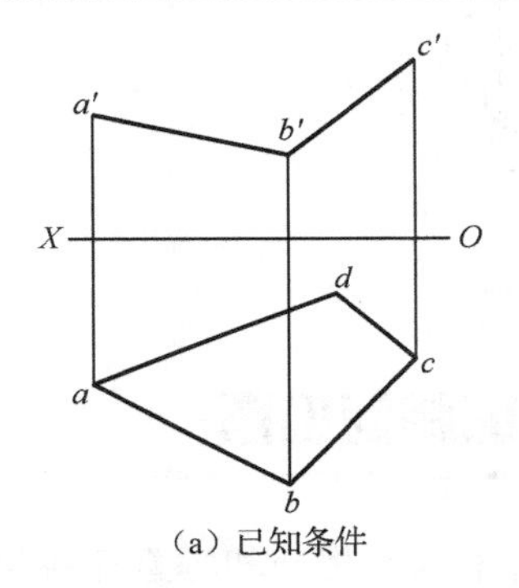

（a）已知条件

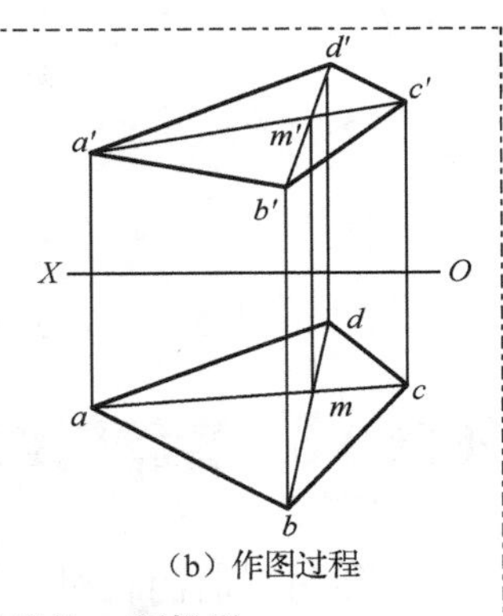

（b）作图过程

图 3-43　完成四边形的 V 面投影

2. 平面上的圆

平面上圆的投影一般为椭圆。如图 3-44 所示，P 平面上有一圆，圆心为 O，过圆心 O 作互相垂直的两直径 AB 和 CD，其中 AB 为水平线，所以 CD 是 P 面的最大坡度线，其投影 $cd=CD\cos\alpha$，因此 cd 是直径 CD 的最短投影，即椭圆的短轴。$ab=AB$，反映实长，是椭圆的长轴。

如图 3-45 所示，在一平行四边形 $ENMF$ 上，有一个半径为 R 的圆，其圆心 O_1 的投影 o_1、o_1' 为已知，求作该圆的投影。

先过圆心作平面上的水平线ⅠⅡ（12，1′2′），在 H 面 12 上以 o_1 点为中点各向两边量取 R，得 a、b 两点，ab 即为 H 面投影椭圆的长轴。再过圆心作平面的最大坡度线 O_1P（o_1p，$o_1'p'$），求出 O_1P 的实长 o_1g 上，利用直角三角形法反求出短半轴 o_1d 和 o_1c，然后可按长短轴作图的方法完成此椭圆。对于 V 面投影的椭圆，同样可利用平面上的正平线ⅢⅣ（34，3′4′）和最大坡度线 O_1F（o_1f，$o_1'f'$）或 O_1N（o_1n，$o_1'n'$）作出椭圆长短轴后，便可作出整个椭圆。

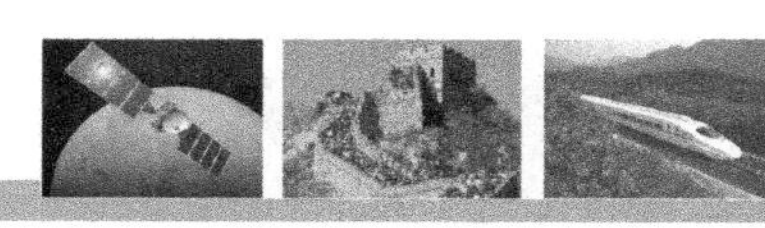

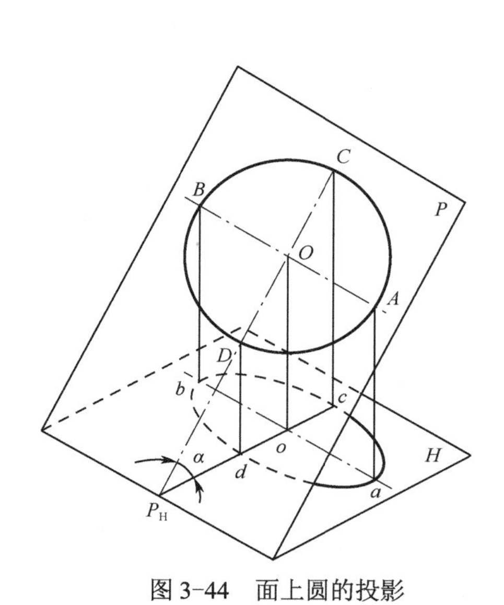

图 3-44　面上圆的投影

图 3-45　圆的投影——椭圆

任务 3.6　直线与平面的相对位置

直线与平面的相对位置有平行、相交和垂直三种情况（垂直属于相交的特殊情况）。

3.6.1　直线与平面平行

若直线平行于平面上的任一直线，则此直线必与该平面平行。如图 3-46 所示，直线 *AB* 与平面 *H* 上的任一直线 *CD*（或 *EF*）平行，则 *AB*∥*H* 面。

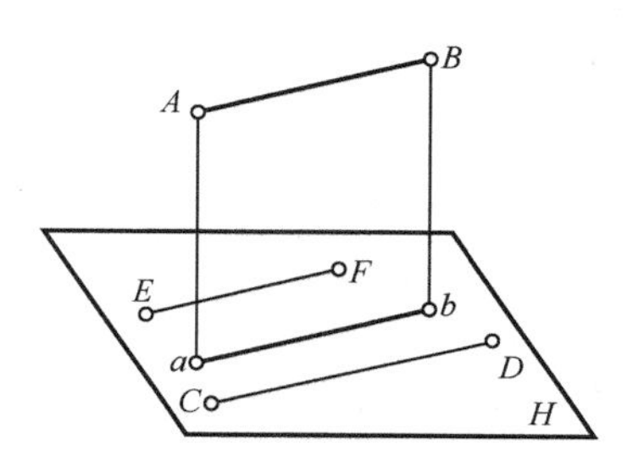

图 3-46　直线和平面平行的条件

实例 3.14　过△*ABC* 外一点 *D*，作一条水平线 *DE* 与△*ABC* 平行（见图 3-47）。

解：求作水平线 *DE* 与△*ABC* 平行，可以先在△*ABC* 上作一条水平线，使 *DE* 与该直线平行，则 *DE*∥△*ABC*，*DE* 与该水平线的同面投影必平行。

作法：（1）在△*ABC* 上任作一水平线 *BF*（*b'f'*，*bf*）。

（2）过 *d'* 作 *d'e'* ∥ *b'f'*；过 *d* 作 *de*∥*bf*，则 *DE* 即为所求。

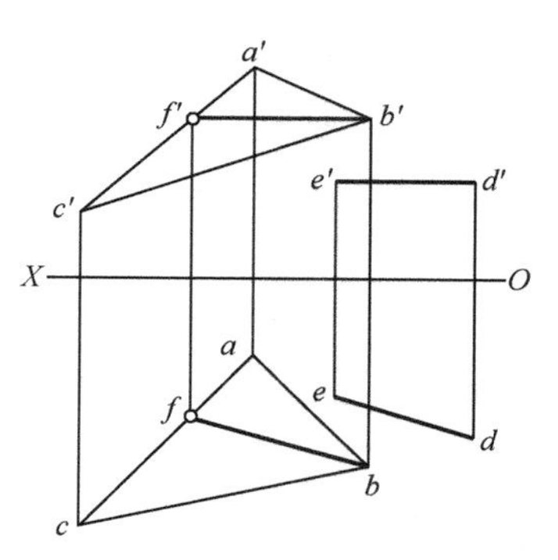

图 3-47　过已知点作水平线平行于已知平面

判别直线是否与平面平行，可归结为在平面上能否作出一直线与该直线平行。

实例 3.15　已知 $ABCD$ 平面外一直线 MN，判别 MN 是否与该平面平行（见图 3-48）。

解： 在 $ABCD$ 平面的投影图上任作 $b'e' \parallel m'n'$ 并与 $c'd'$ 相交于 e'，由 e' 求 e，连 be，因为 $be \parallel mn$，所以 MN 与平面 $ABCD$ 平行。

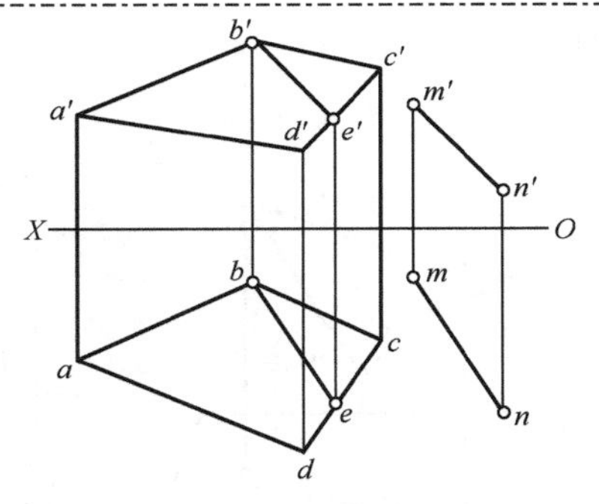

图 3-48　判别直线与平面是否平行

3.6.2　直线与平面相交

直线与平面之间，若不平行则必相交。直线与平面相交产生交点。直线与平面相交的交点，是直线与平面的共有点，该点既在直线上又在平面上，求解交点的投影，则需利用直线和平面的共有点或在平面上取点的方法。平面与平面的交线是一条直线，是两平面的共有线，求交线时只要先求出交线上的两个共有点（或一个交点和交线的方向），连之即得。在投影图中，为增强图形的清晰感，必须判别直线与平面、平面与平面投影重叠的那一段（称重影点）的可见性。

1. 投影面垂直线与一般位置平面相交

利用投影面垂直线的积聚性，可直接求出交点。

实例 3.16　求作铅垂线 EF 与一般位置平面△ABC 的交点（见图 3-49）。

解： 利用直线的积聚性投影可直接找到交点 K 的 H 面投影 k，再利用面上取点的方法即可求出 k'。

对 V 面上线面投影重影段的可见性，必须利用交叉直线重影点的可见性来判别，$a'b'$ 及 $a'c'$ 与 $e'f'$ 的交点均为重影点，可任选其中的一点如 4′（3′），它们是 AB 上的Ⅲ点与 EF 上的Ⅳ点在 V 面上重影，由其 H 面投影可知，Ⅳ点在前，即 $e'k'$ 段可见，而 $k'f'$ 的重影段则为不可见（画虚线）。

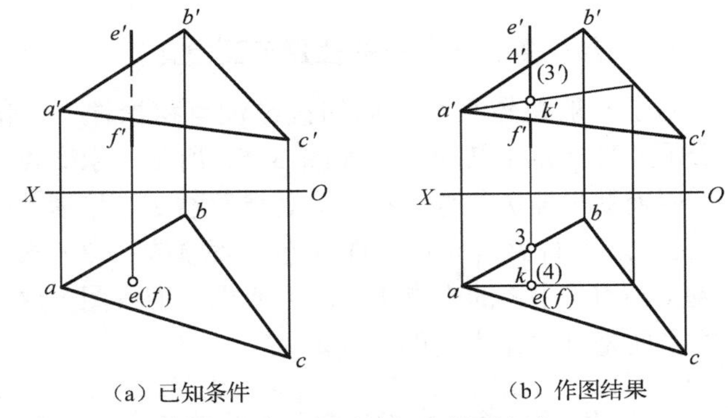

（a）已知条件　　（b）作图结果

图 3-49　铅垂线与一般面相交

2. 一般位置直线与投影面垂直面相交

利用投影面垂直面的积聚性投影，即可直接求出交点。

实例 3.17 求铅垂面 *ABC* 与一般位置直线 *DE* 的交点，并判别可见性（见图 3-50）。

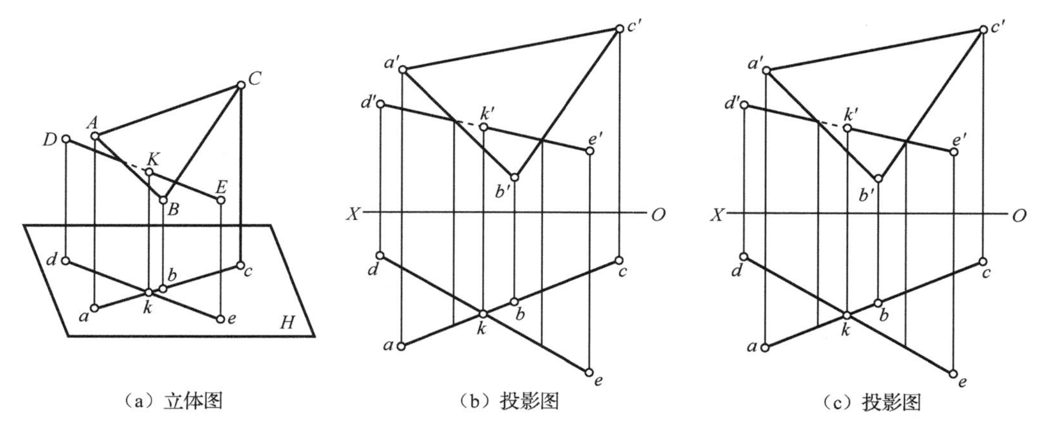

（a）立体图　（b）投影图　（c）投影图

图 3-50　直线与投影面垂直面的交点

解： 因 *K* 在 *DE* 上，*k* 必在 *de* 上；又因 *K* 在△*ABC* 上，故 *k* 必积聚在△*ABC* 的 *H* 面投影 *abc* 上，即 *k* 必是 *de* 与 *abc* 的交点。由 *k* 作 *OX* 轴的垂线与 *d'e'* 相交于 *k'*，*K*（*k'*，*k*）即为所求。

又因直线 *DE* 穿过△*ABC*，在交点 *K* 之前的一段为可见，交点 *K* 之后则有一段被平面遮挡而为不可见，显然交点 *K* 为可见与不可见段的分界点。由于铅垂面的 *H* 面投影有积聚性，故可根据它们之间的前后关系直接判别其 *V* 面投影的可见性。即 *ke* 一段均在 *k* 之前，*k'e'* 为可见，而 *k'* 之后的重影段为不可见（画虚线）。对 *H* 面投影的可见性，因投影具有积聚性，无须判别其可见性。

3. 一般位置直线与一般位置平面相交

由于一般位置直线、面的投影没有积聚性，不能在投影图上直接定出其交点。如图 3-51 所示，求交点时，可采用辅助平面进行作图：（1）包含直线 *DF* 作辅助平面 *R*；（2）求平面 *P* 与辅助平面 *R* 的交线 *MN*；（3）求出交线 *MN* 与直线 *AB* 的交点 *K*，即为所求。为作图方便，常取投影面垂直面作为辅助平面。

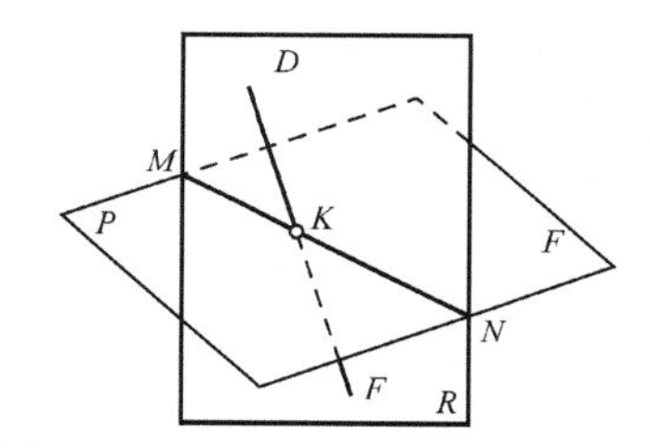

图 3-51　一般位置直线与一般位置平面的交点求法

实例 3.18 求直线 *DF* 与△*ABC* 的交点，并判别其可见性（见图 3-52）。

解：（1）包含作一辅助铅垂面 *R*，这时 *df* 与 R_H 重合。

（2）求辅助平面 *R* 与△*ABC* 的交线 *MN*（*m'n'*，*mn*）。

（3）*m'n'* 与 *d'f'* 相交于 *k'*，即为所求交点 *K*（*k'*，*k*）的 *V* 面投影，可在 *df* 上定出 *k*，即为所求交点 *K* 的 *H* 面投影。

（4）利用重影点，判别其投影重合部分的可见性。

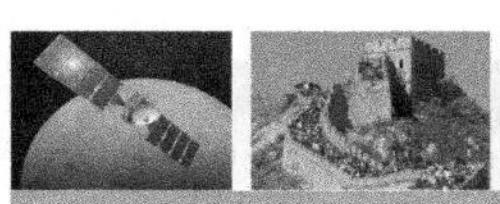

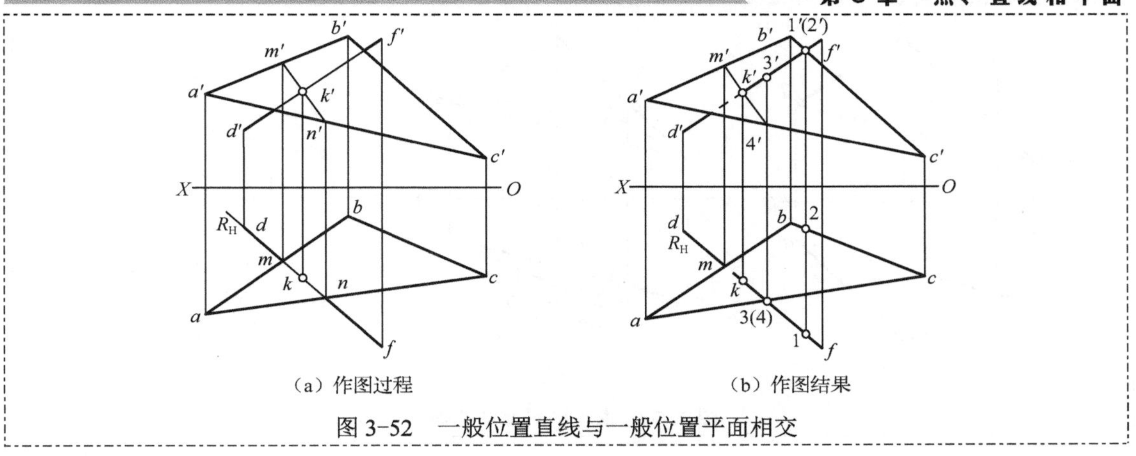

（a）作图过程　　（b）作图结果

图 3-52　一般位置直线与一般位置平面相交

3.6.3　直线与平面垂直

直线与平面垂直是直线与平面相交的特殊情况。若直线垂直于一平面，则此直线必垂直于平面上的一切直线。如图 3-53 所示，直线 *AB* 垂直于平面 *P*，*B* 为垂足，在平面上过垂足 *B* 作水平线 *CD*，则 *AB* 必垂直于 *CD*。根据直角投影原理，如果 $AB \perp CD$，则 *ab* 一定垂直于 *cd*。如果在平面上再作一条水平线 *MN*，因为 *mn* 平行于 *cd*，则 *ab* 也一定与 *mn* 垂直。所以当直线垂直于平面时，直线的 *H* 面投影必垂直于该平面上的所有水平线的 *H* 面投影。同理，直线的 *V* 面投影和 *W* 面投影必分别垂直于该平面上所有正平线的 *V* 面投影和侧平线的 *W* 面投影。

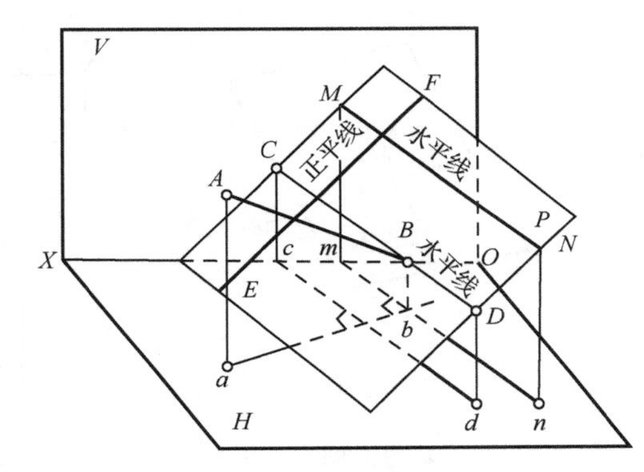

图 3-53　直线与平面垂直

综上所述，可得出直线与平面垂直的投影特性：若直线垂直于平面，则直线的三面投影分别垂直于该平面上的水平线、正平线和侧平线的同面投影。

由此可知，要作平面的垂线，应首先作出平面上的平行线。

实例 3.19　已知△*BCD* 平面外一点 *A*，求 *A* 点到平面的距离（见图 3-54）。

解：求 *A* 点到△*BCD* 的距离，就是由 *A* 点向平面作垂线，求出 *A* 点与垂足之间的长度。

作图步骤：（1）在△*BCD* 平面上任意作一条水平线 *DE*（*de*，*d′e′*）和一条正平线 *BF*（*bf*，*b′f′*）。

（2）过 *a* 作 $ag \perp de$、$a'g' \perp b'f'$。

（3）求出 *AG* 与△*BCD* 的交点 *K*（*k*，*k′*）。

（4）用直角三角形法求出 *AK* 的实长 A_0k'，即为所求。

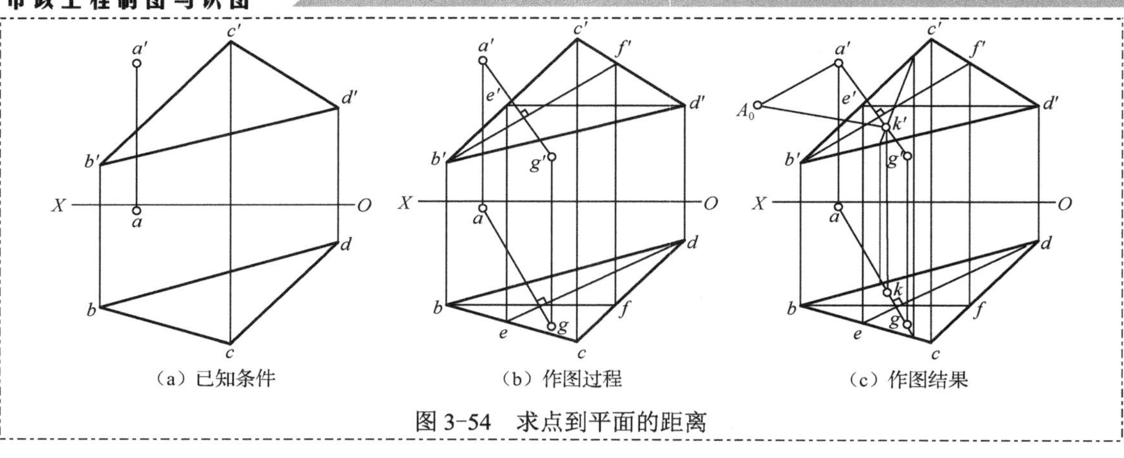

（a）已知条件 （b）作图过程 （c）作图结果

图 3-54 求点到平面的距离

实例 3.20 过点 K 作一直线与已知的一般线 AB 垂直并相交（见图 3-55）。

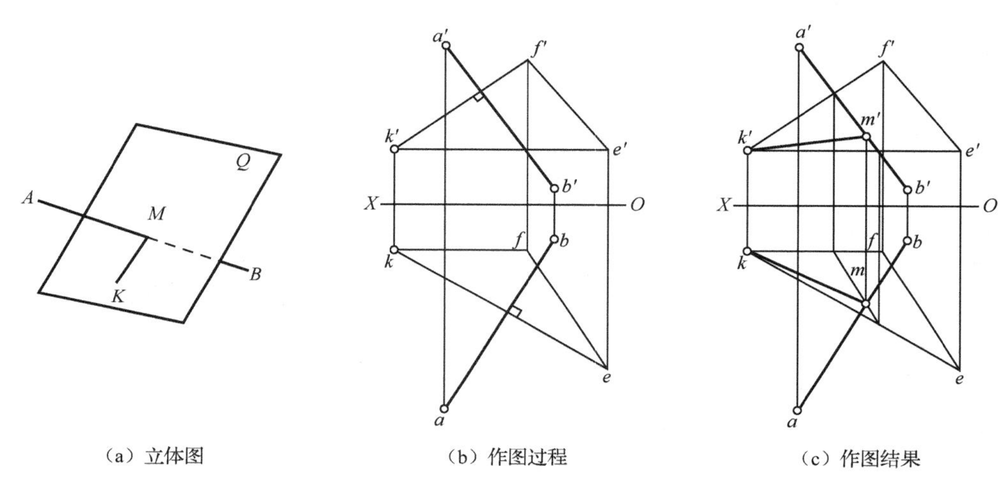

（a）立体图 （b）作图过程 （c）作图结果

图 3-55 过点作直线垂直已知直线

解： 空间两互相垂直的一般线，其投影不反映垂直关系，不可能在投影图上直接作出，所以可根据直线与平面垂直的原理，过 K 点作一平面 Q 垂直 AB，见图 3-55（a），然后找出线面交点 M，连 KM 即为所求。作图步骤：

（1）过点 K 作辅助平面 Q 垂直于 AB，即作 $ke \perp ab$，$k'f' \perp a'b'$，Q 平面由水平线 KE 和正平线 KF 确定，见图 3-55（b）。

（2）求辅助平面 Q 与直线 AB 的交点 M（m，m'），见图 3-55（c）。

（3）连接 km、$k'm'$，即为所求。

任务 3.7 平面与平面相对位置

平面与平面的相对位置有平行、相交和垂直三种情况（垂直属于相交的特殊情况）。

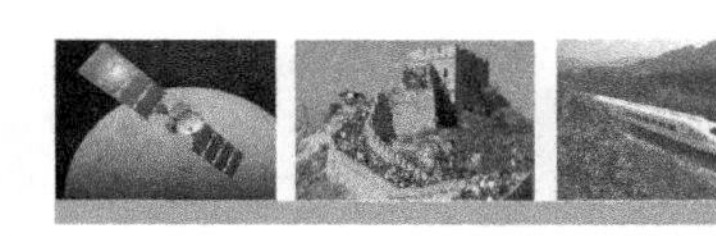

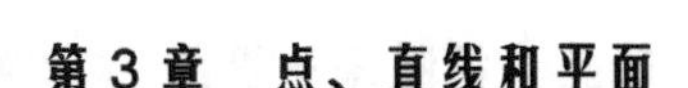

3.7.1　平面与平面平行

若一平面上的相交两直线与另一平面上的相交两直线对应平行，则该两平面互相平行。如图 3-56 所示，P 平面内的两条相交直线 AB、CD 分别平行于 Q 平面内的两条相交直线 A_1B_1、A_1C_1，则 P 平面平行于 Q 平面。

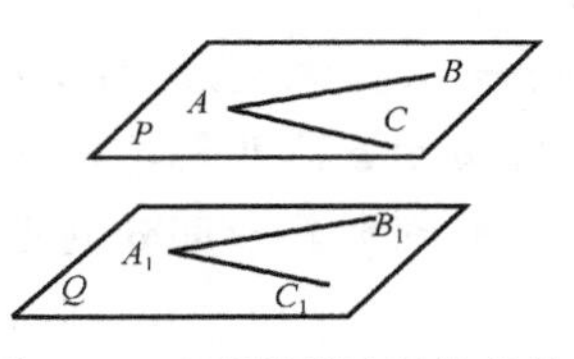

图 3-56　两平面平行的条件

实例 3.21　判别△ABC 和△DEF 两平面是否相互平行（见图 3-57）。

解：在△ABC 上的任一点 A 作两相交直线 AG 和 AK，使它们的 V 面投影是 $a'g'$ // $d'e'$、$a'k'$ // $d'f'$，由 $a'g'$ 和 $a'k'$ 作出 ag 和 ak，因为 ag // de，ak // df，所以△ABC // △DEF。

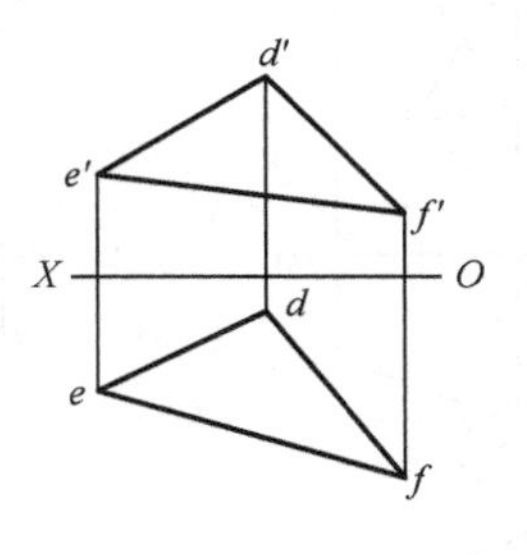

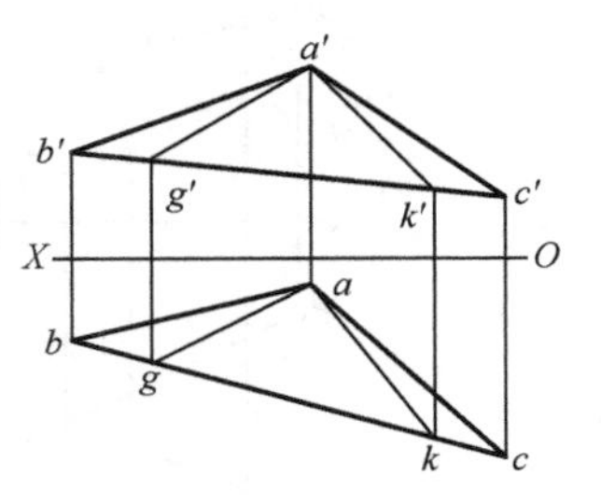

图 3-57　判别两平面是否平行

实例 3.22　过点 K 作一平面与平行两直线 AB 和 CD 所决定的平面平行（见图 3-58）。

解：在已知平面上先连接 AC，使该平面转换为由相交两直线 AB 和 CD 所决定的平面，再过 k' 作 $k'e'$ // $a'b'$、$k'f'$ // $a'c'$，过 k 作 ke // ab、kf // ac，相交两直线 KE 和 KF 所决定的平面即为所求。

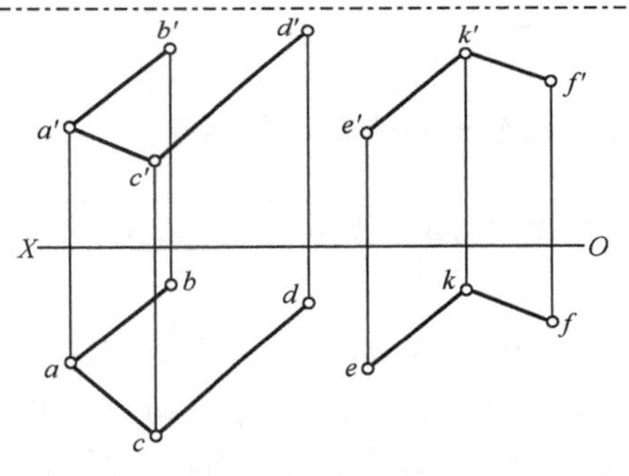

图 3-58　过已知点作平面与已知平面平行

3.7.2　平面与平面相交

平面与平面之间，若不平行则必相交。平面与平面相交产生交线。

1. 一般位置平面与投影面垂直面相交

实例 3.23　求铅垂面 ABC 与一般面 DEF 的交线，并判别可见性（见图 3-59）。

解：如图 3-59 所示，是在例 3.19 的基础上增加直线 EF，而构成相交两直线所表示的一般面与铅垂面△ABC 相交，求其交线。显然，这是上一问题的叠加。可同前求出交线上的一点 K（k'，k），再求 EF 与△ABC 的交点 M（m'，m），连 KM（$k'm'$，km）即为所求。

关于可见性的判别，是在上述的线面相交可见性的基础上进行，显然交线为两平面投影重叠处可见与不可见的分界线，即两平面投影重叠处被分为两部分，交线一侧为可见，另一侧为不可见，又已知两平面周界边线之间均为交叉直线，且每一对交叉直线中，

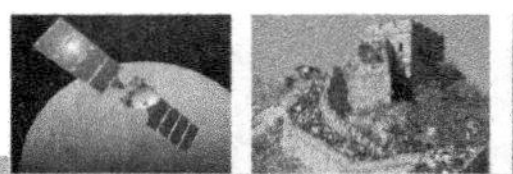

若一条边线为可见，另一条必不可见。由此对 V 面可见性的判别，因 ED、EF 两直线为同一平面，故交点 M（m'，m）之后的一段也和 K（k'，k）之后一样，均为不可见。这时又由于 $e'k'$ 可见，即 $e'm'$ 亦为可见，则与之交叉的重叠段 $b'c'$ 为不可见（画虚线）。同理，可判别其余部分的可见性。

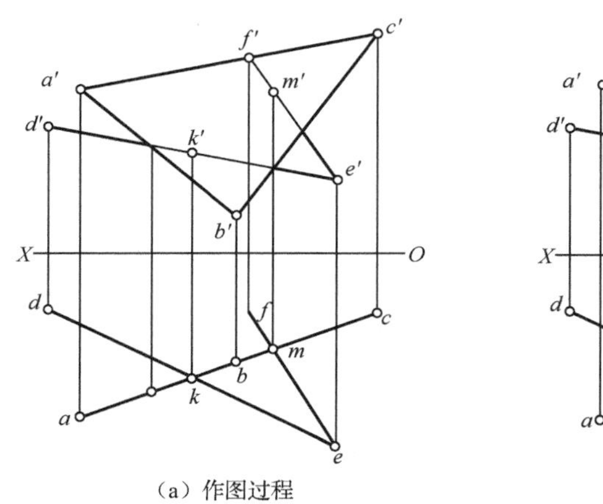

（a）作图过程

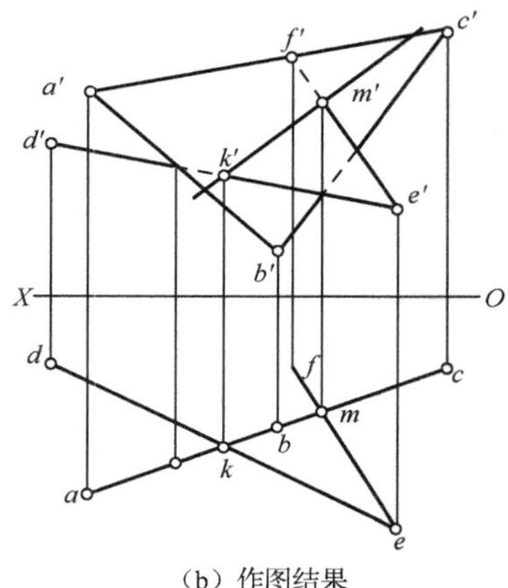

（b）作图结果

图 3-59　一般面与铅垂面相交

2. 两个一般位置平面相交

实例 3.24　求一般面△ABC 与一般面△DEF 的交线，并判别其可见性（见图 3-60）。

解： 如图 3-60 所示，可看作是在例 3.18 的基础上，添加一直线 DE 而形成相交两直线所表示的一般面与△ABC 相交，求交点。可分别求出两个交点再连接成交线。交点 K（k'，k）的求法同上题，同理可求出 DE 与△ABC 的交点 G（g'，g），连接 KG（$k'g'$，kg），即为所求的交线。再根据重影点判别两平面投影重合部分的可见性。

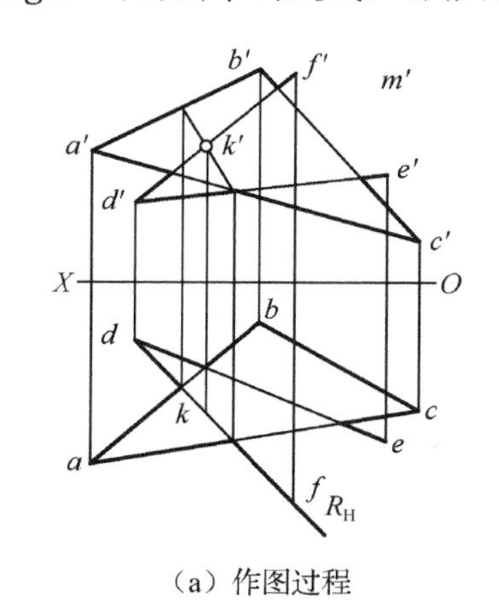

（a）作图过程

（b）作图过程

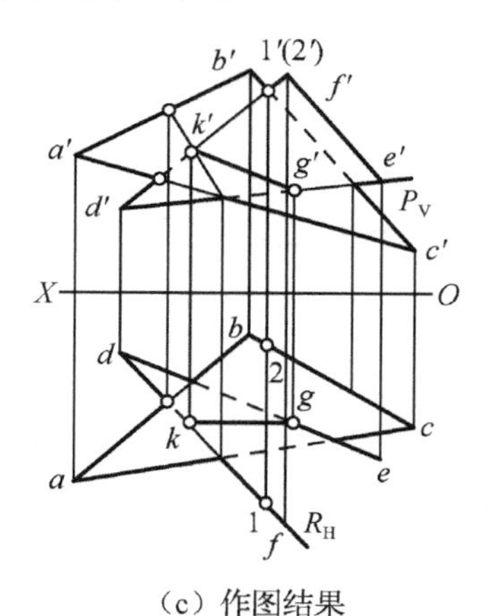

（c）作图结果

图 3-60　两个一般位置平面相交

3.7.3　平面与平面垂直

平面与平面垂直是平面与平面相交的特殊情况。若直线垂直于平面，则包含此直线所作的一切平面均垂直于该平面。如图 3-61 所示，*AB* 垂直 *P* 面，包含 *AB* 所作的平面 *Q*、*R* 等都垂直于平面 *P*。

由此可知，若两平面互相垂直，则由第一个平面上的任意一点向第二个平面所作的垂线，必在第一个平面上。如图 3-62（a）所示，若 *P*、*Q* 两平面互相垂直，则由平面 *Q* 上任意一点 *A* 向平面 *P* 所作的垂线 *AB* 必在平面 *Q* 上，反之若所作垂线 *AB* 不在平面 *Q* 上，则 *Q*、*P* 两平面不垂直，如图 3-62（b）所示。

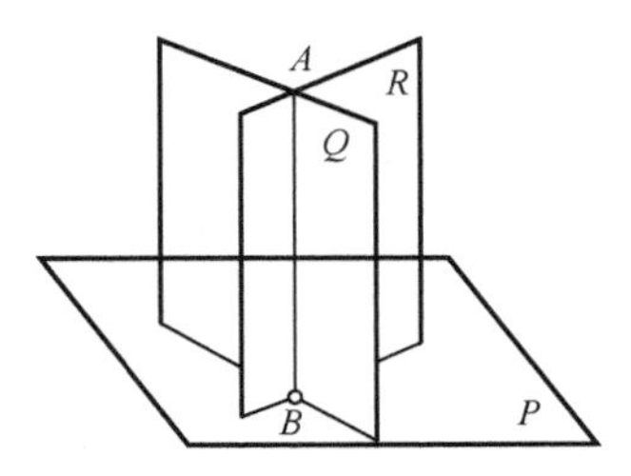

图 3-61　两平面互相垂直的条件

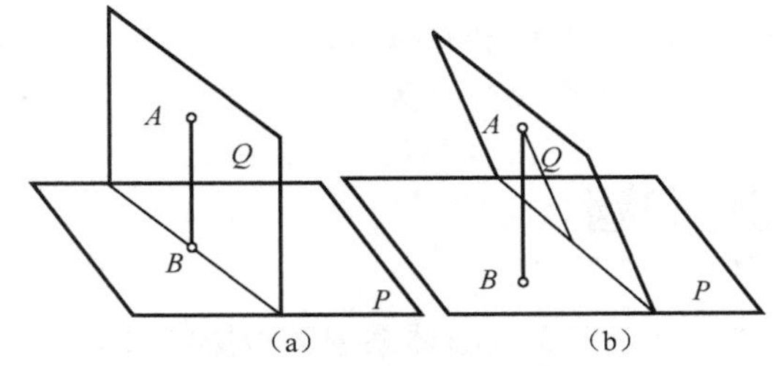

图 3-62　判别两平面是否垂直的几何条件

实例 3.25　过直线 *AB* 作一平面垂直于△*DEF*（见图 3-63）。

解： 过直线 *AB* 作一平面垂直于△*DEF*，即过 *AB* 上任一点 *A* 作直线 *AK* 垂直于△*DEF*，所以，可在△*DEF* 上任作一条水平线 *DM* 和正平线 *FN*，使 $a'k' \perp f'n'$、$ak \perp dm$，则 $AK \perp$△*DEF*，而由两条相交直线 *AK* 和 *AB* 所确定的平面 *BAK* 一定垂直于△*DEF*。平面 *BAK* 即为所求。

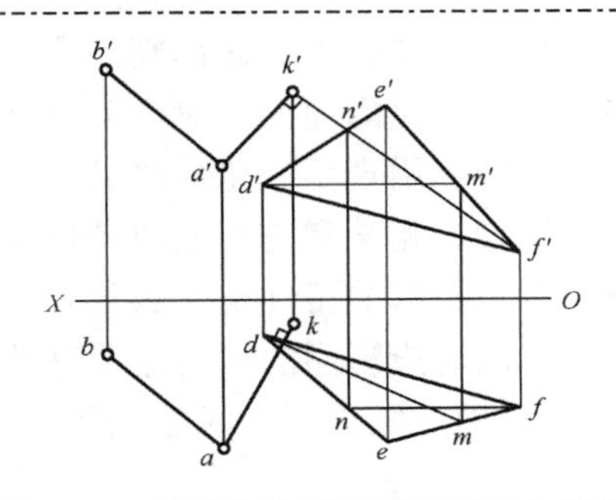

图 3-63　过直线作平面垂直于已知平面

实例 3.26　判别△*ABC* 和△*DEF* 是否互相垂直（见图 3-64）。

解：（1）过△*DEF* 上任一点 *F*，作一直线 *FK* 垂直于△*ABC*；

（2）判别所作直线 *FK* 是否在△*DEF* 上，令 *f'k'* 与 *d'e'* 相交，*fk* 与 *de* 相交，它们的交点 *k'*、*k* 的连线垂直于 *OX* 轴，符合点的投影规律，故 *FK* 必在△*DEF* 上，即△*ABC* 和△*DEF* 互相垂直。

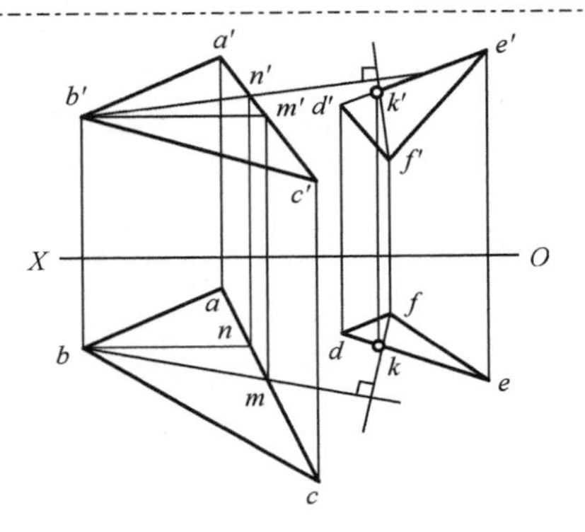

图 3-64　判别两平面是否互相垂直

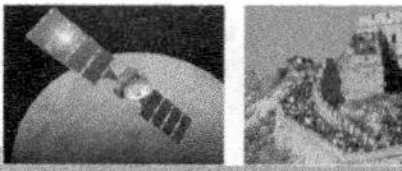

知识梳理与总结

本章主要内容如下：

（1）点的投影；

（2）直线的投影；

（3）两直线的相对位置；

（4）平面的投影；

（5）平面上的点和直线；

（6）直线与平面的相对位置；

（7）平面与平面相对位置。

思考与练习题 3

1．试述点在三面投影体系中的投影特性。

2．点的投影和坐标有怎样的关系？

3．怎样判别两点的相对位置？

4．什么是重影点？怎样判别重影点的可见性？

5．直线对投影面的相对位置有几种？各有什么投影特性？

6．怎样利用直角三角形法求一般位置直线的实长和倾角？

7．平行、相交和交叉的两条直线，各有什么投影特性？

8．直角投影的特性是什么？

9．平面对投影面的相对位置有几种情况？各有什么投影特性？

10．平面上取点、取线的几何条件是什么？怎样进行投影作图？

第4章

立体的投影

教学导航

教	知识重点	1. 平面立体的投影方法； 2. 平面立体上点和直线的投影方法； 3. 曲面立体的投影方法； 4. 曲面立体上点和直线的投影方法； 5. 截交线和相贯线的概念； 6. 组合体画法
	知识难点	1. 截交线和相贯线的概念； 2. 组合体画法
	推荐教学方式	结合本章学习任务和实体模型，以讲练结合、小组讨论的教学方法为主学习平面立体、曲面立体和组合体的投影
	建议学时	8 学时
学	推荐学习方法	以小组讨论和练习为主的学习方式。结合本章学习任务，练习绘制平面立体、曲面立体和组合体的投影
	必须掌握的理论知识	1. 平面立体的投影方法； 2. 平面立体上点和直线的投影方法； 3. 曲面立体的投影方法； 4. 曲面立体上点和直线的投影方法； 5. 截交线和相贯线的概念； 6. 组合体画法
	必须掌握的技能	能绘制平面立体、曲面立体的投影；能绘制平面立体、曲面立体上点和直线的投影；能绘制截交线和相贯线；能绘制组合体的投影

立体可分为基本几何体和组合体。基本几何体是由平面或平面和曲面围合而成的立体，简称基本体；组合体是由两个或两个以上基本几何体组合而成的立体。基本体依据其体表面的几何性质，又可分为平面立体和曲面立体。研究基本体的投影，实质上就是研究基本体表面上点、线、面的投影。

任务 4.1 平面立体的投影

表面由若干平面围合而成立体，成为平面立体。各平面间的交线称为棱线或底边。它们之间的交点称为顶点。

绘制平面立体的投影，需绘出平面立体各棱面（线）的投影，不可见部分用虚线表示。当可见棱线与不可见棱线的投影重合时，用实线表示。最基本的平面立体是棱柱和棱锥。

4.1.1 常见平面立体的投影

1. 棱柱体

棱线互相平行的立体，称为棱柱体。如：三棱柱、四棱柱、六棱柱等。棱柱体是由棱面（棱柱体的表面）、棱线（棱面与棱面的交线）、棱柱体的上下底面共同组成。

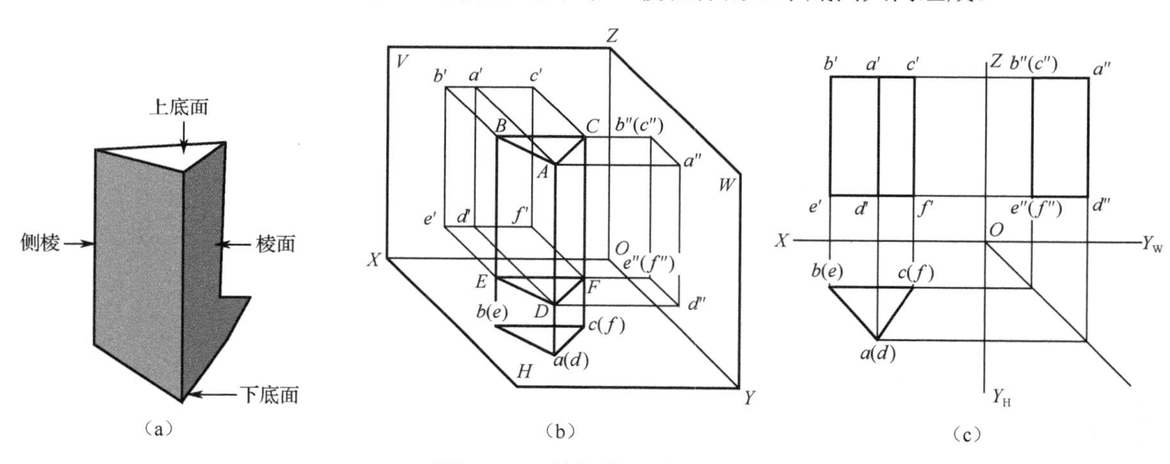

图 4-1 三棱柱的三面投影

如图 4-1 所示，三棱柱体的三角形上底面和下底面是水平面，左、右两个棱面是铅垂面，后面的棱面是正平面。

水平投影是一个三角形，是上下底面的重合投影。与 *H* 面平行，反映实形。三角形的三条边，是垂直于 *H* 面的三个棱柱面的积聚投影。三个顶点是垂直于 *H* 面的三条棱线的积聚投影。

正面投影是左右两个棱面与后面棱面的重合投影。左右两个棱面是铅垂面。后面的棱面是正平面，反映实形。三条棱线互相平行，是铅垂线且反映实长。两条水平线是上下底面的积聚投影。

侧面投影是左右两个棱面的重合投影。左边一条铅垂线是后面棱面的积聚投影，右边的一条铅垂线是三棱柱最前一条棱线的投影（左右两个棱面的交线）。两条水平线是上下底面的积聚投影。

2. 棱锥体

如图 4-2 所示，正三棱锥由底面△*ABC* 和三个三角形棱面 *SAB*、*SBC*、*SAC* 组成，底面是水平面，其水平投影反映实形，正面和侧面投影积聚成直线；棱面 *SAC* 为侧垂面，侧面投影积聚成一直线，水平投影和正面投影为类似形；棱面 *SAC* 和 *SBC* 为一般位置平面，其三个投影均为类似形。

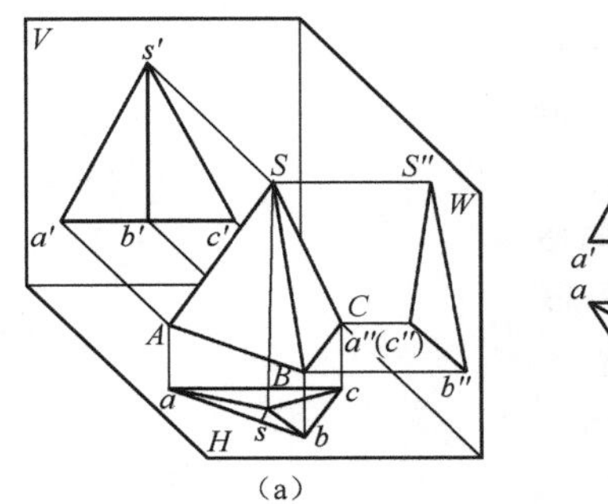

（a）

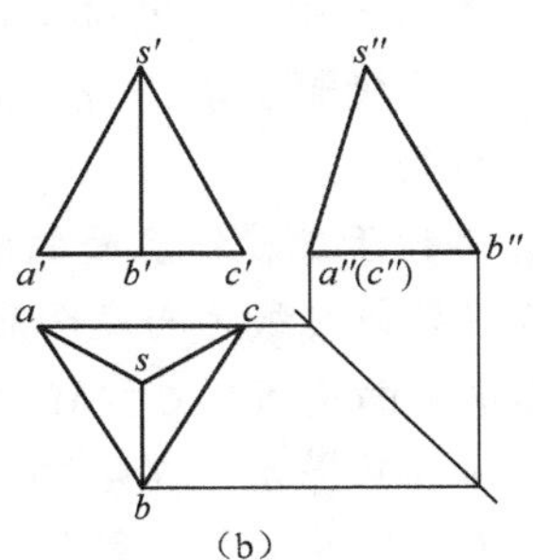

（b）

图 4-2　正三棱锥的投影

正三棱锥的三面投影作图步骤如下：

（1）从反映底面△*ABC* 实形的水平投影△*abc* 画起，画出△*ABC* 的三面投影。

（2）画出顶点 *S* 的三面投影。

（3）画出棱线 *SA*、*SB*、*SC* 的三面投影，则得到三个棱面的三面投影，完成正三棱锥的三面投影图。

4.1.2　平面立体表面的点和线

在平面立体表面取点、线的方法与在平面上取点、线的方法相同。在棱柱表面上取点时，应先求出点在积聚棱面的投影，再求出点的第三面投影。在棱锥表面取点应先取线，取线时，一般将该所求点与棱锥的锥顶相连，或过所求点作棱锥底面多边形某一边的平行线。值得注意的是，位于立体可见表面上的点和线可见，反之为不可见。

实例 4.1　已知三棱柱表面上点 *K* 的正面投影 *k'*，求作 *k* 及 *k''*［见图 4-3（a）］

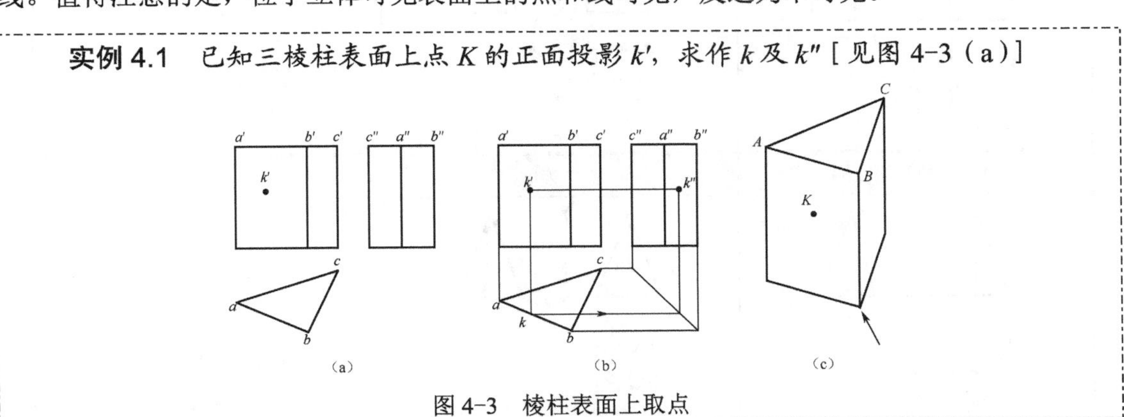

（a）　（b）　（c）

图 4-3　棱柱表面上取点

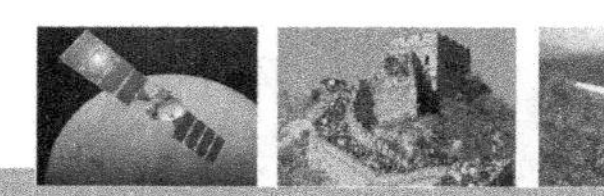

解： 点 K 在 AB 棱面上，水平投影 k 落在 AB 棱面的积聚性投影上，根据点的三面投影规律又可求得 k'' 点，因为 AB 棱面的侧面投影可见，故 k'' 为可见。作图过程见图 4-3（b）。

实例 4.2 已知棱锥表面上 D 点的正面投影 d'，求该点的 H 面投影 d（见图 4-4）。

解： 因为 d' 为可见，故 D 点在 SBC 棱面上，图中示出了求 D 点的 H 面投影 d 的常用两种方法。

解法一：将 D 与锥顶 S 相连。连接 $s'd'$ 交 a' 于 n'，在棱锥的 H 面投影上求得 sn，在其上定出 D 点的水平投影 d。

解法二：过 D 作平行于三棱锥底面的水平面，该水平面与棱锥的截交线为与底面而相似的三角形。所作水平面交 SA 棱于 M，在 SA 棱的水平投影 sa 上求得 m，过 m 作三棱锥底面的平行线（截交线的水平投影），在其上由 d' 求得 d。因为 D 在三棱锥的侧面上，并未在 ADC 底面上，其水平投影为可见。

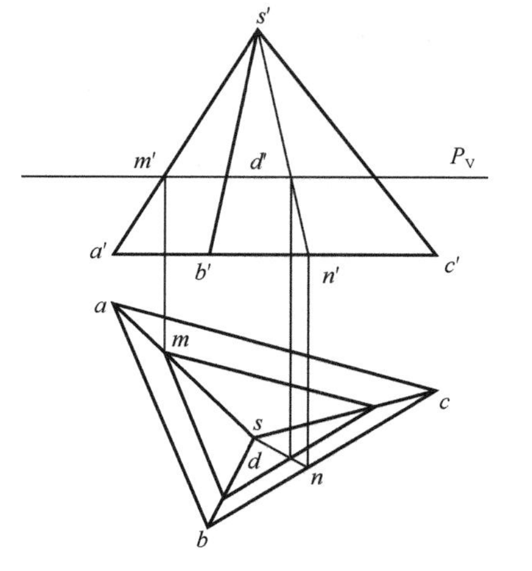

图 4-4　棱锥面上取点

4.1.3 平面立体投影图的尺寸标注

平面立体三面投影图的尺寸标注应注意以下几个问题：

（1）平面立体应标注各个底面的尺寸和高度。尺寸既要齐全，又不重复。

（2）平面立体的底面尺寸应标注在反映实形的投影图上，高度尺寸应标注在正面投影图和侧面投影图之间，见表 4-1。

表 4-1　平面立体的尺寸标注

四棱柱体	三棱柱体	四棱柱体
三棱锥体	五棱锥体	四棱台

任务 4.2　曲面立体的投影

由平面和曲面或完全由曲面围合而成的立体，称为曲面立体。它们是由母线（直线或曲线）绕轴旋转形成的。根据曲面立体的形状，可分为圆柱体、圆锥体和球体，如图 4-5 所示。

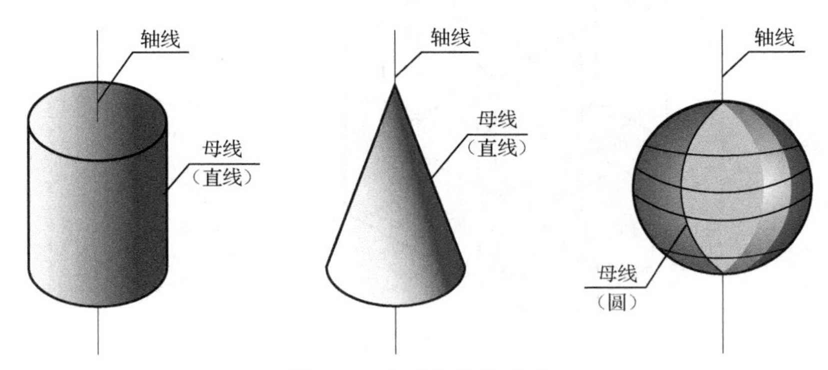

图 4-5　曲面立体的形成

在绘制曲面立体的投影时，应首先在三个投影面上画出中心轴线。

4.2.1　圆柱的投影

圆柱体是由圆柱面、上下底面共同围合而成的曲面体。圆柱面是母线与轴线平行，绕轴旋转而成。处于回转运动中的直线或曲线称为母线。母线在曲面上转至某一位置时称为素线。因此，圆柱面是由许多素线所围成的。

1. 圆柱的三面投影

1）形成

圆柱由圆柱面和上下底面所围成。如图 4-6（a）所示，圆柱面可以看做由直线 AA_1 绕与它平行的轴线 OO_1 回转而成。直线 AA_1 为母线，圆柱面上的素线都是平行于轴线 OO_1 的直线。

2）投影

图 4-6（b）所示是轴线为铅垂线的圆柱。圆柱面的水平投影积聚为圆，也是圆柱两底面的投影。正面和侧面投影，分别是由圆柱的上下底面和圆柱面在正面和侧面的最左最右和最前最后四种极限位置的素线（称为转向轮廓线）所组成的两个矩形。

圆柱投影的作图步骤如下：

（1）用细点画线画出轴线和圆的对称中心线，画出反映上下底面实形的俯视图圆形，以及在正、侧面投影相应高度上的积聚成直线段。

（2）画出正面投影矩形的左、右两边 $a'a'_1$、$b'b'_1$ 为圆柱正视转向线从 AA_1、BB_1（是圆柱面前后两半可见与不可见的分界线）的投影。正视转向线的侧面投影 $a''a''_1$、$b''b''_1$ 与点画线重合，不需画出。

（3）同理，绘出侧面投影矩形的左、右两边 $c''c''_1$、$d''d''_1$ 是圆柱侧视转向线 CC_1、DD_1

（是圆柱面左右两半可见与不可见的分界线）的投影。侧视转向线的正面投影 $c'c'_1$、dd'_1 与点画线重合，不需画出。正视转向线和侧视转向线的水平投影积累在圆周上的左、右、前、后四个点上，如图 4-6（c）所示。

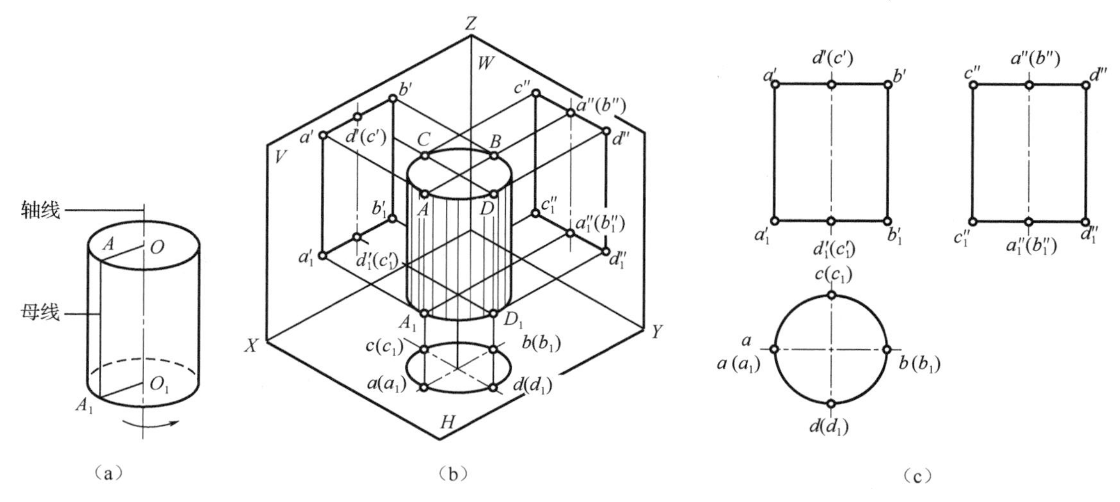

图 4-6　圆柱的投影

2. 圆柱体表面上点和直线的投影

圆柱面的一面投影有积聚性，因此可以利用积聚性法表面取点。

实例 4.3　已知圆柱体表面上点 M 的正面投影 m'和点 N 的侧面投影（n''），求其他两面投影，如图 4-7 所示。

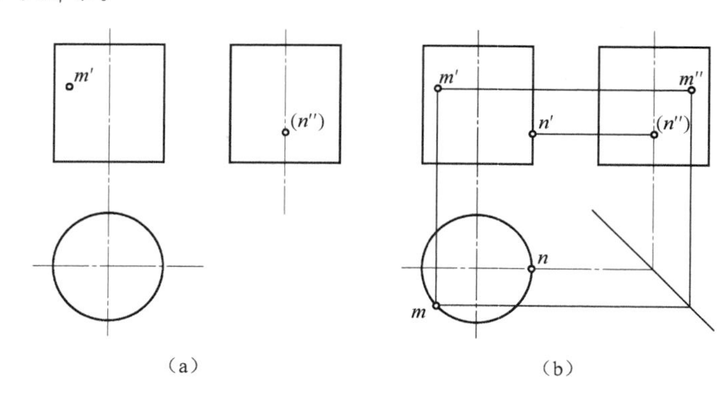

图 4-7　圆柱表面取点

分析：由 m'可判断点 M 在左前方 1/4 圆柱面上，其 H 面投影在圆柱面的积聚投影圆周上；由（n''）可判断点 N 位于圆柱面的最右素线上，可利用直线上取点作图。

作图：如图 4-7（b）所示。

（1）作点 M 的投影。由 m'向下作投影连线，与圆周的交点 m，再根据投影规律作出 m''，m''为可见。

（2）作点 N 的投影。点 N 位于圆柱正面投影的轮廓线最右素线上，可直接作出 n、n'。

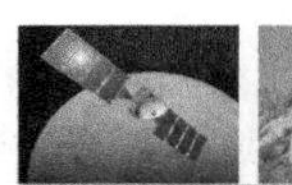

实例 4.4　已知圆柱体上有两线段 AB 的正面投影和 CD 的侧面投影，试完成其他两投影，如图 4-8 所示。

1. *AB* 线段的作图

（1）根据 AB 线段所在的位置，可以判断线段 AB 在圆柱体的右前柱面上。

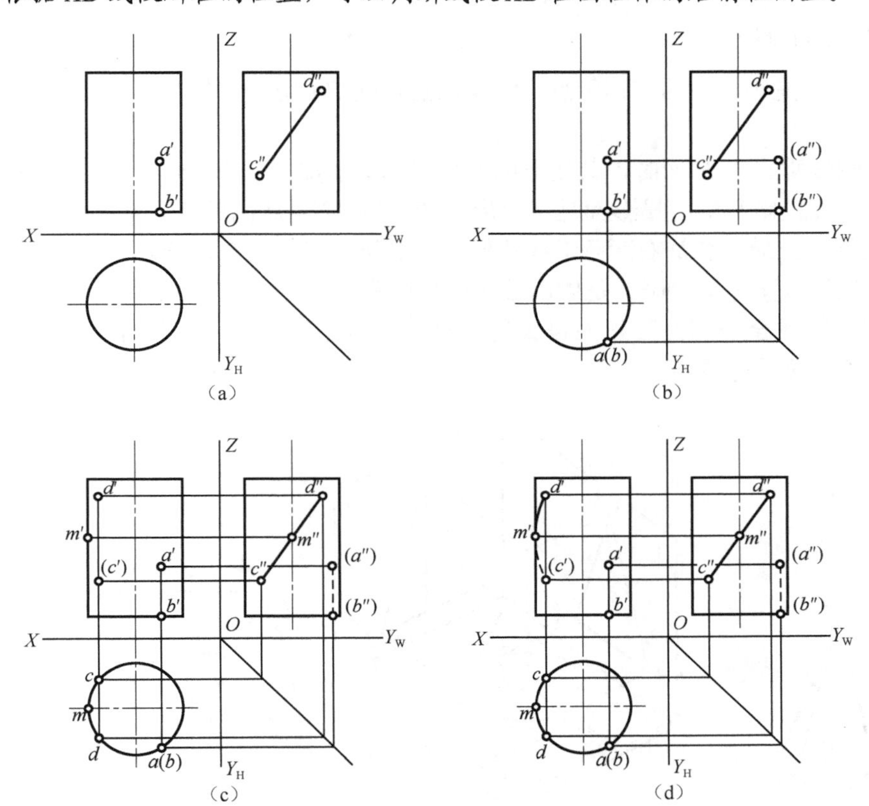

图 4-8　圆柱体表面上线段的投影

（2）圆柱面的水平投影有积聚性，水平投影 ab 一定落在有积聚性的右前半个柱面上。且线段 AB 是圆柱体上素线的一部分，其线段的水平投影积聚成一个点，a 在上，b 在下，b 为不可见。

（3）根据 $a'b'$和 ab 的投影，即可求出线段的侧面投影 $a''b''$。

（4）由于线段 AB 位于圆柱体的右前柱面上，侧面投影 $a''b''$ 为不可见，用虚线表示。

2. *CD* 线段的作图

CD 不是素线，是一段曲线。为了作图准确，在 CD 线段上取一点 M，M 在圆柱的最左素线上，是 CD 线段正面投影的转折点，水平投影和正面投影可直接求得。

（1）根据线段 CD 所在的位置，可以判断线段 CD 在圆柱体的左半个柱面上。

（2）圆柱的水平投影有积聚性，cmd 的水平投影可直接求出。

（3）根据 cmd 和 $c''m''d''$ 的两面投影，即可求出 $c'm'd'$的正面投影。

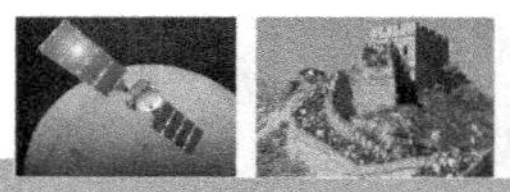

（4）由于 $d'm'$ 在圆柱体的左前部分，为可见，用实线画出。$m'c'$ 在圆柱体的左后部分，为不可见，用虚线画出。m'是可见与不可见分界点的投影。

4.2.2 圆锥的投影

1. 圆锥面的投影

图 4-9（a）是圆锥面的立体示意，它是由直母线 SA 绕与它相交的轴线 SO 旋转而形成的。

当圆锥轴线垂直于 H 面时，其投影图的形成和画法如图 4-9（b）、（c）所示。水平投影是一个圆，正面投影和侧面投影都是三角形。$a'b'$和 $c''d''$是底圆的 V、W 投影，有积聚性。$s'a'$和 $s'b'$是圆锥上最左和最右两条素线的投影，是正面投影的轮廓线。$s''c''$和 $s''d''$是圆锥面上最前和最后两条素线的投影，是侧面投影的轮廓素线。SA、SB 的侧面投影和 SC、SD 的正面投影都分别重合于侧面和正面投影的对称线（点画线）上，而且均不画出。轮廓素线也是可见与不可见的分界线。

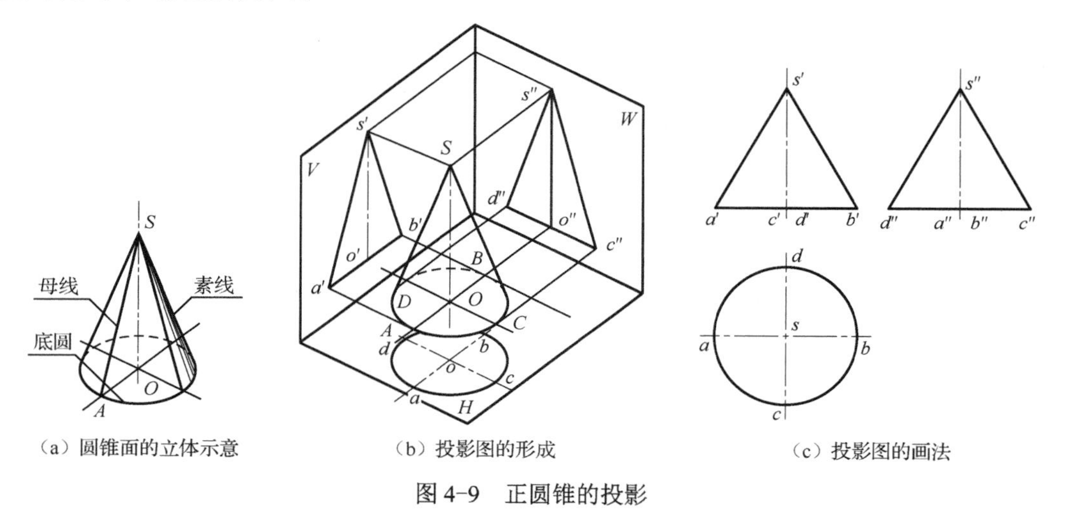

（a）圆锥面的立体示意　　（b）投影图的形成　　（c）投影图的画法

图 4-9　正圆锥的投影

2. 圆锥面上取点

圆锥面上取点的方法有辅助素线法和辅助纬圆法两种。

实例 4.5　已知圆锥表面上点 M 的正面投影 m'，求另两个投影，如图 4-10（a）所示。

分析： 由 m'可判断点 M 位于右前 1/4 圆锥面上，可应用圆锥面上的素线或纬圆作辅助线求解。

作图：方法一：素线法。圆锥面上任一点和锥顶相连即为一条素线。连接 $s'm'$延长后交底圆于 1′，点 M 位于素线 $S1$ 上，作出 $S1$、$S''1''$，然后由 m'求出 m、m''，m''不可见，标记为（m''），如图 4-10（b）所示。

方法二：纬圆法。圆锥面上任一点都在和轴线垂直的纬圆上。本例中纬圆都是水平圆，纬圆的水平投影是圆锥底圆的同心圆，正面投影和侧面投影积聚成水平线。在正面

投影中过 m' 在圆锥面的轮廓线之间作一段水平线，长度即为纬圆的直径。然后作出该纬圆的 H 面投影，m 在此圆周上，再由 m 求出 m''，如图 4-10（c）所示。

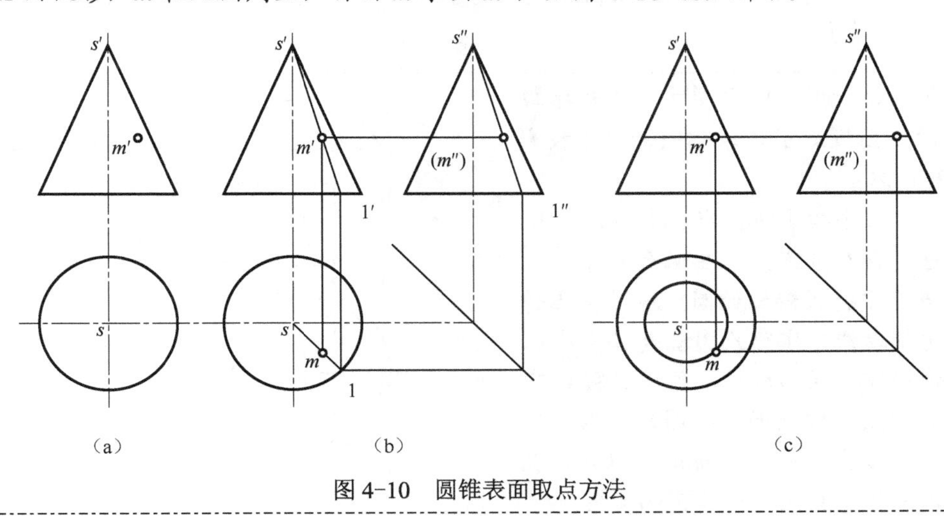

图 4-10　圆锥表面取点方法

求圆锥面上线段的方法，实际上也是其面上取点的运用，应注意求出线段的转折点及判断投影的可见性，这里不再举例。

4.2.3　球的投影

1. 圆球面的形成

如图 4-11（a）所示，圆球面可看成由一个圆（母线）围绕它的直径回转而成。

2. 圆球的三视图

图 4-11（b）为圆球的三视图。它们都是与圆球直径相等的圆，均表示圆球面的投影。球的各个投影虽然都是圆形，但各个圆的意义不同。如图 4-11（a）所示，正面投影的圆是平行于正面的圆素线 A（前、后两半球的分界线，圆球面正面投影可见与不可见的分界线）的投影；按此做类似的分析，水平面投影的圆，是平行于水平面的圆素线 B 的投影；侧面投影的圆，是平行于侧面的圆素线 C 的投影。这三条圆素线的其他两面投影，都与圆的相应中心线重合。

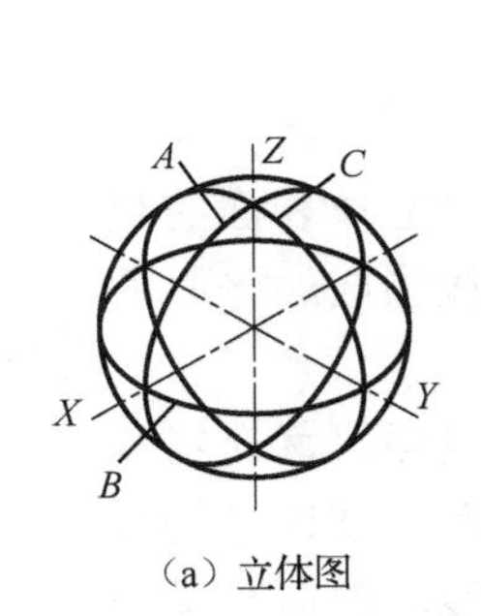

（a）立体图　　（b）投影图

图 4-11　圆球面的形成即投影

3. 圆球表面上的点

球体表面上取点，一般采用辅助圆法，为了作图的方便，一般采用水平圆、侧平圆或正平圆作为辅助圆。

实例 4.6 如图 4-12 所示，已知球面上点 A 的正面投影 a'，求作它的水平投影 a 和侧面投影 a''。

球面上三个投影都没有积聚性，而且球面上也不存在直线，但在球面上可以作通过 A 点而平行投影面的圆。现过 A 点作水平圆为辅助线，实际此圆就是 A 点绕球的铅垂线旋转一周形成的，作图过程如下：

（1）过点 A 作辅助水平圆的投影。此圆在 V 面上积聚成一直线 $m'n'$，以 $m'n'$ 为直径在水平投影面上画出该圆的实形。

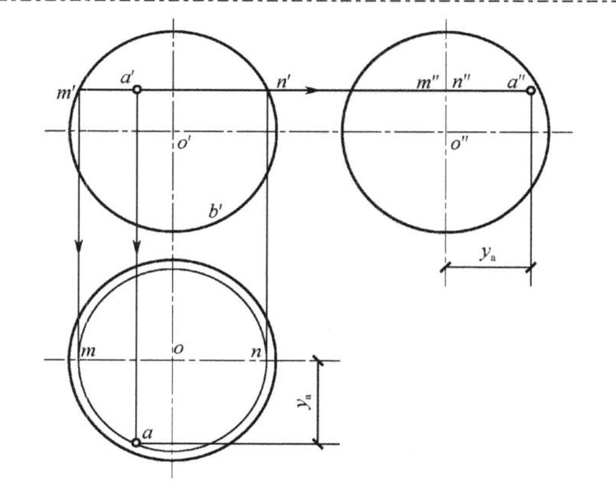

图 4-12　球面上取点

（2）由 a' 可知 A 点在球体的前半部分，从而在辅助水平圆的 H 面投影上可求出 a，且 a 可见。

（3）由 a' 可知 A 点在球体的左半部分，从而在辅助水平圆的 W 面投影上可求出 a''，且 a'' 可见。

4.2.4 曲面立体投影图的尺寸标注

曲面立体投影图的尺寸标注的原则，与平面立体基本相同。圆锥体或圆锥台应注出底圆的直径和高度。球体只需注出它的直径。球体的投影图可只画一个，但在直径数字前面应加注“ϕ”。

任务 4.3 立体表面交线

4.3.1 截交线

立体被平面截断时称为截交，平面与立体表面的交线称为截交线，平面称为截平面，截交线围成的平面图形称为截断面，如图 4-13 所示。

截断面成为被截切后的立体的一个表面。截交线就是这表面的边界轮廓线。被截平面截切后的立体称为截断体。截平面与基本体表面所产生的交线，即截断面的轮廓线，就是截交线。

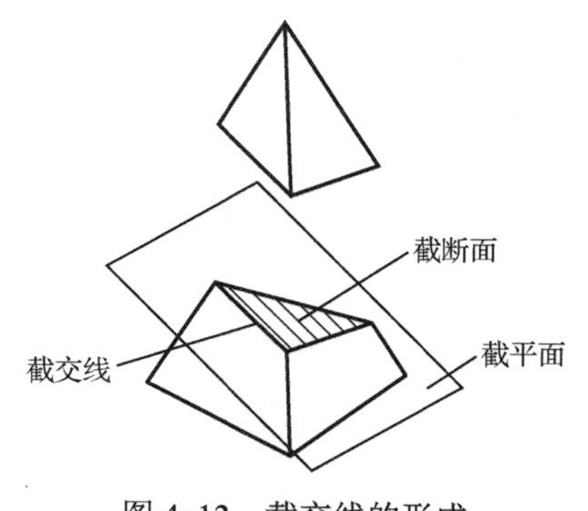

图 4-13　截交线的形成

1. 截交线的基本性质

截交线是截平面与截断体表面的交线，因此截交线具有以下性质。

1）共有性

截交线既在截平面上，又在截断体表面上，属于截平面与截断体表面的共有线，线上的所有点必定是两者的共有点。

2）封闭性

由于截交线是截平面与截断体表面的共有线，故截交线必定是平面图形，又因截断体表面均有一定范围，故截交线一般为封闭的平面图形，如图 4-13 所示。

3）截交线的形状、大小的多变性

截交线的形状、大小由被截切立体的表面形状特征和截平面与被截切立体的相对位置所决定，截平面与被截切立体的相对位置不同时，截交线的形状也不同，如表 4-2、表 4-3、表 4-4 所示。

2. 求截交线投影

求截交线的投影实际上是求立体表面上有关点的投影。

1）棱柱被平面截切

实例 4.7 如图 4-14 所示，一直三棱柱被正垂面 P 截切，求作截交线。

分析： 由于截平面是一个正垂面且与三棱柱的三条棱线均相交，故截交线为三角形，其 V 面投影积聚在 P_V 上。又因为三棱柱的三个棱面垂直于 H 面，故截交线的 H 面投影与三棱柱的 H 面投影重合。因此，只需求出截交线的 W 面投影。

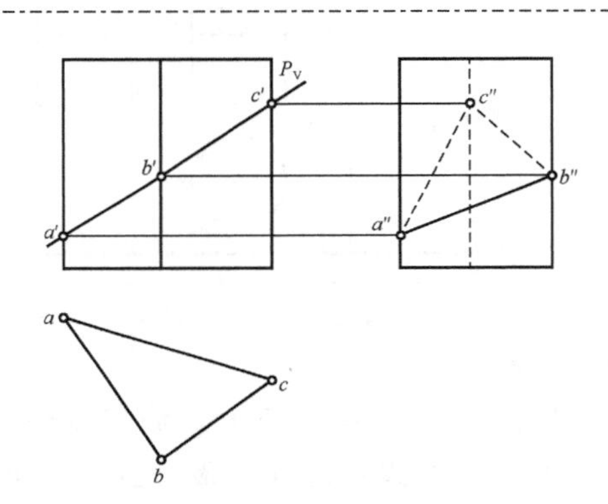

图 4-14 三棱柱被平面截切交

作图：（1）根据三棱柱的两面投影，作出三棱柱的 W 面投影。

（2）在 V 面投影中，求出三棱柱的三个棱线与截平面的交点 a'、b'、c'，即截交点，并由此求出 a''、b''、c''。

（3）连接 $a''b''$、$b''c''$ 和 $c''a''$，即为截交线的侧面投影，因 BC、CA 所在棱面的 W 面投影不可见，故 $b''c''$ 和 $c''a''$ 不可见。

2）棱锥被平面截切

实例 4.8 如图 4-15 所示，三棱锥 $SABC$ 被正垂面 P 截切，求作截交线。

分析： 由于截平面是一个正垂面且与三棱锥的三个棱面均相交，故截交线为三角形，其 V 面投影积聚在 P_V 上，此处只需作出截交线的 H、W 面投影即可。

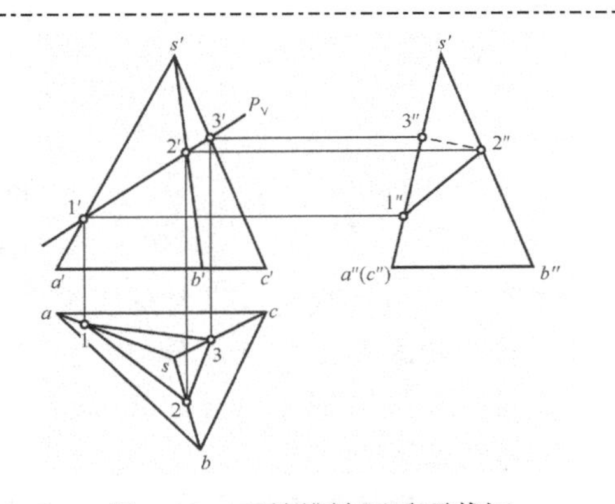

图 4-15 三棱锥被正垂面截切

作图：（1）在 V 面投影中，求出三棱锥的三个棱线与截平面的交点 1′、2′、3′，即截交点，并由此求出 1、2、3 和 1″、2″、3″。

（2）在 H、W 面上，分别连接相邻的各

截交点，即为截交线的面投影，由于棱面 *SBC* 的侧面投影不可见，故其上的截交线2″3″也不可见。

3）圆柱被截切后的基本形式

截平面与正圆柱体的相对位置有三种，截交线的形式如表 4-2 所示。

表 4-2　圆柱截切的基本形式

截平面位置	垂直于轴线	平行于轴线	倾斜于轴线
模型图			
截交线形状	圆	矩形	椭圆
投影图			

实例 4.9　如图 4-16 所示，已知圆柱被正垂面截切后的正面投影和水平投影，求其侧面投影。

分析：由表 4-2 可知，截交线的侧面投影是椭圆，求出截交线上一系列点的投影，然后用相应图线平滑连接成曲线。一系列点是指截交线上特殊位置点和适当数量的一般位置点。

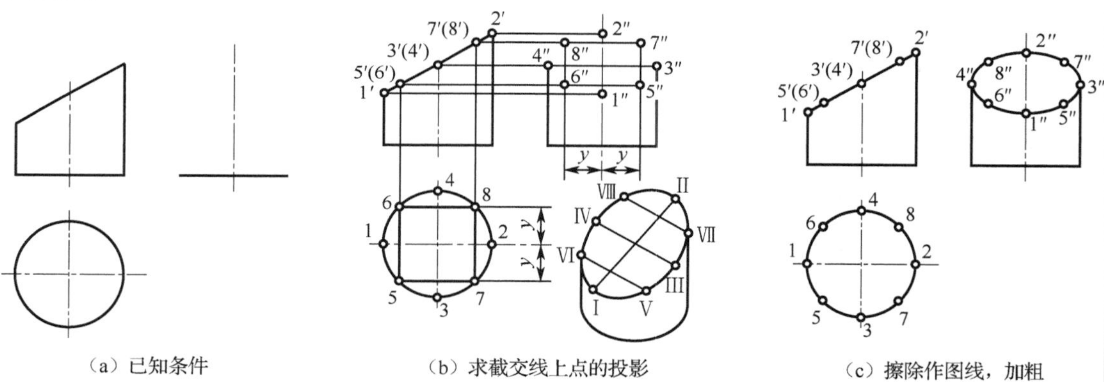

图 4-16　正垂面截切圆柱体的投影

作图：（1）求截交线上特殊位置点。用细实线画出圆柱的侧面投影。既在截交线上又在各转向轮廓线上的点，如 1、2、3、4 点；处于截交线上极限位置点，如最低（点 1）、最高（点 2）、最前（点 3）、最后（点 4）、最左（点 1′）、最右（点 2′）的点；椭圆的长短轴端点等。

（2）求一般位置点的投影。截交线上一般位置点是指处于相邻两个特殊位置点之间

的点（图中 5、6、7、8 点）。作图时，一般至少要求一个一般位置点的投影。

（3）判断可见性。在被截切圆柱的水平投影上找到 1、2、3、4、5、6、7、8 点，这些点的正面投影都积聚在其正面投影的斜线 1′2′上，在 1′2′线上求出 3′、4′、5′、6′、7′、8′，其中 3′和 4′、5′和 6′、7′和 8′是重影点，再依次求出侧面投影 1″、2″、3″、4″、5″、6″、7″、8″，判别截交线投影的可见性，依次平滑连接各点的侧面投影。

（4）检查、校核，擦去作图线，按规定加粗，完成。

实例 4.10　如图 4-17 所示，已知上部开榫头的圆柱的正面投影和水平投影，求其侧面投影。

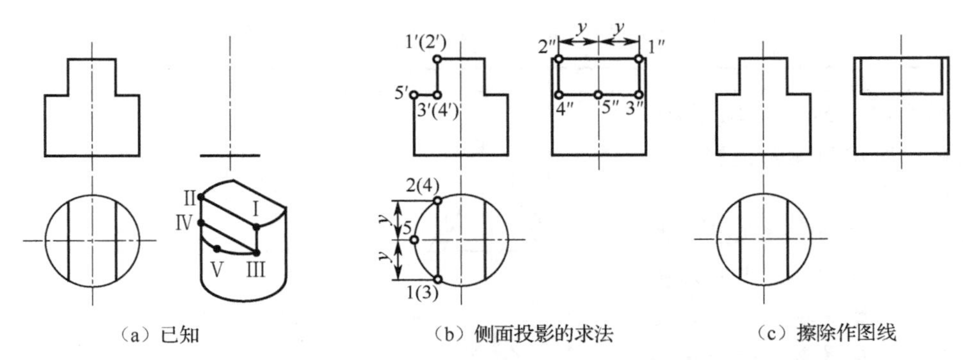

（a）已知　（b）侧面投影的求法　（c）擦除作图线

图 4-17　开榫头的投影

分析：由表 4-2 可知，开榫头的截交线是由垂直于轴线和平行于轴线的两种截面截切而成，观察图 4-17（a）中立体图，截交线由 2 段圆弧和 8 条直线段组成，圆弧部分应先找圆的半径及投影为圆的圆心位置，再画出圆弧的三面投影，直线部分应找出直线段两端点的投影，再将两端点的同面投影用直线相连即可。

开榫头的截面都是特殊位置的平面（水平面和侧平面），因此截交线都有积聚性，而且开榫头关于纵横轴线对称，只需研究轴线一侧截交线的形状，另一侧对称画出即可。作图步骤如图 4-17 所示。

4）圆锥被截切后的基本形式

截平面与正圆锥体的相对位置有五种，截交线的形式如表 4-3 所示。

表 4-3　圆锥截切的基本形式

截平面位置	过锥顶（正垂面）	不过锥顶			
		垂直于轴线（水平面）	平行于轴线（侧平面）	倾斜于轴线（正垂面）	
				与底面相交	不与底面相交
模型图					
截交线形状	三角形	圆	双曲线和直线	抛物线和直线	椭圆

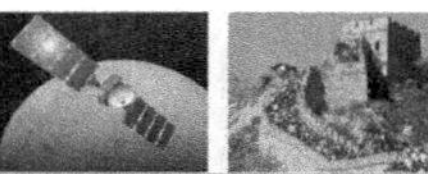

续表

截平面位置	过锥顶（正垂面）	不过锥顶			
		垂直于轴线（水平面）	平行于轴线（侧平面）	倾斜于轴线（正垂面）	
				与底面相交	不与底面相交
三面投影图					
截平面可能位置	垂直面或一般位置平面	投影面平行面	投影面平行面	投影面垂直面	投影面垂直面

实例 4.11 如图 4-18 所示，已知被截切圆锥的侧面投影，求其余两个投影。

分析： 截平面过锥顶且为侧垂面，由表 4-3 可知，截交线为等腰三角形，腰是截平面与正圆锥面的交线，底是截平面与正圆锥底面的交线，从已知条件可知，三角形的侧面投影积聚成一条直线，另两个投影是类似形。

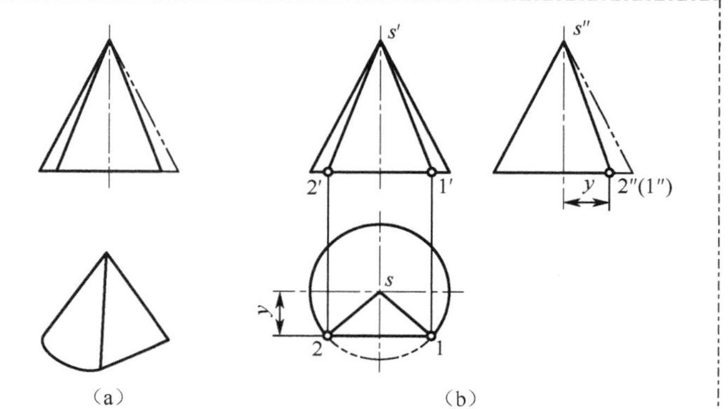

图 4-18 被截切圆锥的投影

作图：（1）用细线画出圆锥的正面投影及水平投影。

（2）求截交线的投影，截交线底面两个端点 Ⅰ、Ⅱ 的侧面投影 1″、2″为重影点，由宽相等可求得水平投影 1、2，再求出正面投影 1′、2′。

（3）判别可见性，连接△$s12$，△$s'1'2'$即为所求截交线的投影。

（4）检查、校核，擦去作图线，按规定加粗，完成。

实例 4.12 如图 4-19 所示，已知斜切圆锥的正面投影，求其余两个投影。

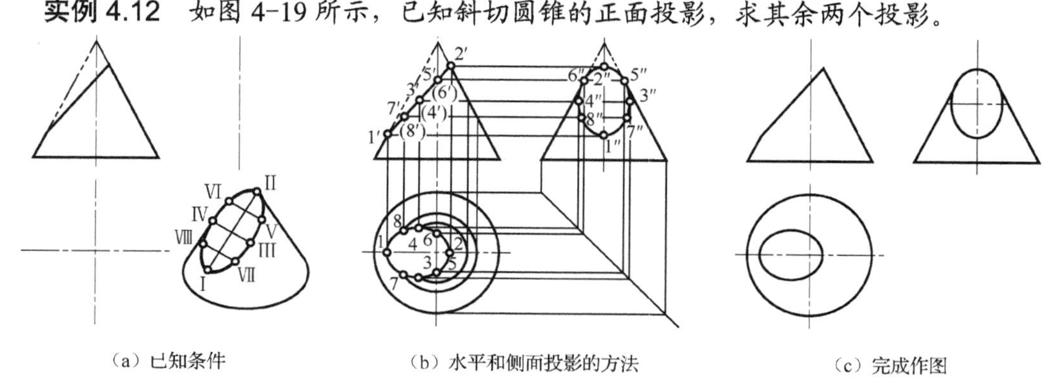

（a）已知条件　（b）水平和侧面投影的方法　（c）完成作图

图 4-19 截切圆锥的投影方法

分析： 由已知条件可知，截平面为正垂面，且截平面与圆锥轴线倾斜．故截交线为椭圆。椭圆的正面投影与截平面的正面投影重合，积聚在直线上。其水平投影和侧面投影均为椭圆的类似形，为本题待求的投影。

作图：（1）用细线画出圆锥的侧面投影和水平投影。

（2）求截交线上一系列点的投影。

① 求截交线上特殊位置点的投影。转向轮廓线上点的投影。Ⅰ、Ⅱ两点是圆锥正面转向轮廓线上的点，先找到正面投影上的 1′、2′，再利用点线从属关系求得 1、2 和 1″、2″，Ⅰ、Ⅱ两点也是截面上最左、最右点，最低、最高点，也是椭圆长轴的端点。Ⅴ、Ⅵ两点是圆锥侧面转向轮廓线上的点，先找到正面投影上的 5′、6′（正面投影的中心线与斜线的交点），再利用点线从属关系求得 5″、6″，最后根据投影规律求得 5、6。椭圆长轴的端点Ⅰ、Ⅱ已求出，短轴的端点Ⅲ、Ⅳ由同比关系可知，是线段 1′2′的中点，先找到 3′、4′，利用纬圆法可求 3、4，再求出 3″、4″点。

② 求截交线上一般位置点的投影。在相邻两个特殊位置点之间求适量的一般位置点，如Ⅶ、Ⅷ两点，先找到 7′、8′，利用纬圆法求得 7、8，再求出 7″、8″点。

③ 依次平滑连接各点的同面投影。

（3）检查、校核，擦去作图线，按规定加粗，完成。

5）圆球被截切后的基本形式

圆球截切后的基本形式如表 4-4 所示。

表 4-4　圆球截切的基本形式

截平面位置	投影面的平行面如正平面	投影面的垂直面如正垂面
模型图	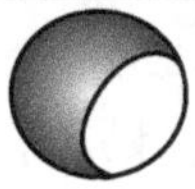	
投影图	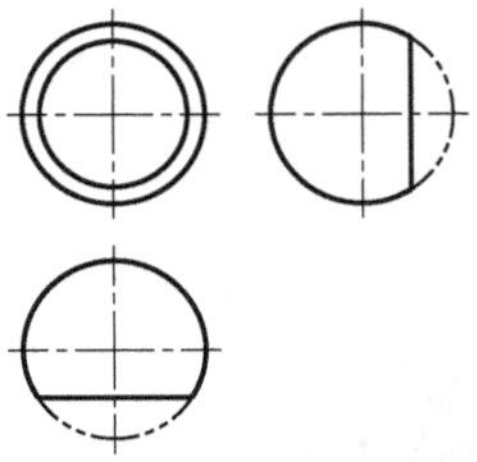	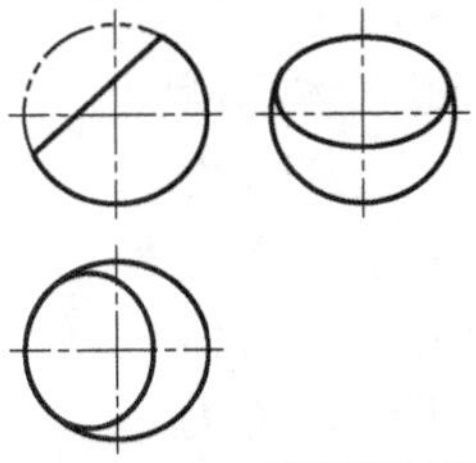

实例 4.13　如图 4-20 所示，已知切口半球的正面投影，求其余投影。

分析： 半球的切口是由平行于铅垂轴线且左右对称的两个侧平面和一个水平面组合截切形成的，截平面都是投影面的平行面。因此，左右对称的两个侧平截平面与球表面的交线为圆的一部分，侧面投影反映实形，水平投影积聚为两段直线；水平截平面与球表面的交线在水平面的投影为圆的一部分，在侧面的投影积聚为直线。

作图：（1）用细线画出半球的侧面投影和水平投影。

（2）求截交线的投影。

① 求水平截平面截交线圆的水平投影利用了水平纬圆法，延长已知的正面投影直线

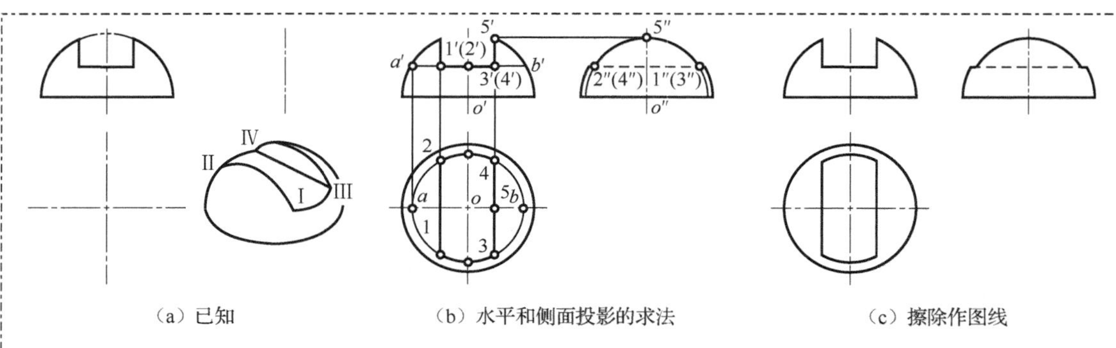

（a）已知　（b）水平和侧面投影的求法　（c）擦除作图线

图 4-20　切口半球的投影方法

1′3′与圆弧相交于 $a'b'$，在水平投影上找到 a、b，以 ab 为直径画圆，利用点的投影规律可求出 1、2、3、4，其中 $\overset{\frown}{24}$ 、$\overset{\frown}{13}$ 为圆弧。再根据投影规律求得侧面投影 1″、2″、3″、4″点。

② 求侧平截平面截交线圆的侧面投影，先找到 5′、5，以 05″为半径画圆交 1″2″，即为截交线的侧面投影。

③ 连接 1、2、3、4 即为截交线的水平投影。

（3）整理侧面和水平投影转向轮廓素线的投影，并判别可见性。球的侧面转向轮廓素线投影圆自底部分别画到 1″、2″止。

（4）检查、校核，擦去作图线，按规定加粗，完成。

4.3.2 相贯线

两立体相交又称为两立体相贯。相交的两立体成为一个整体称为相贯体。它们表面的交线称为相贯线，相贯线是两立体表面的共有线，相贯线上的点称为贯穿点，它们都是两立体表面的共有点。

贯线的形状随立体形状和位置不同而异，一般分为全贯和互贯两种类型。当一个立体全部穿过另一个立体时，产生两组相贯线，称为全贯，如图 4-21（a）所示；如两个立体互相贯穿，产生一组相贯线，称为互贯，如图 4-21（b）所示。

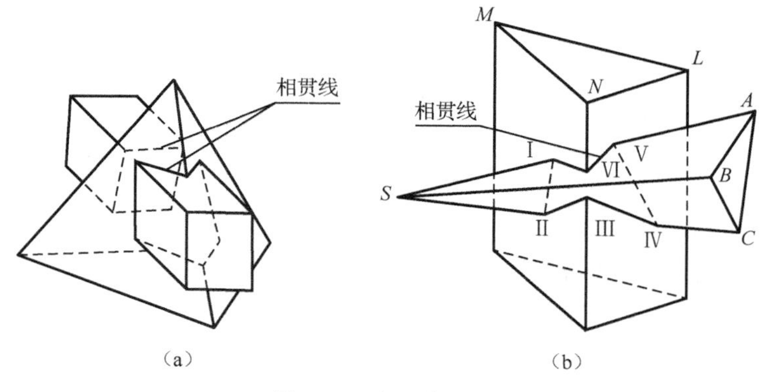

（a）　（b）

图 4-21　相贯的立体

1. 相贯线的性质

截平面截切不同的立体或截平面与立体的相对位置不同，所产生的截交线形状也不相同。但无论是什么形状，截交线都具有以下性质：

（1）表面性。截交线都位于立体的表面上。

（2）共有性。截交线是截平面与立体表面的共有线。截交线上的每一点都是截平面与立体表面的共有点，这些共有点的连线就是截交线。

（3）封闭性。因为立体是由它的各表面围合而成的封闭空间，所以截交线是封闭的平面图形。

截交线的性质是其作图的重要依据，掌握截交线的画法是解决截切问题的关键。图 4-22 为不同形式的立体相贯。

2. 相贯线的求法

由相贯线的共有性可知，相贯线是由同属于两立体表面的共有点组成的，所以只需求出属于两立体表面的一系列共有点，就能作出相贯线。

1）表面取点法

如果两曲面体相贯，其中有一个曲面体在某一投影具有积聚性时，则相贯线同时积聚在该积聚投影上。于是，求两曲面体相贯线的投影，可看成已知曲面体相贯线的投影求其未知相贯线投影的问题，这样就可以按照点的投影规律求贯线上若干个点的方法，来画出相贯线。这种方法称为表面取点法。

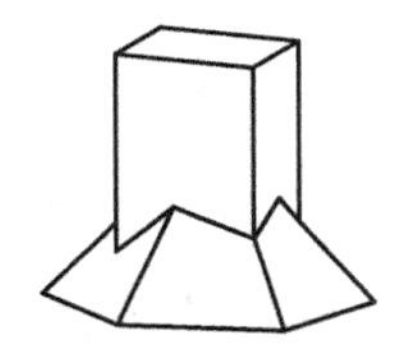
（a）两平面立体相贯

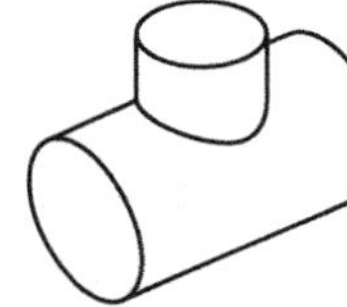

（b）两回转体相贯

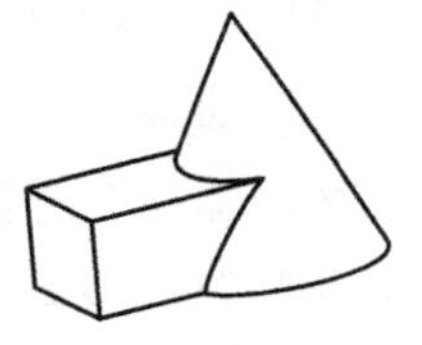
（c）回转体和平面立体相贯

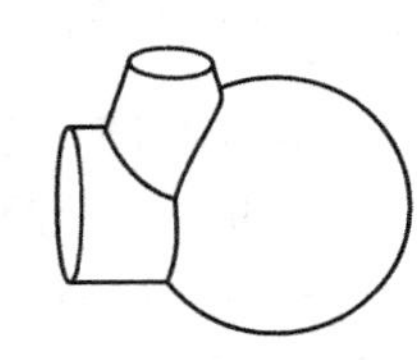
（d）多个回转体相贯

图 4-22　不同形式的立体相贯

实例 4.14　求出图 4-23（a）所示两圆柱的相贯线。

如图 4-23（a）所示，两圆柱相贯，大圆柱积聚在侧立面上，小圆柱积聚在水平面上，其相贯线为已知，未知的相贯线在正立面上需求作。

作图步骤：

（1）求特殊点：先在水平投影面上定出最左、最右、最前、最后点 A、B、C、D 的水平面投影 a、b、c、d，然后依照“长对正、高平齐、宽相等”的投影对应关系，分别求得特殊点 a'、b'、c'、d' 和 a''、b''、c''、d''，如图 4-23（b）所示。

（2）求一般点：为作图精确，可在已知相贯线上取适当数量的一般点，如在水平面上定出 e、f 两点，再根据“宽相等”投影关系作出侧立面投影点 e''、f''，然后求得正立面上的一般点 e'、f'，如图 4-23（b）所示。

（3）连点：根据相贯线的可见性，依次将相贯线上的点平滑连接起来，如图 4-24（c）。

（4）擦去多余的图线，检查无误后加深图线，完成全图，如图 4-23（c）所示。

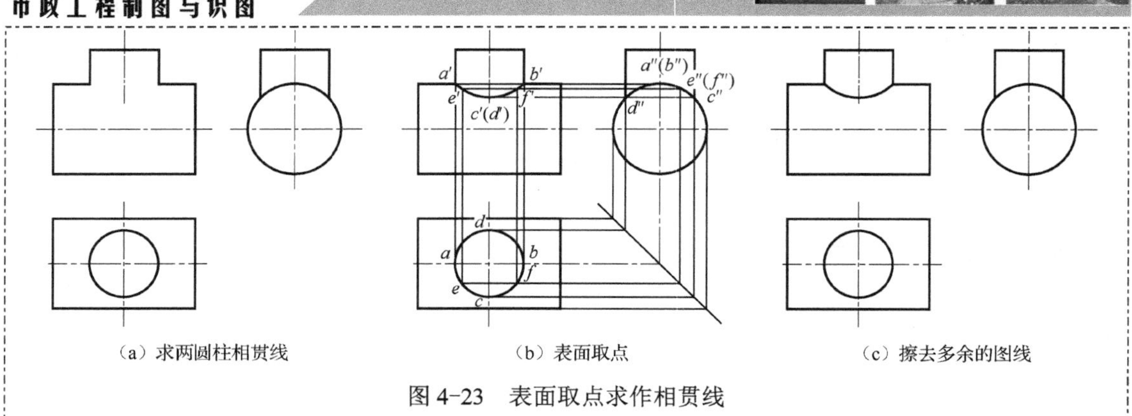

（a）求两圆柱相贯线　　（b）表面取点　　（c）擦去多余的图线

图 4-23　表面取点求作相贯线

2）辅助平面法

作一辅助平面与相贯的立体相交，辅助面与两立体各有一条截交线，这两条截交线的交点必为两立体表面的共有点，即为相贯线上的点。作若干个辅助面，求得一系列这样的点，依次连接可得到所求的相贯线。

选择辅助平面的原则是以截两立体表面都能获得最简单易画的交线为准，即尽可能使辅助面与立体表面交线至少有一个投影为直线或圆，如图 4-24（a）所示。

实例 4.15　已知圆锥和圆柱两轴线正交，求相贯线。

分析： 由于两立体正交，其相交的最高点 A 和最低点 B 在其轴线的正交平面上，可在相贯两立体的正面投影和侧面投影上直接求出 a'、b'、a''、b''，根据正面投影求出水平投影 a、b 如图 4-24 所示，用水平面 P 作为辅助面，与圆锥面的截交线为图，与圆柱面的截交线为两素线，两者交点就是相贯线上的点 C、D。

作图：（1）如图 4-24（c）所示，过圆柱轴线作辅助平面 P，作出所截的纬圆的水平投影，与圆柱水平投影的转向轮廓线相交于 c、d 两点，由 c、d 求出 c'、d'和 c''、d''。

（2）图 4-24（d）所示，在适当的位置作辅助平面 P_1，P_{1w} 与圆柱侧面投影相交于 e''、f''点，由 e''、f''在水平投影上求出平面 P_1 与圆柱的相交素线 1 和 2，与圆锥的纬圆投影相交于 e、f点，由水平投影 e、f求出 e'、f'。

（3）同理作辅助平面 P_2，求出 h''、g''、h、g、h'、g'。

（4）作一系列辅助平面，求出一系列相贯线上的点，然后光滑连接各点的正面投影。检查、校核，擦去作图线，按规定加粗，完成作图。

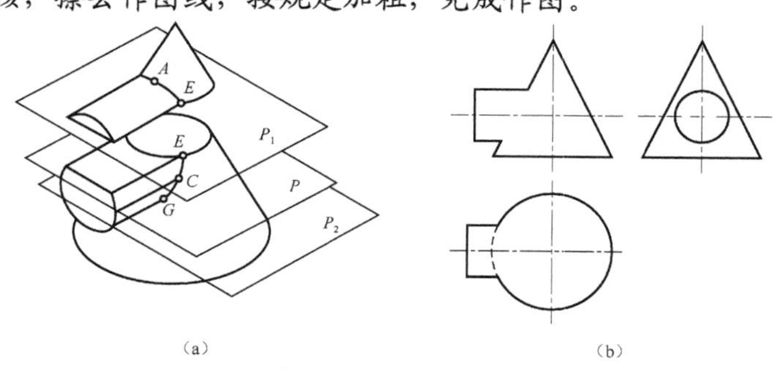

（a）　　（b）

图 4-24　正交相贯圆锥、圆柱

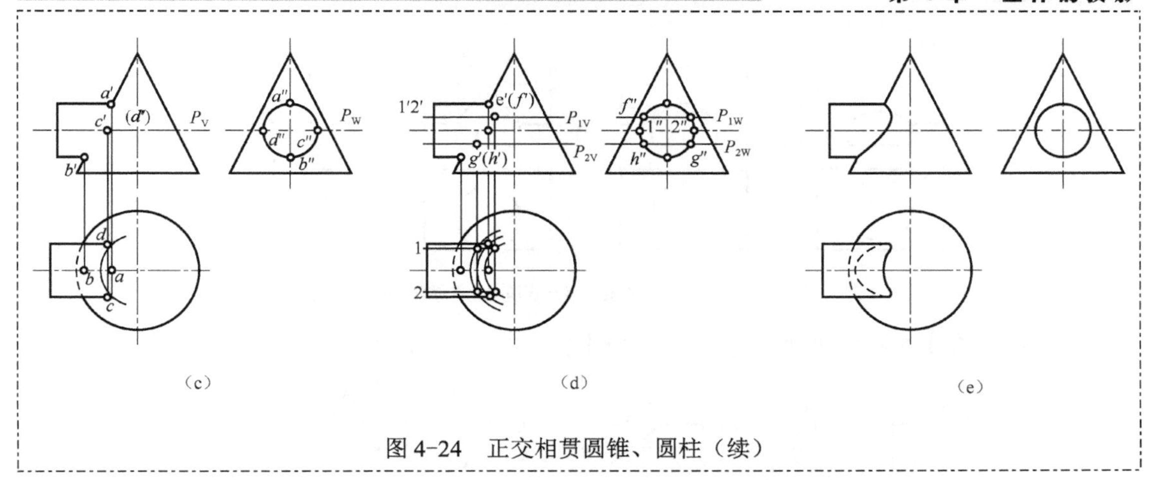

图 4-24　正交相贯圆锥、圆柱（续）

3. 相贯线的其他形式

1）相贯线的特殊形式

（1）两个回转体具有公共轴线时，其表面的相贯线为圆，并且该圆垂直于公共轴线。当公共轴线处于投影面垂直位置时，相贯线有一个投影反映圆锥实形，其余投影积聚为直线，如图 4-25 所示。

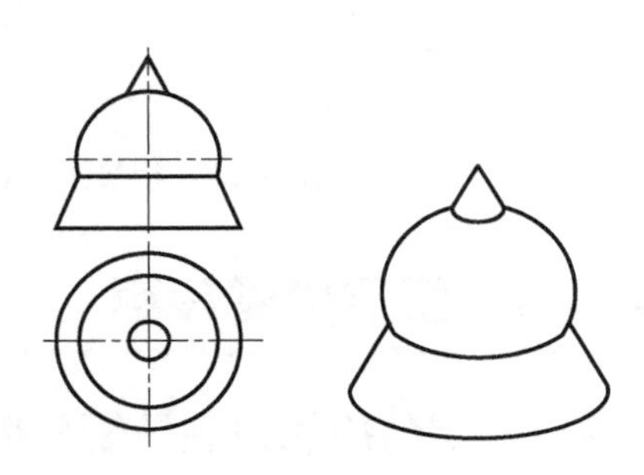

图 4-25　两回转体具有公共轴线

（2）外切于同一球面的圆锥、圆柱相贯时，其相贯线为两条平面曲线。当两立体的轴线所在的平面平行于一投影面时，则此两椭圆曲线在该投影面上的投影为相交两直线，如图 4-26 所示。

2）相贯线的变化趋势

（1）两圆柱相贯线的变化趋势，如图 4-27、图 4-28 所示。

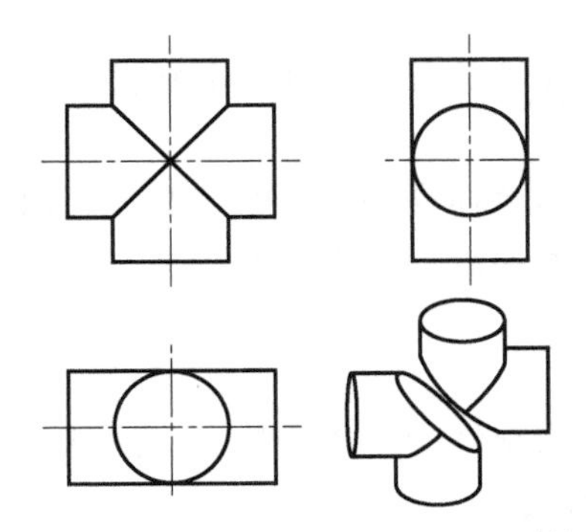

图 4-26　外切于同一球面的圆锥、圆柱相贯

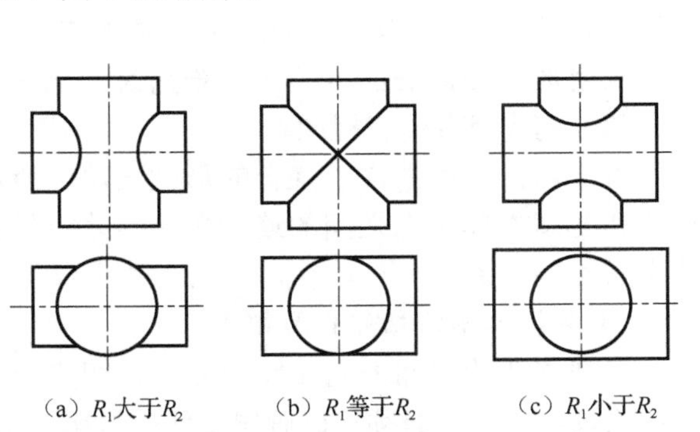

图 4-27　相贯两圆柱的轴心线同面但直径变化

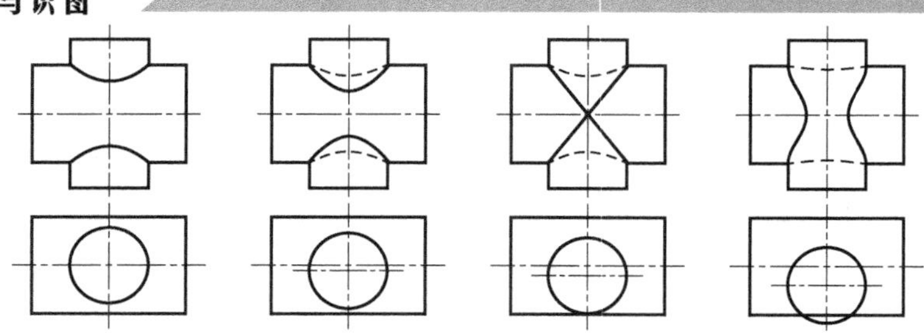

图 4-28　相贯两圆柱的轴心线从同面到逐渐拉开距离

（2）圆柱与圆锥相贯线的变化趋势，如图 4-29 所示。

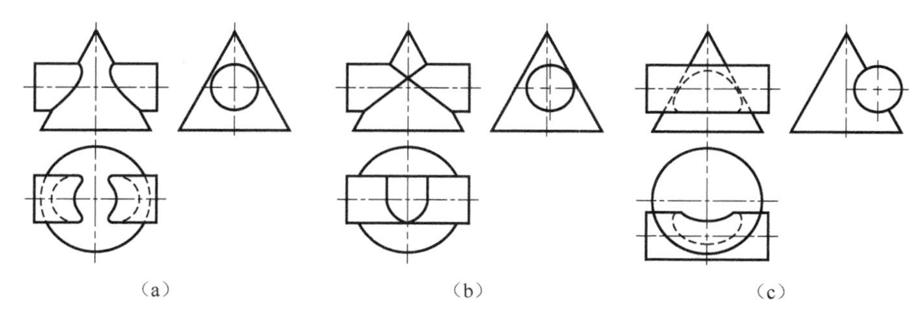

图 4-29　相贯圆锥和圆柱的轴心线从同面到逐渐拉开距离

任务 4.4　组合体的投影

4.4.1　组合体的形体分析与组合形式

1. 组合体的形体分析

工程形体的形状虽然很复杂，但总可以把它看成是一些简单的基本几何体组成。这种由基本几何体组成的立体称为组合体。

假设将物体分解成若干个简单形体后逐个进行画图或读图的一种分析方法，称形体分析法。它是画图、看图、标注尺寸的基本方法。

应用形体分析法的目的：化难为易，把复杂难懂的视图，分部分看懂，并按照投影规律分部分完成组合体三视图。

组合体在工程中常以综合的形式出现，所以在读、画组合体视图时，必须掌握其组合形式和各基本体表面之间的连接关系，才能做到不多线、不漏线。下面是两种典型的组合体表面连接关系。

1）两基本体的相邻表面相交

两基本体的相邻表面彼此相交，在相交处产生交线。求交线的基本方法在画法几何中已讨论过，画图时必须正确画出交线的投影，如图 4-30 所示。

2）两基本体相邻表面相切

两基本体相邻表面相切时，由于相切是光滑过渡的，不存在分界线，所以相切处不画线，如图 4-31 所示。

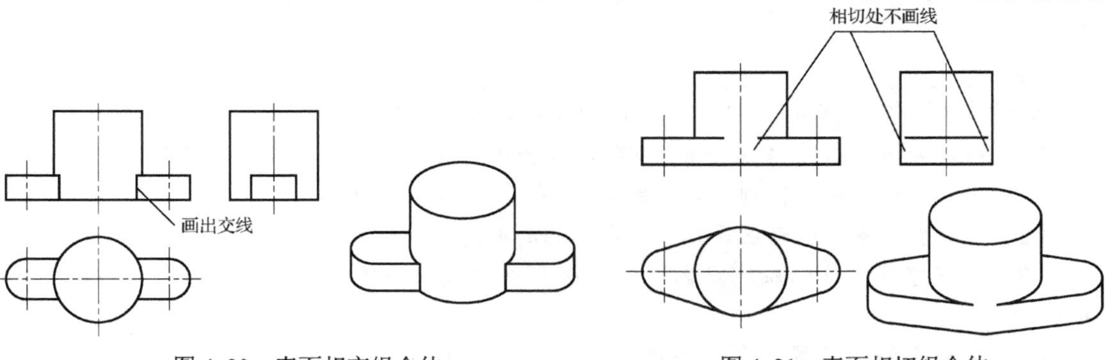

图 4-30　表面相交组合体　　　　图 4-31　表面相切组合体

2. 组合体的组合形式

组合体的组成方式一般为叠加和切割两种，但很多组合体的组成是同时具有以上两种方式的，可称之为综合法。所以，组合体的组成方式有叠加、切割和综合三种形式。

由基本几何体组成组合体时，由于相互间的组成方式和位置的不同，它们相邻表面的连接有相接（共面与不共面）、相交、相切等情况。

1）叠加法

当组合体是由基本体叠加而成时，先将组合体分解为若干个基本体，然后按各基本体的相对位置逐个画出各基本体的轴测图，经组合后完成整个组合体的轴测图，这种绘制组合体轴测图的方法叫叠加法。

实例 4.16　作如图 4-32（a）所示组合体的正等轴测投影图。

（1）形体分析：由已知的三面投影图可知，该组合体由四个基本体叠加而成，所以可用叠加法完成组合体的轴测投影图。

（2）建立坐标系：根据正等轴测投影图的轴间角建立坐标系。

（3）绘制各基本体的正等轴测投影图：分析清楚各基本体的相对位置，分别画出各基本体的轴测投影，依次叠加完成组合体的轴测投影图。具体作图步骤如图 4-32（b）、（c）、（d）所示。

（4）校核、清理图面，加深图线。

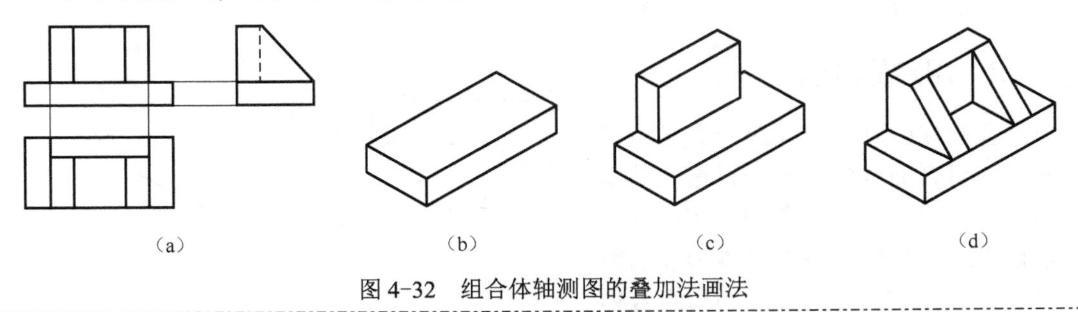

图 4-32　组合体轴测图的叠加法画法

2）切割法

当组合体由基本体切割而成时，先画出完整的原始基本体的轴测投影图，然后按其截平面的位置，逐个切去多余部分，从而完成组合体的轴测图，这种绘制组合体轴测图的方

法叫切割法。

实例 4-17 画出图 4-33 所示组合体的正等轴测投影图。

（1）形体分析：由图 4-33（a）可知，组合体是四棱柱由八个截平面经三次切割而形成，所以完成该组合体的轴测投影图用切割法。

（2）建立坐标系：根据正等轴测投影图的要求建立坐标系。

（3）画完整基本体的轴测投影图：画出完整四棱柱的轴测投影图，如图 4-33（b）所示。

（4）按截平面的位置逐个切去被切部分。具体过程见图 4-33（c）、图 4-33（d）、图 4-33（e）。

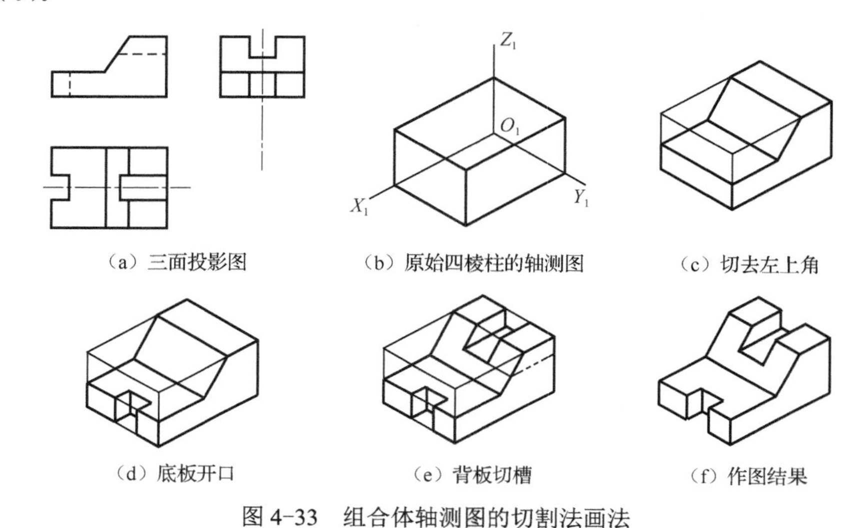

图 4-33 组合体轴测图的切割法画法

3）综合法

如图 4-34 所示，在画图前假设将该组合体分解为 3 种基本形体，由 1、2、3、5 形体叠加，再挖切去 4、6、7 部分而成。

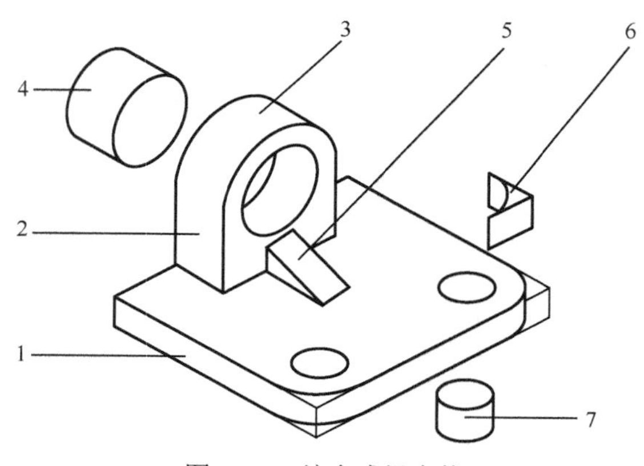

图 4-34 综合式组合体

4.4.2 组合体画法

画组合体视图时，应先分析它是由哪些基本形体组合而成的，再分析这些基本形体的组合形式、相对位置和连接关系，最后根据以上分析，按各个基本形体的组合顺序进行定位、布图，然后画出组合体的视图。

画组合体视图的具体步骤如下：

（1）对组合体进行形体分析。分析组合体由哪些部分组成，每部分的投影特征，它们

之间的相对位置及组合体的形状特征。

（2）选择主视图。一般选择最能反映组合体形状特征和相对位置关系的投影作为主视图，同时要考虑到组合体的安装位置，另外要注意其他两个视图上的虚线尽量少。

（3）徒手画出草图。形体结构分析清楚后，徒手画出组合体三视图的草图，以保证投影正确。

（4）计算机绘图。利用计算机绘图软件，根据草图绘制图形并标注尺寸。

（5）布局与图形输出。将绘制好的图形按要求和标准布局，然后打印出图或发布图形。

实例 4.18　根据图 4-35（a）所示的窨井轴测图，画出其草图三视图。

分析：（1）对窨井进行形体分析。如图 4-35（b）所示，该形体可分为五部分；底板和井身为四棱柱，盖板为四棱台，管道为圆柱形。

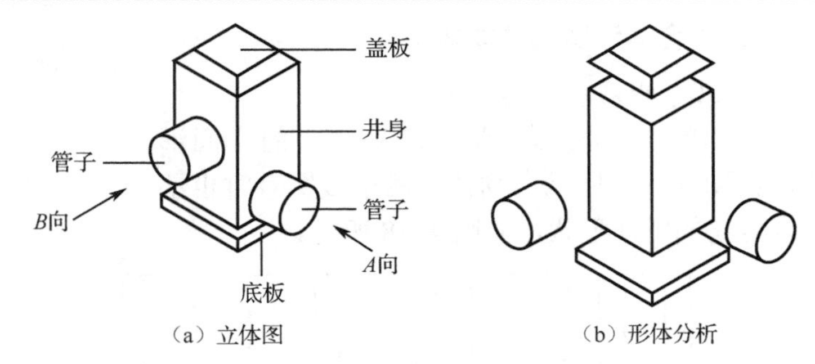

（a）立体图　　（b）形体分析

图 4-35　窨井的形体分析

（2）确定主视图。如图 4-35（a）所示，*A* 向能较好地反映窨井几个形体之间的位置关系，也符合安装位置，且左视图中无虚线。所以选择 *A* 向为主视图方向。

（3）徒手画出草图。步骤如图 4-36 所示。

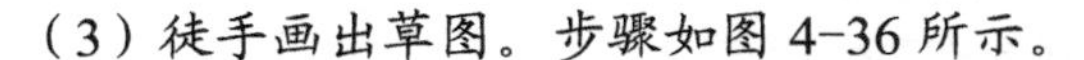

（a）画对称线及底板的三视图　　（b）画井身的三视图

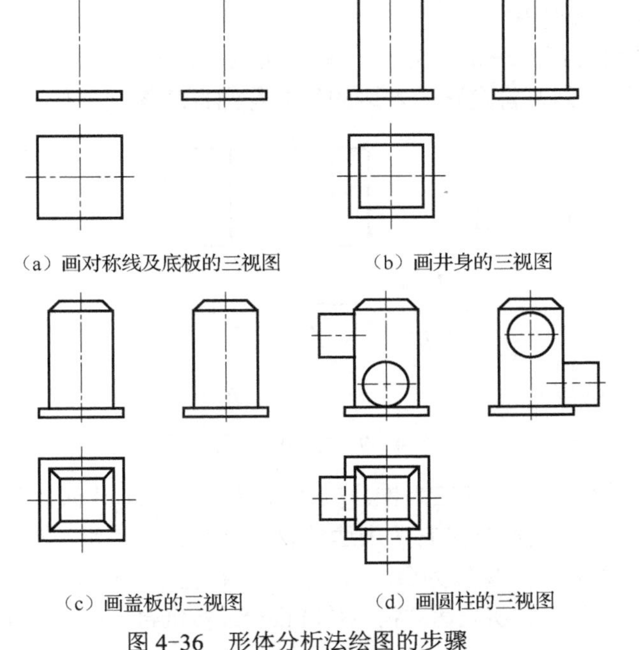

（c）画盖板的三视图　　（d）画圆柱的三视图

图 4-36　形体分析法绘图的步骤

4.4.3 组合体视图的识读

画图是把空间形体用一组视图表示出来，读图则是根据已画出的一组视图，运用投影规律，想象出物体空间结构形状的过程。画图是读图的基础，而读图是提高空间想象能力和投影分析能力的重要手段。读图的学习是一个艰苦的过程，读图训练是学习的主要环节，只有通过多读多画，才能掌握读图的基本方法，提高读图的能力。

1. 组合体读图的基本知识

1）几个视图联系起来看

物体的一个投影通常不能确定它的空间形状，如图 4-37 所示。物体的两个投影有时也不能确定它的空间形状，如图 4-38 所示。

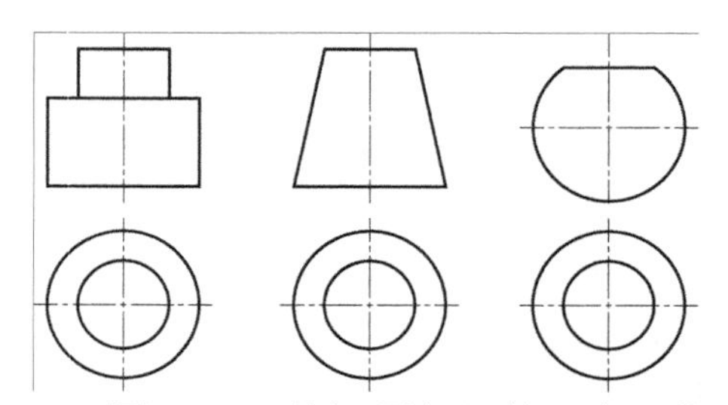

图 4-37 俯视图相同的几个形体

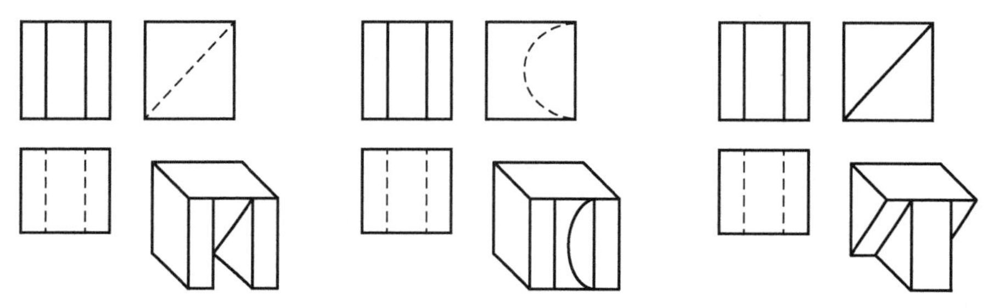

图 4-38 主、俯视图相同的几个形体

2）常见形体的视图特征

（1）柱体的视图特征——矩矩为柱。其含义是：在基本几何体的三视图中如有两个视图的外形轮廓为矩形，则可肯定它所表达的物体是圆柱或棱柱，如图 4-39 所示。

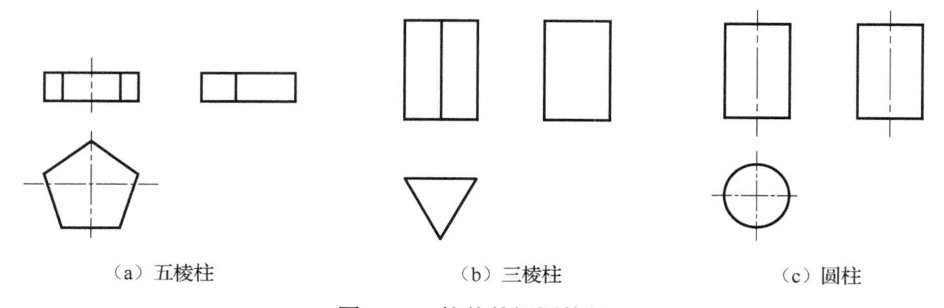

（a）五棱柱　（b）三棱柱　（c）圆柱

图 4-39 柱体的视图特征

（2）锥体的视图特征——三三为锥。其含义是：在基本几何体的三视图中如有两个视图的外形轮廓为三角形，则可肯定它所表达的物体是圆锥或棱锥，如图 4-40 所示。

（3）台体的视图特征——梯梯为台。其含义是：在基本几何体的三视图中如有两个视图的外形轮廓为梯形，则可肯定它所表达的物体是圆锥台或棱锥台，如图 4-41 所示。

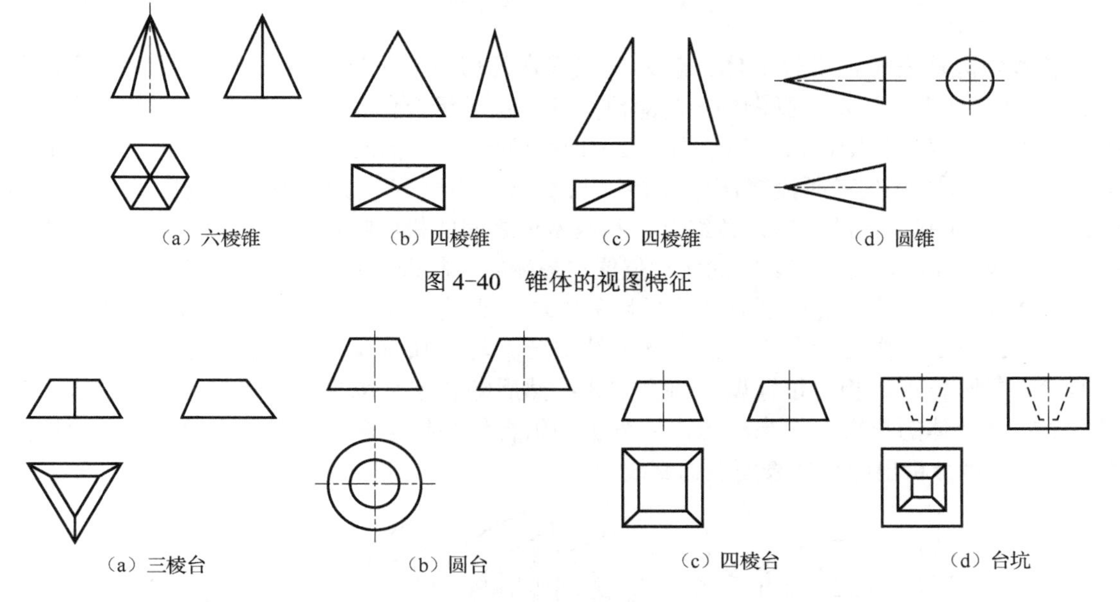

图 4-40　锥体的视图特征

图 4-41　台体的视图特征

（4）球体的视图特征——三圆为球。其含义是：球体的三视图全部为圆形，如图 4-42 所示。

3）视图中图线的含义

视图中一个封闭的线框必是一个面的投影（曲面或平面），如图 4-43 中的Ⅰ、Ⅱ、Ⅲ、Ⅳ、Ⅴ、Ⅵ线框。而线框中的线框不是凸出来的表面，就是凹进去的表面，或者是通孔，如图 4-43 中的 5、6 线框。视图中的一条线有三个含义：一是表示一个面的积聚投影，如图 4-43 中的 3′、4′、6′；二是表示物体上的棱线，如图 4-43 中的 8 线；三是表示曲面上的轮廓素线，如图 4-43 中的 7′ 线。

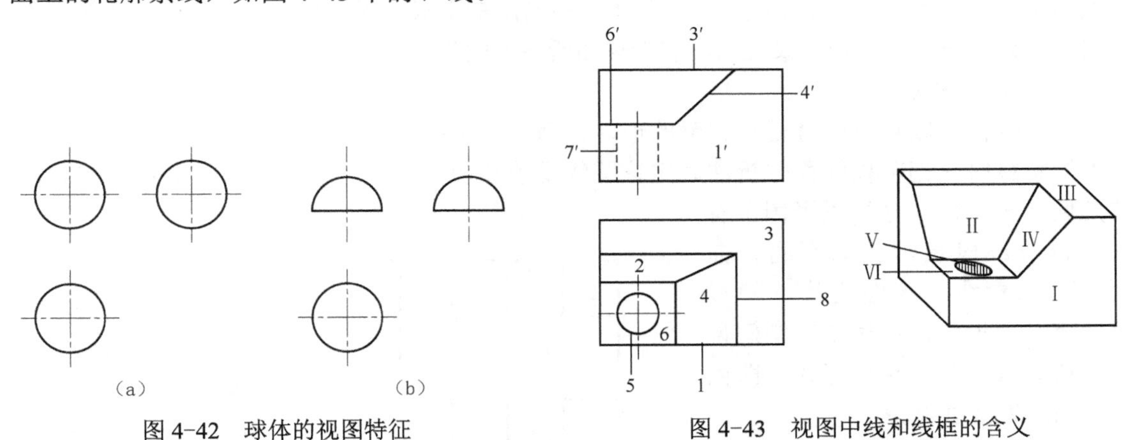

图 4-42　球体的视图特征

图 4-43　视图中线和线框的含义

2. 组合体读图的基本方法

读图方法实质上是根据已知的投影图，想象出形体空间形状的思维过程。下面介绍两种读图的一般方法：

1）形体分析法

形体分析是假想把组合形体分解为一些基本几何体来识读（或画图），然后综合起来"想象整体形状"的读图、画图的一种思维方法。由于组合体各侧面投影图是由构成组合体的各基本形体表面投影而成，所以各侧面图表现为一些线框的组合。形体分析法就是利用组合体中的基本体在三面投影图中保持"长对正、高平齐、宽相等"的投影关系，读出（或画出）对应基本体的线框，并综合各种基本体之间的投影特征，读出每组对应线框表示的是什么基本体，以及它们之间的相对位置，最后综合起来想象出组合体的形状。

形体分析法是读图和画图时经常采用的方法，无论组合体多么复杂，通常可采用"先分后合"的办法，先在想象中把组合体分解成若干基本几何体，并分析清楚各基本几何体的形状、投影特点、相对位置以及组合方式；然后综合起来想整体，按其相对位置逐个对照各基本几何体的投影。应当注意，所分析的组合体与投影图之间必须要符合投影对应关系，还要正确分析出组合体表面上的交线。

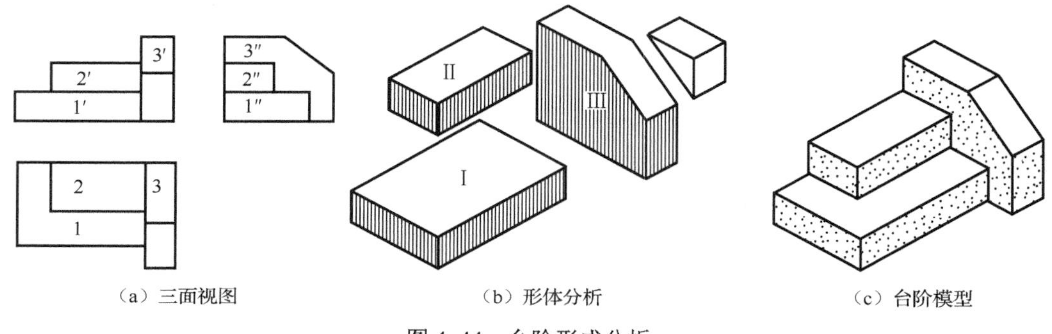

（a）三面视图　（b）形体分析　（c）台阶模型

图 4-44　台阶形成分析

图 4-44（a）所示为台阶的三面投影图。该台阶可分解为 3 块板，板 I 、板 II 组合在一起形成了两级台阶，板III的前上角被切去了一角，由板III挡在台阶的右端面，其分析结果如图 4-44（b）所示，然后依照三面投影图，按台阶的形成及投影关系，把被分解的基本形体重新组合成一体，综合起来想象出该投影图所表达的形体如图 4-44（c）所示。

2）线面分析法

当组合体比较复杂或者是不完整的形体，而图中某些线框或线段的含意用形体分析法又不好解释时，则辅以线面分析法确定这些线框或线段的含意。线面分析法是利用线、面的几何投影特性，分析投影图中有关线框或线段表示（如平面、曲面、转向素线、表面交线、棱线等）哪一项投影，并确定其空间位置，然后联系起来想象形体，即由图到物的思维过程。

如图 4-45 所示形体，S 面在两个 R 面的后中上方，S 面与 R 互相平行，并且都平行于 H 面。Q 面在两个 P 面的中前方，Q 面与 P 面互

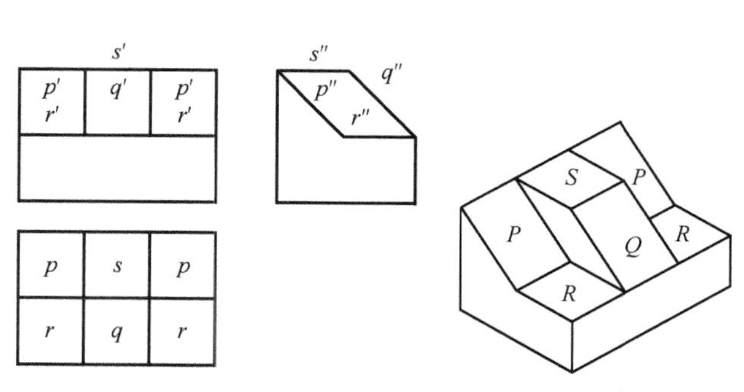

（a）三面投影图　（b）立体图

图 4-45　形体的线面分析

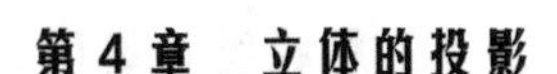

相平行，并且都倾斜，垂直于阶面。在该投影图中，可先看 W 面上的线或面，找出它们对应在 V、H 投影面中的位置关系。如 W 面上的两根倾斜线用 p''、q'' 表示，其 V、H 投影均为比实形小的面（p'、p、q'、q 标记），就说明 P 与 Q 面均为垂直于 W 面的侧垂面，Q 面在两个 P 平面的中间靠前的位置。s'' 所指的线，在 H 面上的投影反映该平面的实形，V 投影反映的线是积聚线，说明 S 面是平行于 H 面的水平面。V 面标记的 s' 两侧的线分别是两个 P 平面的一端轮廓线。用同样的方法分析其他各线、面在投影图中的相互关系。然后依照该投影图，综合上述分析，联想出与该图对应的空间形体的形状。

3. 组合体读图训练示例

实例 4.19　如图 4-46 所示，已知物体的主视图和左视图，补画其俯视图。

分析：（1）主、左视图均为直角梯形，根据“梯梯为台”的视图特征，可初步判断形体是棱台或圆台。

（2）再进一步判断出不是圆台，因为如果是圆台，主视图、左视图应是相同的或对称的梯形，否则应有截交线，本例的主、左视图不同也不对称，所以不是圆台。

（3）画棱台的方法是先画下底面，再画上底面，由于上、下底面在主视图、左视图中均积聚成直线且不与第三边交叉，所以上、下底面有两种可能的形状——三边形或四边形，不可能是五边形以上的形状。

（4）确定本例有两个答案，为三棱台或四棱台。如图 4-46（a）、图 4-46（b）所示。

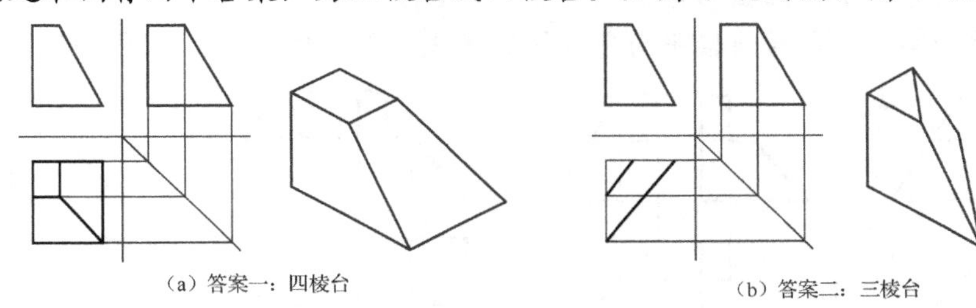

（a）答案一：四棱台　　（b）答案二：三棱台

图 4-46　已知两视图补第三视图

实例 4.20　如图 4-47 所示，已知组合体的主、左两视图，补画其俯视图。

分析：（1）如图 4-48 所示，应用形体分析法，将形体分为 3 个部分，可看出第一部分为四方块（四棱柱），第二部分为四棱台，第三部分为缺角四方体。

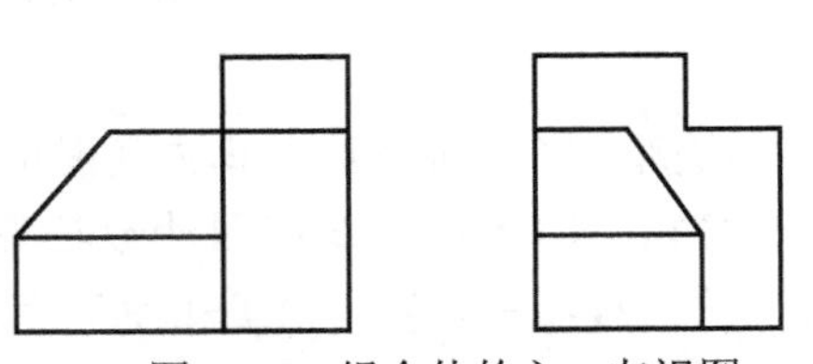

图 4-47　组合体的主、左视图

（2）画出每部分的俯视图，画图步骤如图 4-49 所示。

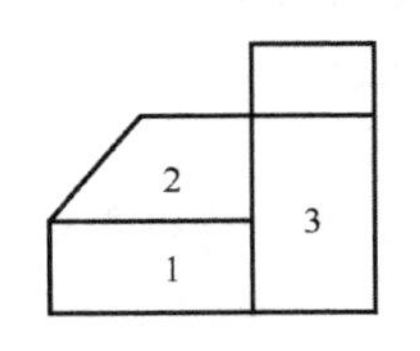

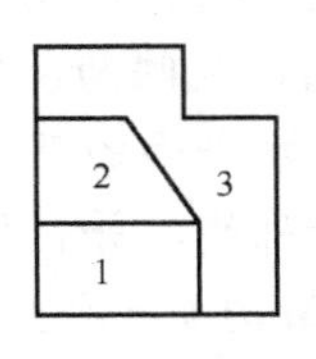

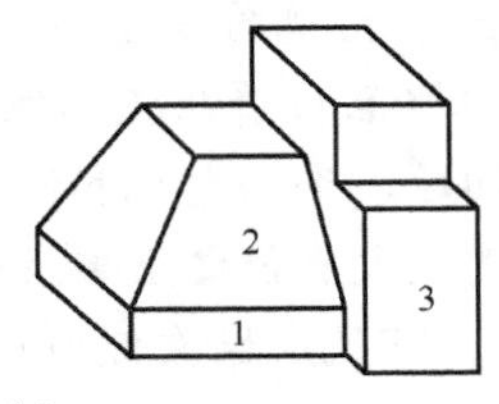

图 4-48　形体分析

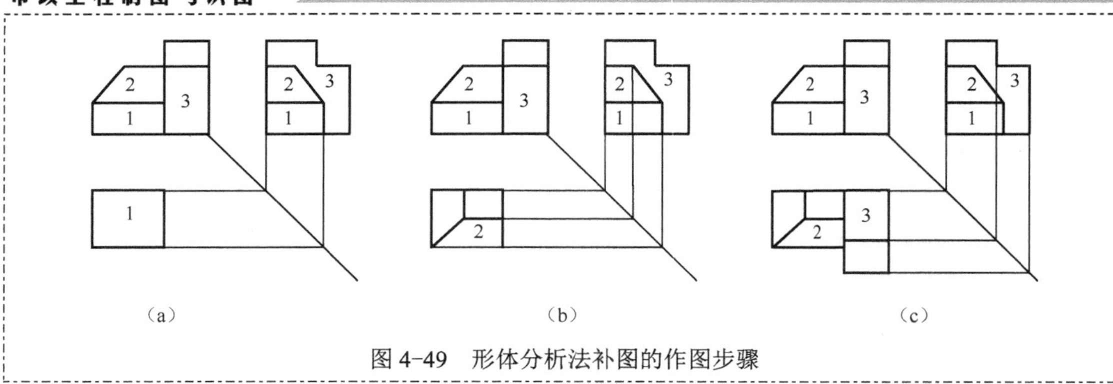

图 4-49　形体分析法补图的作图步骤

实例 4.21　如图 4-50 所示，已知组合体的主、左两视图，补画其俯视图。

分析：（1）从已知的两视图看出，本例形体为平面切割体，在基本形体的左方和前方进行了多个面的切割。

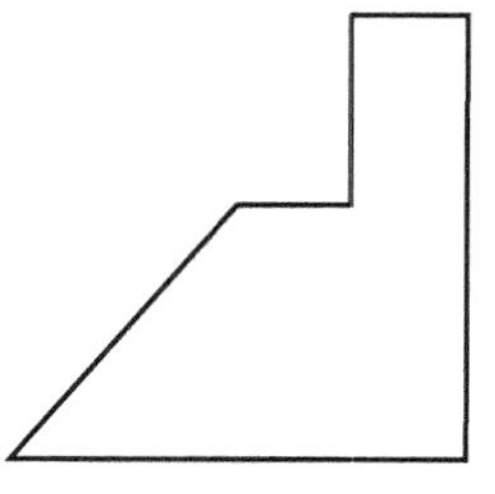

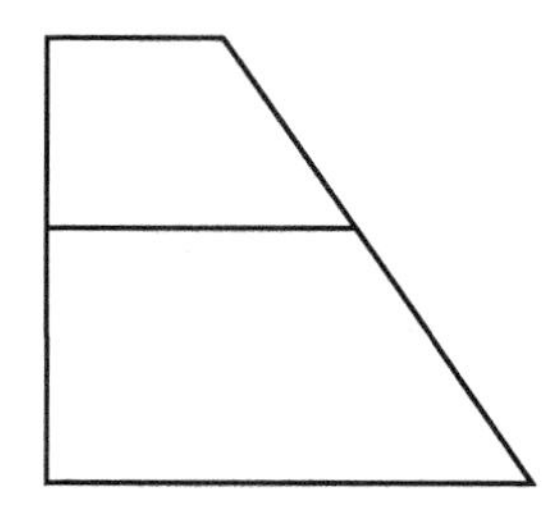

图 4-50　组合体的主、左两视图

（2）按线面分析法，画出形体上每个水平面的实形，最后连接平面角点间的连线，具体作图步骤如图 4-51 所示。

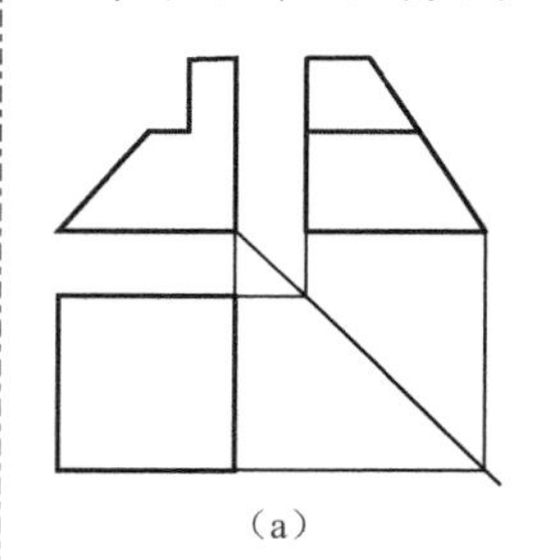

（a）

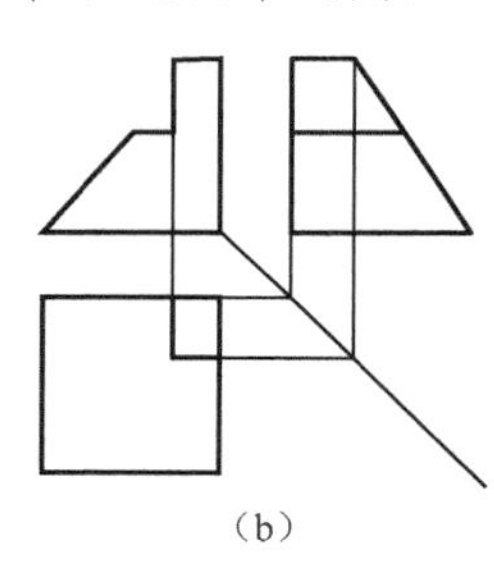

（b）

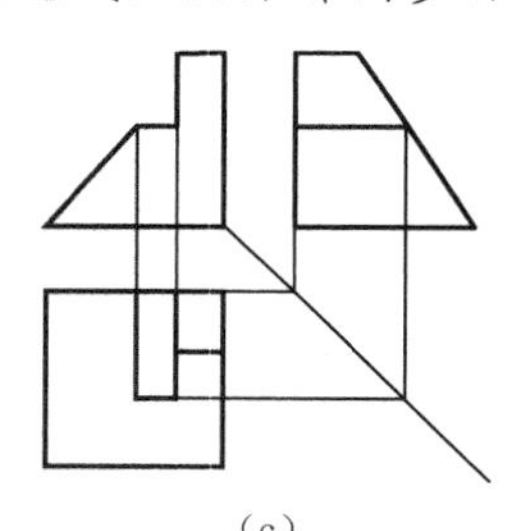

（c）

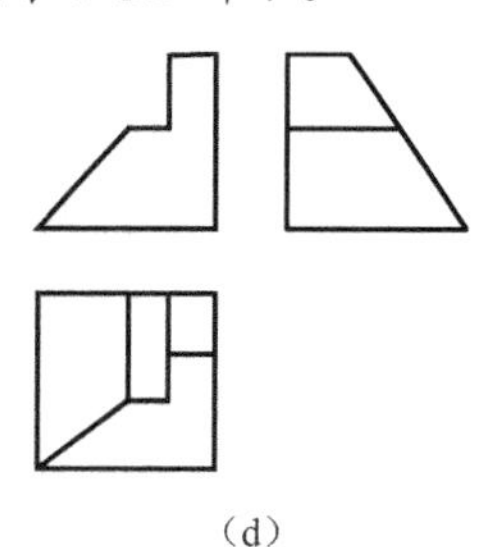

（d）

图 4-51　线面分析法补图的作图步骤

实例 4.22　补全组合体三视图中漏缺的图线，如图 4-52 所示。

分析：（1）通过三视图外形轮廓知，该组合体采用综合法。底部为平板，左端抹斜角，前、后各一竖板，前竖板中间穿孔，后竖板中间穿半圆孔。

（2）通过 *V*、*H* 面图线知，前后两竖板中部用正垂面贯穿挖走一个圆柱孔，此时在 *W* 面补圆柱孔轮廓虚线和高度定位轴线即可。

（3）由俯视图、左视图线框知，后竖板在圆柱孔高度最大直径部位被水平面切去，在 *V* 面该高度的水平面被前凸版遮住，因此反映为虚线（已存在）；在 *H* 面，后竖板已反映出被水平面截切后，半个内孔和两侧小水平面的可见线框（已存在）；在 *W* 面，擦去后竖板在圆柱孔高度最大直径之上部位的轮廓线，并补画轴线部位的粗实线即可。

（4）在 *V* 面，可见底板左侧用正垂面切去一个三角块，此时 *H*、*W* 面分别补一根可见正垂线作轮廓线即可。

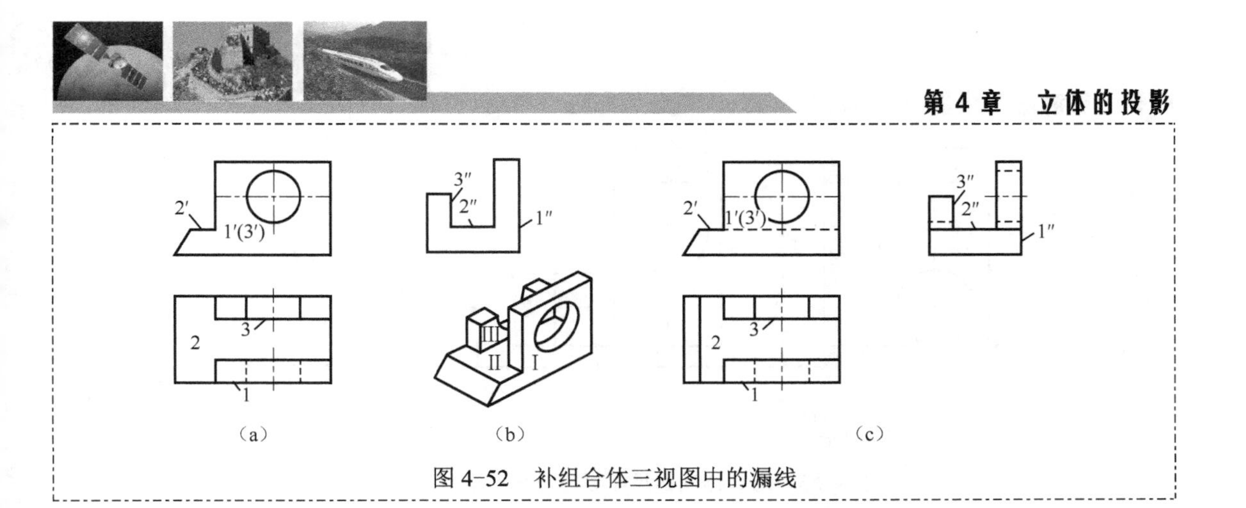

图 4-52　补组合体三视图中的漏线

4.4.4　组合体视图的尺寸标注

1. 尺寸标注的要求

图形中对尺寸标注的要求概括为“标注正确、尺寸齐全、布局清晰”。

1）标注正确

标注正确，一是要求尺寸标注样式符合国家制图标准规定，二是要求尺寸标注基准符合技术要求。

用来确定尺寸起点位置的点、线、面，称为尺寸基准。由于组合体有长、宽、高 3 个方向的尺寸，因此每个方向上至少各有一个尺寸基准。工程图中的尺寸基准是根据设计、施工、制造要求确定的。尺寸基准一般选在组合体的对称平面，大的或重要的底面、端面或回转体的轴线上。

底平面为高度方向的尺寸基准；左右对称线是长度方向的尺寸基准；前后对称线是宽度方向的尺寸基准。

2）尺寸齐全

尺寸齐全是指所注尺寸能完全确定出物体各部分大小及它们之间相互位置关系和组合体的总体大小。组合体的尺寸包括三种：

（1）定位尺寸。确定各基本形体之间相对位置（上下、左右、前后）的尺寸，称定位尺寸。定位尺寸要直接从基准注出，以减少累计误差，方便测量与定位。图 4-53 所示窨井中的定位尺寸有：主视图、左视图中的 50、23，它们是两圆柱中心高度方向的定位尺寸。井身及圆柱的前后左右位置可由中心线确定，不必再标注尺寸。

（2）定形尺寸。确定各基本形体大小（长、宽、高）的尺寸，称定形尺寸。图 4-53 中除了定位尺寸 50、23，总体尺寸 65（总长）、65（总宽）、79（总高）外，其余数值都是定形尺寸。

（3）总体尺寸。确定物体总长、总宽、总高的尺寸，称总体尺寸。图 4-53 中的总体尺寸有：主视图中的 79、俯视图中的两个 65 就是窨井外形的长、宽、高总体尺寸。

3）布局清晰

布局清晰有如下的要求：

（1）尺寸数字应清楚无误，所有的图线都不得与尺寸数字相交。

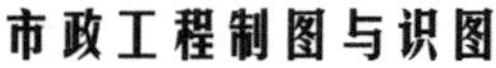

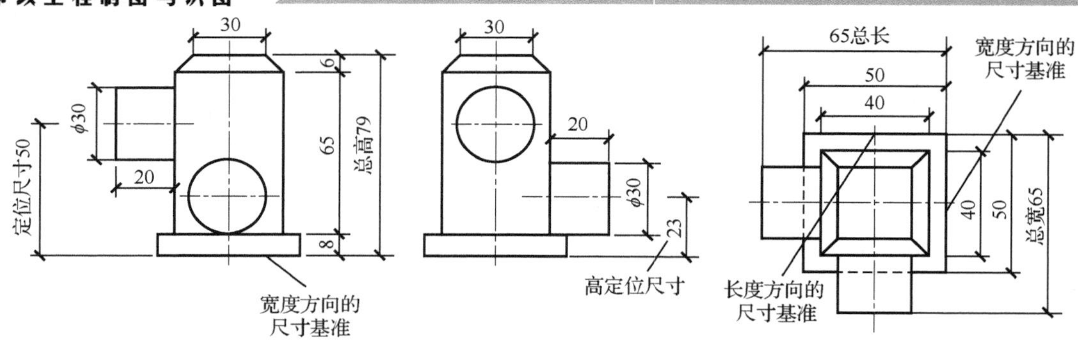

图 4-53　组合体视图尺寸标注及尺寸基准的确定

（2）尺寸标注应层次清晰，图线之间尽量避免互相交叉，虚线上尽量不标尺寸。

（3）尺寸标注应布局清晰，同部位的特征尺寸集中标注便于查看。

2. 基本形体的尺寸标注

1）基本形体的尺寸标注方法

常见的基本体有棱柱、棱锥、圆柱、圆锥和球体等。任何基本体都有长、宽、高三个方向的大小尺寸。在视图上，一般要把反映这三个方向的尺寸都标注出来。如果棱柱体的上下底面或棱锥体的下底面是圆内接多边形，也可以标注其外接圆的直径和立体的高来确定其大小。如图 4-54（a）、（b）、（c）、（d）所示，是常见的几种基本体尺寸标注的范例。

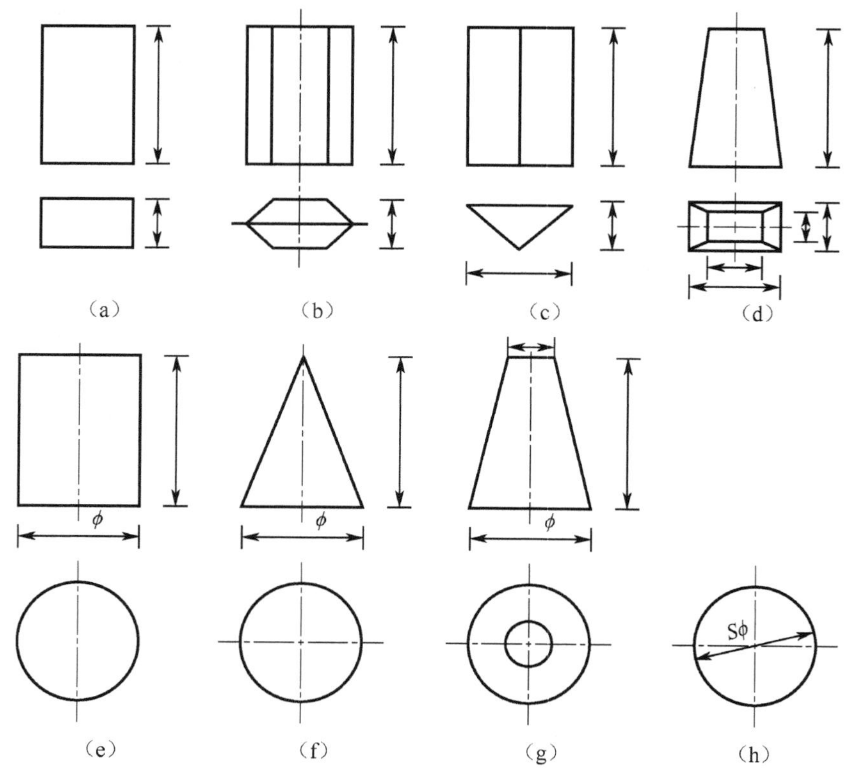

图 4-54　基本几何体尺寸标注

对于回转体（如圆锥），可在其非圆视图上标注直径方向尺寸“ϕ”，因为“ϕ”具有双向尺寸功能，它不仅可以减少一个方向的尺寸，还可以省略一个投影图，如图 4-54（e）、（f）、（g）所示。球体的尺寸标注要在直径数字前面加注“$S\phi$”，如图 4-54（h）所示。

2）尺寸种类

要完整地确定一个组合体的大小，需要按顺序完整地标出三种尺寸。

（1）定形尺寸。确定组合体各组成部分形状大小的尺寸。

图 4-55（b）中的尺寸 340、310、225、160、125、45、20 等都是定形尺寸，涵洞口各个组成部分大小由它们确定。

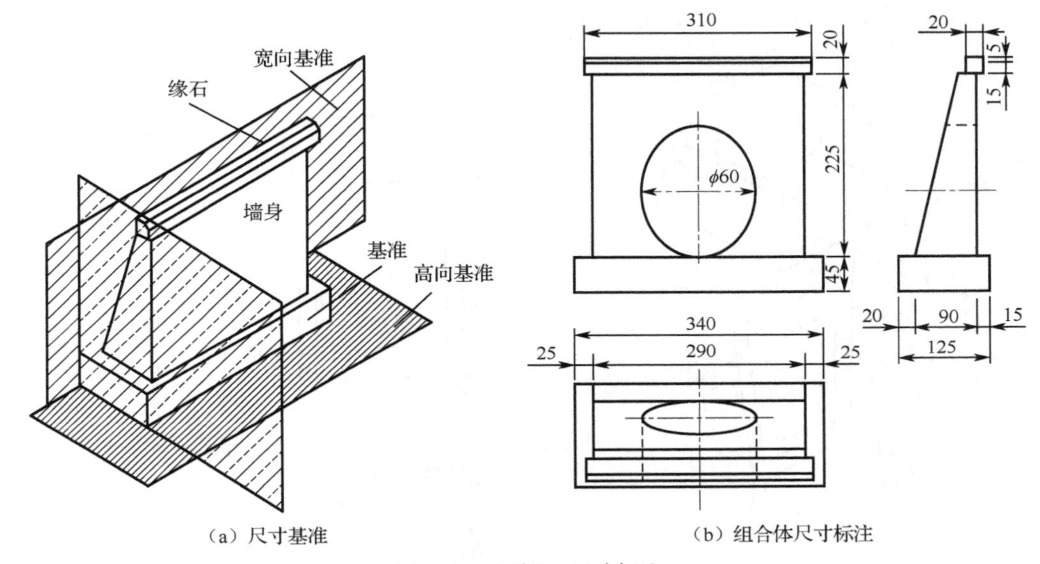

（a）尺寸基准　　（b）组合体尺寸标注

图 4-55　涵洞口尺寸标注

（2）定位尺寸。确定各个组成部分之间相对位置的尺寸。如图 4-55（b）所示，墙身在水平方向的位置是通过 *H* 面投影中墙身旁边的 25 这个定位尺寸确定的，表示墙身的水平位置相对于基础最右边缘左移 25。墙身前后在 *W* 投影中的 20 和 15，是确定其前后方向位置的定位尺寸。注意，在某个方向上用定位尺寸表示各组成部分的相对位置时，均需先确定尺寸基准。尺寸基准就是进行标注的起点。长度方向一般选择左侧面或右侧面为尺寸基准，宽度方向一般选择前侧面或后侧面为尺寸基准，高度方向一般选择底面或顶面为尺寸基准。若是对称图形，还可选择对称线为长度和宽度方向的尺寸基准，如图 4-55（a）所示。

（3）总体尺寸。确定组合体外形的总长、总宽、总高尺寸。如图 4-55（b）所示，图中的 340 是总长，125 是总宽，290 是总高。

3. 组合体的尺寸注法示例

实例 4.23　给水槽的三视图进行尺寸标注，如图 4-56（a）所示。

分析：（1）确定水槽长、宽、高方向的尺寸基准。如图 4-56（a）所示，长度方向的尺寸基准在主、俯视图 *X* 方向圆孔内的细点画线中，用来确定圆孔位置数值 310 和底部

竖板距离 520；宽度方向的尺寸基准在前、左视图 Y 方向圆孔内的细点画线中，用来确定圆孔位置数值 225 和 450；高度方向的尺寸基准在主、左视图 Z 方向竖板的底部，用来确定 800 和 550，水槽长、宽、高方向的尺寸基准注法见图 4-56（b）。

（2）确定定位尺寸。如图 4-56（a）所示，水槽底的圆柱孔居中布置，因此长、宽方向的尺寸基准在水槽圆柱孔的中心线上，并以中心线为基准，注出两个长度定位尺寸 310 和两个宽度定位尺寸 225，并以圆柱孔的中心线为长度尺寸基准注出两支撑板外壁之间的长度定位尺寸 520，水槽定位尺寸注法如图 4-56（b）。

（3）确定定形尺寸。从图 4-56（a）知，水槽外形长宽高尺寸为 620×450×250；水槽四周壁厚 25，槽底厚 40，圆柱通孔直径 $\phi70$。

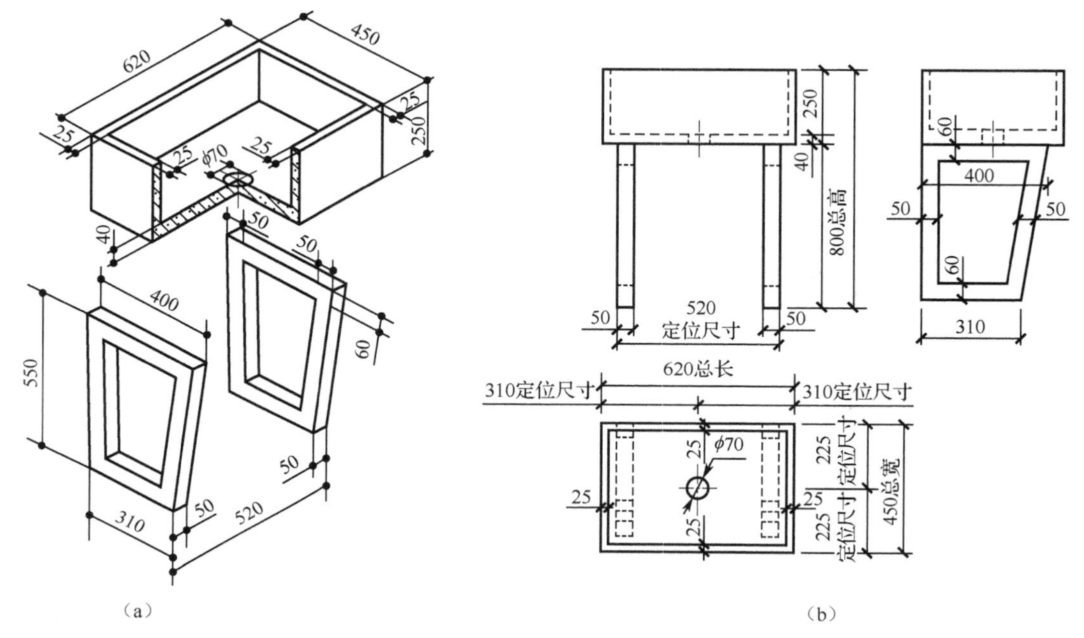

图 4-56　水槽的尺寸标注

直角梯形空心支撑板的外形尺寸分别为 310、550、400，板厚 50。制成空心板后的四条边框宽度，水平方向为 50，铅垂方向均为 60，水槽定形尺寸注法如图 4-56（b）所示。

（4）确定总体尺寸。从图 4-56（a）可看出，水槽的总长尺寸为 620，总宽度为 450，总高尺寸为 800，水槽总体尺寸注法如图 4-56（b）所示。

（5）检查三个视图中所注尺寸是否符合“正确、齐全、清晰”。

① 尺寸正确。尺寸基准选择正确，尺寸数字标注正确，标注方式符合国家标准规定。

② 尺寸齐全。检查定形尺寸、定位尺寸、总体尺寸是否标注齐全。

③ 尺寸清晰。检查直径尺寸 $\phi70$ 是否注在反映实形的视图中（虚线不允许注尺寸）。检查所标注的尺寸是否易读（如：尺寸布置在两图之间；定形尺寸、定位尺寸是否集中标注；尺寸是否有重复）。检查图形尺寸是否按照小尺寸在内、大尺寸在外的方式标注。

知识梳理与总结

本章主要内容如下:

(1) 平面立体的投影;

(2) 平面立体表面的点和线;

(3) 平面立体投影图的尺寸标注;

(4) 圆柱的投影、圆锥的投影、球的投影;

(5) 曲面立体投影图的尺寸标注;

(6) 截交线、相贯线;

(7) 组合体的形体分析与组合形式;

(8) 组合体画法、组合体视图的识读;

(9) 组合体视图的尺寸标注。

思考与练习题 4

1. 平面体或曲面体怎样在表面上根据已知点求未知点?又有哪些解题方法?
2. 选择截平面有什么要求?怎样求平面体截交线的三面投影?
3. 截平面与圆柱、圆锥曲面相交，各自产生哪几种截交线?
4. 平面截交线与曲面截交线在求作方法上有哪些不同?
5. 平面组合体的相贯线与曲面组合体的相贯线在求作方法上有哪些不同?
6. 读图方法一般有哪几种？自己习惯用什么方法读图?
7. 试述组合体的投影分析方法。
8. 试述组合体的标注内容和顺序。
9. 如何运用形体分析法识图?

第5章

剖面图断面图

教学导航

教	知识重点	1. 各种剖面图、断面图的形成及标注方法; 2. 各种剖面图、断面图的分类; 3. 剖面图、断面图的规定画法
	推荐教学方式	从学习任务入手，从实际问题出发，讲解剖面图、断面图的相关画法、标注方法
	建议学时	2 学时
学	推荐学习方法	查资料，看不懂的地方做出标记，听老师讲解，在老师的指导下练习绘制剖面图、断面图
	必须掌握的理论知识	1. 剖面图的形成及标注方法; 2. 各种剖面图的画法及其适用范围; 3. 断面图的形成及标注方法; 4. 三种断面图的画法; 5. 剖面图、断面图的规定画法及习惯画法
	需要掌握的工作技能	1. 能标注剖面图; 2. 能绘制各种剖面图; 3. 能标注断面图; 4. 能绘制三种断面图

任务 5.1　剖面图的形成及标注

用投影图表达形体的结构时，其内部不可见的部分用虚线表示，当结构较复杂时，图上虚线太多，会使图形不清晰，给读图带来困难。为了将内部结构表达清楚，又避免出现虚线，可采用剖面图的方法来表达。

5.1.1　剖面图的形成

如图 5-1（b）、（c）所示，用假想的剖切平面将形体切开后，将观察者与剖切平面之间的部分移去，而将剩余部分向投影面投影所得出的投影图称为剖面图。

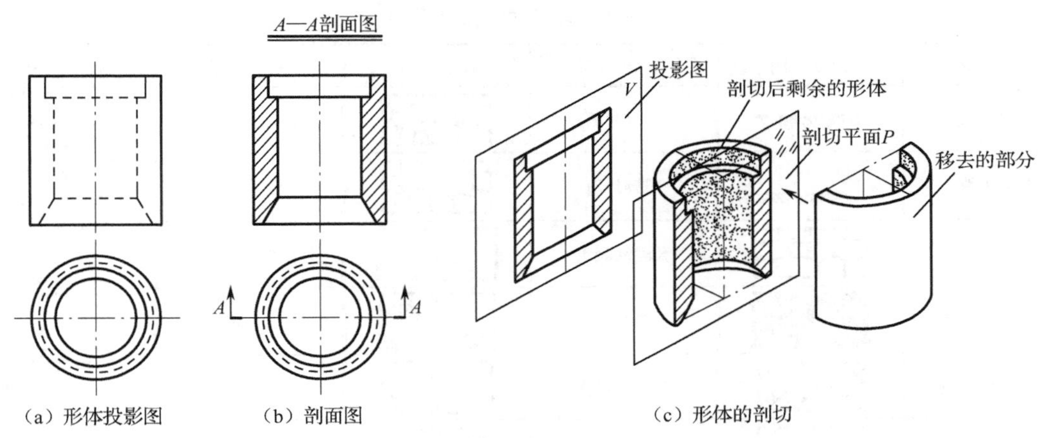

（a）形体投影图　（b）剖面图　（c）形体的剖切

图 5-1　剖面图的形成

5.1.2　剖面图的标注

1. 剖切位置

一般用剖切符号（5～10 mm 的短粗实线）表示剖切平面的位置，剖切符号不要与轮廓线相交，如图 5-1（b）所示。

2. 投影方向

在剖切符号两端，用单边箭头（与剖切符号垂直）表示投影方向，如图 5-1（b）所示。

3. 剖面图名称

道路工程制图标准规定，在剖切符号和单边箭头一侧用一对大写英文字母或阿拉伯数字来表示剖面图名称。并在所得相应剖面图的上方居中写上对应的剖面图名称。其字母或数字中间用长 5～10 mm 的细短线间隔，图 5-1（b）中，“*A*-*A* 剖面图”。在剖面图名称的字样底部画上粗下细两条等长平行的短线，两线间距为 1～2 mm。

4. 材料图例

剖面图中包含了形体的断面，在断面上必须画上表示材料类型的图例，如图 5-2 所

示。常见材料断面图例见表 5-1。如果没有指明材料时，可在断面处画上互相平行且等间距的 45° 细实线为替代材料图例，称为剖面线，如图 5-1（b）所示。当一个形体有多个断面时，所有剖面线的方向一致，间距均应相等。

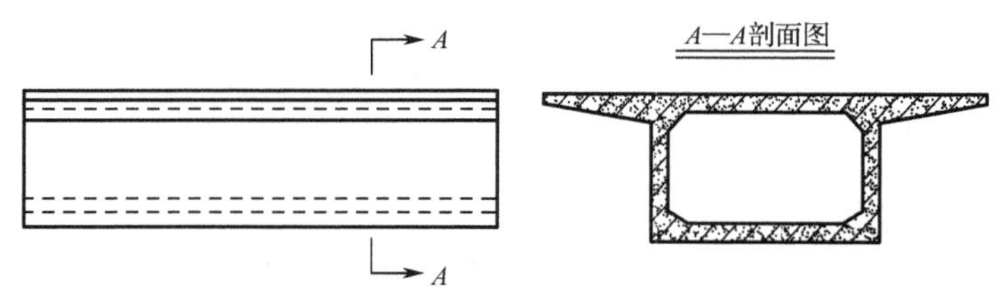

图 5-2 剖面图的材料图例

表 5-1 常用材料断面图例

名　称	图　例	名　称	图　例	名　称	图　例
自然土壤		浆砌片石		钢筋混凝土	
夯实土壤		干砌片石		沥青碎石	
浆砌块石		水泥混凝土		沥青灌入碎砾石	
沥青表面处治		石灰土		填缝碎石	
细料式沥青混凝土		石类粉煤灰		天然砂砾	
中粒式沥青混凝土		石类粉煤灰土		木材　横	
粗粒式沥青混凝土		石灰粉煤灰砂砾		木材　纵	
水泥稳定土		石灰粉煤灰碎砾石		金属	
水泥稳定沙砾		泥结碎砾石		橡胶	
水泥稳定碎砾石		泥灰结碎砾石		级配碎砾石	

5.1.3 画剖面图应注意的问题

（1）剖切平面的位置一般选择在需要表达的内部结构的对称面，且平行于基本投影面。

（2）剖切是假想的，因此除了剖面图外，并不影响其他图的完整性，如图 5-2 所示。

（3）画剖面图时，应将剖切平面之后的部分全部向投影面投影。只要看得见的线、面的投影都应画出。

（4）剖面图已经表达清楚的内部结构，虚线应该省略。

任务 5.2　剖面图分类

5.2.1　全剖面图

1. 形成

假想用剖切面将形体全部剖开所得到的剖面图，叫做全剖面图，图 5-3 为泄水管的剖面图。若形体对称，且剖切面通过对称平面，全剖面图又置于基本投影位置时，标注可以省略。

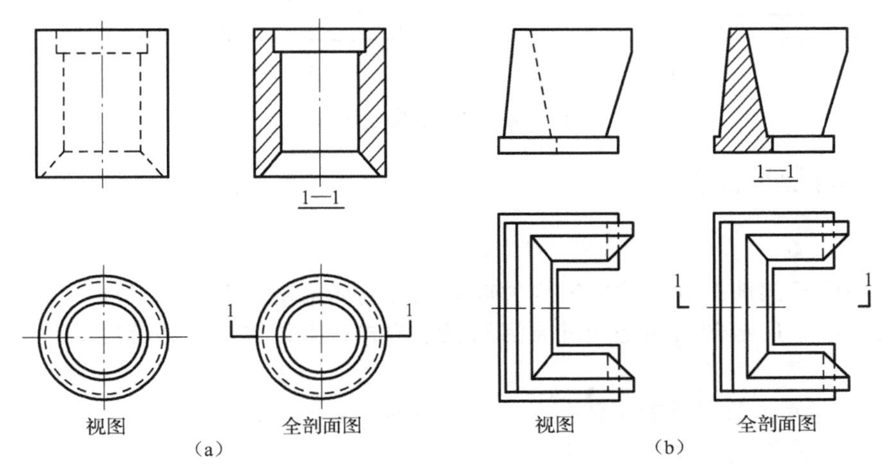

图 5-3　全剖面图示例

2. 适用范围

全剖面图适用于外形结构比较简单而内部结构比较复杂的形体或非对称结构的形体。

5.2.2　半剖面图

1. 形成

当形体具有对称平面，以对称中心线为界，可将其投影的一半画成外形正投影图，另一半画成剖面图，这种图形叫做半剖面图，如图 5-4 所示。

2. 适用范围

半剖面图适用于内、外形状都比较复杂，都需要表达的对称形体。

3. 画半剖面图时注意事项

（1）半投影图与半剖面图的分界线必须为点画线。若作为分界线的点画线刚好与轮廓线重合，则不能采用半剖面图，应采用局部剖面图。

（2）半剖面图一般画在右边或下边。

（3）在表示外形的投影图部分，一般不画虚线。

（4）若形体具有两个方向的对称平面，且剖切面通过对称平面，半剖面图又置于基本投影位置时，标注可以省略。图 5-4 中，立面与侧面图位置的半剖面图均可省略标注。

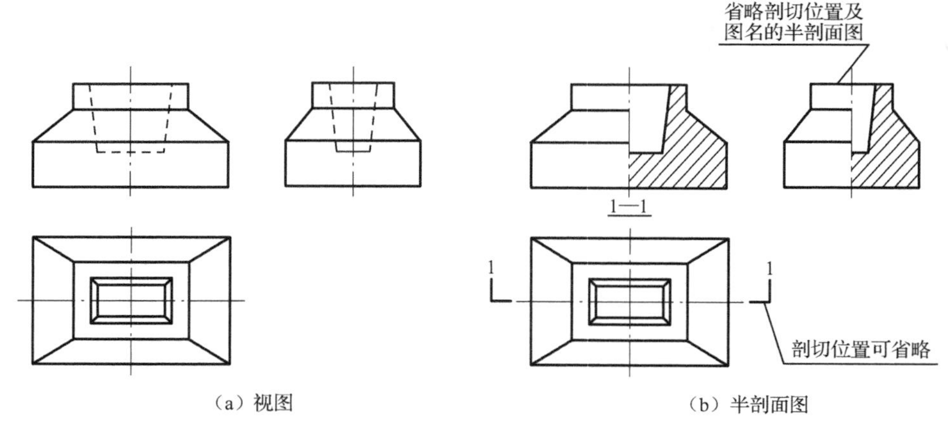

（a）视图　　（b）半剖面图

图 5-4　半剖面图示例

5.2.3　局部剖面图

1. 形成

用剖切平面局部地剖开形体所得到的剖面图称为局部剖面图。局部剖面图用波浪线来表示剖切的范围。局部剖面图是一种灵活的表达方式，其位置、剖切范围的大小都可根据需要来定。

如图 5-5 所示，管壁上的小圆孔的内部构造，若采用全剖面图，上部的倒角部分就表达不出来了，所以采用局部剖面图表示，既保留了上部倒角的投影，同时也表达出下部小圆孔的结构。

在专业图中常用局部剖面图来表示多层结构所用材料和构造，按结构层次逐层用波浪线分开，这种剖面图又称为分层剖面图，图 5-6 是表示路面各结构层的局部剖面图。

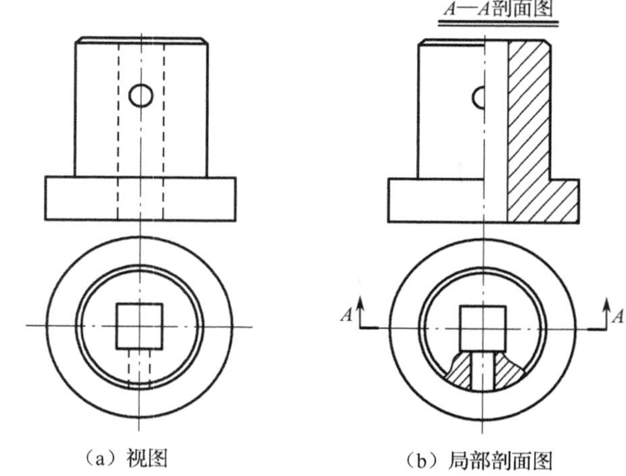

（a）视图　　（b）局部剖面图

图 5-5　局部剖面图示例

2. 适用范围

（1）当形体外部形状较复杂，只有局部的内部形状需要表达时，可采用局部剖面图。

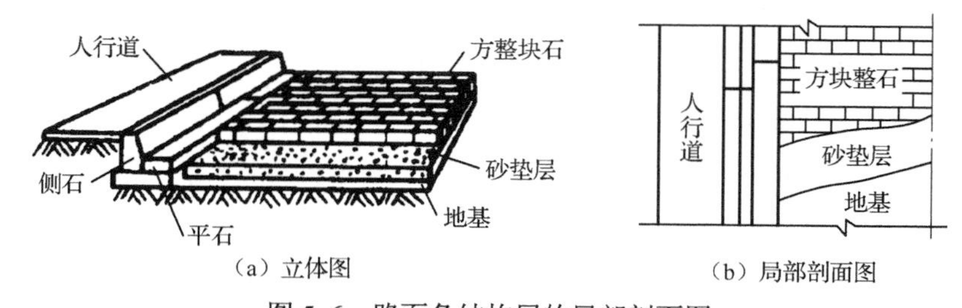

（a）立体图　　（b）局部剖面图

图 5-6　路面各结构层的局部剖面图

（2）形体轮廓线与对称中心线重合，不宜采用半剖或全剖的形体，可采用局部剖面图，如图 5-6 所示。

3. 画局部剖面图注意事项

（1）画局部剖面图时应注意波浪线的画法，波浪线既不可以与视图的轮廓线重合，也不可以超出视图的轮廓。形体的空洞处也不能画波浪线，如图 5-7 所示。

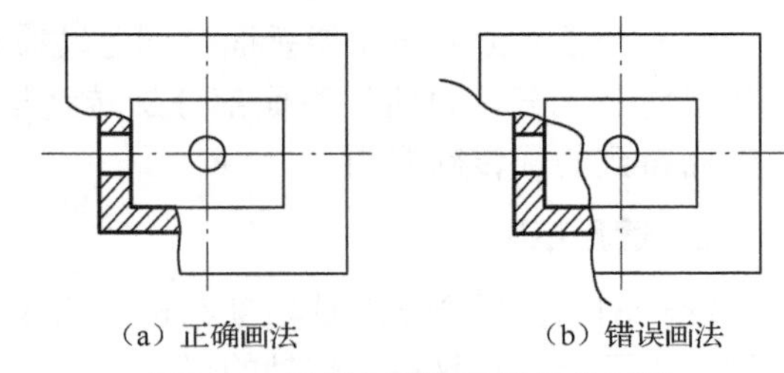

图 5-7　局部剖面图波浪线的画法

（2）局部剖面图不需要标注。

5.2.4　阶梯剖面图

1. 形成

当形体具有几个不同的结构要素，且它们的中心线排列在相互平行的平面上，可以采用几个相互平行的剖切平面来剖切形体，所得到的剖面图称为阶梯剖面图，如图 5-8 所示。

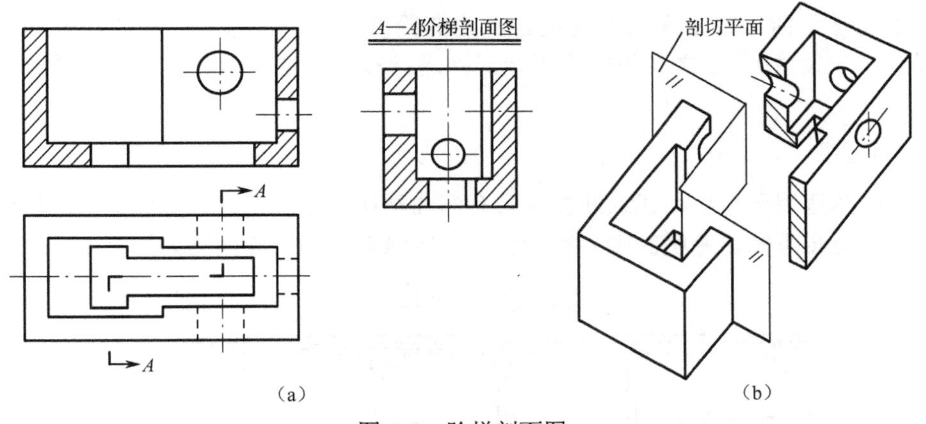

图 5-8　阶梯剖面图

2. 适用范围

阶梯剖面图适合于表达内部结构（孔或槽）的中心线排列在几个相互平行的平面内的形体。

3. 画阶梯剖面图的注意事项

（1）在剖面图上，不允许画出两个剖切平面转折处交线的投影。

（2）阶梯剖面图必须加以标注，如图 5-8（a）所示，在剖切的起止点和转折处均应画出剖切线，转折处的剖切线不应与图形轮廓线重合。

5.2.5　旋转剖面图

1. 形成

用两相交的剖切平面（交线垂直于一基本投影面）剖切形体后，将倾斜于基本投影面

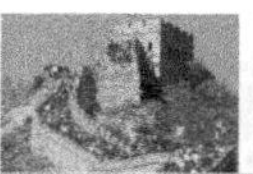

的剖面旋转到与基本投影面平行的位置，再进行投影，使剖面图得到实形，这样的剖面图叫做旋转剖面图。如图 5-9 所示，用一个正平面和一个铅垂面分别通过检查井的两个圆柱孔轴线将其剖开，再将铅垂面部分旋转到与 V 面平行后再投影而得到的旋转剖面图。

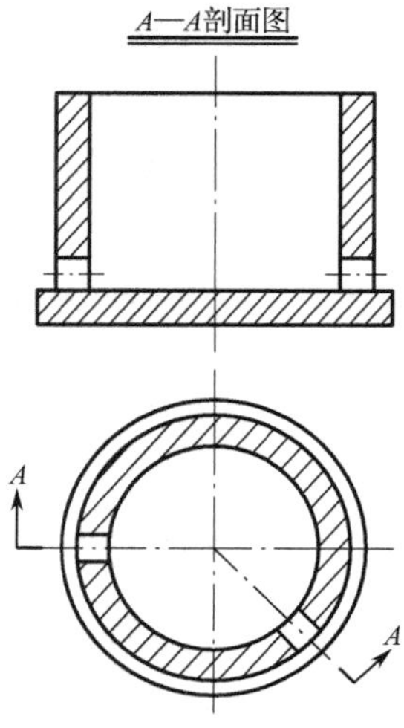

2. 适用范围

旋转剖面图适合于表达内部结构（孔或槽）的中心线不在同一平面上，且具有回转轴的形体。

3. 画旋转剖面图的注意事项

两剖切平面交线一般应与所剖切的形体回转轴重合，并必须标注。

图 5-9　检查井旋转剖面图

5.2.6 展开剖面图

1. 形成

剖切平面是用曲面或平面与曲面组合而成的铅垂面，沿构造物的中心线剖切，再将剖切平面展开（或拉直），使之与投影面平行，并进行投影，这样所画出的剖面图称为展开剖面图。

2. 适用范围

展开剖面图适用于道路路线纵断面及带有弯曲结构的工程形体。如图 5-10 所示，为一弯道桥，由平面图可知，弯桥的中心线为直线与圆弧合成的，立面图为展开剖面图。

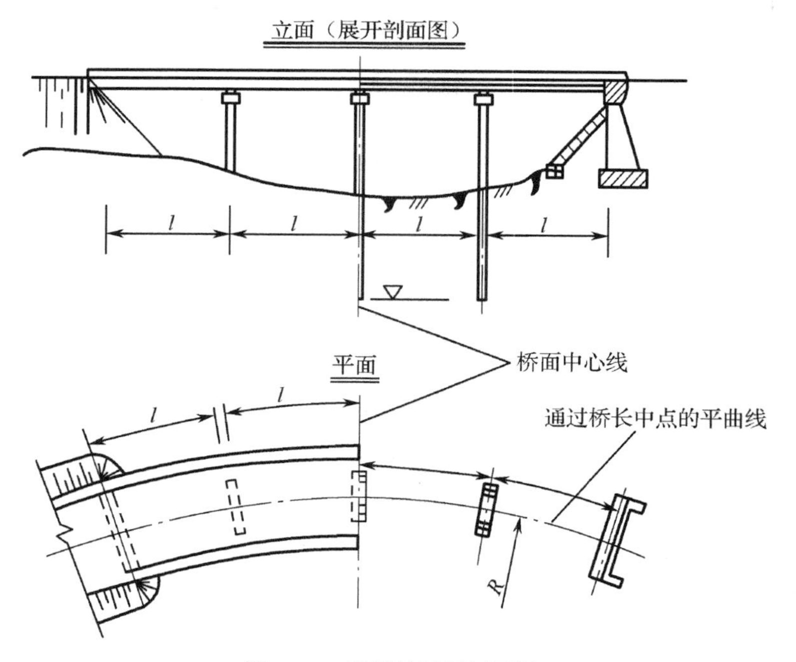

图 5-10　弯桥的展开剖面图

任务 5.3　断面图的形成及标注

5.3.1　断面图的形成

当假想用剖切平面将形体剖开后，仅画出被剖切处断面的形状（即截面），并在断面内画上材料图例或剖面线，这种图形称为断面图，图 5-11 为立柱的断面图。

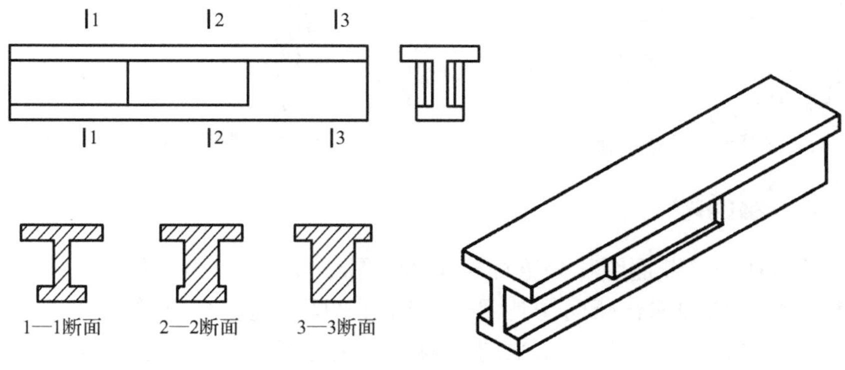

图 5-11　断面图

5.3.2　断面图的标注

断面图也用粗实线在形体上表示剖切位置，但与剖面图不同，不需要画出垂直于剖切位置线的短细线来表示投影的方向，而是用表示编号的字母或数字注写位置来表示投影方向。编号写在剖切位置线下方，表示从上往下投影，编号写在左边，表示从左往右投影。

任务 5.4　断面图分类

断面图可按其布图位置分为移出断面图、重合断面图等。

5.4.1　移出断面图

位于视图以外的断面图称为移出断面图。图 5-12 中柱子的正立面图的右侧是移出断面图，柱子的上下截面的尺寸不同，因此需作 1-1 和 2-2 两个断面图。

（1）移出断面图的图示特点：剖切平面的位置用粗短线表示；断面轮廓画粗实线；不画投影方向而用编号在剖切面位置的一侧来表达，例如图 5-12 中编号 1-1 在剖切位置线的下方则表示投影方向由上至下。一般情况下，移出断面图应标注剖切平面位置、断面编号及断面图名称，如图 5-12 所示。

（2）移出断面图的布置位置：移出断面图一般画在视图外侧靠近剖切面位置的适当地方（见图 5-12），也可以画在剖切平面位置的延长线上。当移出断面图位于剖切平面位置的延长线上时，可不标注断面编号及断面图名称，如图 5-13（a）所示。当移出断面图位于剖切平面位置的延长线上且对称时，剖切平面位置可用细点画线表示，无需标注断面编号及断面名称，如图 5-13（b）所示。

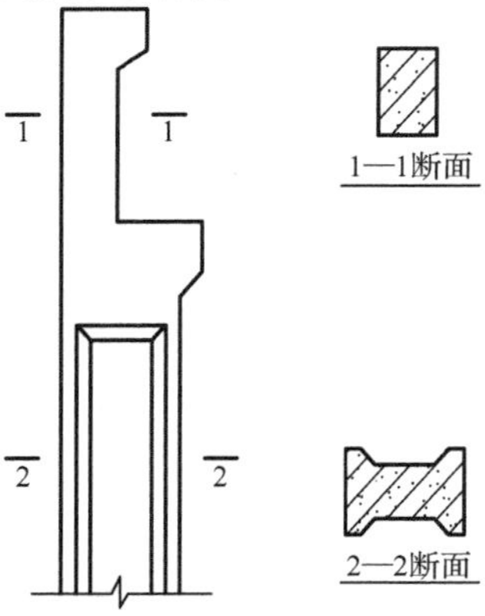

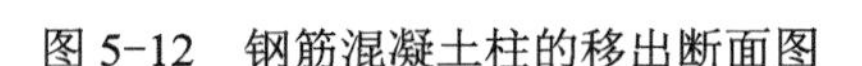

图 5-12　钢筋混凝土柱的移出断面图

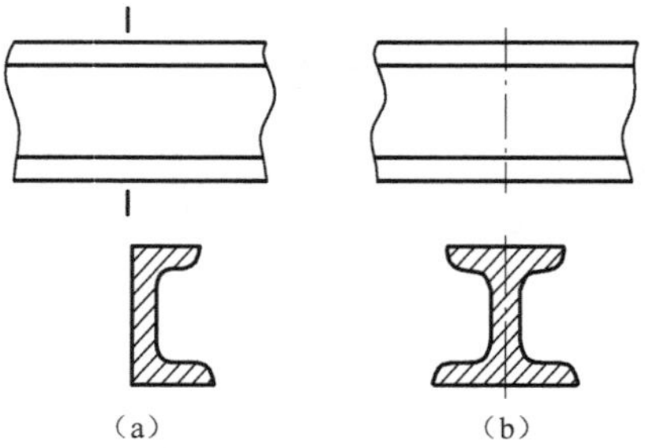

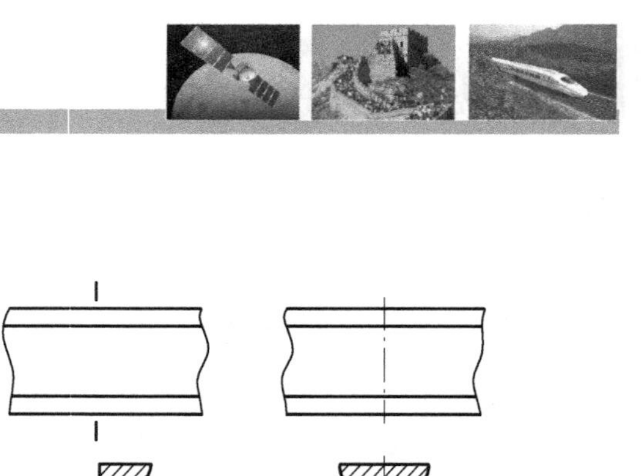

图 5-13　槽钢、工字钢移出断面图

5.4.2　重合断面图

位于视图轮廓线内的断面图称为重合断面图。图 5-14 是在角钢的正立面图上用同一比例画的重合断面图。这种重合断面图是用一个剖切平面垂直于角钢轮廓将其剖开，然后将断面向右旋转与正立面图重合后画出来的。为了避免与视图的轮廓线混淆，视图轮廓线应画粗实线，断面图的轮廓线应画细实线。重合处视图的轮廓不受断面图的影响应完整画出。

5.4.3　中断断面图

将长杆件的投影图断开，并把断面图画在断开间隔处，这样的断面图称为中断断面图，如图 5-15 所示。中断断面图不需标注，而且比例与基本视图一致。

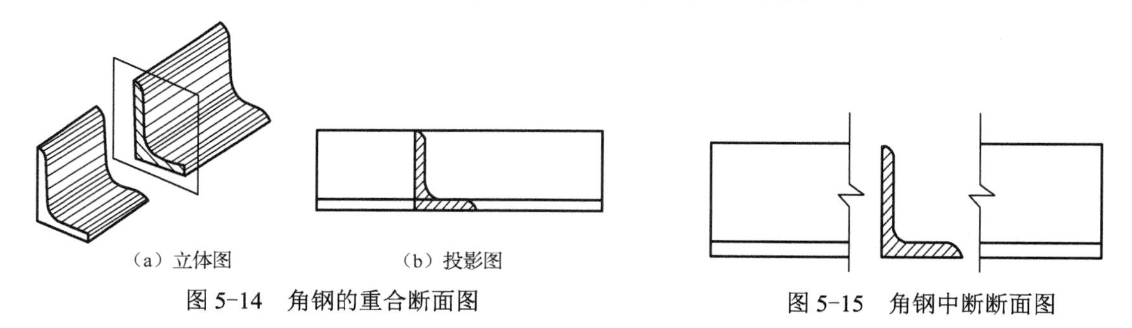

图 5-14　角钢的重合断面图

图 5-15　角钢中断断面图

任务 5.5　剖面图、断面图的规定画法

在画剖面图、断面图时，为了画图方便且图形表达更为明晰，还有一些规定画法，画图时应该遵守。

（1）较大面积的断面符号可以简化，图 5-16 是涵洞洞口铺砌的断面图，由于面积较大，可只在其断面轮廓的边沿画出断面符号。

（2）薄板、圆柱等构件（如梁的横隔板、桩、柱、轴等），凡剖切平面通过其纵向对称中心线或轴线时，均不画剖面线，但可以画上材料图例。图 5-17 为泄水管的栅盖，由于剖切平面通过薄板的纵向对称中心线，所以当不剖处理。

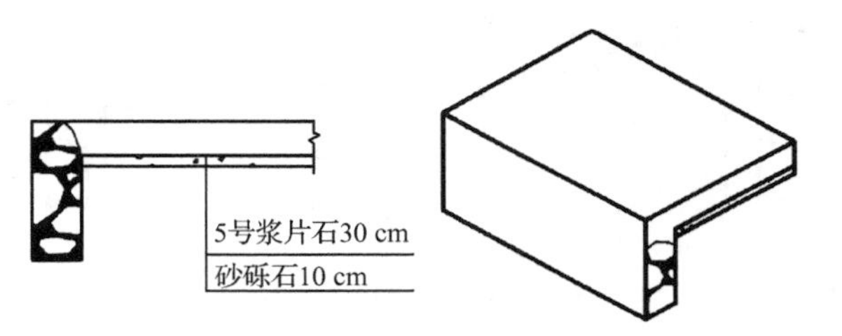

图 5-16　较大面积剖面符号的简化

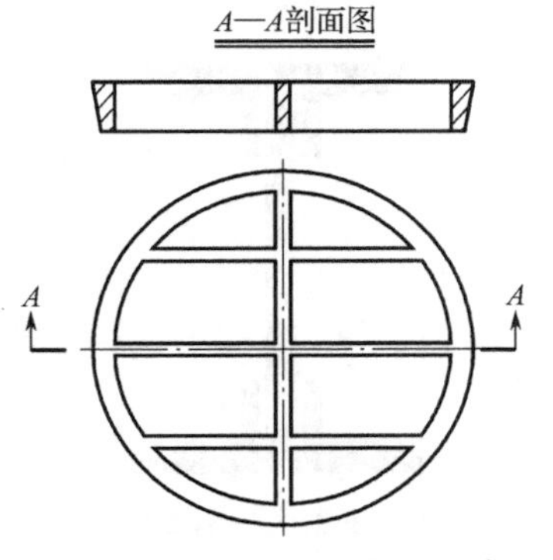

图 5-17　薄板剖切的表示方法

（3）在工程图中为了表示构造物不同的材料（如不同强度等级的混凝土或砂浆等），在同一断面上应画出材料分界线，并注明材料符号或文字说明，图 5-18 所示为圆管涵洞洞身的断面图，管底基础由混凝土和砂砾组成，中间要画出分界线。

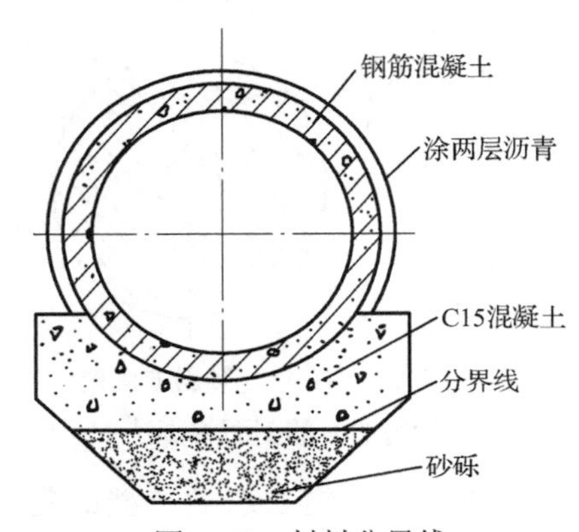

图 5-18　材料分界线

（4）两个或两个以上的相邻断面可画成不同倾斜方向或不同间隔的阴影线，如图 5-19 所示。在不影响图形清晰的前提下，断面也可不画阴影线，图 5-20 所示为空心板断面图。对于图样上实际宽度小于 2 mm 的狭小面积的剖面，允许将全部面积涂黑，涂黑的断面之间应留出空隙，如图 5-21 所示。

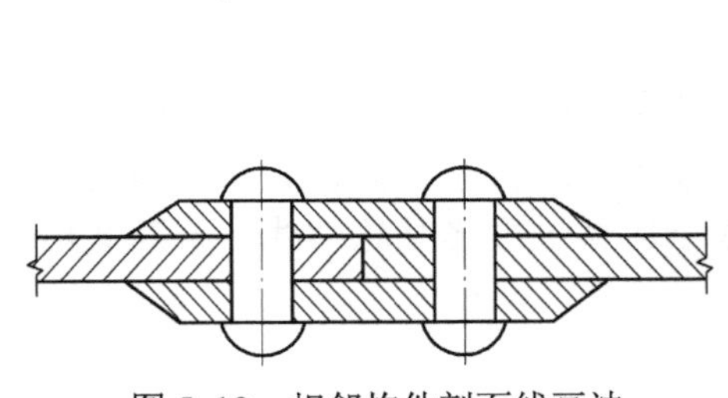

图 5-19　相邻构件剖面线画法

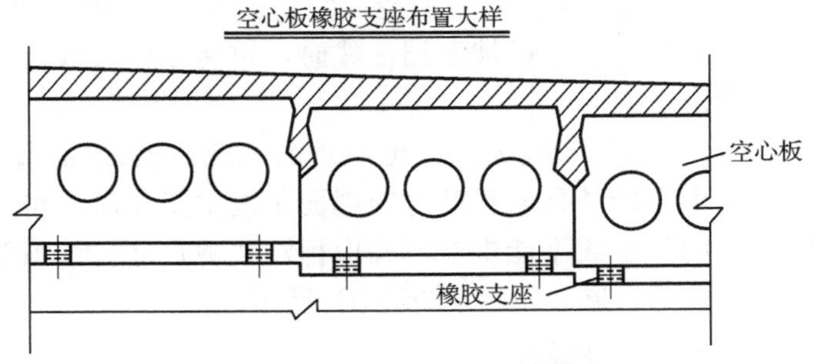

图 5-20　断面省略阴影线

（5）对称图形可采用绘制一半或 1/4 图形的方法表示，除总体布置图外，在图形的图名前，应标注“1/2”或“1/4”字样，也可以对称中心线为界，一半画一般构造图，另一半画断面图；也可以分别画两个不同的 1/2 断面。在对称中心线的两端，可标注对称符号，对称符号应由两条平行的细实线组成，如图 5-22 所示。

（6）当剖面图、断面图中有部分轮廓线与该图的基本轴线成 45° 倾角时，可将剖面线画成与基本轴线成 30° 或 60° 的倾斜线（见图 5-23）。

（7）在道路制图标准中，有画近不画远的习惯。对剖面图的被切断面以外的可见部分，可以根据需要而决定取舍，这种图仍称为断面图，但不注明“断面”，仅注剖切编号字母，如图 5-24 所示。

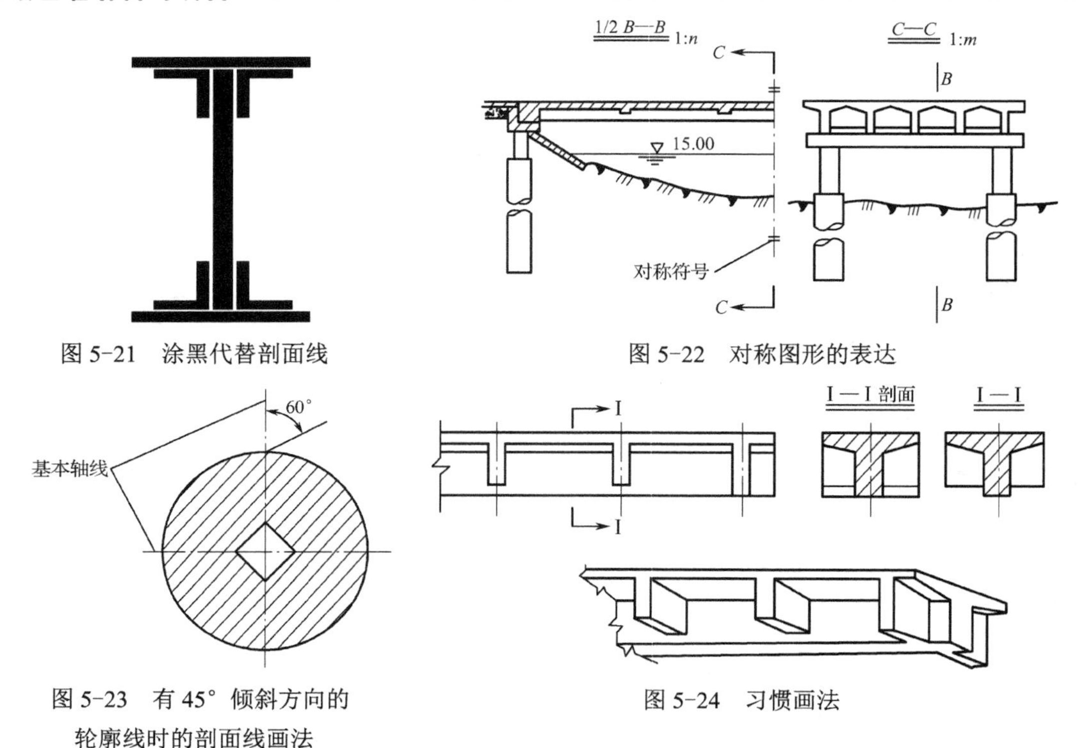

图 5-21 涂黑代替剖面线

图 5-22 对称图形的表达

图 5-23 有 45° 倾斜方向的轮廓线时的剖面线画法

图 5-24 习惯画法

（8）当虚线表示被遮挡的复杂结构图线时，应仅绘制出主要结构或离视图较近的虚线，如图 5-25 所示，桥台的立面图由台前、台后两个图合并而成，虚线部分没有全部画出，这样处理，避免重叠不清，便以表达主要结构，便于画图和读图。

（9）当土体或锥坡遮挡视线时，可将土体看成透明体，使被土体遮挡部分成为可见体以实线表示。

（10）当图形较大时，可用折断线或波浪线勾出图形表示的范围，如图 5-26（a）所示；当图形较长且沿长度方向截面不发生变化时，可用波浪线或折断线简化表示，越过省略部分的尺寸线不能中断，并应标注实际尺寸。波浪线不应超过图形外轮廓线；折断线应等长、成对布置，如图 5-26（b）所示。

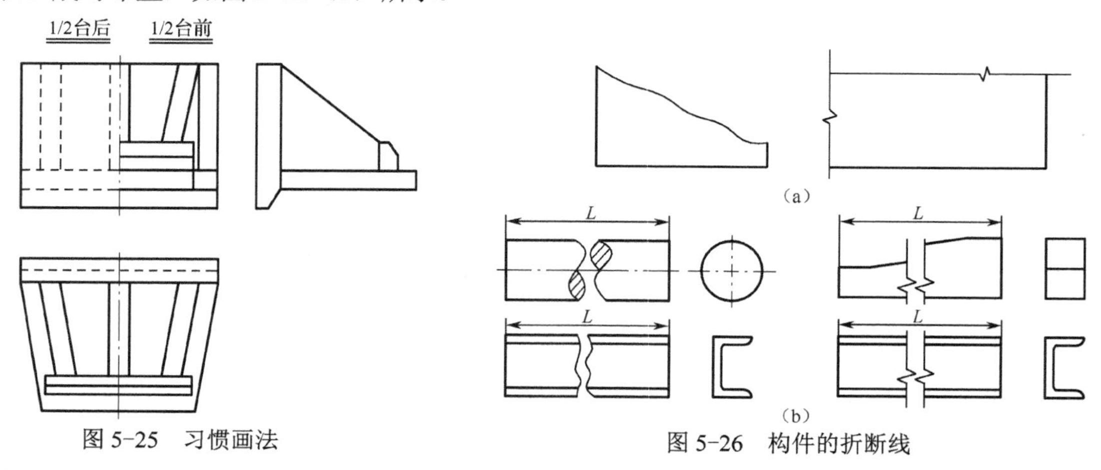

图 5-25 习惯画法

图 5-26 构件的折断线

知识梳理与总结

本章主要内容如下:

（1）剖面图的形成;

（2）剖面图的标注;

（3）画剖面图应注意的问题;

（4）全剖面图，半剖面图，局部剖面图，阶梯剖面图，旋转剖面图;

（5）断面图的形成;

（6）断面图的标注;

（7）移出断面图，重合断面图，中断断面图;

（8）剖面图、断面图的规定画法。

思考与习题 5

1．剖面图、断面图是怎样形成的？

2．剖面图、断面图如何标注？其包含哪些内容？什么情况下可以省略标注？

3．分别叙述在什么情况下使用全剖、半剖、局部剖和阶梯剖面图？

4．半剖面图与半外形图的分界线是什么线？当轮廓线与对称中心线重合时应采用何种剖面图？

5．什么是断面图？它与剖面图有哪些区别（画法与标注）？断面图的画法有哪几种？

6．断面图中有什么习惯画法？

第6章 标高投影

教学导航

教	知识重点	1. 标高投影的基本知识； 2. 点、直线和平面的标高投影的表示方法； 3. 平面的标高投影的表示方法； 4. 曲线、曲面的标高投影的表示方法； 5. 地形的标高投影
	知识难点	1. 曲线、曲面的标高投影的表示方法； 2. 地形的标高投影
	推荐教学方式	从学习任务入手，从实际问题出发，讲解点、线、平面和曲面的标高投影，讲解地形的标高投影
	建议学时	4学时
学	推荐学习方法	查资料，看不懂的地方做出标记，听老师讲解，在老师的指导下练习绘制标高投影
	必须掌握的理论知识	1. 标高投影的基本知识； 2. 点、直线和平面的标高投影的表示方法； 3. 平面的标高投影的表示方法； 4. 曲线、曲面的标高投影的表示方法； 5. 地形的标高投影
	需要掌握的工作技能	1. 能够绘制点、线、平面和曲面的标高投影； 2. 能够绘制地形面上的等高线，能够绘制平面与地形面的交线

土木工程建筑物都是修建在地面上或者地下的。地面是起伏不平的不规则曲面，所以地面的形状直接影响建筑物的布设、施工等，当我们修建道路、广场、堤坝时，还要对原有地形进行人工改造，这时需要对建筑物四周的地形在平面图中表示出来。由于地面的高度与地面的长度和宽度比较起来相差得很多，不适合用多面正投影的方法来表示地形，因此人们用一种不同的投影方法即标高投影来表示地形。标高投影法是在一个水平投影面上作出形体的正投影，用数字把形体表面上各部分高程标注在该正投影上的一种投影方法。这种用水平投影与高度数字结合起来表达空间曲面的方法称为标高投影法，所得的单面正投影图称为标高投影图。标高投影图实际上是用高程数字代替了立面图。常用一组等间隔的水平面截割地面，所得截交线均为水平曲线，其上的各点都有相等的高度，故称其为等高线。把这些等高线的水平投影标上高度数字，能够表示地面的起伏变化。标高投影法不限于在土建工程中使用，在机械工程中像飞机、船舶、汽车等产品的外壳，也常用类似的方法表示，但基准面不一定是水平面。为了作图的需要，标高投影图上应画出比例尺或指明绘图比例。

任务 6.1　标高投影的概念与表示方法

1. 标高投影的基本概念

图 6-1（a）是一个四棱台的两面投影，水平投影确定后，由正面投影提供四棱台的高度。若用标高投影来表示，我们只需画出四棱台的水平投影，然后在其上加注顶面的高度数值 2.00 和底面的高度数值 0.00，以高度数字代替立面图的作用。为了增强图形的立体感，在坡面高的一侧用细实线画出长短相间等距的示坡线，以表示坡面。再给出绘图的比例或比例尺，该四棱台的形状和大小就完全确定了，如图 6-1（b）所示。

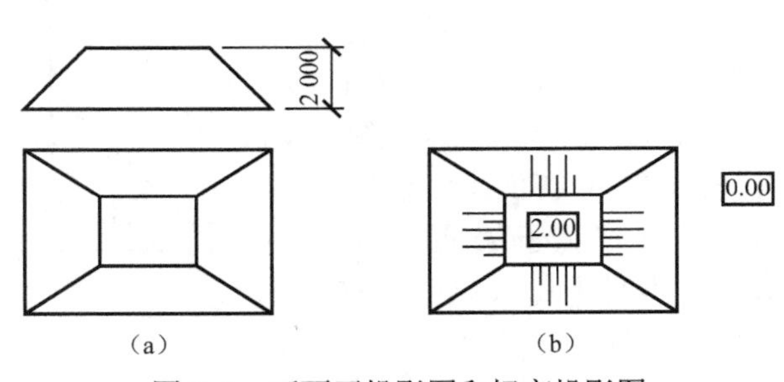

图 6-1　两面正投影图和标高投影图

所谓标高投影就是在物体的水平投影上加注某些特征面、线及控制点的高程数值的单面正投影。标高投影中的高度数值称为高程或标高，高程以米为单位，一般注到小数点后两位，并且不需注写“m”。高程是以某水平面作为计算基准的。基准面以上高程为正，基准面以下高程为负。在实际工作中，通常以我国青岛附近的黄海平均海平面作为基准面，所得的高程称为绝对高程，否则称为相对高程。另外，在标高投影图中必须注明绘图的比例或画出比例尺。

标高投影常用于绘制地形图。此外，在土方工程填方、挖方中求作坡面与坡面、坡面与地面间的交线等，也常用标高投影的方法解决。

2. 标高投影的表示方法

在三投影面中，当物体的水平投影确定后，它的正面投影主要是提供物体上各点的高

度。如果能在平面上表示出各点的高度，那么只用一个水平投影，也可以确定物体在空间的形状和大小。如图 6-2 所示，点 A 在基准面 H 以上 4 个单位，在水平投影 a 的旁边注出该点的高度值 4 即 a_4，称为 A 点的标高，它反映了点 A 的高程。a_4 虽然只是一个投影，却可决定点 A 的空间位置。

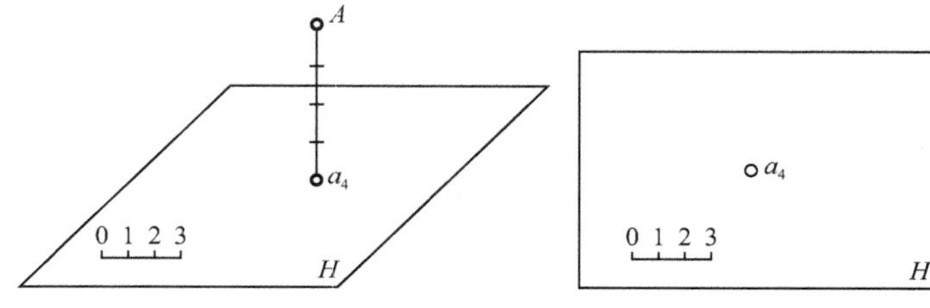

图 6-2　标高投影法

要根据 a_4 来确定点 A 的空间位置，还必须知道基准面、尺寸单位和画图比例。在建筑工程中一般采用与测量相一致的基准面，即以我国黄海海面的多所平均高程为零点。高程以米为单位，在图上不需注出，但需注明平面的比例或画出比例尺。

任务 6.2　点和直线的标高投影

6.2.1　点的标高投影

如图 6-3 所示，分别作出点 A、B 和 C 在 H 面上的投影 a、b 和 c。其中，点 A 高于 H 面 4 个单位，注写为 a_4，点 B 在面上，注写为 b_0，点 C 低于 H 面 3 个单位，注写为 c_{-3}，低于 H 面的标高用负值标注。

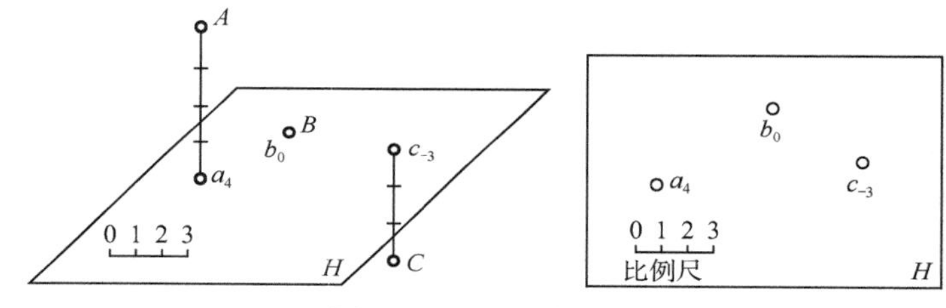

图 6-3　点的标高投影

6.2.2　直线的标高投影

1. 直线的表示法

在标高投影中，直线的位置是由直线上的两点或直线上一点及该直线的方向决定的。以图 6-4（a）所示的直线为例说明，直线的标高投影表示法有以下两种：

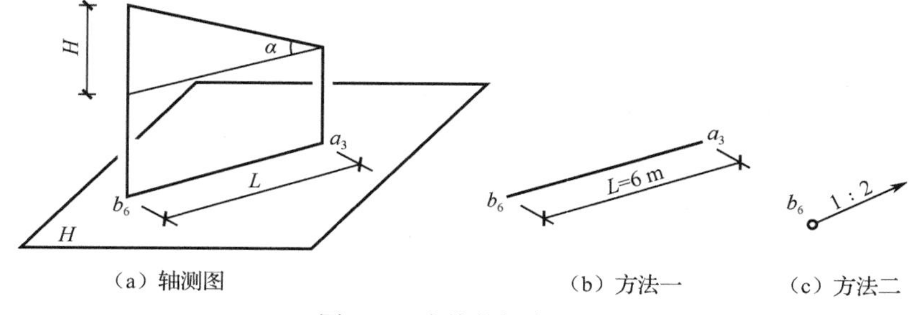

图 6-4　直线的标高投影

（1）直线的水平投影和直线上两点的高程，如图 6-4（b）（图中线段长度 L=6 m 通常不必注出）所示。

（2）直线上一点高程和直线的方向。图 6-4（c）中直线是用直线的坡度 1∶2 和箭头表示方向的，箭头指向下坡。

2. 直线的坡度与平距

1）坡度

直线上任意两点之间的高度差与水平距离之比称为直线的坡度，用符号 i 表示。在图 6-5 中，设直线上点 A 和点 B 的高度差为 H，其水平距离为 L，直线对水平面的倾角为α，则直线的坡度为：

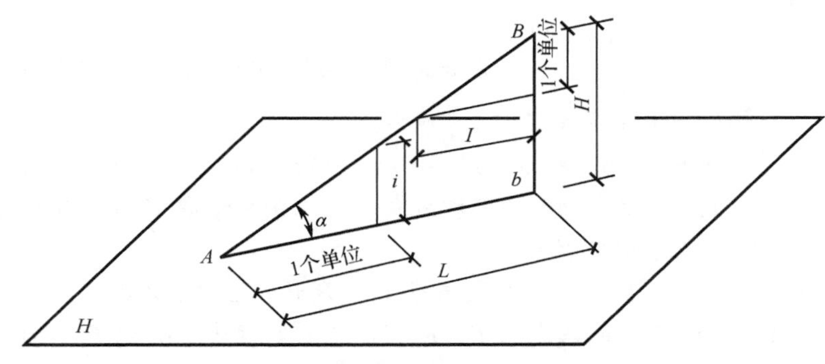

图 6-5　直线的坡度和平距

$$i=H/L=\tan\alpha$$

式中，H—高度差；L—水平距离。

上式表明：直线上两点间的水平距离为一个单位时其高度差即等于坡度。

在图 6-4 中，直线 AB 的 H=(6−3) m=3 m，L=6 m（如图上未注尺寸，可用 1∶200 比例尺在图上量得）。所以该直线的坡度 $i=H/L$=3/6=1/2，写成 1∶2。

2）平距

当直线上两点间的高度差为一个单位时其水平距离称为平距，用符号 I 表示，如图 6-5 中的直线 AB：

$$I=L/H=\cot\alpha$$

由上式可以看出，坡度和平距互为倒数，即 $i=1/I$。如 i=1/2，则 $I=1/i$=2。坡度越大，则平距越小；坡度越小，则平距越大。

显然，一直线上任意两点的高度差与其水平面距离之比是一个常数，故在已知直线上任取一点都能计算出它的标高，或已知直线上任意一点的高程，即可确定它的水平投影的位置。

实例 6.1　如图 6-6 所示，已知直线 BA 的标高投影 b_2a_6，求直线 BA 上 C 点的高程。

解：应先求出直线 BA 的坡度。由图中比例尺量得 L_{BA}=8 m，而 H_{BA}=(6−2) m=4 m，因此，直线 BA 的坡度 $i=H_{BA}/L_{BA}$=4/8=1/2。用比例尺量得 L_{CA}=2 m，则 $H_{CA}=i\times L_{CA}$=(1/2)× 2 m=1 m，即 c 点的高程为(6−1)=5 m。

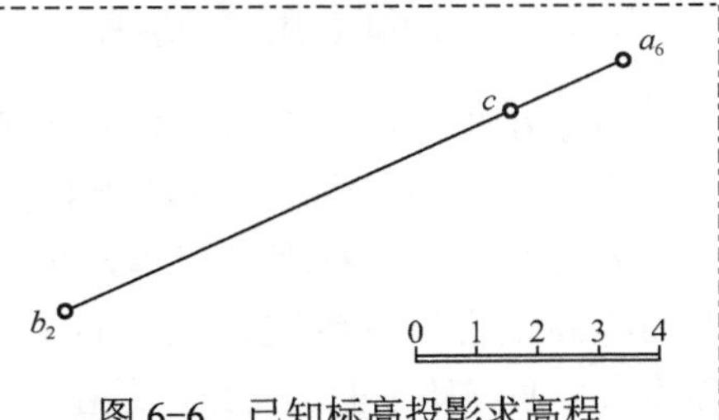

图 6-6　已知标高投影求高程

实例 6.2 如图 6-7 所示，已知直线上 B 点的高程及该直线的坡度，求直线上高程为 2.4 m 的点 A，并定出直线上各整数标高点。

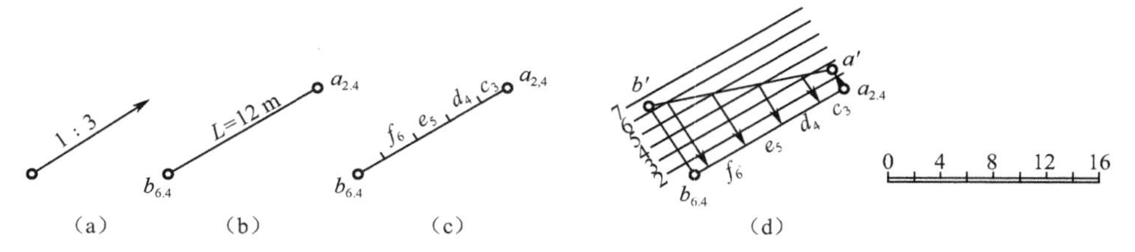

图 6-7 作直线上已知高程的点和整数标高点

解：（1）先求点 A。

如图 6-7（b）所示：H_{BA}=(6.4−2.4) m=4 m，$L_{BA}=H_{BA}/i$=[4/(1/3)] m=12 m

从 $b_{6.4}$ 沿箭头所示的下坡方向，按比例尺量取 12 m，即得 A 点的标高投影 $b_{2.4}$。

（2）求整数标高点。

方法一：数解法。如图 6-7（c）所示，在 B、A 两点间的整数标高点有高程为 6 m、5 m、4 m、3 m 的四个点 F、E、D、C。高程为 6 m 的 F 点和高程为 6.4 m 的 B 点之间的水平距离 $L_{BF}=H_{BF}/i$=(6.4−6)/(1/3)=1.2 m，由 $b_{6.4}$ 沿 ba 方向，用比例尺量取 1.2 m，即得高程为 6 m 的点 f_6。因平距 I 是坡度的倒数，则 $I=1/i$=3 m，自 f_6 点起用平距 3 m，依次量得 e_5、d_4、c_3 各点，即为所求。

方法二：图解法。如图 6-7（d）所示，作一辅助铅垂面 P 使其平行于 BA 在水平基准面 H 上的标高投影 $b_{6.4}a_{2.4}$，所作水平线的高程依次为 2 m、3 m、4 m、5 m、6 m、7 m，按在互相垂直的 P、H 两投影体系中的无轴投影图作图方法，可以作出这些水平线的 P 面投影，或根据 B、A 两点的高程 6.4 m、2.4 m，作出 B、A 的 P 投影 b'、a'，连线 $b'a'$与各水平线的交点，即为 BA 直线上相应整数标高点的 P 面投影。由这些点向 $b_{6.4}a_{2.4}$ 作垂线，也就是各点的 H 面投影和 P 面投影之间的投影连线，即可得到 BA 直线上各整数标高点 F、E、D、C 的标高投影 f_6、e_5、d_4、c_3。

显然，各相邻整数标高点间的水平距离（即直线的平距）相等。这时 $a'b'$也反映 AB 的实长，$a'b'$与 ab 的夹角，反映 AB 对 H 面的真实倾角α。

任务 6.3 平面的标高投影

6.3.1 平面上的等高线

如图 6-8 所示，平面上的水平线就是平面上的等高线，水平线上各点到基准面的距离（高程）相等，平面上的等高线也可以看成是一些间距相等的水平面与该平面的交线。从图 6-8 中可以看出平面上的等高线有以下特征：

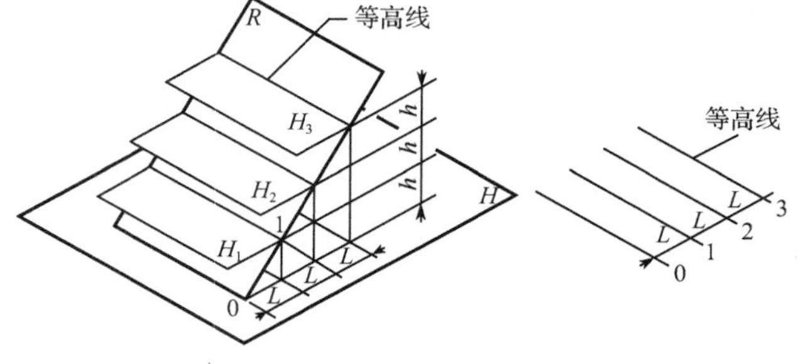

h—等高线高差；L—等高线水平间距

图 6-8 平面上的等高线

（1）平面上的等高线是直线；（2）等高线彼此平行；（3）等高线的高差相等时，其水平间距也相等。

6.3.2　平面上的坡度线

平面上垂直于等高线的直线，称为平面的坡度线，也就是平面上对 H 面的最大斜度线。图 6-9（b）中的直线成 d_7e_5，就是△ABC 平面的坡度线。

实例 6.3　如图 6-9（a）所示，已知一平面 ABC 的标高投影为△$a_5b_9c_4$，求作该平面的坡度线以及该平面对 H 面的倾角 α。

解： 因平面的坡度线对 H 面的倾角就是该平面对 H 面的倾角，因而要先画出平面的坡度线。但为了作平面的坡度线，就必须先画出平面上的等高线。

如图 6-9（b）所示，在△$a_5b_9c_4$ 上任选两条边 a_5b_9 和 b_9c_4，并在其上定出整数标高点 8、7、6、5。连接相同标高点，就得等高线。然后按一边平行于投影面的投影特性，在适当位置任作等高线的垂线 d_7e_5，即为△ABC 平面的坡度线。

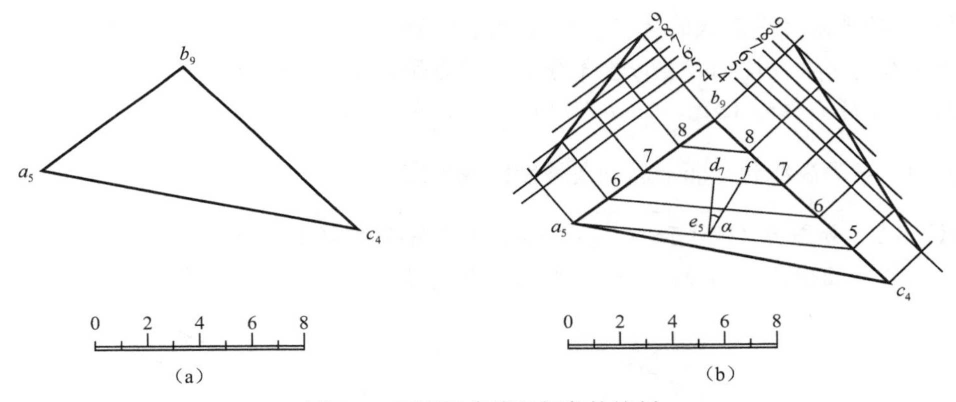

图 6-9　平面坡度线及倾角的绘制

坡度线 d_7e_5 对 H 面倾角 α，就是△ABC 平面对 H 面的倾角，角可用直角三角形法求得。以 d_7e_5（2 个平距）为一直角三角形直角边，再用比例尺量得两个单位的高差（d_7f=2 m）为另一直角边，斜边 e_5f 与坡度线 d_7e_5 之间的夹角 α，就是△ABC 平面对 H 面的倾角。

从图 6-9 和实例 6.3 可以看出，平面上的坡度线具有如下特征：

（1）平面上的坡度线与等高线互相垂直，它们的水平投影也互相垂直。

（2）坡度线对水平面的倾角，等于该平面对水平面的倾角。因此，坡度线的坡度就代表该平面的坡度。

6.3.3　平面的表示法以及在平面上作等高线的方法

用几何元素表示平面的方法在标高投影中仍然适用。根据标高投影的特点，下面着重介绍三种平面的表示方法以及在平面上作等腰三角形高线的方法。

（1）用两条等高线表示平面。

实例 6.4 如图 6-10（a）所示，已知两条等高线 20 m、10 m 所表示的平面，求作高程为 18 m、16 m、14 m、12 m 的等高线。

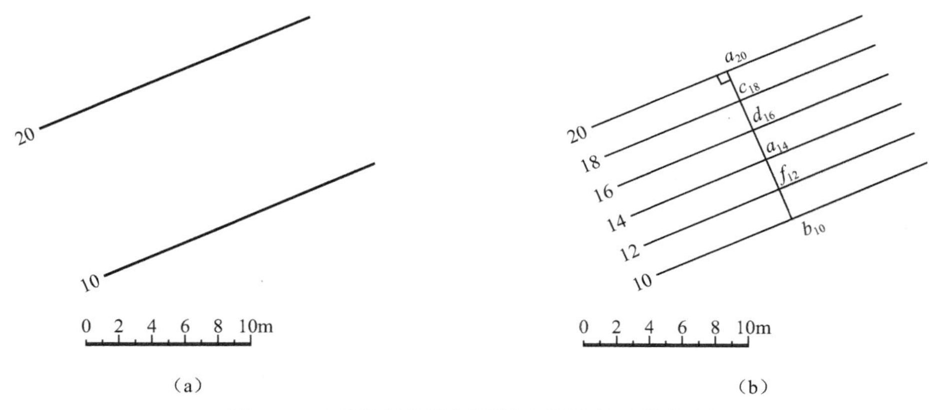

图 6-10 两条等高线间不同高程的等高线绘制

解：根据平面上等高线的特征，先在等高线 20 m、10 m 之间作一坡度线 $a_{20}b_{10}$，把 $a_{20}b_{10}$ 五等分得 c_{18}、b_{16}、e_{14}、f_{12} 各等分点。过各等分点作高程为 20 m 和 10 m 的等高线的平行线，即得高程为 18 m、16 m、14 m、12 m 的等高线。

（2）用一条等高线和平面上的一条坡度线或坡度表示平面。

实例 6.5 如图 6-11 所示，已知平面上一条高程为 10 m 的等高线，又知平面的坡度 i=1∶2，求作平面上高程为 9 m、8 m、7 m 的等高线。

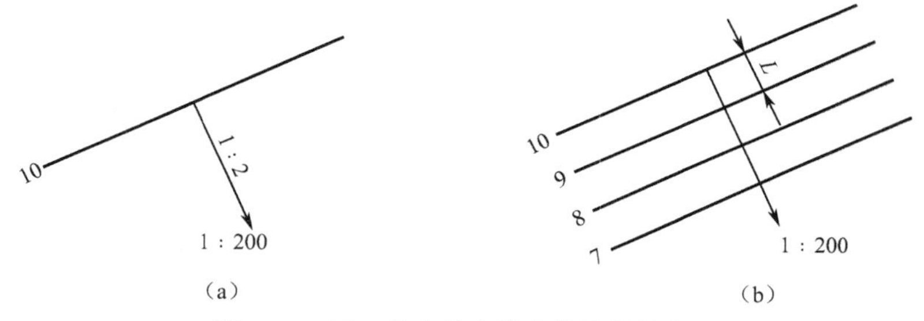

图 6-11 用一条直线和坡度线绘制等高线

解：先根据坡度 i=1∶2，求出平距 l=2 m。在图中表示平面坡度的坡度线上，自与等高线 10 m 的交点起，顺箭头方向按比例 1∶200 连续截取三个平距，得三个点，过这三个点作高程为 10 m 的等高线的平行线，即得平面上高程为 9 m、8 m、7 m 的等高线。

（3）用平面上的一倾斜直线和平面的坡度表示平面。

图 6-12 表示一标高为 3 m 的一个平台，有一坡度为 1∶2 的斜坡道，可由地面通向台顶。斜坡道两侧的斜面的坡度为 1∶1，这种斜面用斜面上的一条倾斜直线和斜面的坡度来表示，例如图 6-12（b）用 AB 的标高投影 a_3b_0 及坡度 1∶1 表示图 6-12（a）中斜坡道右侧斜面，在图 6-12（b）中，a_3b_0 旁边所画的坡度符号的箭头，只表示斜面的大致坡向，不一

定画出平面的准确坡向。为了与准确的坡度方向有所区别，习惯上用虚线箭头表示斜面的大致坡向。

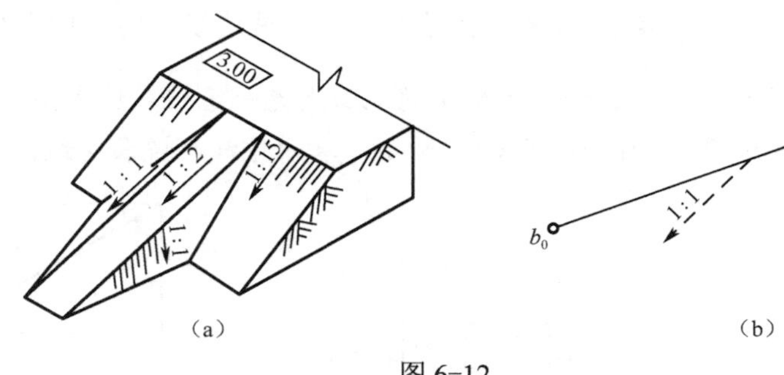

图 6-12

在图 6-12（a）的示意图中，坡面上对水平面最大斜度线方向的长短相间、等距的细实线，称为示坡线。示坡线应垂直于坡面上的等高线，并画在坡面上高的一侧。

实例 6.6 如图 6-13（a）所示，已知平面上的一条倾斜直线 a_3b_0，以及平面的坡度 i=1：0.5，图中虚线箭头表示大致坡向。作出平面上高程为 0 m、1 m、2 m 的等高线。

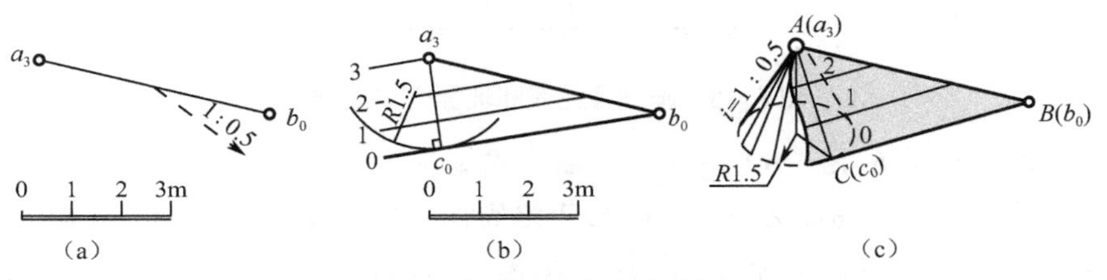

图 6-13　用平面和坡度绘制等高线

解： 先求出平面上高程为 0 m 的等高线，该等高线必通过已知倾斜直线上的 b_0 点，且与 a_3 点的水平距离 $L=H/i=3/(1/0.5)=1.5$ m。

作图过程如图 6-13（b）所示，以 a_3 点向切线 b_0c_0 作垂线 a_3c_0，即是平面上的坡度线。三等分 a_3c_0，过各点即可作出平行于 b_0c_0 的高程为 1 m、2 m 的等高线。

如图 6-13（c）所示，上述作图可理解为过 AB 作一平面与圆锥顶为 A、素线坡度为 1：0.5 的下圆锥相切。切线 AC（是一条圆锥素线）就是该平面的坡度线。已知 A、B 两点的高差 H=3 m。平面坡度 i=1：0.5，则水平距离 $L=H/i$=1.5 m。因此，所作正圆锥顶高是 H=3 m，底圆半径 $R=L$=1.5 m。那么，过标高为 0 m 的 B 点作圆锥底圆的切线 BC，便是平面上标高为 0 m 的等高线。

6.3.4　平面的交线

如图 6-14 所示，在标高投影中，求两平面的交线时，通常用水平面作辅助截平面，水平辅助面与两个相交平面的截交线是两条同标高的等高线，这两条等高线的交点是两个平面的共有点，就是两平面前锋线上的点。由此可以看出：两平面上相同高程等高线的两个交点的连线，就是两平面的交线。

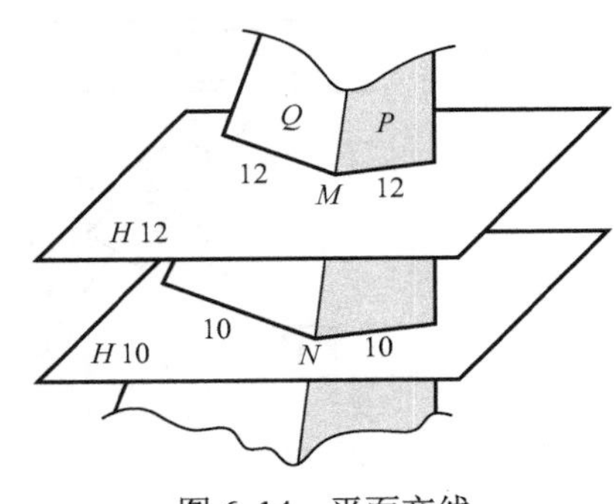

图 6-14　平面交线

在实际工程中，把建筑物上相邻坡面的交线称为坡面交线。坡面与地面的交线称为坡边线。坡边

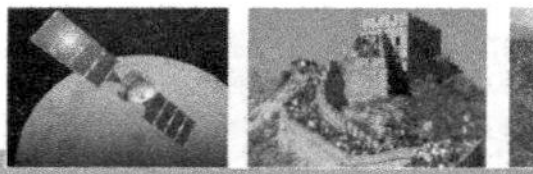

线分为开挖坡边线（简称开挖线）和填筑坡边线（简称坡脚线）。

实例 6.7 在高程为 5 m 的地面上挖一基坑，坑底高程为 1 m，坑底的形状、大小及各坡面坡度，如图 6-15（a）所示。求开挖线和坡面交线，并在坡面上画出示坡线。

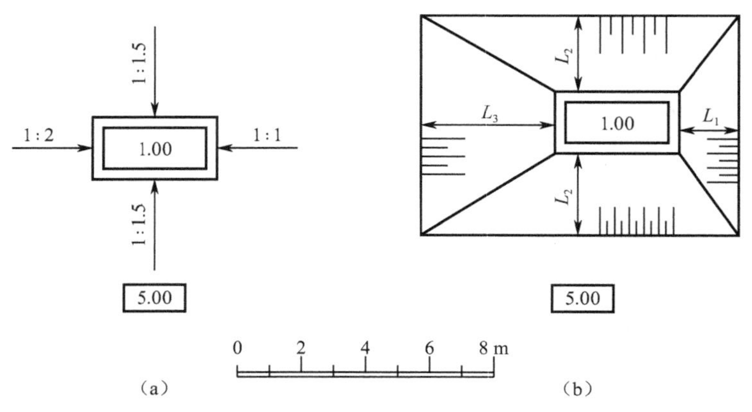

图 6-15 基坑开挖线和坡面交线绘制

解 作图过程如图 6-15（b）所示，作图步骤如下：

（1）作开挖线。地面高程为 5 m，因此开挖线就是各坡面上高程为 5 m 的等高线，它们分别与坑底相应的边线平行。其水平距离 $L=H/i$，则 $L_1=(5-1)/(1/1)=4$ m，$L_2=(5-1)/(1/1.5)=6$ m，$L_3=(5-1)/(1/2)=8$ m。然后按比例尺截取后，画出各坡面的开挖线。

（2）作坡面交线。相邻两坡面上标高相同的两等高线的交点，是两坡面的共有点，也是坡面交线上的点。因此，分别连接开挖线（高程为 5 m 的等高线）的交点与坡底边线（高程为 1 m 的等高线）的交点，即得四条坡面交线。

（3）画示坡线。为了增加图形的明显性，在坡面上高的一侧，按坡度线方向画出长短相间的、用细实线表示的示坡线。

实例 6.8 已知大堤与小堤相交，堤顶面标高分别为 3 m 和 2 m，地面标高为 0 m，各坡面的坡度如图 6-16（a）所示。求作相交两堤的标高投影图。

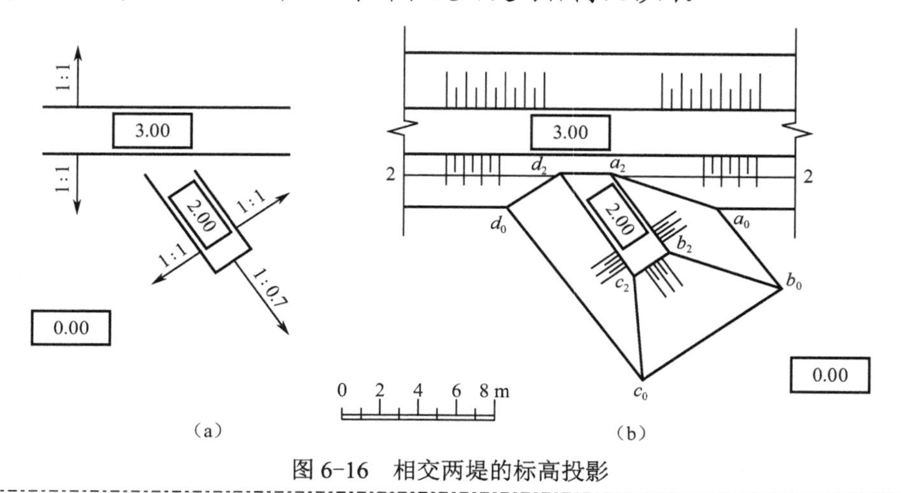

图 6-16 相交两堤的标高投影

解： 作图过程如图 6-16（b）所示。

（1）求坡脚线，即各坡面与地面的交线，现以求大堤坡脚线为例来说明坡脚线的求法。

大堤顶线与坡脚下线的高差为 3 m。大堤前、后坡面的坡度均为 1∶1，则坡顶线到坡脚线的水平面距离 $L=H/i=3/(1/1)=3$ m。按比例尺用 3 m 在两坡面的坡度线上分别截取一点，过这两点作坡顶线的平行线，即得大堤的前、后坡脚线。用同样的方法作出小堤的坡脚下线。

（2）作小堤的坡面交线。连接两坡面上的两条相同高程等高线的两个交点，即为坡面间的交线。因此，将小堤顶面边线的交点 c_2、b_2 分别与小堤坡脚线的交点 c_0、b_0 相连，c_2c_0、b_2b_0 即为所求的交线。

（3）作小堤顶面与大堤前坡面的交线。小堤顶面标高为 2 m，它与大堤面的交线就是大堤的前坡面上的标高为 2 m 的等高线上（也属于小堤顶面）的一段，于是就可以作出一段交线 a_2d_2。

（4）求大堤与小堤坡面的交线。同样，连接大堤与小堤相交坡面上的两条同等高线的两个交点，即为大堤与小堤坡面的交线。因此，分别将小堤顶面边线的 a_2、d_2 与小堤坡脚线大堤坡脚线的交点 a_0、d_0 相连，a_2a_0 和 d_2d_0 即为大堤与小堤坡面的交线。

（5）在各坡面上画出示坡线。如图 6-16（b）所示，在各个坡面上按坡度线方向作出示坡线，示坡线可以在各坡面上只画出一部分，也可以全部画出。

实例 6.9　在高程为 0 m 的地面上修建一个高程为 3 m 的平台，并修建一条斜坡引道，通到平台顶面。平台坡面的坡度为 1:1.5，斜坡引道两侧边坡的坡度为 1:1。图 6-17（a）是这个工程建筑物在斜引道附近局部区域的已知条件，求作这个局部区域内的坡脚线和坡面交线。（前面已讲过的图 6-12（a）就是与这个工程建筑物局部区域内的平台、斜引道、坡面、坡脚线、坡面交线相类似的示意图）

解： 作图过程如图 6-17（b）的所示。

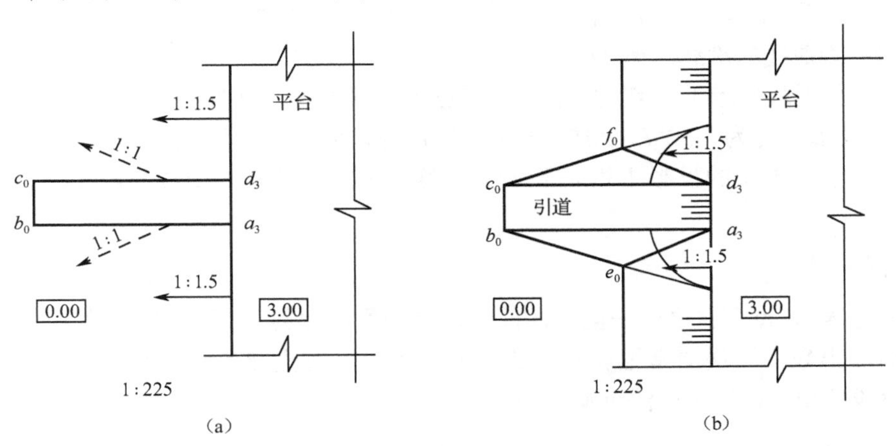

图 6-17　坡脚线和坡面交线绘制

（1）作坡脚线。因地面的高程为 0 m，所以坡脚线即为各坡面上高程为 0 m 的等高线。平台边坡的坡脚线与平台边线平行，水平距离 $L=3/(1/1.5)=4.5$ m。由此就可作出平台

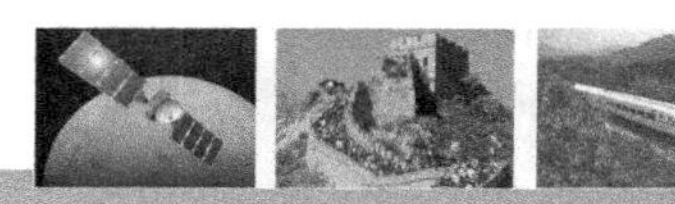

边坡的坡脚线。

引道两侧坡面的坡脚下线的求法与实例 6.8 相同：分别以 a_3、d_3 为圆心，$R=L=H/i=3/(1/1)=3$ m 为半径画弧，再分别由 b_0、c_0 作圆弧的切线，即为引道两侧坡面的坡脚线。

（2）作坡面交线。a_3、d_3 是平台坡面与引道两侧坡面的两个共有点。平台边坡坡脚线与引道两侧坡脚线的交点 e_0、f_0 也是平台坡面与引道两侧坡面的共有点，连接 a_3 和 e_0，d_3 与 f_0，即为所求的坡面交线。

（3）画各坡面示坡线。引道两侧坡面的示坡线应垂直于坡面上的等高线 b_0e_0 和 c_0f_0，各个坡面的示坡线都分别与各个坡面上的等高线相垂直，于是就可画出所有坡面的示坡线。

任务 6.4 曲面的标高投影

6.4.1 曲线的投影

曲线与曲面广泛地应用于建筑工程中，其组成部分元素中有平面曲线、空间曲线和曲面。

1. 曲线及其投影

曲线运动是一个点按一定的规律运动的轨迹，也可看成是满足一定条件的点的集合。画出曲线上一系列点的投影，并将各点的同名投影依次平滑地连接起来，即得该曲线的投影。曲线的投影一般仍是曲线。

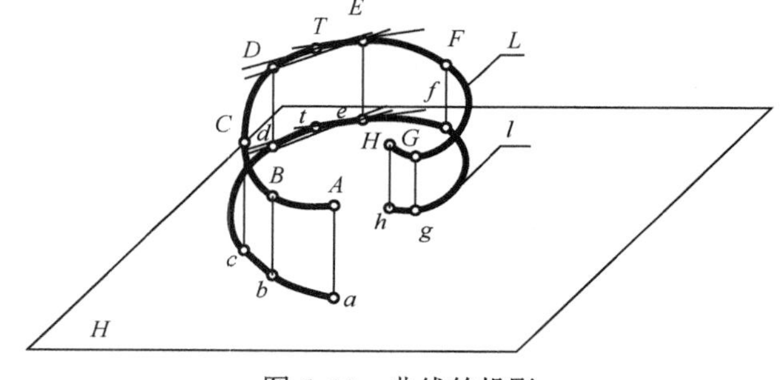

图 6-18 曲线的投影

如图 6-18 所示，与曲线 L 相交的直线 DE 为曲线的割线，当 D 点沿曲线移动到无限接近于 E 点时，割线 DE 处于极限位置，称为曲线在 E 点处的切线 T。曲线 L 的割线 DE 变为切线 T，与曲线相切于 E 点，它们的投影也从割线 de 变为曲线投影的切线 t，与曲线 L 的投影 l 相切于 e 点。这就说明了曲线的切线的投影仍为曲线投影的切线。

2. 空间曲线

曲线上连续 4 点不在同一平面内的曲线，称为空间曲线。图示空间曲线时，必须将曲线上各点标注出来，以便清楚地表示曲线上的重影点、交点及各部分的相对位置。如果要知道空间曲线的长度可用旋转法近似展开。

3. 平面曲线

曲线上所有的点都在同一平面上的曲线，称为平面曲线。它的投影有三种情况，如图 6-19 所示。

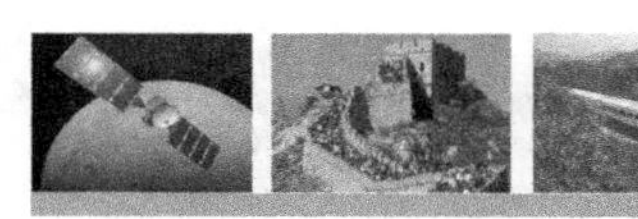

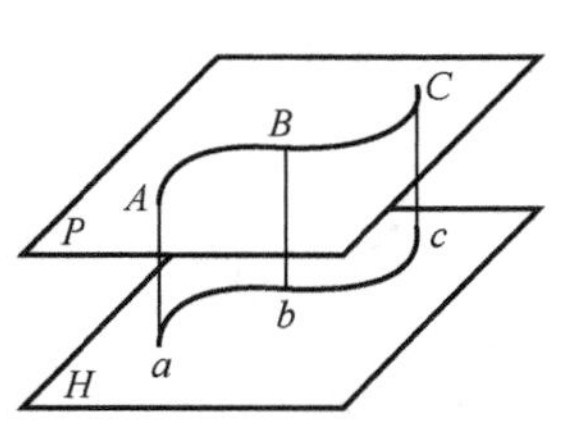

（a）曲线所在平面P//H

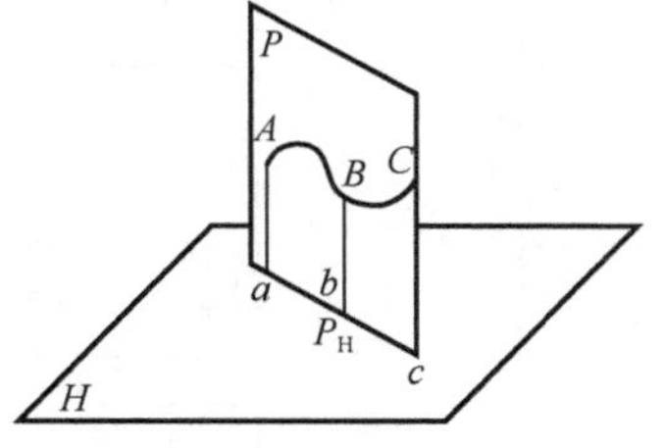

（b）曲线所在平面P⊥H

（c）曲线所在平面P倾斜于H

图 6-19　平面曲线的投影

6.4.2　曲面的标高投影

1. 正圆锥面的标高投影

1）圆锥面上的等高线

如图 6-20（a）所示，当正圆锥面的轴线垂直于水平面时，圆锥面上所有素线的坡度都相等，假想用一高差相等的水平面截切正圆锥，其截交线皆为水平圆。因此，画出这些截交线圆的水平投影，并分别在其上注出高程，就是正圆锥的标高投影，如图 6-20（b）所示。

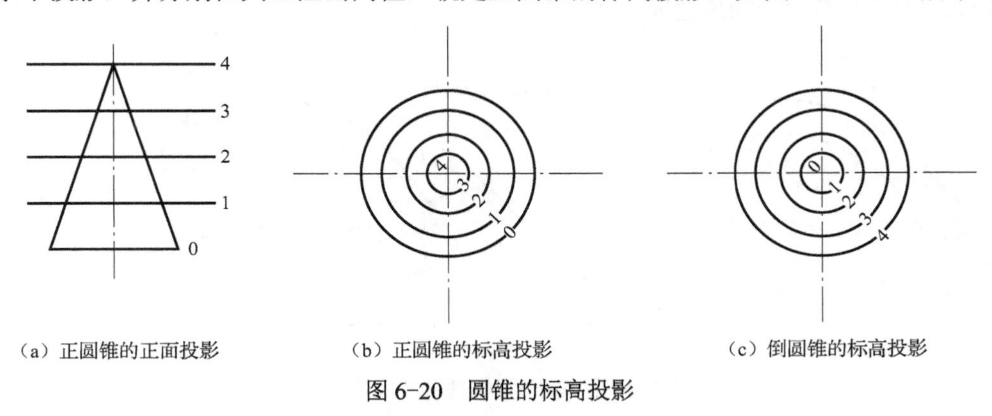

（a）正圆锥的正面投影　　（b）正圆锥的标高投影　　（c）倒圆锥的标高投影

图 6-20　圆锥的标高投影

不论圆锥正立或倒立，正圆面积锥面上的素线都不得与正圆锥面上的等高线圆的切线垂直，所以素线就是圆锥面的坡度线。

2）平面与圆锥面的交线

实例 6.10　在高程为 4 m 的地面上，修筑一高程为 8 m 的平台，台顶形状及边坡的坡度如图 6-21（a）所示，求其坡脚线和坡面线。

解： 作图过程如图 6-21（b）所示。

（1）作坡脚线。平台两侧的坡脚线为平行于台顶的平行线；平台中部的坡面是正圆锥面，其坡脚为水平距离（即半径差）$L=H/i=(8-4)/(1/0.8)=3.2$ m。由此可作出平台的正圆锥面坡面的坡脚线。

（2）作坡面交线。坡面交线是由平台左右两边的平面坡面与中部正圆锥面坡面相交而成。因平面的坡度小于圆锥面的坡度，所以坡面交线是两段椭圆曲线。

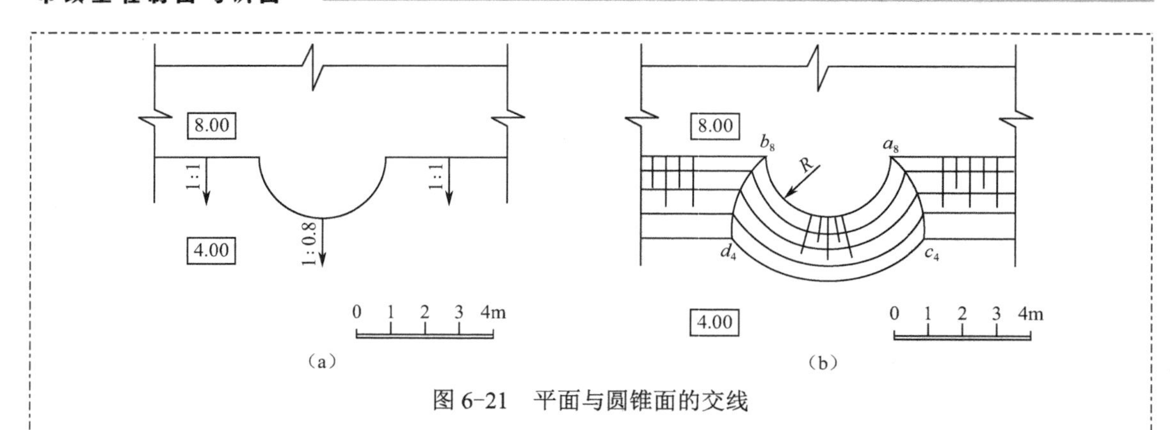

图 6-21　平面与圆锥面的交线

（3）画出各坡面的示坡线。正圆锥面上的示坡线应过锥顶，是圆锥面上的素线。平面斜坡的示坡线是坡面上的等高线的垂线。

2. 同坡曲面的标高投影

如图 6-22 所示，有一段倾斜的弯曲道路，它的两侧边坡是曲面。曲面上任何地方的坡度都相同，这种曲面称为同坡曲面。

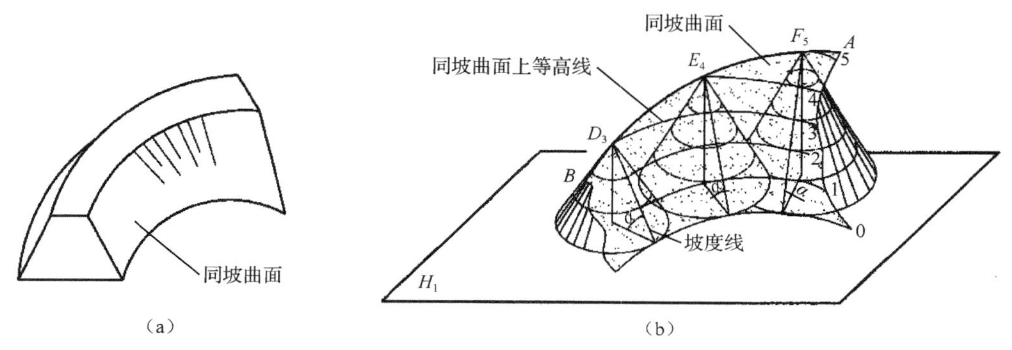

图 6-22　同坡曲面的标高投影

1）同坡的形成

如图 6-22（b）所示，一正圆锥面锥顶沿空间曲线 *AB* 运动，运动时圆锥面的轴线始终垂直于水平面，且锥顶角不变，则所有这些正圆锥面的包络曲面就是同坡曲面。

由上述形成过程可以看出，运动的正圆锥面在任何位置时，同坡曲面都与它相切，切线为正圆锥面的素线，也就是同坡曲面的坡度线。从图 6-22（b）还可以看出：同坡曲面上的等高线为等距曲线，当高差相等时，它们的间距也相等。

2）平面与同坡曲面的交线

实例 6.11　如图 6-23（a）所示，在高程为 0 m 的地面上修建一弯道公路，路面高程自 0 m 逐渐上升为 4 m，与干道相接。作出干道和弯道的坡面交线。

解：作图过程如图 6-23（b）所示。

（1）作坡脚线。干道坡面为平面，坡脚线与干道边线平行，水平距离 $L=4/(1/2)=8$ m，由此作出坡脚线。

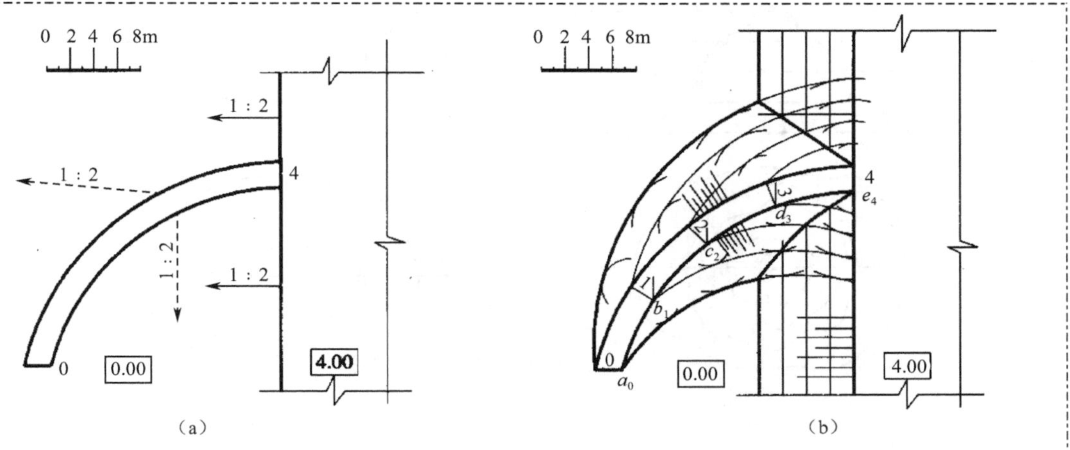

图 6-23 平面与同坡曲面的交线

弯道两侧边坡是同坡曲面，在曲线上定出整数标高点 a_0、b_1、c_2、d_3、e_4 作为运动正圆锥面的锥顶位置。以各锥顶为圆心，R 分别取 L、$2L$、$3L$、$4L$（L=2 m，因 i=1∶2）为半径画同心圆，得各圆锥面上等高线。自 a_0 作各圆锥面上 0 m 高程等高线的公切线，即为弯道内侧同坡曲面的坡脚线。同理，作出弯道外侧的坡脚线。

（2）作坡面交线。先画出干道坡面上高程为 3 m、2 m、1 m 的等高线。自 $b_1c_2d_3$ 作正圆锥面上同高程的等高线的公切线（包络线），即得同坡曲面上的等高线。将同坡曲面与斜坡面同高程的等高线的交点，顺次连成平滑曲线，即为弯道内侧的同坡曲面与干道的平面斜坡的坡面交线。用同样的方法作出弯道外侧的同坡曲面与干道的斜坡的坡面交线。

（3）画出各坡面的示坡线。按与各坡面上的等高线相垂直的方向画出各坡面的示坡线。

任务 6.5 地形的标高投影

6.5.1 地形面上的等高线

地面是一个不规则的曲面，地形面是用地面上的等高线来表示的。也就是用一组等间距的水平面截割曲面体，则得到许多形状不规则的封闭曲线，由于每条截交线上点的高程相同，因此，只注一个数字。这种注上高程的水平截交线，就是曲面体或地面上的等高线。图 6-24 是两种不同地面的标高投影和它的断面图。等高线上的数字由里到外逐渐减小，表示高山或小丘，如图 6-24（a）所示；反之，则表示盆地或洼地，如图 6-24（b）所示。如果在图上等腰高线间距越密，则表示该处地形坡度大，即陡；反之，则坡度小，即平缓。

6.5.2 平面与地形面的交线

1. 一般面与地形面相交

图 6-25 为一个等高线和坡度线表示的地形面与平面相交时标高投影的作图方法。

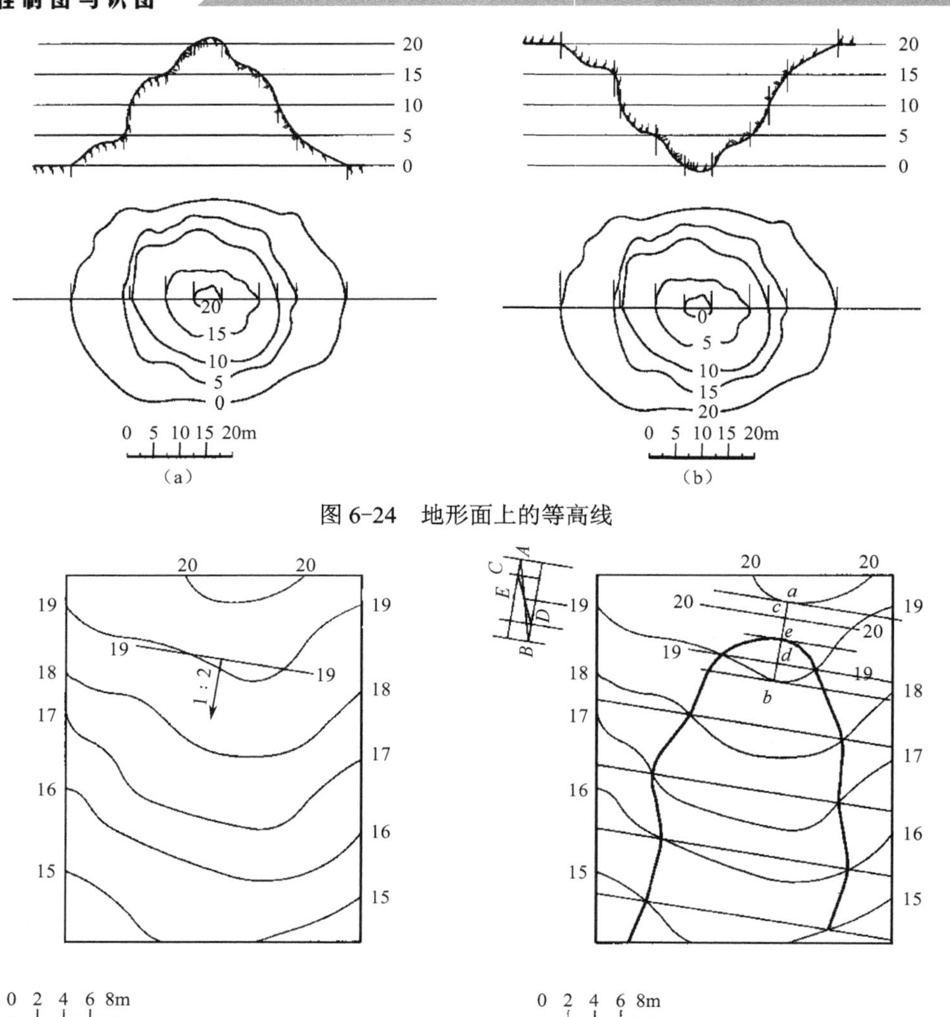

图 6-24　地形面上的等高线

图 6-25　地形面与平面相交的标高投影

假想用一水平面作为辅助平面，同时切割平面地形面，其截交线为平面和地形面上的等高线，等高线的交点即为平面与地形线上的点。

2. 曲面与地形面的交线

实例 6.12　在山坡上要修筑一个一端为半圆形的场地，其标高为 25 m，填方坡度 i=1∶1.5，挖方坡度 i=1∶1（见图 6-26）。试决定填、挖方的范围。

解：因为场地平面的标高是 25 m，所以等高线 25 m 以上部分应挖土，等高线 25 m 以下部分应填土。场地周围的填土和挖土坡面是从场地的周界开始的，在等高线 25 m 以下有三个填土坡面，在等高线 25 m 以上有一个倒圆锥挖方坡面和两个挖方坡面，各坡面和地形面的交线，就是填挖方的范围，如图 6-26（b）所示。

（1）根据挖方坡度 i=1∶1 和填方坡度 i=1∶1.5，作出挖方间距 L=1，填方间距 L=3.5。

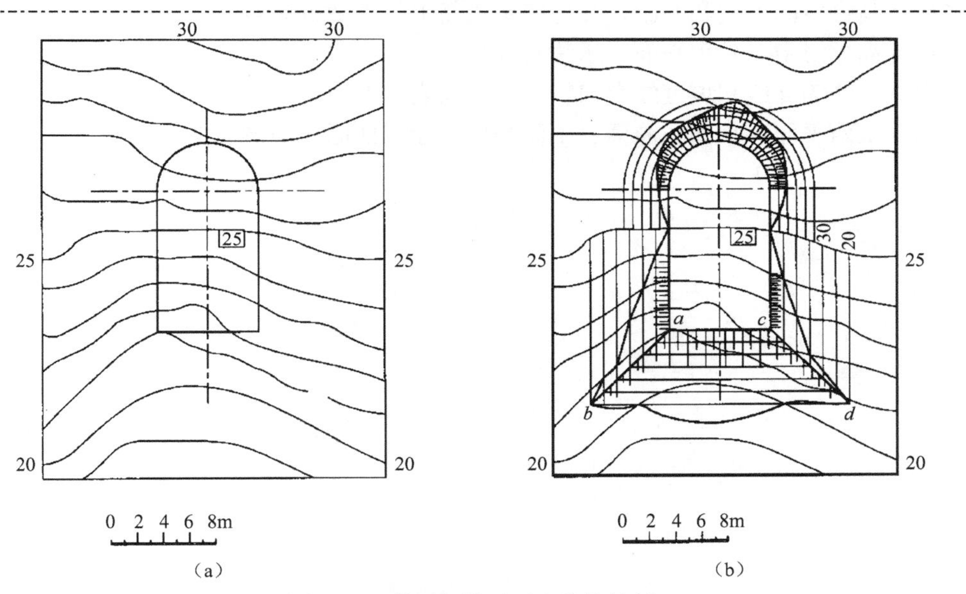

图 6-26　曲面与地形面交线的绘制

（2）根据间距 L 作同心圆弧，得挖方倒圆锥面边坡的等高线 26 m、27 m、…30 m，同时，也作出倒圆锥面两侧的挖方坡面上的等高线 26 m、27 m、…30 m；又根据间距 1.5 m 在三个填方坡面上各作一组平行的等高线 24 m–24 m、23 m–23 m、…20 m–20 m，并注上标高值。

（3）连接坡面与地形面同标高等高线的交点即为挖、填方范围。

（4）作相邻坡面的交线 AB、CD，得出作图结果。

知识梳理与总结

本章主要内容如下：

（1）标高投影的基本概念；

（2）标高投影的表示方法；

（3）点的标高投影；

（4）直线的标高投影；

（5）平面的标高投影；

（6）曲线、曲面的标高投影；

（7）地形的标高投影。

思考与习题 6

1．什么是标高投影法？它有何特点？

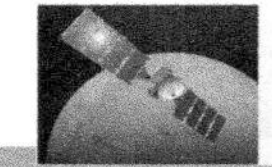

2．什么是直线的坡度和平距？如何确定直线上的整数标高点？

3．在标高投影中，常用平面表示法有几种？

4．平面上的等高线和坡度线有何特点？如何表示？

5．怎样求两平面、平面与曲面、平面与地形面、曲面与地形面的交线？

第7章

轴测投影

教学导航

教	知识重点	1. 轴测投影的分类； 2. 绘制轴测图的注意事项； 3. 正等测图的轴间角和轴向伸缩系数； 4. 平面立体的正等测图； 5. 圆及曲面立体的正等测图； 6. 斜二测图的轴间角和轴向伸缩系数； 7. 斜二测图的画法
	知识难点	1. 绘制轴测图的注意事项； 2. 平面立体的正等测图； 3. 斜二测图的画法
	推荐教学方式	从学习任务入手，从实际问题出发，讲解轴测投影的形成、正等测图和斜二测图
	建议学时	4 学时
学	推荐学习方法	查资料，看不懂的地方做出标记，听老师讲解，在老师的指导下练习绘制正等测图和斜二测图
	必须掌握的理论知识	1. 轴测投影的分类； 2. 绘制轴测图的注意事项； 3. 正等测图的轴间角和轴向伸缩系数； 4. 平面立体的正等测图； 5. 圆及曲面立体的正等测图； 6. 斜二测图的轴间角和轴向伸缩系数； 7. 斜二测图的画法
	需要掌握的工作技能	1. 绘制平面立体的正等测图； 2. 绘制圆及曲面立体的正等测图； 3. 绘制斜二测图

任务 7.1　轴测投影的形成与分类

7.1.1　轴测投影的形成

1. 轴测图的形成过程

三面正投影图［见图 7-1（a)］的优点是能够完整、严格、准确地表达形体的形状和大小，其度量性好、作图简便，因此在工程技术领域中得到了广泛的应用，但这种图缺乏立体感，须经过专业技术培训才能看懂。因此，在工程上常采用一种仍然按平行投影法绘制，但能同时反映出形体长、宽、高三度空间形象的富有立体感的单面投影图，来表达设计人员的意图。由于绘制这种投影图时是沿着形体的长、宽、高三根坐标轴的方向进行测量作图的，所以把这种图称之为轴测投影或轴测图，如图 7-1（b）所示。

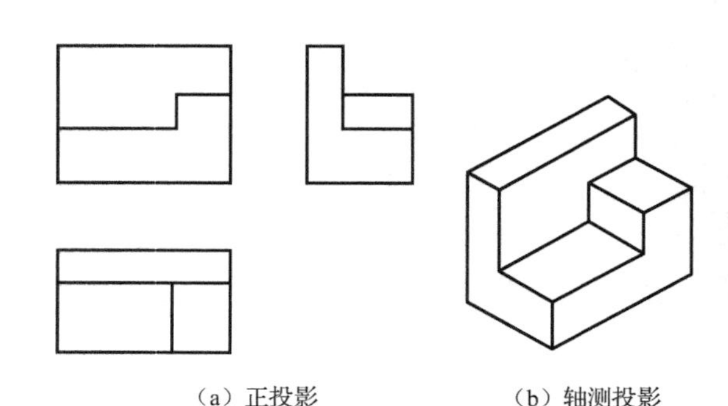

（a）正投影　　（b）轴测投影

图 7-1　形体的三面投影及轴测投影

观察图 7-1（b）可知，该图形能在一个投影面上同时反映出物体长、宽、高三个方向的尺寸，立体感较强。但同时也发现原本为正方形的三个表面均发生了变形，尺寸的测量性变差。绘制过程也变得比较麻烦，因此，在工程制图中，仅将其作为一种辅助图样。

轴测投影就是将空间形体及确定空间位置的直角坐标系，沿不平行于任一坐标面的方向，用平行投影法投射到一个投影面 P 上而得到图形的方法，该图形就是轴测图。若投射方向线与投影平面垂直，为正轴测投影法，所得图形称为正轴测图，如图 7-2（a）所示；若投射方向线与投影平面倾斜，为斜轴测投影法，所得图形称为斜轴测图，如图 7-2（b）所示。

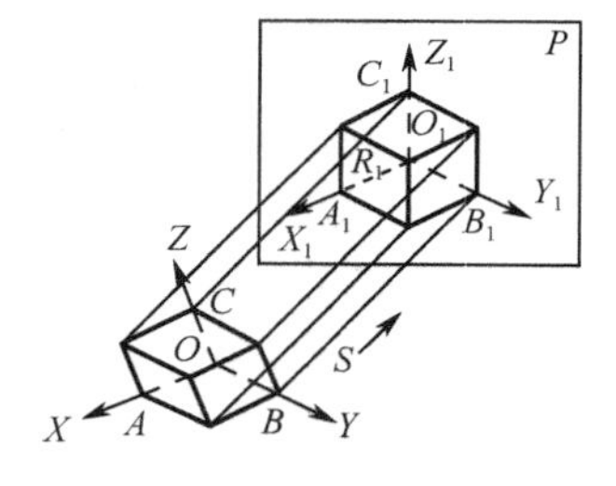

（a）正轴测图

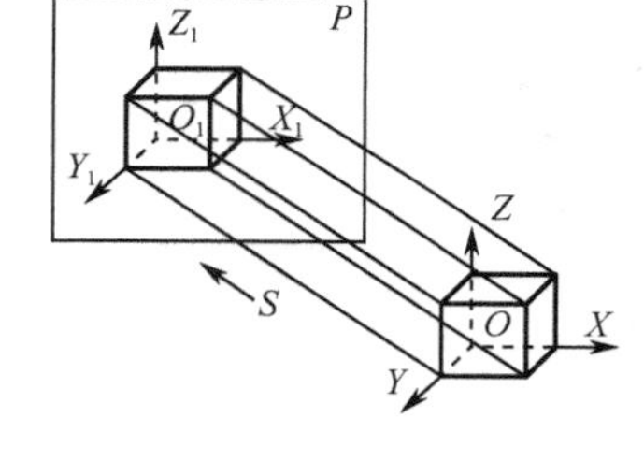

（b）斜轴测图

图 7-2　轴测图的形成

2. 轴测投影基本概念

（1）轴测投影面：得到轴测投影的单一投影面，即前述 P 平面。

（2）轴测投影轴：三根坐标轴 OX、OY、OZ 在轴测投影面 P 上的投影 O_1X_1、O_1Y_1、O_1Z_1，称为轴测投影轴，简称轴测轴，如图 7-2 所示。

（3）轴间角：两个轴测轴之间的夹角称为轴间角，如图 7-2 中的 $\angle X_1O_1Y_1$、$\angle Y_1O_1Z_1$、$\angle Z_1O_1X_1$。

（4）轴向伸缩系数：轴测轴上的单位长度与相应坐标轴上的单位长度的比值，称为轴向伸缩系数。例如，设 p_1、q_1、r_1 分别为 O_1X_1、O_1Y_1、O_1Z_1 轴的轴向伸缩系数，于是有：

O_1X_1 轴的轴向伸缩系数：$p_1=O_1A_1/OA$

O_1Y_1 轴的轴向伸缩系数：$q_1=O_1B_1/OB$

O_1Z_1 轴的轴向伸缩系数：$r_1=O_1C_1/OC$

轴间角和轴向伸缩系数是轴测投影中两个最基本的要素，不同类型的轴测图表现为不同的轴间角和轴向伸缩系数。

7.1.2　轴测投影的分类

如前所述轴测投影分为正轴测投影和斜轴测投影两大类。每一类又根据轴间角和轴向伸缩系数的不同分为三种：

（1）正（斜）等轴测投影：三个轴向伸缩系数均相等，即 $p_1=q_1=r_1$。

（2）正（斜）二等轴测投影：仅有两个轴向伸缩系数相等，如 $p_1=r_1\neq q_1$。

（3）正（斜）三等轴测投影：三个轴向伸缩系数均不相等，即 $p_1\neq q_1\neq r_1$。

工程上最常用的轴测投影是正等轴测投影、斜二等轴测投影，正二等轴测投影在某些场合中也获得应用。

绘制轴测图的注意事项如下：

（1）由于轴测投影为单面平行投影。所以它具有平行投影的特性，如：

① 平行性——空间相互平行的直线，其轴测投影仍相互平行。

② 定比性——若一点将空间一直线分为一定比例的两段，在轴测投影中，该比例不变；空间平行两直线长度之比，在轴测投影中，比例亦不变。

③ 从属性——空间属于某平面的线段，在轴测投影中仍属于该平面。

（2）空间与坐标轴平行的线段（可称为轴向线段），在轴测投影中，仍平行于相应的轴测轴，同时具有与该轴测轴相同的轴向伸缩系数，可直接绘制；而不平行于坐标轴的线段，其伸缩系数不能确定，因此，不能直接绘制。可先作出其两端点，再连接两端点得到。可见，“轴测”二字可理解为“沿轴测量”。

任务 7.2　正等测图

正等轴测图是正轴测图中的一种。此时，投射方向线与 P 平面垂直，且 OX、OY、OZ 三根坐标轴均与 P 平面夹相同的角度，三个轴向伸缩系数均相等，常简称为正等测图或正等测。

7.2.1　正等测图的轴间角和轴向伸缩系数

正等测中三个轴间角相等，均为 120°；三个轴向伸缩系数也相等，均为 0.82，为简化作图，常将轴向伸缩系数值取为 1，即 $p=q=r=1$，称为简化的轴向伸缩系数，如图 7-3 所示。

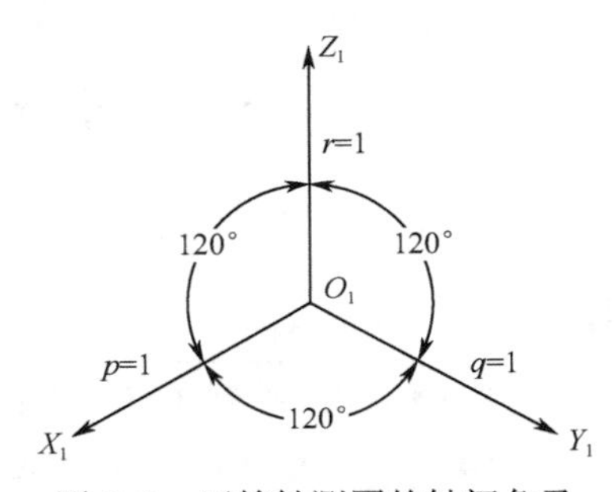

图 7-3　正等轴测图的轴间角及轴向伸缩系数

7.2.2 平面立体的正等测图

平面立体的正等测图一般均可通过 7.1.1 小节中介绍的方法完成。下面通过具体实例加以说明。

1. 坐标法

根据形体表面各点间的坐标关系，画出各点的轴测投影，连接各相应点，便可得到形体的轴测投影图。它是画轴测投影图的基本方法，具体绘制步骤样见图 7-4、图 7-5。

实例 7.1 绘制图 7-4（a）所示正三棱柱的正等轴测图。

解： 建立如图 7-4（a）所示的坐标系；然后分别在 X_1 轴上截取 $O_1a_1=Oa$，$O_1c_1=Oc$，在 Y_1 轴上截取 $O_1b_1=Ob$，依次连接 a_1、b_1、c_1 各点，得到正三棱柱上表面的正等测图，如图 7-4（b）所示；分别过 a_1、b_1、c_1 向下作 Z_1 轴的平行线，并依次截取棱柱高度 H，连接各截点，即可完成正三棱柱的正等轴测图，如图 7-4（c）所示；由于轴测图中一般不画虚线，所以常画成图 7-4（d）所示的形式。

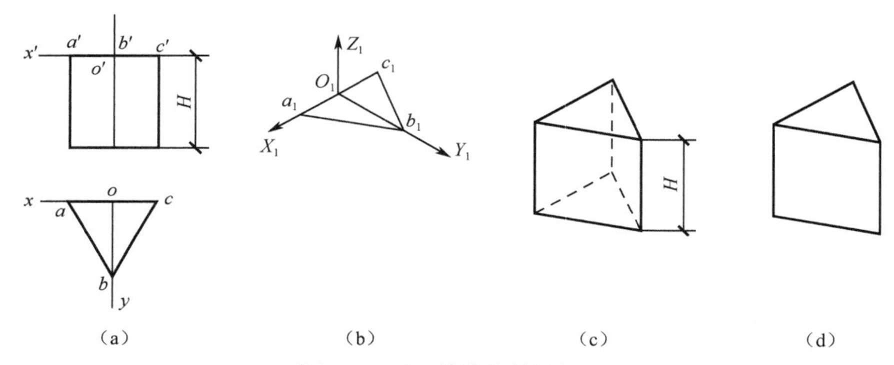

图 7-4 正三棱柱的轴测投影

绘制轴测图时，原点 O_1 可选在形体的任意位置，但为了作图方便，往往选择在形体的某一顶点或较易确定其余主要定位点处，如图 7-5 所示。

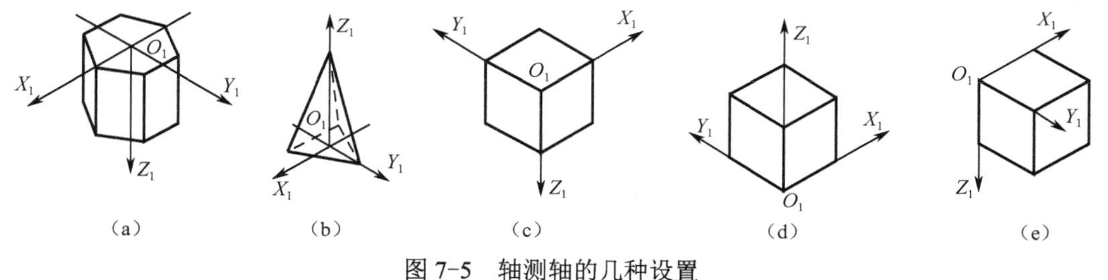

图 7-5 轴测轴的几种设置

实例 7.2 绘制图 7-6（a）所示形体的正等测图。

解： 分析可知，该形体为四棱台形物体，可建立如图 7-6（a）所示坐标系，再逐步确定出各顶点位置，作图步骤详见图 7-6（b）、（c）、（d）所示。

图 7-6 图中未画出不可见轮廓线，但并不影响读图，所以轴测图中一般不画虚线。

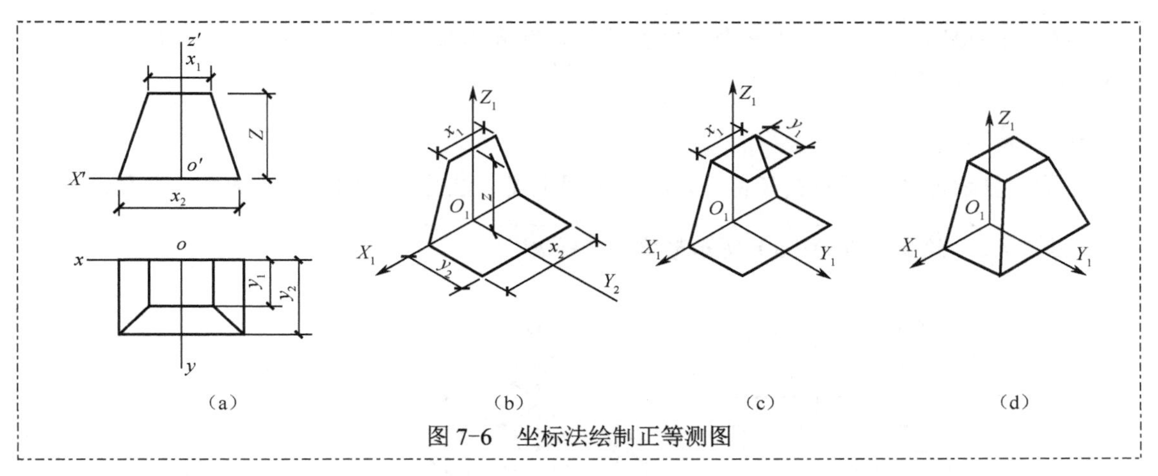

图 7-6 坐标法绘制正等测图

2. 叠加法

绘制叠加类组合体的轴测图时。亦采用形体分析法，将其分为几部分，然后根据各组成部分的相对位置关系及表面连接方式分别画出各部分的轴测图，进而完成整个形体的轴测图，如图 7-7 所示。

实例 7.3 绘制图 7-7（a）所示台阶的正等测图。

解： 分析可知，该台阶由三部分组成，可采用叠加法绘制。首先可直接绘制出拦板，然后分别绘制两级踏步，经修整完成全图。绘制步骤详见图 7-7（b）、（c）、（d）所示。

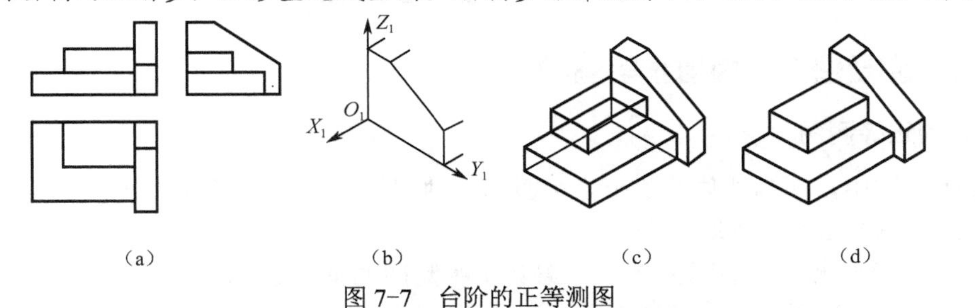

图 7-7 台阶的正等测图

3. 切割法

绘制切割类物体（一般由基本体，多为长方体切割而成），可先画出基本体的轴测图，再逐次切去各相应部分，便可得到所需形体的轴测图，如图 7-8 所示。

实例 7.4 绘制图 7-8（a）所示形体的正等测图。

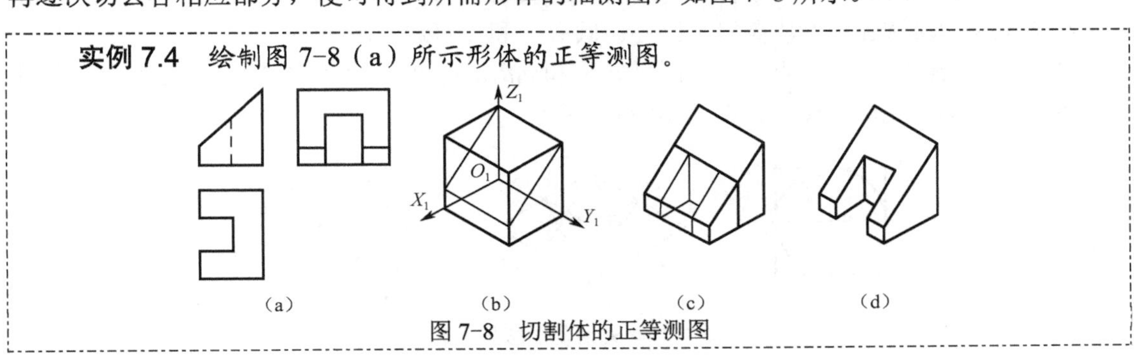

图 7-8 切割体的正等测图

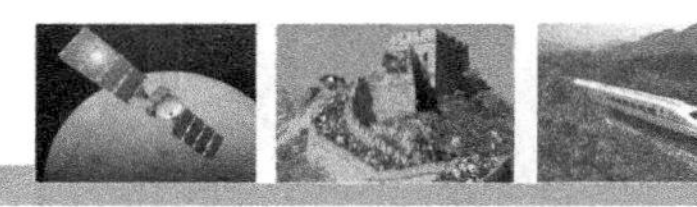

解： 分析可知，该形体为一个切割类物体，可采用切割法绘制。绘制步骤详见图 7-8（b）、（c）、（d）所示。

4. 综合法

对于较复杂形体，可根据其特征，综合运用上述方法绘制其轴测图，如图 7-9 所示。

实例 7.5 绘制图 7-9（a）所示形体的正等测图。

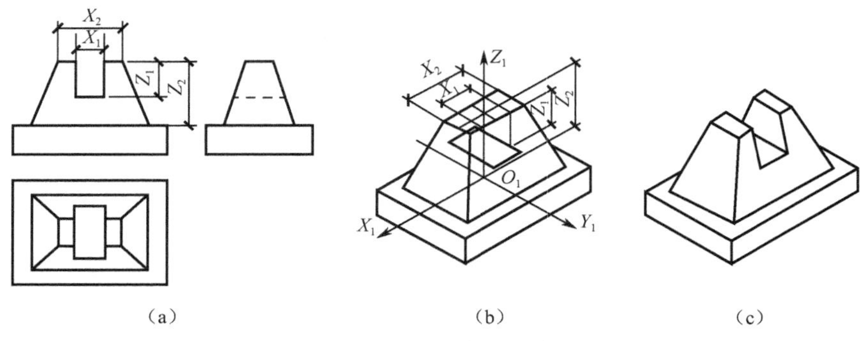

图 7-9　综合类形体的正等测图

解： 分析可知，该形体为一种较复杂的组合体，应采用综合法绘制。可先绘制出底板，再用坐标法绘制出上部形体的基本体（四棱台），并确定出矩形槽底面位置，如图 7-9（b）所示；最后切出矩形通槽，经修整，可完成全图，如图 7-9（c）所示。

7.2.3　圆及曲面立体的正等测图

1. 圆的正等测图

在正等测图中，因为形体的三个坐标面均与轴测投影面 P 倾斜，所以平行于任一坐标面的圆，其轴测投影均为椭圆。

下面以平行于水平面的圆为例，介绍其正等测图的常用画法——外切菱形法。该方法是一种用四段圆弧近似代替椭圆这个非圆曲线的近似画法。

建议初学者先绘制一个标有坐标轴的圆，并作出其外切正方形。如图 7-10（a）所示，可看出点 a、c 及点 b、d 分别位于 OX 及 OY 轴上；根据从属性可求得各点的轴测投影 a_1、b_1、c_1、d_1，依次连接可作出该外切正方形的正等测图，即为椭圆的外切菱形，菱形两对角点 1 和 2 就是四段圆弧中两段圆弧的圆心。圆心 3 和 4 可通过图 7-10（b）所示方法求得；分别以 1、2 为圆心，$1a_1$ 为半径，作圆弧 a_1b_1 和 c_1d_1，再以 3、4 为圆心，$3a_1$ 为半径，作圆弧 a_1d_1 和 b_1c_1 即可完成全图，如图 7-10（c）所示。

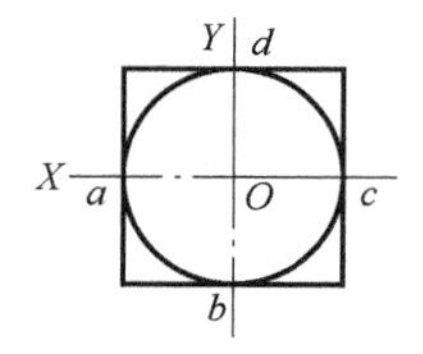

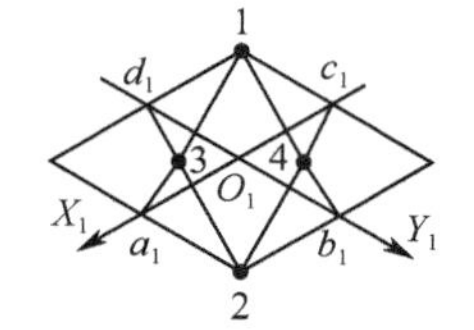

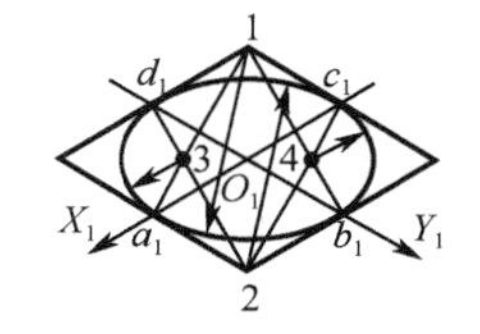

图 7-10　外切菱形法画椭圆

用同样的方法可绘制出与正平面或侧平面平行圆的正等测团，但需注意 a、b、c、d 四点所在轴，外切正方形的四条边也应平行于相应轴。与各投影面平行圆的正等测图可参见图 7-11。

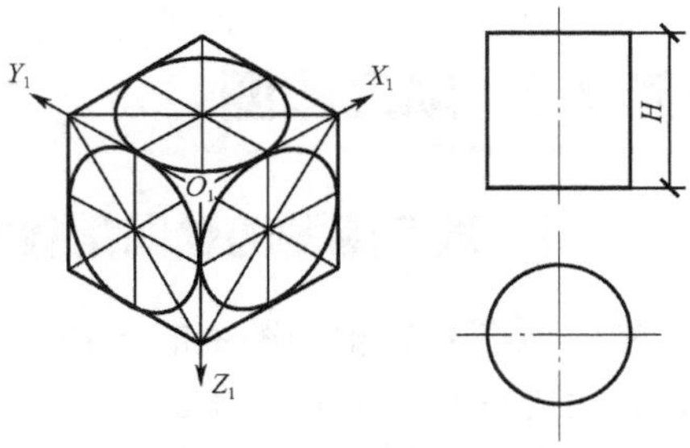

图 7-11　平行于不同投影面的圆的正等测图

2. 曲面立体的正等测图

实例 7.6　绘制图 7-12（a）所示圆柱体的正等测图。

解：先按外切菱形法作出圆柱体顶面圆的正等测图，然后用平移圆心法——即过四个圆心分别作 Z_1 轴的平行线，并依次截取圆柱高度 H，便可得到绘制底面椭圆的四个圆心，如图 7-12（b）所示；分别作出四段圆弧，完成底面椭圆（若将 a_1、b_1、c_1、d_1 四点沿同一方向移动柱高 H，则可同时确定出四段圆弧的起点和终点，使作图更加准确）；最后作出两椭圆的外公切线，并擦去底面椭圆中两公切线之间的不可见部分，即可完成全图，如图 7-12（c）所示。

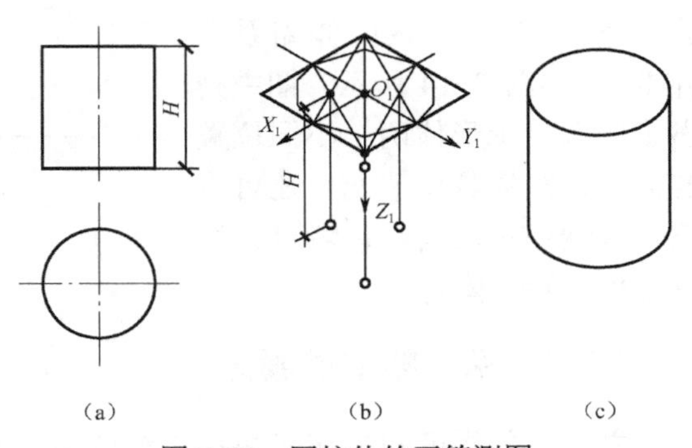

图 7-12　圆柱体的正等测图

若绘制竖放圆台的正等测图，可分别用外切菱形法作出顶、底两圆的正等测图及其外公切线，并擦去底面椭圆中两公切线之间的不可见部分即可。

实例 7.7　绘制图 7-13（a）所示带两圆角长方体的正等测图。

解：先绘制出不带圆角长方体的正等测图，然后在上表面与两圆角所切的边线上，分别截取圆角半径，可得四个切点 a_1、b_1、c_1、d_1，再分别过这四个切点作其所在边的垂线，可得到两个交点 1 和 2，分别以 1 和 2 作圆心，$1a_1$ 和 $2c_1$ 为半径，作圆弧 a_1b_1 和 c_1d_1 可得到如图 7-13（b）所示图形；接下来用平移圆心法可作出下表面的两段圆弧，右侧圆角也是通过作上下两表面圆弧的公切线完成的，如图 7-13（c）所示；经修整，完成全图，如图 7-13（d）所示。

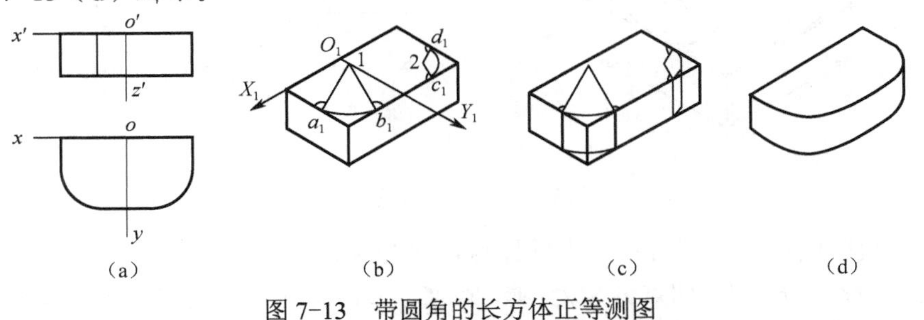

图 7-13　带圆角的长方体正等测图

任务 7.3 斜二测图

7.3.1 斜二测图的轴间角和轴向伸缩系数

斜二测图是斜轴测图中的一种。绘制斜轴测图一般使物体正放，主要端面平行于 P 平面，投射方向线与 P 面倾斜。

绘制斜二测图，常以正立投影面或其平行面作为轴测投影面，所得图形称正面斜二测图。此时，轴测轴 O_1X_1 及 O_1Z_1 方向不变，仍分别沿水平及竖直方向，其轴向伸缩系数 $p_1=r_1=1$；O_1Y_1 轴一般与 O_1X_1 轴的夹角为 45°，轴向伸缩系数 $q_1=0.5$，如图 7-14 所示。图中列出了原点位于形体两个不同位置的情况，根据具体情况，还可将三轴测轴任意反向，读者可在绘图过程中慢慢体会。

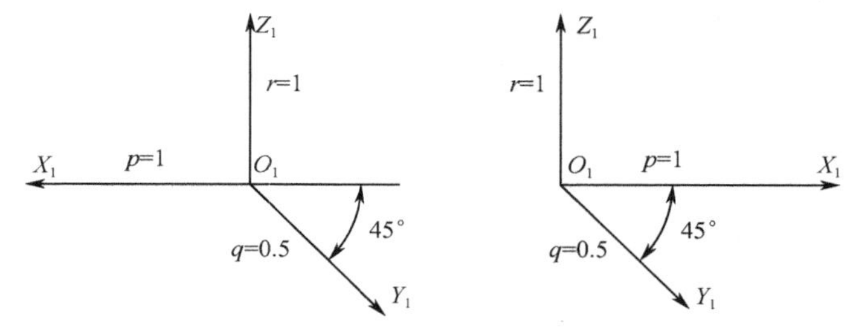

图 7-14 正面斜二测图的轴间角及轴向伸缩系数

7.3.2 斜二测图的画法

由上述分析可知，在正面斜二测图中，形体的正面形状保持不变，因此，可先绘制其正面的真实形状，再分别由各相应点作 O_1Y_1 轴的平行线，并截取形体的宽度（为实际宽度的 0.5 倍），连接各对应点即可。

1. 圆的正面斜二测画法

当曲面体中的圆形平行于由 OX 轴和 OZ 轴决定的坐标面（轴测投影面）时，其轴测投影仍然是圆。当圆平行于其他两个坐标面时，其轴测投影将变成椭圆，如图 7-15 所示。对出现椭圆的轴测图形，作图时采用“八点法”绘制椭圆，如图 7-16 所示。

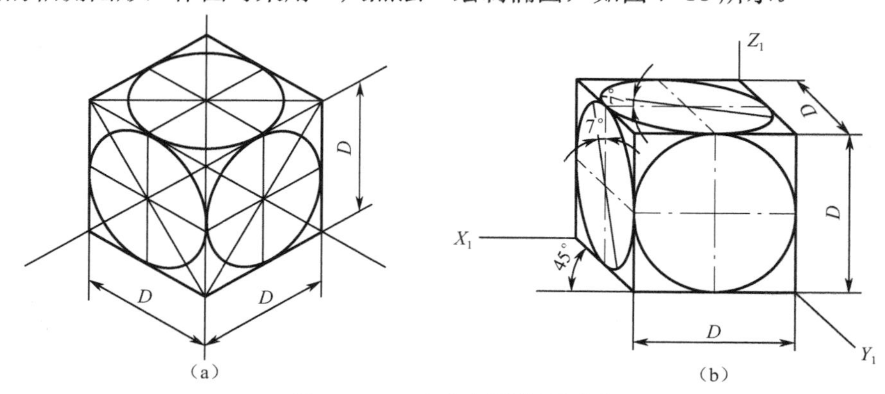

图 7-15 三个方向圆的轴测图

（1）在正投影图中，把圆心作为坐标原点，直径 AC 和 BD 分别在 OX 轴和 OY 轴上，作圆的外切四边形 $EFGH$，切点分别为 A、B、C、D，将对角线连接，与圆周交于 1、2、3、4。以 HD 为直角三角形斜边作 45° 直角三角形 HMD，再以 D 为圆心，以 DM 为半径

作圆弧和 HG 交于 N 点，过 N 作 HE 平行线，与对角线交于 1、4，利用平面的对称性求出 2、3，如图 7-16（a）所示。

（2）作轴测轴 O_1X_1、O_1Y_1，并在其上取 A_1、B_1、C_1、D_1 四点，使得 $A_1O_1=O_1C_1=AO$，$B_1O_1=D_1O_1=BO/2$（按斜二测作图），过 A_1、B_1、C_1、D_1 四点分别作 O_1X_1 轴、O_1Y_1 轴的平行线，四线相交围成平行四边形 $E_1F_1G_1H_1$，该平行四边形即为圆外切四边形的正面斜二测图，A_1、B_1、C_1、D_1 四点为切点，如图 7-16（b）所示。

（3）以 H_1D_1 为斜边，作等腰直角三角形 $H_1M_1D_1$，以 D_1 为圆心，D_1M_1 为半径作弧，交 H_1G_1 于 N_1、K_1，过 N_1、K_1 作 E_1H_1 的平行线与对角线交于 1_1、2_1、3_1、4_1，如图 7-16（c）所示。

（4）依次用曲线板将 A_1、1_1、B_1、2_1、C_1、3_1、D_1、4_1、A_1 连接起来，即得圆的斜二测图，如图 7-16（d）所示。

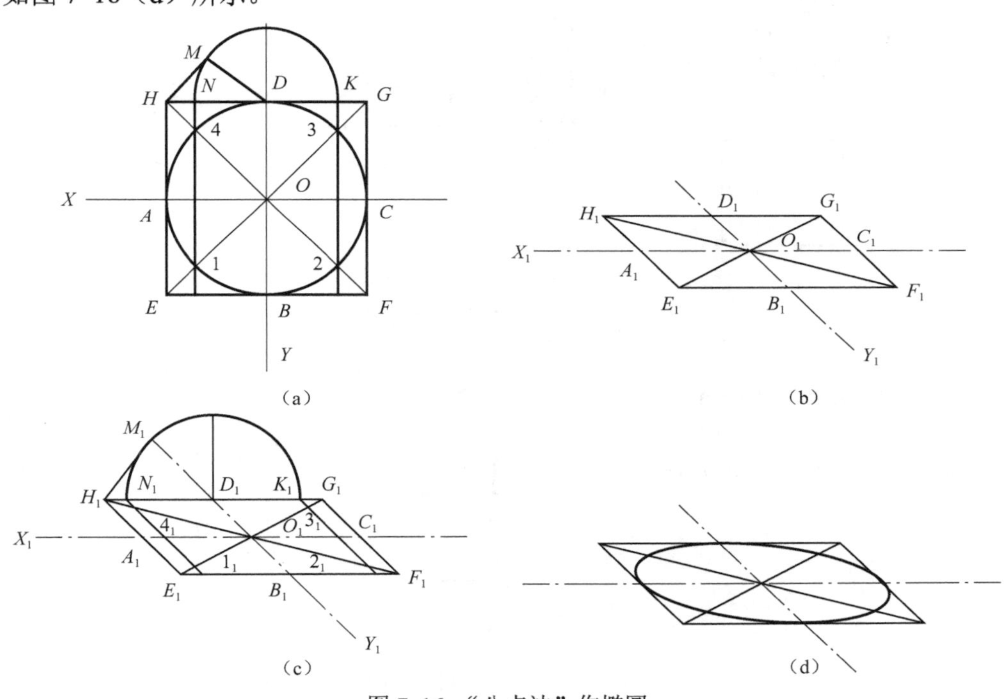

图 7-16 “八点法”作椭圆

2. 曲面立体的正面斜二测画法

实例 7.8 绘制图 7-17（a）所示挡土墙的斜二测图。

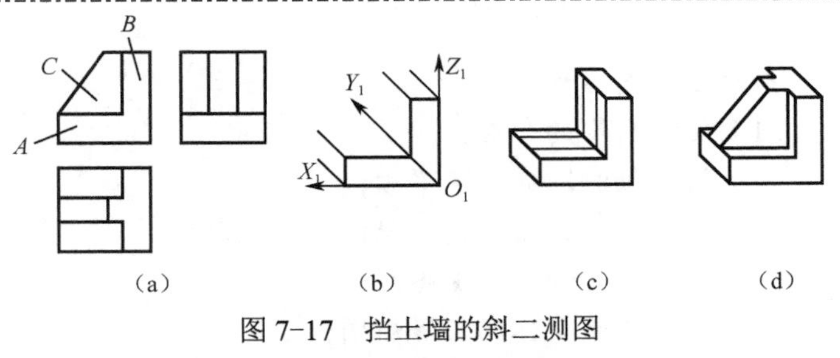

图 7-17 挡土墙的斜二测图

解： 分析可知，底板 A 与立板 B 宽度相等，且表面平齐，可先画出该两部分的正面形状，然后过各相应点作 O_1Y_1 轴的平行线，并截取宽度的一半。如图 7-17（b）所示；连接各对应点，完成 A、B 两部分的斜二测图；再根据二面投影图，确定出加强筋

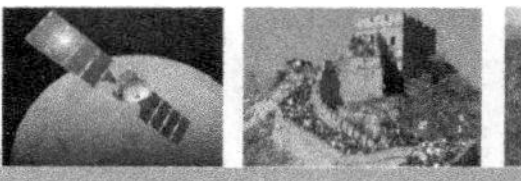

板 C 的位置及其上各转折点的位置，如图 7-17（c）所示；最后作对应连线、整理，可完成全图，如图 7-17（d）所示。

实例 7.9 绘制图 7-18（a）所示横放圆柱筒的斜二测图。

解： 由于该圆柱筒的端面为正平面，所以其斜二测投影不变形，仍为两同心圆，可直接画出其前端面的斜二测投影，并将圆心 O_1 沿 Y_1 轴截取柱高的一半，得到后端面的圆心 O_2，如图 7-18（b）所示；然后以 O_2 为圆心分别作出后端面两圆，该两圆因柱高的不同可能会不完整，只需画出可见部分，如图 7-18（c）所示；最后作出前、后两外圆的外公切线，并加以整理。可完成全图，如图 7-18（d）所示。

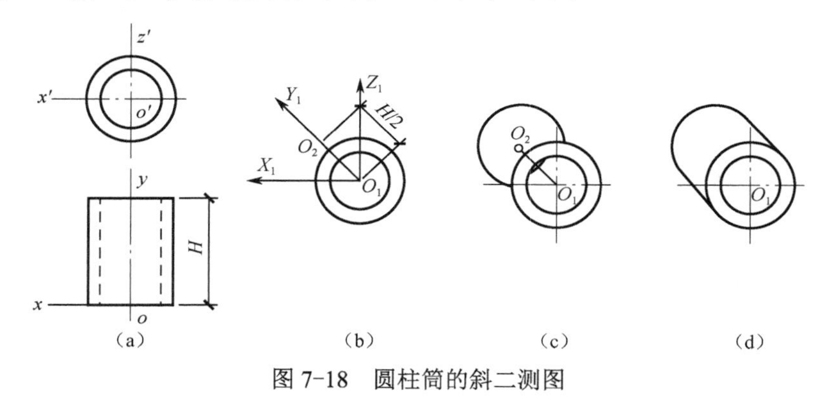

图 7-18　圆柱筒的斜二测图

例 7.10 绘制图 7-19（a）所示带回转面形体的斜二测图。

本例的绘制步骤详见图 7-19。

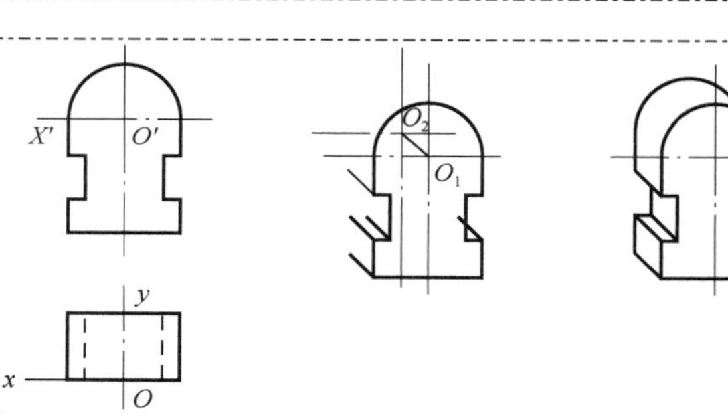

图 7-19　带回转面形体的斜二测图

知识梳理与总结

本章主要内容如下：

（1）轴测投影的分类；

（2）绘制轴测图的注意事项；

（3）正等测图的轴间角和轴向伸缩系数；

（4）平面立体的正等测图；

（5）圆及曲面立体的正等测图；

（6）斜二测图的轴间角和轴向伸缩系数；

（7）斜二测图的画法。

思考与习题 7

1．轴测投影的形成、分类及基本性质是什么？
2．什么是轴测投影面、轴测投影轴、轴间角和轴向变化率？
3．正等测和斜二测的轴间角、轴向伸缩系数各是多少？
4．应该如何选择轴测投影的类型？
5．正轴测图与斜轴测图有什么区别？
6．试述轴测图的作图步骤和常用作图方法。
7．圆的轴测投影是椭圆时，其常用作图方法有哪几种？

第8章 道路工程施工图

教学导航

教	知识重点	1. 道路平面线型的组成，平曲线要素、超高及加宽的概念，以及道路平面图的基本内容； 2. 道路纵断面的主要概念及构成，竖曲线的概念，道路纵断面图的基本内容； 3. 道路横断面的概念及城市道路横断面的基本形式，道路横断面各组成部分的功能，路拱、路基的基本形式，道路横断面图的内容以及横断面图的基本内容； 4. 排水系统的体制、类型及布置；管渠、检查井、雨水口及出水口的构造组成以及挡土墙的构造形式；排水系统的平面布置图和剖面图的基本内容； 5. 路面的分级与分类，各类路面的特点及适用范围，路面结构层的构造，各结构层的功能，水泥混凝土路面和沥青混凝土路面以及路面结构施工图的识读； 6. 道路交叉口的类型、立面构成型式及其平面图和立面图的基本内容，交叉口的视距和交叉口的缘石转角半径等基本概念
	知识难点	1. 水泥混凝土路面和沥青混凝土路面以及路面结构施工图的基本内容； 2. 道路交叉口的类型、立面构成型式及其平面图和立面图的的基本内容
	推荐教学方式	从学习任务入手，结合实际施工图纸，从实际问题出发，讲解道路工程图的相关知识和识读方法
	建议学时	10 学时
学	推荐学习方法	查资料，看图纸，看不懂的地方做出标记，听老师讲解，在老师的指导下练习识读道路工程图纸
	必须掌握的理论知识	1. 道路平面图的基本内容；　2. 道路纵断面图的基本内容； 3. 道路横断面图的基本内容；　4. 排水系统的平面布置图和剖面图的基本内容； 5. 水泥混凝土路面和沥青混凝土路面以及路面结构施工图的基本内容； 6. 道路交叉口的类型、立面构成型式及其平面图和立面图的的基本内容
	需要掌握的工作技能	1. 能识读道路平面图；　2. 能识读道路纵断面图； 3. 能识读道路横断面图；　4. 能识读排水系统的平面布置图和剖面图； 5. 能识读水泥和沥青混凝土路面以及路面结构施工图

任务 8.1　道路平面设计内容与原则要求

道路是一种供车辆行驶和行人步行的带状构筑物，其基本组成包括路基、路面、桥梁、涵洞、隧道、防护工程和排水设施等。道路由起点、终点和一些中间控制点相连接。使路线在平面、纵断面上发生方向转折的点，称为路线在平面、纵断面上的控制点，是道路定线的重要依据。

根据道路不同的组成和功能特点，可分为公路和城市道路两种。位于城市郊区和城市以外的道路称为公路；位于城市范围以内的道路称为城市道路。

道路路线是指道路沿长度方向的行车道中心线。道路路线的线型由于地形、地物和地质条件的限制，在平面上是由直线和曲线段组成，在纵断面上是由平坡和上下坡段及竖曲线组成。因此从整体上来看，道路路线是一条空间曲线。

城市道路线型设计，是在城市道路网规划的基础上进行。根据道路网规划已大致确定的道路走向、路与路之间的方位关系，以道路中心为准，按照行车技术要求及详细的地形、地物资料，工程地质条件，确定道路红线范围在平面上的直线、曲线路段以及它们之间的衔接，具体确定交叉口的形式，桥涵中心线的位置，以及公共交通停靠站台的位置与部署等。

道路工程具有组成复杂、长宽高三向尺寸相差大、形状受地形影响大和涉及学科广的特点，道路工程图的图示方法与一般工程图不同，它是以地形图作为平面图，以纵向展开断面图作为立面图，以横断面作为侧面图，并且大都各自画在单独的图纸上。利用这三种工程图来表达道路的空间位置、线型和尺寸。

8.1.1　道路平面设计的内容

城市道路平面设计位置的确定，涉及交通组织、沿街建筑、地上和地下管线、绿化、照明等的经济合理布置。设计中既要依据道路网拟定的大致走向，又要从现场实际详细勘测资料出发，结合道路的性质、交通要求，辩证地确定交叉口的形式、间距以及相交道路在交叉口处的衔接。当有必要时也可提出修改规划走向、道路路幅的建议。

道路平面设计的主要内容是根据路线的大致走向和横断面，在满足行车技术要求的情况下结合自然地理条件与现状，考虑建筑布局的要求，因地制宜地确定路线的具体方向，选定合适的平曲线半径，合理解决路线转折点之间的线型衔接，辩证地设置必要的超高、加宽和缓和路段，验算必须保证的行车视距，并在路幅内合理布置沿路线的车行道、人行道、绿化带、分隔带以及其他公用设施等。

8.1.2　平曲线要素

车辆在道路上行驶有着复杂的运动。它包括在路段上的直线运动，在弯道或交叉口上的曲线运动，以及由于路面纵横坡与不平整引起的纵横向滑移和振动等。对这些运动中的车辆与道路之间作用力的分析，是拟定各类道路线型、路面结构技术要求的重要理论依据。

道路平面线型，由于受地形、地物的限制和工程经济、艺术造型方面的考虑，直线段之间总是要用曲线段来连接。道路上的曲线段一般采用圆弧曲线，其几何要素之间的关

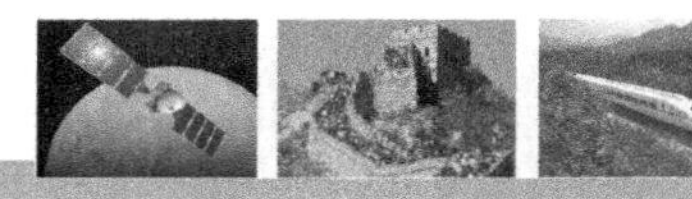

系，可参照图 8-1，按下列各式计算。

$$T = R\mathrm{tg}\frac{\alpha}{2}$$

$$E = R\left(\sec\frac{\alpha}{2} - 1\right)$$

$$L = \frac{\pi}{180}R\alpha \qquad (8\text{-}1)$$

式中，T 为切线长；E 为外矢矩；R 为平曲线半径；L 为曲线长。

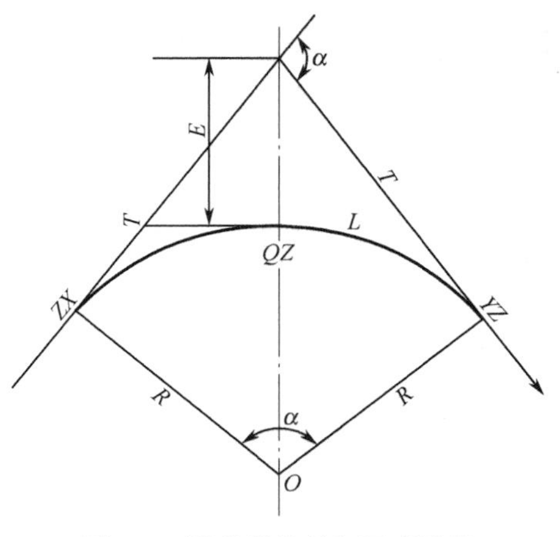

图 8-1　圆曲线的几何要素计算

8.1.3　平曲线半径的选择

在城市道路中，除快速或高速道路外，一般车速都不高。同时考虑到沿街建筑布置和地下管网敷设的方便，宜选用不设超高的平曲线。还可以综合考虑运营经济和乘客舒适要求所确定的 μ 值与行车速度，来确定平曲线半径。

对于不设超高的平曲线容许半径，是指保证车辆在曲线外侧车道上按照计算行车速度安全行驶的最小半径，通常称为推荐半径。

各类城市道路的平曲线最小半径及不设超高的平曲线容许半径，目前尚未作统一的规定。根据部分城市资料，经归纳整理后的建议值列为表 8-1，供选用参考。对城郊道路可参照交通部颁布的《公路工程技术标准》有关规定选用。

表 8-1　城市道路平曲线半径参考值

平曲线半径及车速	道路类别			
	快速交通干道	主要及一般交通干道	区干道	支路
不设超高的平曲线容许半径（m）	500～1 500	250～500	150～250	100～125
平曲线最小半径（m）	150～500	60～150	40～60	15～25
计算行车速度（km/h）	60～80	40～60	30～40	15～25

城市道路平面设计中，对于曲线半径的具体选定应根据道路类别实际地形、地物条件来考虑。原则上应尽可能选用较大的半径，一般不小于表 8-1 所列不设超高的半径数值为宜。在地形受限制的复杂路段，特别是山区城镇，通过技术经济比较，采用不设超高的半径，如过分增加工程费用及施工困难，则可选用该表所列的最小半径数值，并设置超高。在具体计算确定平曲线半径值时，当 $R<125$ m 时，可按 5 的倍数确定选用值，当 $125<R<150$ m 时，按 10 的倍数取值，当 $150<R<250$ m 时，按 50 的倍数取值，若 $R>1\,000$ m 时，则按 100 的倍数取值。

8.1.4　平曲线上的超高、加宽与曲线衔接

1. 超高的计算

当道路的曲线受地形、地物的限制，选用不设超高的平曲线不能满足设计要求时，就需设置超高。超高横坡度 $i_{超}$ 可根据下式计算。

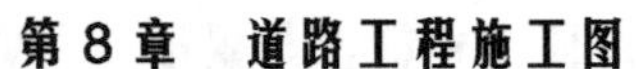

$$i_{超} = \frac{V^2}{127R} - \mu \qquad (8\text{-}2)$$

由上式可知：当一条道路的计算行车速度 V 与横向力系数μ确定后，$i_{超}$的大小，取决于平曲线半径的大小。我国超高横坡度一般规定为 2%～6%。至于高速公路为了克服行车中较大的离心力，超高横坡度尚可较一般规定值略予提高。英法等国对高速公路超高横坡度容许最大达 7%，日美等国在不考虑冰雪影响的路段容许用到 8%。当通过公式计算所得的路拱要求超高横坡度小于路拱横坡时，亦应选用等于路拱横坡的超高，以利于测设。

2. 超高缓和段的设置

为使道路从直线段的双坡横断面转变到曲线段具有超高的单坡倾斜横断面，需要有一个逐渐变化的过渡段，称为超高缓和段，如图 8-2 所示。城市中非主要交通道路，以及三、四级公路常采用简便的直线缓和段。直线缓和段的长度 L 按下式计算。

$$L = \frac{Bi_{超}}{i_2} \qquad (8\text{-}3)$$

式中，B 为路面宽度（m）；$i_{超}$ 为路面超高横坡度（%）；i_2 为超高缓和段路面外侧边缘纵坡与道路中线设计纵坡之差（%）。

i_2 值不宜大于 0.5%～1%，在地形复杂及山城道路中，可容许到 1%～2%。超高缓和段的长度不宜过短，不宜小于 15～20 m。

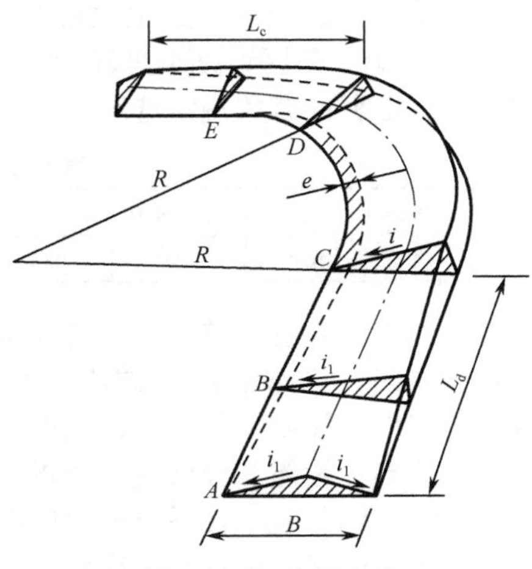

图 8-2　超高缓和段

3. 平曲线上的路面加宽

汽车在平曲线上行驶，靠曲线内侧的后轮行驶的曲线半径最小，而靠曲线外侧的前轮行驶的曲线半径最大。因此，汽车在曲线路段上行驶时，所占有的行车部分宽度要比直线路段大，为了保证汽车在转弯中不得占相邻车道，曲线路段的行车道就需要加宽。曲线上车道的加宽，系根据车辆对向行驶时两车之间的相对位置和行车侧向摆动幅度在曲线上的变化综合确定的，它与平曲线半径、车型尺寸、计算行车速度等有关。图 8-3 为双车道路面，两对向同型汽车在曲线上行驶中的位置关系。

图 8-3 中 I 为汽车后轮轴至前挡板之间的距离，K 为汽车的车厢宽度，在行驶中实际占用的路面宽度为双车道直线段上行车部分宽度的一半，e_1、e_2 分别为两条车道所需的安全行车加宽值。在此未考虑车辆沿路面内侧横向滑移的影响。

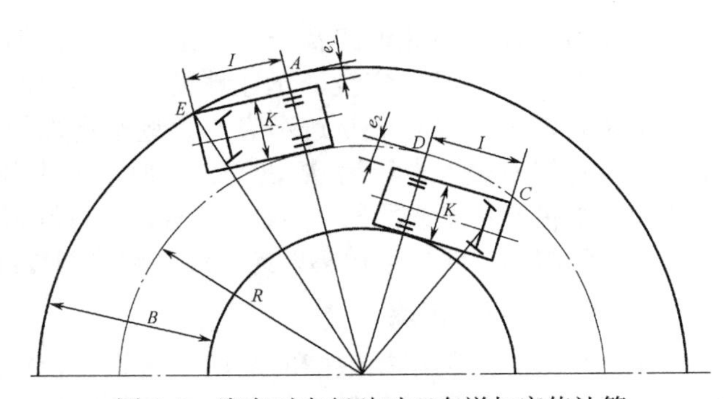

图 8-3　汽车对向行驶时双车道加宽值计算

图 8-4 为铰接式车辆行驶的位置关系。图中 R'为双车道中线平曲线半径，即为车身前挡板外侧的运动轨迹，R 为外侧的转弯半径，l_1 为中轴至车身前挡板的距离，l_2 为后轴至中轴的距离，e_1、e_2 分别为前、后车身的加宽值，b 为一条车道宽度。

在城市道路中，当机动车、非机动车混合行驶时，一般不考虑加宽。加宽通常仅用于快速交通干道、山城道路和郊区道路。双车道曲线段路面加宽建议值可参考表 8-2 确定。郊区道路也可参考《公路工程技术标准》的有关规定选用。

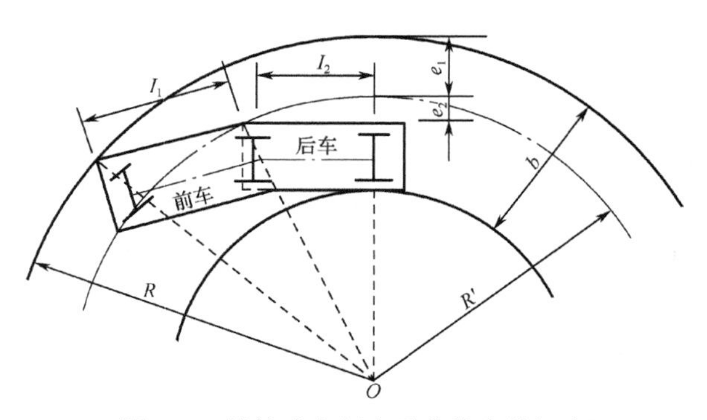

图 8-4　铰接式车辆在平曲线上的加宽

表 8-2　城市道路双车道路面加宽值

平曲线半径（m）	500～400	400～250	250～150	125～90	80～70	60～50	45～30	25	20
加宽值（m）	0.50	0.60	0.75	1.00	1.25	1.50	1.80	2.00	2.20

曲线上的路面加宽，一般系利用减少内侧路肩宽度来设置。但当加宽后路肩剩余宽度不足一半时，则路基亦应加宽，确保安全。从加宽前的直线段到全加宽的曲线段，其长度应与超高缓和段或缓和曲线长度相等。

若遇到不设缓和曲线与超高的平曲线，其加宽缓和段长度亦不应小于 10 m，并按直线比例方式逐渐加宽，如图 8-5 所示。当受地形、地物限制，采取内测加宽有困难时，也可将加宽全部或部分设置在曲线外侧。

在图 8-5 中，缓和段路面加宽的边缘线 AC 与平曲线路面加宽后的边缘弧相切于 D 点，AB 段长 L 为规定的加宽缓和段长度。布置加宽时，必须先求出 L（CD）的长度，然后由 B 点顺垂直方向量出 BC，并令 BC 之长等于 ke，从而定出 C 点，再延长 AC 线并截取 L' 长度，就定出点 D 的位置。

当道路在设置超高的同时，设置加宽，则缓和路段长度应在超高缓和段必要长度与加宽缓和段长度（$L+L'$）两者之间选用较大值作为设计依据。

4. 缓和曲线

在城市快速、高速道路及一、二级公路中，为了缓和行车方向的突变和离心力的突然发生，使汽车从直线段安全、迅速地驶入小半径的弯道，在平曲线两段的缓和路段上，需要采用符合汽车转向行驶轨迹和离心力逐渐增加的缓和曲线来连接。较理想的缓和曲线是使汽车从直线段驶入半径为 R 的平曲线时，既不降低车速又能徐缓均衡转向。即是使汽车回转的曲半径能从直线段的 $P=OC$ 有规律地逐渐减小到 $P=R$ 进入圆曲线段，如图 8-6 所示。合适的缓和曲线多采用辐射螺旋线（或称回旋线），如图 8-7 中所示的 AB 段。

5. 平曲线间的衔接

在受地形、地物限制较多的地段，路线在较短距离内往往要连续转折。为保证汽车行驶安全与平稳，需要妥善解决好曲线之间的衔接。一般转向相同的曲线，称为同向曲线，转向相反的曲线，称为反向曲线。前后两个半径大小不同的曲线相连接的，则称为复曲线，如图 8-8 所示。

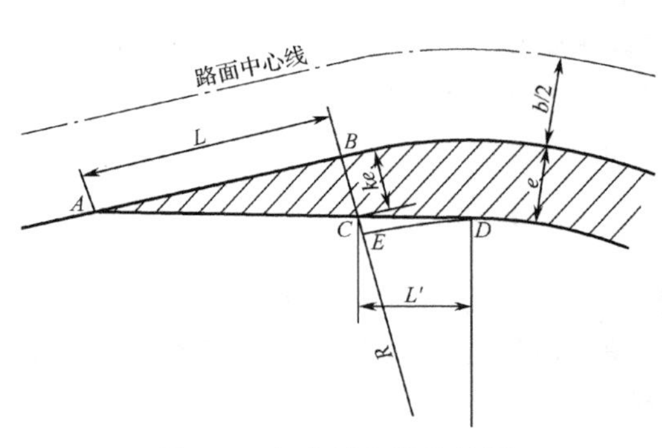

图 8-5 加宽缓和段的计算

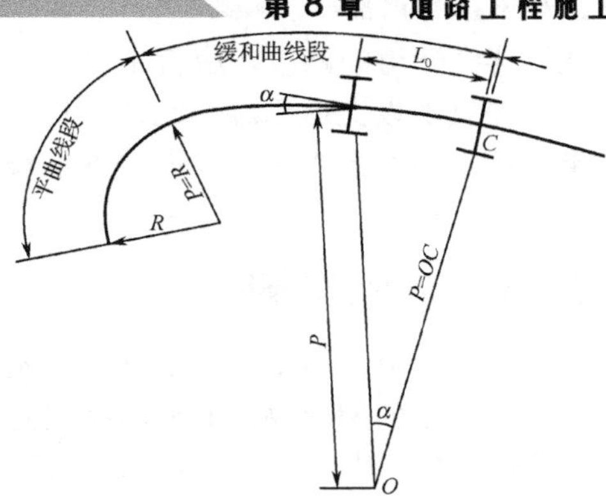

图 8-6 汽车在缓和曲线上行驶情况

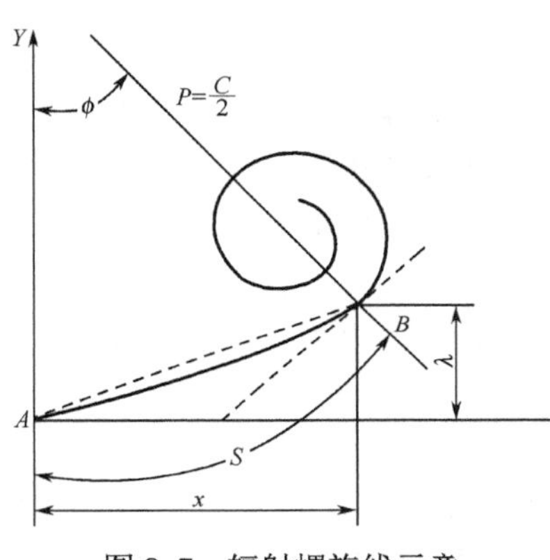

图 8-7 辐射螺旋线示意

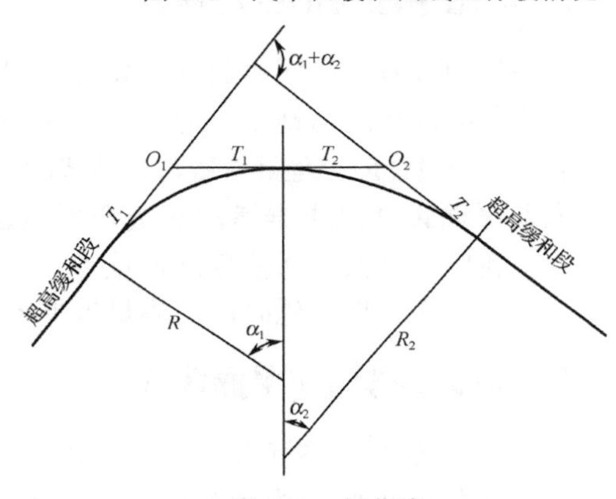

图 8-8 复曲线

对于不设超高或超高横坡度相同的同向曲线，起终点一般可直接衔接。若两相邻曲线的超高度不同，仍可将两曲线直接相连成复曲线，不过须在半径较大的曲线段内设置。

从一个超高横坡度过渡到另一个超高横坡度的缓和段，若两曲线间的直线段除设超高缓和过渡段外，尚余有过短直线距离，则宜采取改变曲线半径的方法来使两曲线直接连通，或将剩余直线段也同样做成单坡断面，如图 8-9 所示。

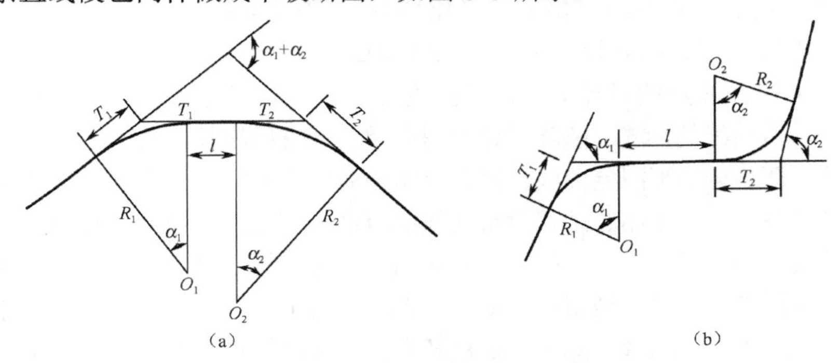

图 8-9 同向、反向曲线与直线插入段连接

对于不设超高的两相邻反向曲线，一般可直接连接；若有超高，则两曲线之间的直线段长至少应等于两个曲线超高缓和段长度之和。对于地形复杂，工程困难的次要道路，两反向曲线间的插入段直线长亦不得小于 20 m。

遇到连续弯道的路段，应特别慎重选择相邻曲线的半径，通常其半径相差值不要超过一倍，并注意加设交通标志。此外，对位于平原或下坡的长直线段尽头，必须尽可能采用较大半径的平曲线衔接转折，在一条不长的路段上，最好避免采用半径大小悬殊相间的设计，以免造成事故。

8.1.5 安全行车视距

在道路设计中，为了行车安全，应保持驾驶人员在一定的距离内能随时看到前面的道路和道路上出现的障碍物，或迎面驶来的其他车辆，以便能当即采取应急措施，这个必不可少的通视距离，称为安全行车视距（或称安全视距）。

8.1.6 道路平面线形设计原则

（1）道路平面位置应按城市总体规划道路网布设。

（2）道路平面线形应与地形、地质和水文等结合，并符合各级道路的技术指标。

（3）道路平面设计应处理好直线与平曲线的衔接，合理地设置缓和曲线、超高、加宽等。

（4）道路平面设计应根据道路等级合理地设置交叉口、沿线建筑物出入口、停车场出入口、分隔带断口、公共交通停靠站位置等。

（5）平面线形需分期实施时，应满足近期使用要求，兼顾远期发展，减少废弃工程。

8.1.7 城市道路路线平面定线

（1）定线是在城市道路规划路线起、终点之间选定一条技术上可行，经济上合理，又能符合使用要求的道路中心线的工作。它面对的是一个十分复杂的自然环境和社会经济条件，需要综合考虑多方面因素。为达此目的，选线必须由粗到细，由轮廓到具体，逐步深入，分阶段分步骤地加以分析比较，才能定出最合理的路线来。城市道路的路线的选定主要取决于城市干道网及红线规划。

（2）道路平面线形常受地形地物障碍的影响，线形转折时就需要设置曲线，所以平面线形由直线、曲线组合而成。曲线又可分曲率半径为常数的圆曲线和曲率半径为变数的缓和曲线两种。通常直线与圆曲线直接衔接（相切）；当车速较高，圆曲线半径较小时，直线与圆曲线之间以及圆曲线之间要设置回旋型的缓和曲线。

（3）城市道路平面线形的设计与公路平面线形的设计是有区别的。公路平面线形，过去多采用长直线——短曲线的形式。随着车速的提高及交通量的增长，对于高等级公路已趋于以曲线为主的设计，即结合地形拟定曲线，再连接缓和曲线或直线，使路线在满足行车要求及线形视觉舒顺的条件下，增加了结合地形设置曲线的自由，使道路的经济效益较为显著。高速公路线形多以圆曲线和回旋线为主，其间可插入适当长度的直线，但应以更好地满足线形舒顺与地形的合理结合为原则。而对于城市道路或平原地区，由于城市交叉口多、地下管线多，则应首先考虑敷设以直线为主的线形。除高架道路和立体交叉以外基本不用缓和曲线。

8.1.8 城市道路选线原则

（1）必须符合城市道路规划要求，选择的路线尽量简捷，合理安排交叉口，并且要认真考虑与远期规划相结合。

（2）根据城市当地的地形图及城市规划的要求，以现有路线为主要控制来进行选线，使设计的道路路线与相交道路尽量正交。

任务 8.2　道路平面图的识读与绘制

8.2.1　道路平面图的概念与内容

城市道路平面图是应用正投影的方法，先根据标高投影（等高线）或地形地物图例绘制出地形图，然后将道路设计平面图的结果绘制在地形图上，该图样称为道路平面图。

道路路线平面图就好像人在飞机上向下俯视大地所能看到的道路路线、河流、桥梁、房屋等地形地物的缩影而绘成的一张平面图形，它表示路线的曲折顺直及附近的地形地物情况，为了把能看到的地形地物清楚地反映在图上，通常采用一定的比例、等高线、地形地物的图例及指北针来绘成道路工程图。

道路路线的特点是狭长，平面图不可能在一张图纸中全包括，所以把路线分段画在图纸上，在应用时按正北方向以路线中心为准，拼凑起来，如图 8-10 所示，图中路线表示路面中心线位置。

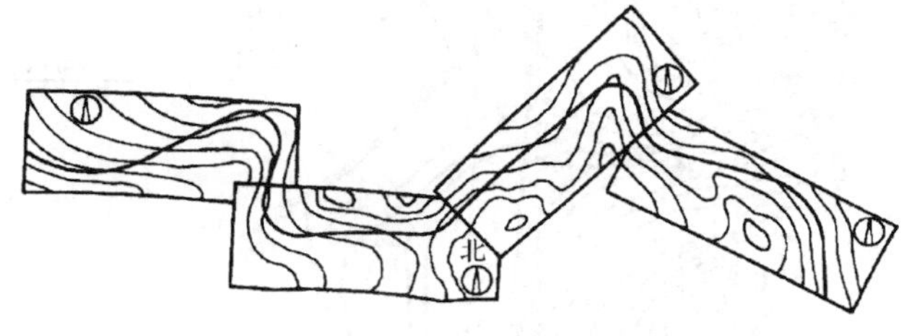

图 8-10　路线图幅拼接

道路路线平面图的作用是表达路线的方向、平面线型（直线和左右弯道）和车行道布置及沿线两侧一定范围内的地形、地物情况，包括地形、地物两部分内容。图 8-11（a）和（b）所示为某公路从 K0+000 至 K1+700 段的路线平面图和纵断面图，其内容包括地形、路线和资料表。

（1）指北针：道路路线平面图通常以指北针表示方向，有了方向指标，就能表明公路所在地区的方位与走向，并为图纸拼接校核作依据。本公路走向大体为东西走向，路线前进方向从左向右。

（2）比例：公路路线平面图所用比例，一般为 1∶5 000（平原区）～1∶2 000（山岭区），城市道路路线平面图比例一般为 1∶1 000～1∶500。

（3）图线桩号：为了能清楚地看出路线总长与各路段之间的长度，一般在公路中心线上自路线起点到终点按前进方向编写里程桩和百米桩，通常以◑表示里程桩，如◑1K 即表示该处的位置距路线起点距离为 1 km。

（4）地形地物：在平面图上除了表示路线本身的工程符号外，还应绘出沿线两侧的地形地物。所谓地形系指地面的高差起伏情况，可用等高线表示；地物系指各种建筑物，如电杆、桥涵、挡土墙、铁路、房屋村庄等，均以各种简明图例表示，在图中可了解路线与附近的地形地物之间的关系。此外，还应在图框边缘沿图线方向用箭头注明所连接的城镇对道路的改建，需拆除的各种建筑物如电杆、房屋、果树、渠道等，均需在图上清楚地表示。道路沿线每隔一定距离设有水准点，如图 8-11 所示。⊕为水准点符号，画在水准点所在的位置上。

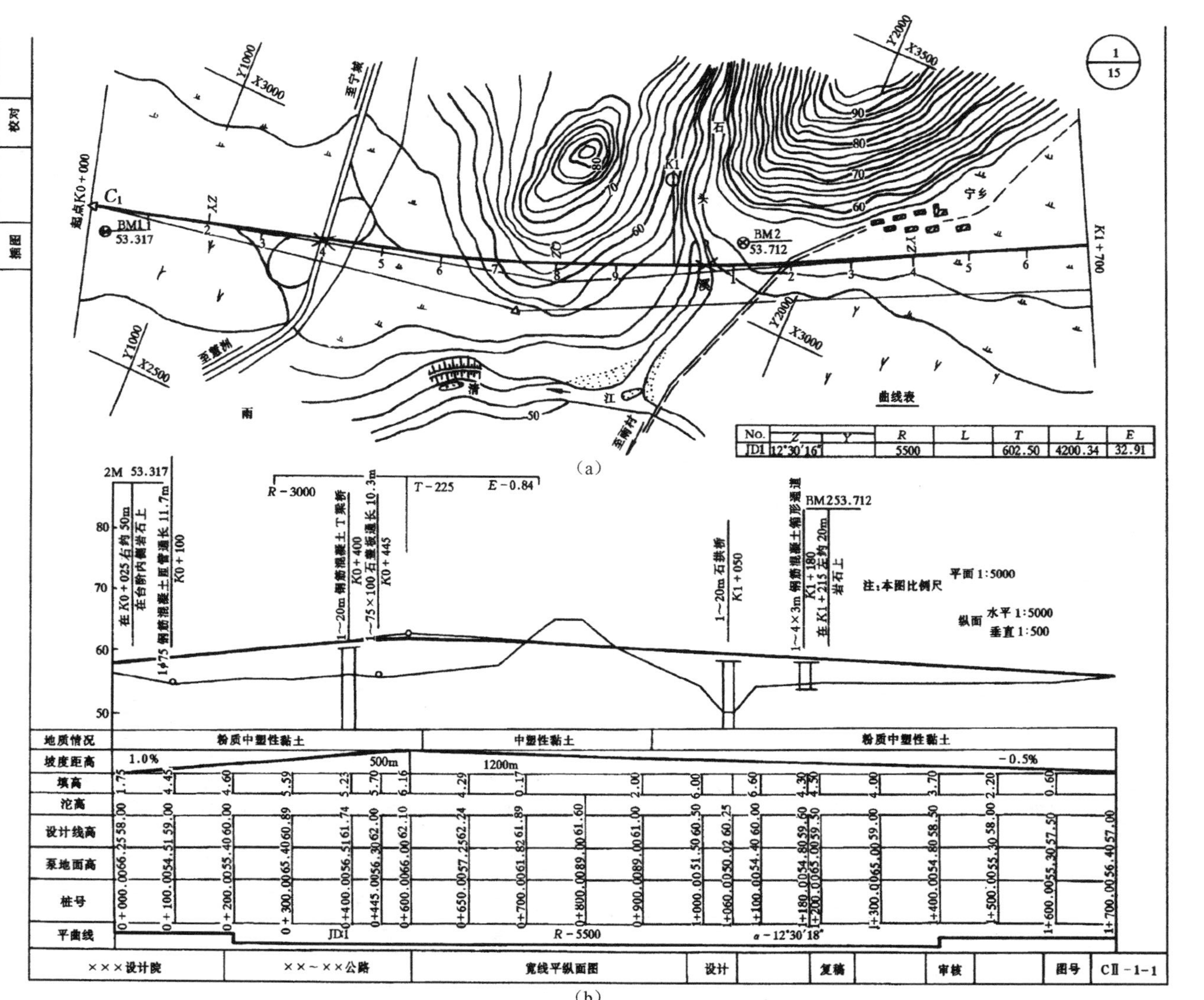

(a)

(b)

图8-11　路线平面图和纵断面图

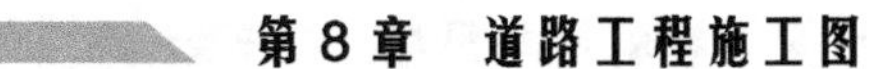

常见的道路工程图图例和常用结构物图，例如表 8-3、表 8-4、表 8-5 所示。

表 8-3　道路工程常用图例

名　称	图　例	名　称	图　例	名　称	图　例
机场		港口		井	
学校		交电室		房屋	
土堤		水渠		烟囱	
河流		冲沟		人工开挖	
铁路		公路		大车道	
小路		低压电力线、高压电力线		电讯线	
果园		旱地		草地	
林地		水田		菜地	
导线点		三角点		图根点	
水准点		切线交点		指北针	

表 8-4　道路工程常用结构物图例 1

	序号	名　称	图　例	序号	名　称	图　例
平面	1	涵洞		6	通道	
	2	桥梁（大、中桥按实际长度绘制）		7	分离式立交 （a）主线上跨 （b）主线下穿	（a） （b）
	3	隧道		8	互通式立交（按采用形式绘）	
	4	养护机构		9	管理机构	
	5	隔离墩		10	防护栏	
纵断面	1	箱涵		5	桥梁	
	2	盖板涵		6	箱型通道	

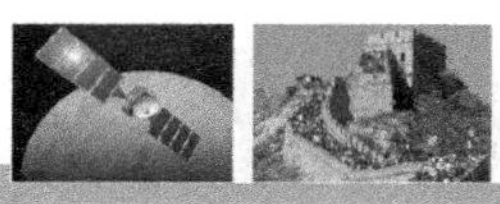

续表

	序号	名　称	图　例	序号	名　称	图　例
纵断面	3	拱涵		7	管涵	
	4	分离式立交 （a）主线上跨 （b）主线下穿	（a）　（b）	8	互通式立交 （a）主线上跨 （b）主线下穿	（a）　（b）

表 8-5　道路工程常用结构物图例 2

名　称	符　号	名　称	符　号	名　称	符　号
只有屋盖的简易房		石棉瓦	D	贮水池	水
砖石或混凝土结构房屋	B	围墙		下水道检查井	
砖瓦房	C	非明确路线		通讯杆	

道路平曲线要素：道路的平面线型有直线型和曲线型。对于曲线型路线的道路转弯处，在平面图中是用交角点编号来表示，如图 8-12 所示。JD_1 表示为第 1 号交角点，α 为偏角，它是沿路线前进方向向左或向右偏移的角度，交点间距是指交点与交点间的直线段长度。还有圆曲线设计半径 R、切线长 T、曲线长 L、外矢距 E 以及设有缓和曲线段路线的缓和曲线长 L 都可在路线平面图中的曲线表中查得，如图 8-11 中的曲线表。道路平面图中对曲线还需要标出曲线起点 *ZY*（直圆）、中点 *QZ*（曲中）和曲线终点 *YZ*（圆直）的位置。对带有缓和曲线的路线则需标出 *ZH*（直缓）、*HY*（缓圆）和 *YH*（圆缓）、*HZ*（缓直）的位置，如图 8-12 所示。

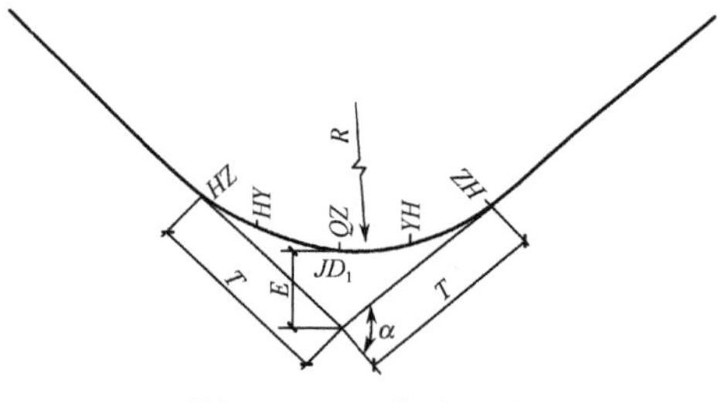

图 8-12　平曲线要素

为保证车在弯道上的行车安全，在公路弯道处一般应设计超高、缓和曲线、加宽等，如图 8-13 所示。

（5）道路回头曲线：对公路而言，为了展伸路线而在山坡较缓的开阔地段上设置的形状与发夹针相似的曲线为道路回头曲线，如图 8-14 所示。

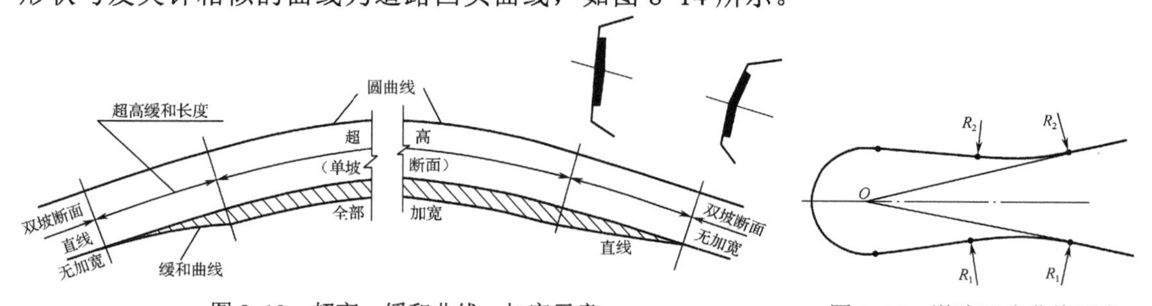

图 8-13　超高、缓和曲线、加宽示意　　图 8-14　道路回头曲线示意

（6）路线方案比较线：有时为了对路线走向进行综合分析比较，常在路线平面图上同时绘出路线方案比较线（一般用虚线表示）以供选线设计比较。

8.2.2　道路平面图的绘制

（1）在现状地物、地形图上画出道路中心线（用细的点画线）。等高线按先粗后细步骤徒手画出，要求线条平滑。

（2）绘出道路红线、车行道与人行道的分界线（用粗实线）。

（3）进一步绘出绿化分隔带及各种交通设施，如公共交通停靠站台、停车场等的位置及外形部署。

（4）应标出沿街建筑主要出入口、现状管线及规划管线，如检查井、进水口及桥涵等位置，交叉口尚需标明路口转弯半径、中心岛尺寸和护栏、交通信号设施等的具体位置。

平面图绘制范围：在建成区一般要求宜超出红线范围两侧各约 20 m，其他情况约为道路中线两侧各 50～150 m。在平面图上应绘出指北方向。

绘制平面图应注意的问题如下：

（1）路线平面图应从左向右绘制，桩号为左小右大。

（2）路线中心线用绘图仪器按先曲线后直线的顺序画出，为了使中心线与等高线有显著的区别，一般以两倍左右于曲线（粗等高线）的粗度画出。

（3）平面图的植物图例，应朝上或向北绘制，每张图纸的右上角应有角标（亦可用表格形式）注明图纸序号及总张数。

（4）平面图中字体的方向，应根据图标的位置来定。

实例 8.1　图 8-15 为某公路 K0+000 至 K1+700 段的路线平面图，其内容包括地形和路线。

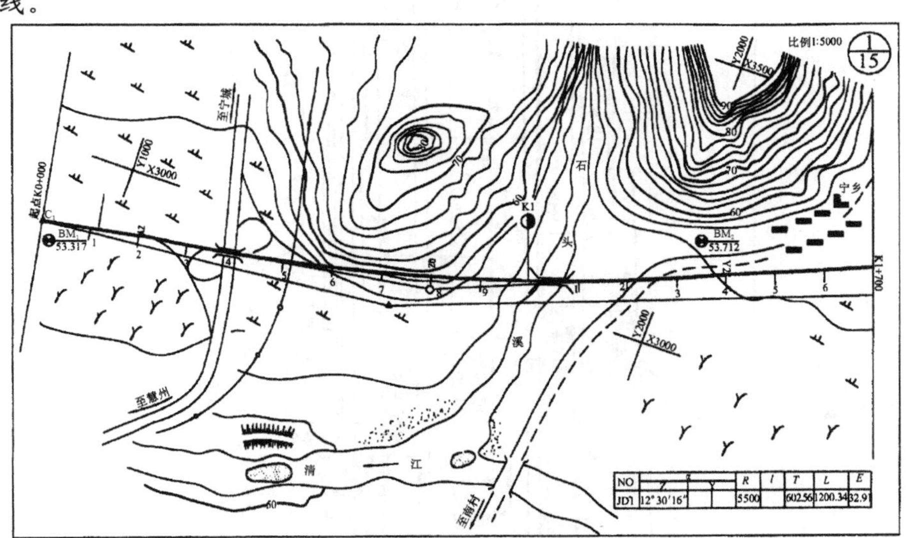

图 8-15　公路路线平面图

实例 8.2　图 8-16 为某城市道路平面图。

（1）道路中心线用点画线表示。为了表示道路的长度，在道路中心线上标有里程。

（2）道路的走向，用指北针表示。从指北针方向可知，道路的走向为东西方向。

（3）城市道路平面图所采用的绘图比例较公路路线平面图大，因此车行道、人行道的分布和宽度可按比例画出。

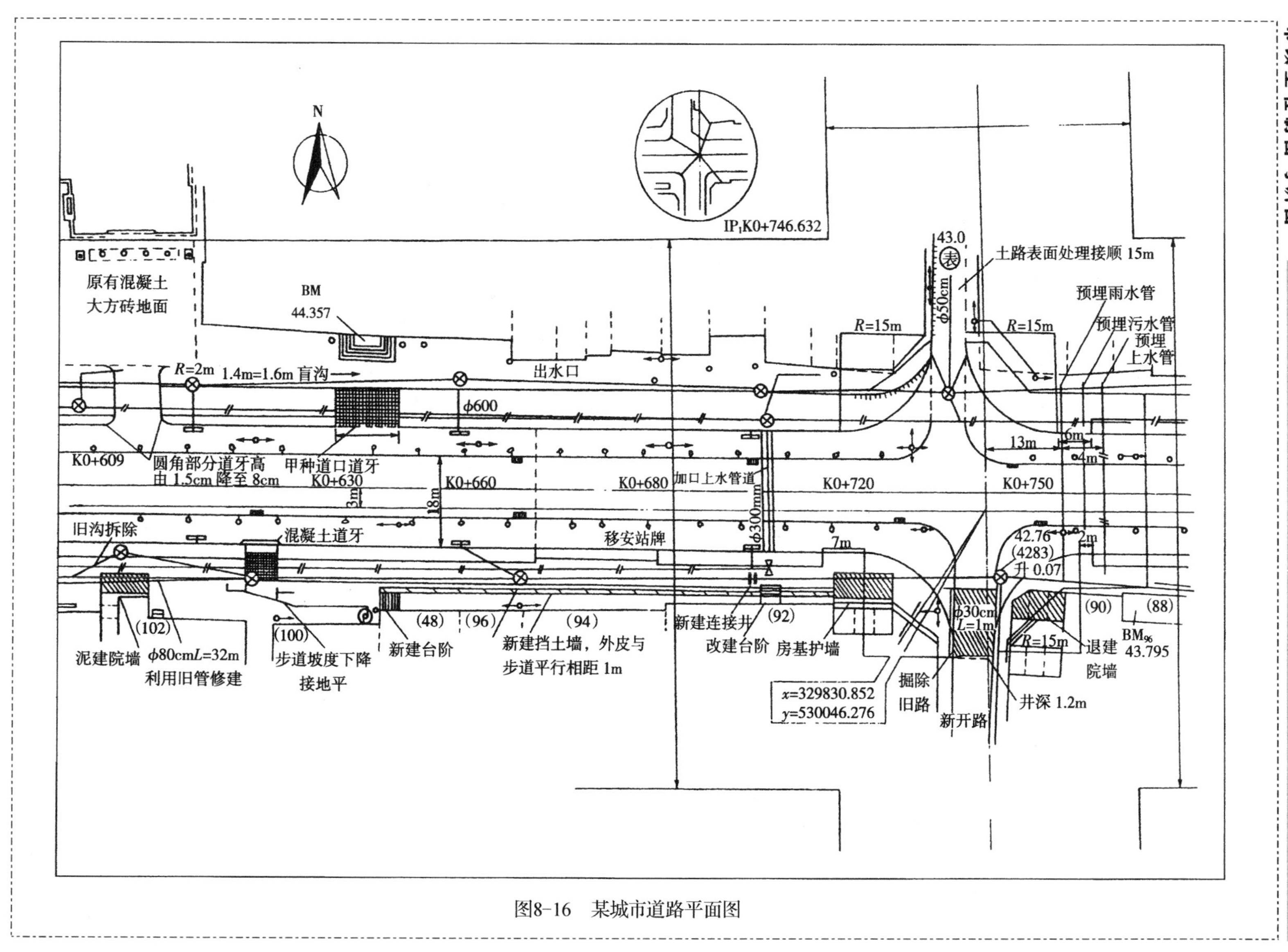

图8-16 某城市道路平面图

任务 8.3　道路纵断面设计

沿着道路中线竖直剖切然后展开即为路线纵断面。由于自然因素以及经济性要求，路线纵断面总是一条有起伏的空间线。

图 8-17 为路线纵断面示意图。纵断面图是道路纵断面设计的主要结果。把道路的纵断面图与平面图结合起来，就能准确地定出道路的空间位置。

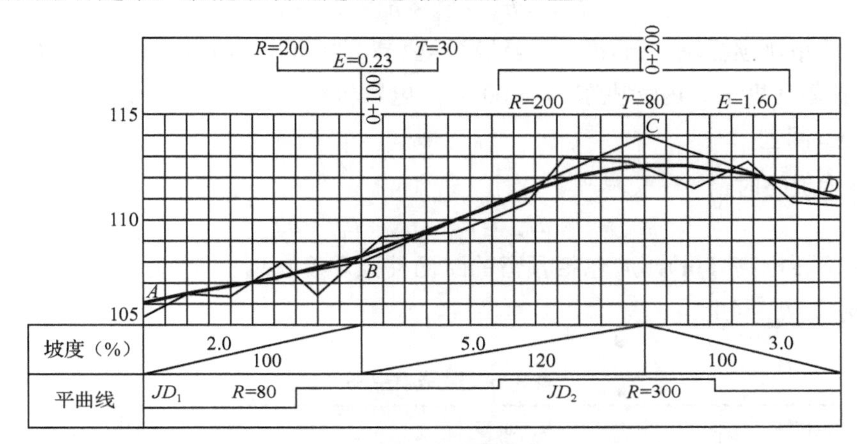

图 8-17　路线纵断面图

在纵面图上有两条主要的线：一条是地面线，它是根据中线上各桩点的高程而绘制的一条不规则的折线，反映沿着中线地面的起伏变化情况，地面上各点的标高称为地面标高；另一条是设计线，它是经过技术、经济及美学等多方面比较后定出的一条具有规则形状的几何线，反映了道路路线的起伏变化情况。纵断面设计线是由直线和竖曲线组成的。纵断面设计线上的各点标高称为设计标高；路线任一横断面上的设计标高与地面标高之差值称为施工高度，它表示该横断面是填方还是挖方，当设计线高出地面线时为填土，即为填方路段，反之则为挖方路段，设计线与地面线重合则为没有填挖。在设计路基的填挖高度时，需要加减路面的结构层厚度。

8.3.1　道路纵坡

道路的纵断面是由直线和竖曲线组成的，直线有上坡和下坡，其坡度是用高差和水平长度之比来表示的。纵坡度的大小和坡线的长短对汽车行驶的速度、运输的经济和行车的安全影响很大。

在直线的坡度转折处为了平顺过渡要设置竖曲线，按坡度转折形式的不同，竖曲线有凹型和凸型之分，其大小用半径和水平长度来表示。

1. 城市道路控制标高

影响城市道路中线设计标高的因素之一是道路中线的控制标高，城市道路中的控制标高主要有以下几种：

（1）城市桥梁桥面标高 $H_{桥}$：

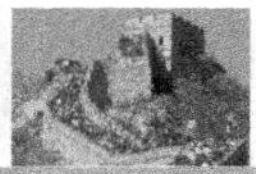

$$H_{桥}=h_{水}+h_{浪}+h_{净}+h_{桥}+h_{面} \tag{8-4}$$

式中，$h_{水}$ 为河道设计水位标高（m）；$h_{浪}$ 为浪高（m），一般取 0.50 m；$h_{净}$ 为河道通航净空高度（m），视通航等级而定；$h_{桥}$ 为桥梁上面建筑结构高度（m）；$h_{面}$ 为桥上路面结构厚度（m），应包括预留的路面补强厚度在内。

（2）立交桥桥面标高 $H_{桥}$：

① 桥下为铁路时：

$$H_{桥}=h_{轨}+h_{净}+h_{桥}+h_{面}+h_{沉} \tag{8-5}$$

式中，$h_{轨}$ 为铁路轨顶标高（m）；$h_{净}$ 为铁路净空高度（m），视铁路等级与通行的机动车类型而定，一般蒸汽机车、内燃机车为 6.00 m，电器机车为 6.55 m；$h_{沉}$ 为桥梁预估沉降量（m）；$h_{桥}$、$h_{面}$ 同上。

② 桥下为道路时：

$$H_{桥}=h_{路}+h_{净}+h_{桥}+h_{面} \tag{8-6}$$

式中，$h_{路}$ 为路面标高（m），应包括预留的路面补强厚度在内；$h_{净}$ 为道路净空高度（m），见表 8-6；$h_{桥}$、$h_{面}$ 同上。

表 8-6　道路净空高度

车行道种类	机动车道			非机动车道	
行驶车辆种类	各种汽车	无轨电车	有轨电车	自行车、行人	其他非机动车
最小净高（m）	4.5	5.0	5.5	2.5	3.5

③ 铁路道口应以铁路轨顶标高为准。

④ 相交道路交叉点应以交叉点中心规划标高为准。

⑤ 沿街两侧建筑物前地坪标高如图 8-18 所示。

为了保证道路及两侧街坊地面水的排除，一般应使侧石顶面标高 $h_{顶}$ 低于两侧街坊或建筑物前的地坪标高 $h_{地}$。

2. 最大纵坡

1）纵坡坡度

纵断面上每两个转坡点之间连线的坡度叫做纵坡坡度，如图 8-19 所示，计算公式为：

$$i=H/L \tag{8-7}$$

式中，i 为道路纵坡度（%或‰）；H 为转坡点之间的高差（m）；L 为转坡点之间的水平距离（m）。

城市道路的纵坡度通常‰来表示，公路通常以%来表示，按行车方向规定：上坡为“+”，下坡为“-”。

2）最大纵坡规定值

最大纵坡是指在纵坡设计时各级道路允许采用的最大坡度值。该值是汽车在道路上行驶时所能克服的坡度，也是该条道路的最大允许坡度值。我国《公路工程技术标准》在规定最大纵坡时，经过对交通组成、汽车性能、工程费用等综合分析研究后确定了最大坡度值。

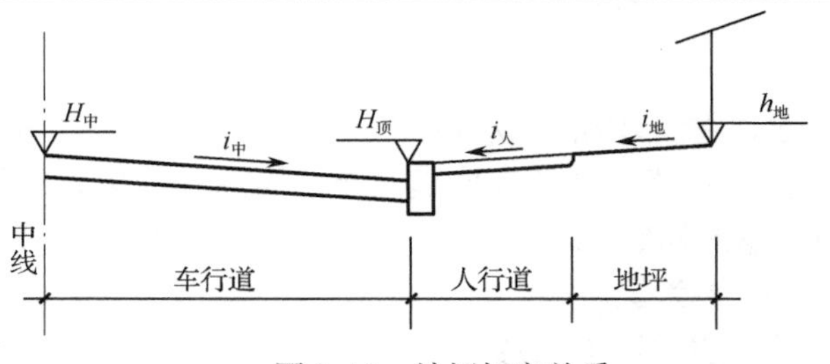

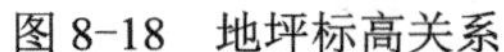
图 8-18　地坪标高关系

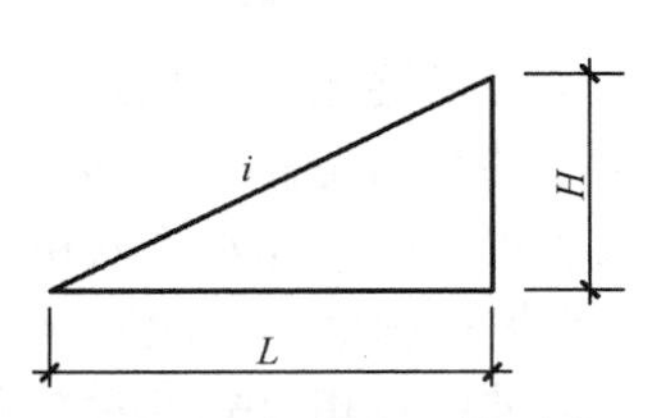

图 8-19　纵坡度计算图式

城市道路最大坡度及各级公路最大坡度分别见表 8-7 和表 8-8。

表 8-7　城市道路最大纵坡度

计算行车速度（km/h）	80	60	50	40	30	20
最大纵坡度推荐值（%）	4	5	5.5	6	7	8
最大纵坡度限制值（%）	6	7		8	9	

表 8-8　各级公路最大纵坡度

公路等级	汽车专用公路								一般公路					
	高速公路				一		二		二		三		四	
地形	平原微丘	重丘	山岭		平原微丘	山岭重丘	平原微丘	山岭重丘	平原微丘	山岭重丘	平原微丘	山岭重丘	平原微丘	山岭重丘
最大纵坡（%）	3	4	5	5	4	6	5	7	5	7	6	8	6	9

高速公路受地形条件或其他特殊情况限制时经技术论证合理，最大纵坡可增加 1%。位于海拔 2 000 m 以上或严寒冰冻地区，四级公路山岭、重丘区的最大纵坡不应大于 8%。在高海拔地区，因空气密度下降而使汽车发动机的功率、汽车的驱动力以及空气阻力降低，导致汽车爬坡能力下降。基于上述原因，我国规范规定：位于海拔 3 000 m 以上的高寒地区，各级公路的最大纵坡值应按表 8-9 的规定予以折减。最大纵坡折减若小于 4%，则仍采用 4%。

表 8-9　高原纵坡折减值

海拔高度（m）	3 000～4 000	4 000～5 000	>5 000
折减值（%）	1	2	3

3）桥隧部分的最大纵坡规定

（1）小桥与涵洞的纵坡应按路线规定进行设置。

（2）大、中桥上的纵坡不宜大于 4%，桥头引道纵坡不宜大于 5%。

（3）紧接大、中桥桥头两端的引道纵坡应与桥上纵坡相同。

（4）隧道内纵坡不应大于 3%，并不小于 0.3%，独立明洞和短于 50 m 的隧道纵坡不受此限。

（5）紧接隧道洞口的路线纵坡应与隧道内纵坡相同。

在非机动车交通比例较大的路段，可根据具体情况将纵坡适当放缓，平原、微丘区一般不大于 3%，山岭、重丘区一般不大于 5%。

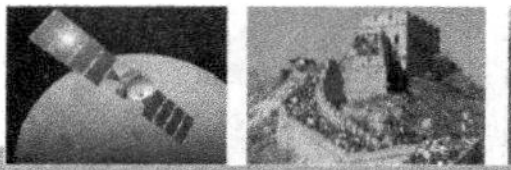

3. 最小纵坡规定

为了使道路上行车快速、安全和畅通，希望道路纵坡设计得小一些为好，但对两侧布满建筑物的城市道路和各级公路的长路堑、低填土以及其他横向排水不通畅地段，为了保证排水要求，防止积水渗入路基而影响路基的稳定性，一般以采用不小于 0.3%的纵坡，作为最小纵坡控制值，一般情况下以不小于 0.5%为宜。

平均坡度是指一定长度的路段纵向所克服的高差与路线长度之比，即两控制点之间纵坡度的平均值，以百分率（%）来表示，即：

$$i_{平均} = H/L \tag{8-8}$$

式中，H 为两控制点之间高差（m）；L 为两控制点之间的水平距离（m）。

道路纵坡即使完全符合最大坡度、坡长和坡段的规定，还不能保证有良好的使用性能。不少路段，虽然单一陡坡并不长，甚至也有缓坡段，但由于平均纵坡太长，导致发动机和制动器过分发热，降低工作效率或制动失效而发生事故。为了保证车辆安全顺利行驶，二、三、四级公路越岭线的平均纵坡，一般要求接近 5.5%（相对高差为 200～500 m 时）和 5% （相对高差大于 500 m 时）为宜，并注意任何相连的 3 km 路段的平均坡度不宜大于 5.5%。

城市道路的平均纵坡按上述规定减少 1%，对于海拔 3 000 m 以上的高原地区，平均纵坡应较规定值减少 0.5%～1.0%。

4. 合成坡度

合成坡度是指由路线纵坡和弯道超高横坡或路拱横坡组合而成的坡度，又叫做流水线坡度，如图 8-20 所示。

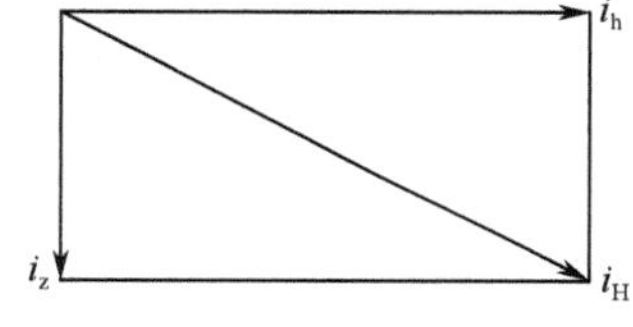

图 8-20　合成坡示意图

合成坡度计算公式：

$$i_H = \sqrt{i_h^2 + i_z^2} \tag{8-9}$$

式中，i_H 为合成坡度（%）；i_h 为超高坡度或路面横坡（%）；i_z 为纵坡坡度（%）。

汽车在有合成坡度的地段行驶，若合成坡度过大，当车速较慢或汽车停在合成坡度上，汽车可能沿合成坡度的方向产生侧滑或打滑，同时若遇到急弯陡坡，对行车来说，可能会短时间在合成坡度方向下坡，因合成坡度比纵坡和横坡均大，所以速度会突然加快，使汽车沿合成坡度冲出弯道之外而产生事故；此外在合成坡度上行车还会造成汽车倾斜，货物偏重，致使汽车倾倒。因此对合成坡度也应加以限制。我国《公路工程技术标准》对公路的最大允许合成坡度规定如表 8-10 所示；对城市道路最大允许合成坡度的规定如表 8-11 所示。

表 8-10　公路最大允许合成坡度

公路等级	汽车专用公路								一般公路					
	高速公路				一		二		二		三		四	
地形	平原微丘	重丘	山岭		平原微丘	山岭重丘	平原微丘	山岭重丘	平原微丘	山岭重丘	平原微丘	山岭重丘	平原微丘	山岭重丘
合成纵坡（%）	10.0	10.0	10.5	10.5	10.0	10.5	9.0	10.0	9.0	10.0	9.5	10.0	9.5	10.0

表 8-11　城市最大允许合成坡度

计算行车速度（km/h）	80	60	50	40	30	20
合成坡度（%）	7	6.5	7	8		

当陡坡与小半径平曲线相重叠时，在条件许可的条件下，采用较小的合成坡度为宜。特别是下述情况，其合成坡度必须小于 8%。

（1）冬季路面有积雪、结冰的地区。

（2）自然横坡较陡峻的傍山路段。

（3）非汽车交通比较高的路段。

从排水的角度考虑，道路的最小合成坡度不宜小于 0.5%，在超高过渡的变化处，合成坡度不应设计为 0%。当合成坡度小于 0.5%时，则应采取综合排水措施，保证路面排水畅通。

5. 坡长限制

1）最小坡长限制

道路线形中，如果坡长过短，使变坡点增多，汽车行驶在连续起伏地段，使乘客感觉不舒适，车速越高感觉越突出。从路容上看，为了使纵断面线形不致出现锯齿形崎岖的现象应考虑最小坡长的限制。各级公路的最小坡长见表 8-12。城市道路的最短坡长规定见表 8-13。在平面交叉口、立体交叉的匝道地段最短坡长可不受此限。

表 8-12　各级公路最小坡长

公路等级	汽车专用公路								一般公路					
	高速公路				一		二		二		三		四	
地形	平原微丘	重丘	山岭		平原微丘	山岭重丘	平原微丘	山岭重丘	平原微丘	山岭重丘	平原微丘	山岭重丘	平原微丘	山岭重丘
最小坡长（%）	300	250	200	150	250	150	200	120	200	120	150	100	100	60

表 8-13　城市道路最短坡长

计算行车速度（km/h）	80	60	50	40	30	20
坡段最小长度（%）	290	170	140	110	85	60

2）最大坡长限制

大量调查资料表明，当纵坡较陡而坡段又较长时，对汽车行驶有很大的影响。汽车因克服升坡阻力及其他阻力需要增加牵引力，因此，车速降低，汽车功率提高，从而热量大大增加后使水箱开锅，产生气阻，致使汽车爬坡无力，甚至熄火；下坡时制动次数太多，使制动器发热而失效，造成车祸，所以《公路工程技术标准》对各级公路纵坡的坡长加以限制规定如表 8-14 所示；城市道路的最大坡长限制，具体见表 8-15 所示；城市道路的非机动车车行道纵坡宜小于 2.5%，否则按表 8-16 规定限制坡长。

表 8-14　各级公路纵坡长度限制（m）

公路等级		汽车专用公路								一般公路					
		高速公路				一		二		二		三		四	
地形		平原微丘	重丘	山岭		平原微丘	山岭重丘	平原微丘	山岭重丘	平原微丘	山岭重丘	平原微丘	山岭重丘	平原微丘	山岭重丘
最小坡长（%）	2	1 500	—	—	—	—	—	—	—	—	—	—	—	—	—
	3	800	1 000	—	—	1 000	—	—	—	—	—	—	—	—	—
	4	600	800	900	700	800	700	1 000	—	1 000	—	800	800	—	—
	5	—	600	700	500	—	500	800	700	800	700	600	700	700	800
	6	—	—	500	300	—	300	—	500	—	500	400	700	500	700
	7	—	—	—	—	—	—	—	300	—	300	—	500	—	500
	8	—	—	—	—	—	—	—	—	—	—	—	300	—	300
	9	—	—	—	—	—	—	—	—	—	—	—	—	—	200

表 8-15　城市道路纵坡长度限制

计算行车速度（km/h）	80			60			50			40		
纵坡度（%）	5	5.5	6	6	6.5	7	6	6.5	7	6.5	7	8
纵坡限制坡长（m）	600	500	400	400	350	300	350	300	250	300	250	200

表 8-16　城市道路非机动车纵坡长度限制

坡度（%）	3.5	3	2.5
自行车（m）	150	200	300

6. 爬坡车道

爬坡车道是陡坡路段正线行车道外侧增设的供载重车行驶的专用车道。

1）设置原因

在确定最大纵坡时，按小客车能以平均行车速度行驶顺利通过最大纵坡路段，载重汽车只能降低车速行驶才能通过最大纵坡路段考虑的。但载重汽车在道路上所占比率大时，小客车的行驶速度会受到影响。造成爬坡路段的通行能力下降，甚至产生堵塞交通的现象，在这种情况下，为了不让爬坡速度低的车辆影响爬坡速度高的车辆行驶，就要设置爬坡车道作为附加车道，来提高道路的通行能力。

2）设置条件

我国《公路工程技术标准》规定：高速公路、一级公路纵坡长度受限制的路段，应对载重汽车上坡行驶速度的降低值和设计通行能力进行验算，符合下列情况之一者，在上坡方向行车道右侧设置爬坡车道。

（1）沿上坡方向载重汽车的行驶速度降低至表 8-17 的容许最低速度以下时，可设置爬坡车道。

表 8-17　上坡方向容许最低速度

计算行车速度（km/h）	120	100	80	60
容许最低速度（km/h）	60	55	50	40

（2）上坡路段的设计通行能力小于设计小时交通量时，应设置爬坡车道。

需设置爬坡车道的路段，应进行设置爬坡车道的方案与改善主线纵坡不设爬坡车道的方案进行技术经济比较，隧道、大桥、高架构筑物及深挖路段，当因设置爬坡车道使工程费用增大时，爬坡车道可以不设。设置爬坡车道时，应综合考虑其与线形设计的关系，其起、终点应在通视良好、便于辨认和过渡顺畅的地点。

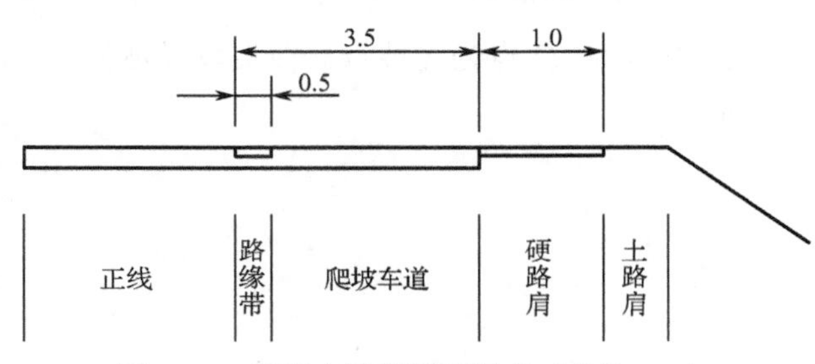

图 8-21　爬坡车道横断面组成（单位：m）

（3）爬坡车道的构造。爬坡车道设置于上坡方向正线行车道右侧，其横断面的组成和尺寸见图 8-21。由于爬坡车道上的车速比车行道上的低，故超高坡度比行车道相应小些。爬坡车道的超高坡度值规定如表 8-18 所示，超高坡度的旋转轴为爬坡车道内侧边缘线。

表 8-18　爬坡车道的超高坡度

主线的超高坡度（%）	10	9	8	7	6	5	4	3	2
爬坡车道的超高坡度（%）	5		4					2	2

爬坡车道的曲线加宽按行车道曲线加宽有关规定执行。长而连续的爬坡车道，其右侧应按规定设置紧急停车带。

爬坡车道的平面布置如图 8-22 所示，其总长度由起点处渐变段长 L_1、爬车车道长度 L 和终点处附加长度 L_2 组成。

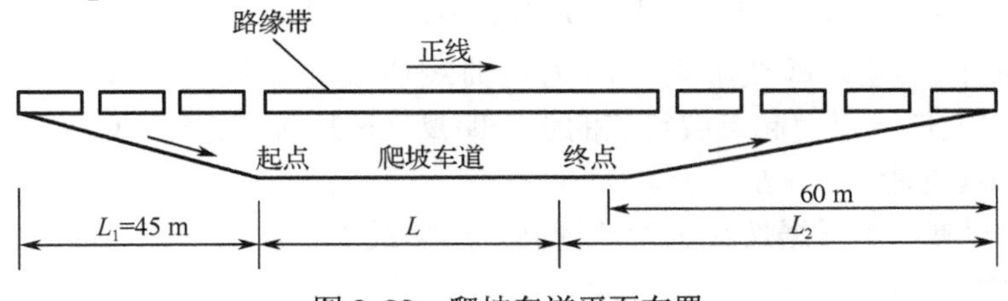

图 8-22　爬坡车道平面布置

爬坡车道的起点处渐变段长度为 45 m，爬坡车道的附加长度规定如表 8-19 所示，此长度包括终点渐变段长度 60 m。

表 8-19　爬坡车道的附加长度

附加段纵坡（%）	下坡	平坡	上坡			
			0.5	1.0	1.5	2.0
附加长度（m）	150	200	200	250	300	400

8.3.2 竖曲线

纵断面上两个坡段的转折处，为了便于行车用一段曲线来缓和，称为竖曲线，竖曲线的形式可采用抛物线或圆曲线，竖曲线又分为凸形竖曲线和凹形竖曲线两种，见图 8-23。

1. 竖曲线的要素

图 8-24 中 O 点为变坡点，前坡段纵坡为 i_1，后坡段为 i_2，i_1 和 i_2 在 O 点处的变坡角为 ω（弧度）。

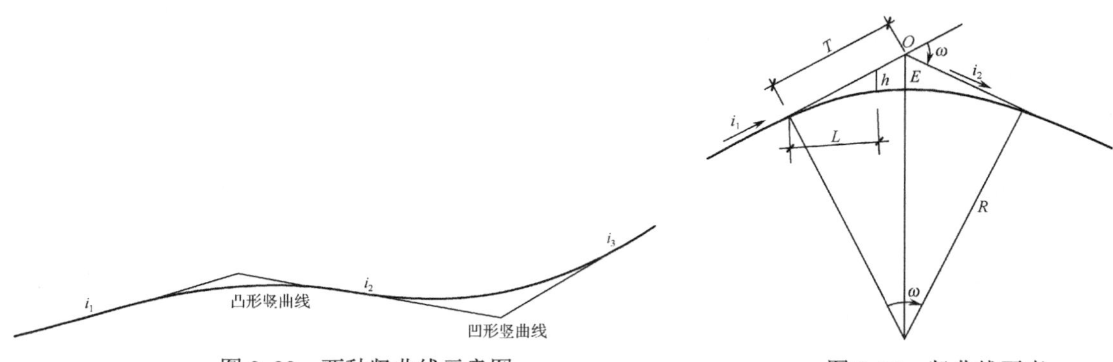

图 8-23 两种竖曲线示意图

图 8-24 竖曲线要素

$\omega = i_1 - i_2$，上坡 i 为正，下坡 i 为负，因此当 ω 为正时，竖曲线为凸形竖曲线，当 ω 为负时，竖曲线为凹形竖曲线。

竖曲线的各要素及近似计算公式如下：

$$\omega = i_1 - i_2 \tag{8-10}$$

$$T = R \cdot \omega / 2 \tag{8-11}$$

$$L = 2T \tag{8-12}$$

$$E = T^2 / 2R \tag{8-13}$$

式中，R 为竖曲线半径（m），$R = 2h/l^2$；T 为竖曲线切线长度（m）；i_1、i_2 为相邻纵坡度；ω 为相邻纵坡的代数差，即变坡角；L 为竖曲线切线计算长度（m）；E 为竖曲线外矩（m）；l 为竖曲线上任一点距起点或终点的水平距离（m）；h 为竖曲线上任一点距切线的纵距（m），称为切线支距，$h = L^2 / 2R$。

曲线上设计标高，是根据切线上设计标高，用切线支距 h 值修正，即：

在凸形竖曲线内：

$$设计标高 = 切线上的设计标高 - h \tag{8-14}$$

在凹形竖曲线内：

$$设计标高 = 切线上的设计标高 + h \tag{8-15}$$

当路线控制点标高和设计线确定以后，即可计算出全线各里程桩的设计标高，计算方法：

$$升坡：H = H_0 + Li \tag{8-16}$$

$$降坡：H = H_0 - Li \tag{8-17}$$

式中，H 为某里程桩的涉及标高（m）；H_0 为控制点的已知标高（m）；L 为计算桩号距离控制点水平距离；i 为路段的设计纵坡度。

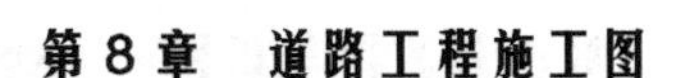

设计标高确定后，根据原地面标高，即可求出各里程桩的填挖高度（又称施工高度），并标在纵断面图上。

$$填土高度=设计标高-原地面标高 \tag{8-18}$$

$$挖土高度=原地面标高-设计标高 \tag{8-19}$$

实例 8.3　已知某 I 级城市主干道，其计算行车速度为 60 km/h，设计纵坡分别为 $i_1=+2\%$，$i_2=-1\%$，转折点桩号为 0+575，设计标高为 $H_4=10.0$ m，半径 $R=5\ 000$ m，试计算竖曲线各要素以及竖曲线上各点标高（如图 8-25 所示）。

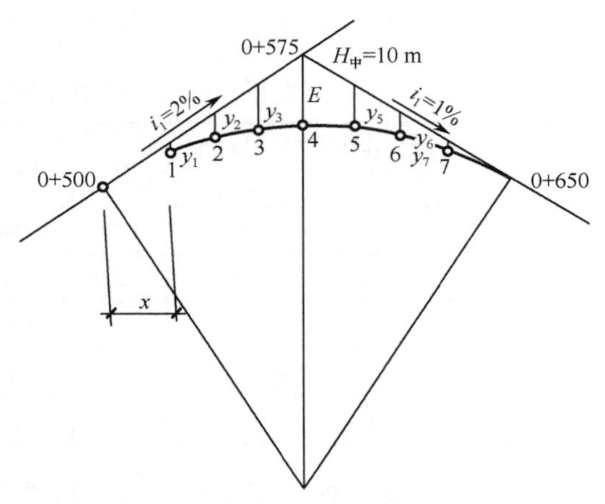

图 8-25　竖曲线上各点标高计算

解　（1）计算各要素：

$\omega = i_1 - i_2 = 0.02 + 0.01 = 0.03$

所以：

$L = R\omega = 5\ 000 \times 0.03 = 150$（m）

$T = L/2 = 75$（m）

$E = T^2/2R = 75^2/2 \times 5\ 000 = 0.56$（m）

（2）计算各点标高：

为了便于施工，在竖曲线上一般每隔 20 m 设一整桩，各桩号的设计标高计算如下：

竖曲线起点桩号为：

$$(0+575) - T = 0+500$$

标高 $h_{起} = H_{中} - T_{起} \cdot i = 10.0 - 75 \times 0.02 = 8.5$（m）。

桩号 0+520，$h_1 = h_{起} + 20 \times i_1 - y_1 = 8.5 + 20 \times 0.02 - 20^2/2 \times 5\ 000$
$= 8.9 - 0.04 = 8.86$（m）

桩号 0+540，$h_2 = h_{起} + 40 \times i_1 - y_2 = 8.5 + 40 \times 0.02 - 40^2/2 \times 5\ 000$
$= 9.3 - 0.16 = 9.14$（m）

桩号 0+560，$h_3 = h_{起} + 60 \times i_1 - y_3 = 8.5 + 60 \times 0.02 - 60^2/2 \times 5\ 000$
$= 9.7 - 0.36 = 9.34$（m）

中点 0+575，$h_4 = H_{中} - E = 10 - 0.56 = 9.44$（m）

竖曲线终点桩号：0+650，$h_{终} = H_{中} - T \times i_2 = 10.0 - 75 \times 0.01 = 9.25$（m）

桩号 0+630，$h_7 = h_{终} + 20 \times i_2 - y_7 = 9.25 + 20 \times 0.01 - 20^2/2 \times 5\ 000$
$= 9.41$(m)

桩号 0+610，$h_6 = h_{终} + 40 \times i_2 - y_6 = 9.25 + 40 \times 0.01 - 40^2/2 \times 5\ 000$
$= 9.49$（m）

桩号 0+590，$h_5 = h_{终} + 60 \times i_2 - y_5 = 9.25 + 60 \times 0.01 - 60^2/2 \times 5\ 000$
$= 9.49$（m）

曲线上的各桩点标高确定后，再根据控制点标高计算全线各里程桩的设计标高及填挖高度。

2. 竖曲线的最小半径和最小长度

（1）凸形竖曲线最小长度和最小半径。汽车行驶在凸形竖曲线上，若半径太小，会阻碍驾驶员视线，而且产生较大的径向离心力使旅客产生不舒适的感觉。若曲线长度过短汽车急速而过，旅客也有不舒服的感觉，因此，我国《公路工程技术标准》对凸形竖曲线的最小半径和最小长度作了规定，城市道路的凸形竖曲线上极限最小半径及最小长度见表 8-20，非机动车车行道的竖曲线的最小半径为 500 m。

表 8-20　城市道路竖曲线最小半径和最小长度

项目 \ 计算行车速度（km/h）		80	60	50	45	40	35	30	25	20	15
凸形竖曲线（m）	极限最小半径	3 000	1 200	900	500	400	300	250	150	100	60
	一般最小半径	4 500	1 800	1 350	750	600	450	400	250	150	90
凹形竖曲线（m）	极限最小半径	1 800	1 000	700	550	450	350	250	170	100	60
	一般最小半径	2 700	1 500	1 050	850	700	550	400	250	150	90
竖曲线最小长度（m）		70	50	40	40	35	30	25	20	20	15

桥梁引道设竖曲线时，竖曲线切点距桥端应保持适当距离，大、中桥为 10～15 m，工程困难地段可减为 5 m，隧道洞口应保持一段与隧道内相同的纵坡，其长度见表 8-21。

表 8-21　纵坡长度

计算行车速度（km/h）	80	60	50	40	30	20
坡段最小长度（%）	60	40	30	20	15	10

各段公路凸形竖曲线的半径及其最小长度规定如表 8-22 所示。

竖曲线半径一般情况下应大于表 8-22 中所列的“一般最小值”，当不得已时方可采用小于表 8-22 所列“一般最小值”以至极限最小值。

表 8-22　各段公路竖曲线的半径及其最小长度

公路等级			汽车专用公路								一 般 公 路					
			高速公路				一		二		二		三		四	
地形			平原微丘	重丘	山岭		平原微丘	山岭重丘	平原微丘	山岭重丘	平原微丘	山岭重丘	平原微丘	山岭重丘	平原微丘	山岭重丘
竖曲线半径（m）	凸形	一般最小值	17 000	10 000	4 500	2 000	10 000	2 000	4 500	700	4 500	700	2 000	400	700	200
		极限最小值	11 000	6 500	3 000	1 400	6 500	1 400	3 000	450	3 000	450	1 400	250	450	100
	凹形	一般最小值	6 000	4 500	3 000	1 500	4 500	1 500	3 000	700	3 000	700	1 500	400	700	200
		极限最小值	4 000	3 000	2 000	1 000	3 000	2 000	2 000	450	2 000	450	1 000	250	450	100
竖曲线最小长度（m）			100	85	70	50	85	50	70	35	70	35	50	25	35	20

（2）凹形竖曲线的最小半径和最小长度。汽车行驶在凹形竖曲线上，同样产生径向离

心力，此力在凹形竖曲线上是增重，使乘客不舒服，对汽车悬挂系统也不利，为保证车辆行驶安全和舒适，一般应控制最小半径。对夜间行车较稠密的路线，还应当考虑汽车头灯照射在凹形竖曲线上的距离是否能保证安全视距，因此对凹形竖曲线的最小长度加以限制。同时，当凹形曲线半径较大，但长度较小时，汽车在凹形竖曲线上加速而过，冲击增大，乘客不适；从视觉上考虑也会感觉线形突然转折。因此，汽车在竖曲线上行驶时间不宜太短。

基于上述原因，我国《公路工程技术标准》对凹形竖曲线的半径和最小长度作了规定。城市道路的凹形竖曲线的最小半径和最小长度见表 8-20。各级公路的凹形竖曲线的最小半径和最小长度见表 8-22。

3. 纵断线形应注意问题

（1）在回头曲线段不宜设竖曲线。

（2）大、中桥上不宜设置竖曲线，桥头两端竖曲线的起、终点应在桥头 10 m 以外，见图 8-26（a）。

（3）小桥涵允许在斜坡地段或竖曲线上，为保证行车平顺，应尽量避免在小桥涵处出现“驼峰式”纵坡，见图 8-26（b）。

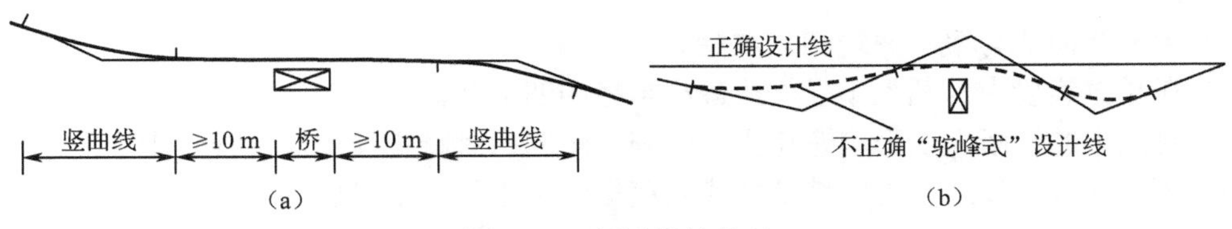

图 8-26　桥涵纵坡处理

（4）道路与道路交叉时，一般宜设在水平坡段，其长度应不小于最短坡长规定。两端接线纵坡应不大于 3%，山区工程艰巨地段不大于 5%。

任务 8.4　平面线形与纵断面线形的组合和锯齿形街沟

一个良好的线形，要求平、纵、横三方面进行综合设计，其中平面线形和纵断面线形的协调，对行车安全舒适、驾驶员视觉和心理要求，以及与周围环境相协调，具有更加重要的作用。

因此道路线形组合应满足行车安全、舒适，以及与沿线环境、景观协调的要求，并保持平面、纵断面两种线形的均衡，保证路面排水畅通。在条件允许的情况下力求做到各种线形要求的合理组合，并尽量避免和减轻不利组合。

8.4.1　平纵线形组合的原则

（1）在视觉上能自然地诱导驾驶员的视线，并保持视觉的连续性。

（2）平纵断面线形的技术指标应大小均衡，使线形在视觉上、心理上保持协调，一般取竖曲线半径为平曲线半径的 10～20 倍。

（3）合理选择道路的纵坡度和横坡度，以保持排水畅通，而不形成过大的合成坡度。

一般最大合成坡度不宜大于 8%，最小合成坡度不小于 0.5%。

（4）平纵断面线形组合设计应注意线形与自然环境和景观的配合与协调。

8.4.2 平曲线与竖曲线的配合

（1）平曲线与竖曲线的半径均较大时，平曲线与竖曲线宜重合；但平曲线与竖曲线的半径均较小时，不得重合。

（2）平曲线与竖曲线重合时，平曲线应比竖曲线长（俗称“平包竖”），它们合适与否，见图 8-27。

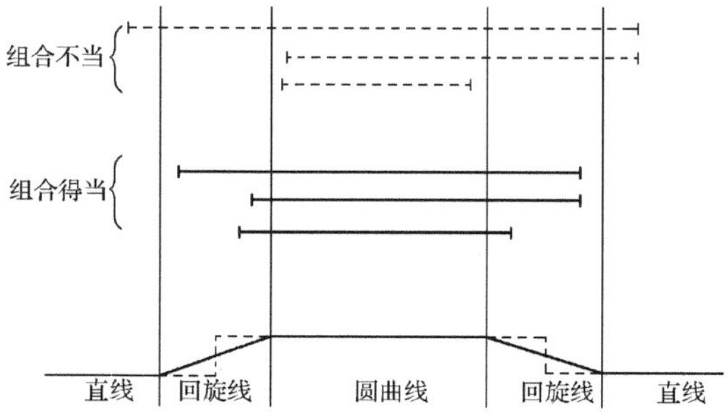

图 8-27　平曲线与竖曲线组合

平曲线与竖曲线应避免的几种组合情况如下：

（1）在凸形竖曲线的顶部或凹形竖曲线的底部插入急转的平曲线或与反向曲线拐点重合。

（2）在一个长平曲线内设两个或两个以上的竖曲线，或在一个长竖曲线内设有两个或两个以上的平曲线。

（3）半径竖曲线与缓和曲线相互重叠。

（4）在长直线段内，插入小于一般最小半径的凹形竖曲线。

（5）直线上的纵断面线形应避免出现驼峰、暗凹、跳跃等使驾驶者视觉中断的线形。

（6）避免在长直线上设置陡坡及曲线长度短半径小的凹形竖曲线。

8.4.3 锯齿形街沟

1. 路缘石

路缘石是设在路面边缘的界石，也称为道牙或缘石。它在路面上是区分车行道、人行道、绿地、隔离带和道路其他部分的界线，起到保障行人、车辆交通安全和保证路面边缘齐整的作用。

路缘石可分为侧石、平石、平缘石三种。侧石又叫立缘石，顶面高出路面的路缘石，有标定车行道范围和纵向引导排除路面水的作用；平缘石是顶面与路面平齐的路缘石，有标定路面范围、整齐路容、保护路面边缘的作用。采用两侧明沟排水时，常设置平缘石，以利排水；平石铺筑在路面与立缘石之间，常与侧石联合设置，是城市道路最常见的设置方式，特别是设置锯齿形边沟的路段。

路缘石可用不同的材料制作，有水泥混凝土、条石、块石等。缘石外形有平直形、弯弧形和曲线形，应根据要求和条件选用。

2. 设置锯齿形街沟的原因

在平原区的城市道路，为了减少填、挖方工程量，保证道路中心标高与两侧建筑物前地坪标高的衔接关系，有时不得不采用很小的甚至是水平的纵坡度。这对行车十分有利，但对路面排水却不利。为了使路面水分快速排除，单靠路面设置的横坡排水是不够的，特别是在下暴雨或多雨季节，将会造成路面局部积水甚至大面积积水，这样就使路面的稳定

性受到破坏，又影响交通。所以《城市道路工程设计规范》规定：道路中线纵坡度小于 0.3%时，可在道路两侧车行道边缘 1～3 m 宽度范围内设置锯齿形街沟。

3. 锯齿形街沟的构造

街沟是指城市道路上利用高出路面的侧石与路面边缘（或平石）地带作为排除地面水的沟道。

在改变道路纵坡又不可能的情况下，从缘石（或道牙）起在一定宽度范围内，将街沟底部纵断面修筑成锯齿形，局部增大沟底纵坡，在偏沟的适当宽度内横坡作相应起伏改变，以利水流排入雨水口，达到改善街沟排水效果的目的，如图 8-28 所示。

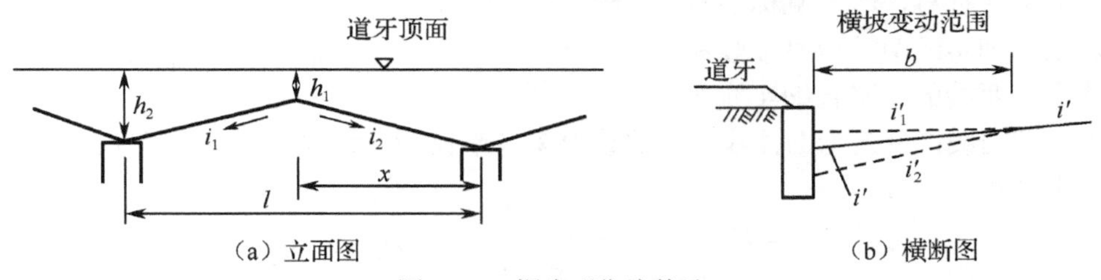

（a）立面图　　（b）横断图

图 8-28　锯齿形街沟构造

任务 8.5　道路纵断面图的识读

路线纵断面图是道路设计的重要文件之一，它反映了路线所经的中心地面起伏情况与设计标高之间的关系。把它与平面图结合起来，就能反映出道路线形在空间的位置。一般情况上，纵断面图和平面图分开绘制，但有时，为了进行比较，可以把纵面图和平面图放在一张图上。

8.5.1　道路纵断面图的一般规定

（1）道路设计线采用粗实线表示，原地面线应采用细实线表示；地下水位线应采用细双点画线及水位符号表示；地下水位测点可仅用水位符号表示，具体见图 8-29。

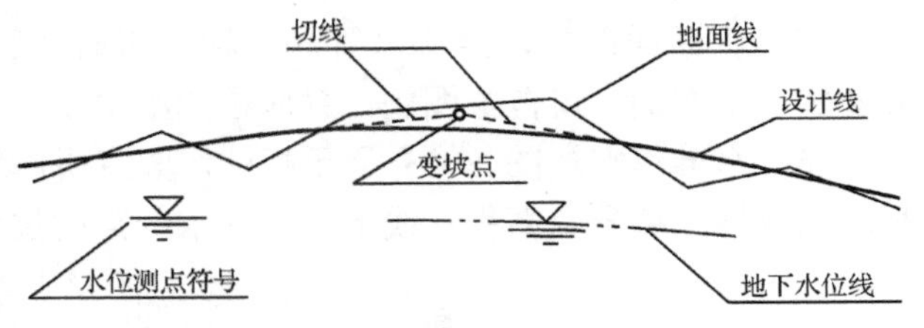

图 8-29　道路设计线、原地面线、地下水位线的标注

（2）关于短链、长链的标注。在道路测量过程中，有时因局部改线或事后发现量距或计算有错误，以及在分段测量图中，由于假定起始量程不符而造成全线或全段接线里程不连续，以致影响路线的实际长度，这种里程不连续的现象称为“断链”。断链有长链和短链之分。当原路线记录桩号的里程长于地面实际里程时称为短链，反之则称之为长链。在纵断面图上关于短链与长链的标注有如下规定：

① 当路线短链时，道路设计线应在相应桩号处断开，并按图 8-30（a）标注。

② 路线局部改线而发生长链时，可利用已绘制的纵断面图。当高差大时，宜按图 8-30（b）标注；当高差较小时宜按图 8-30（c）标注。

③ 长链较长而不能利用原纵断面图时，应另绘制长链部分的纵断面图。

（3）变坡点的标注。当路线坡度发生变化时，变坡点应用直径为 2 mm 中粗线圆圈表示；切线应采用细虚线表示；竖曲线应采用粗实线表示。

如图 8-31 所示，标注竖曲线时，中间竖直细实线应对准变坡点所在桩号，线左侧标注桩号，线右侧标注变坡点高程。水平细实线两端应对准竖曲线的始、终点。两端的短竖直细实线在水平线之上为凹曲线；反之为凸曲线，竖曲线要素（半径 R、切线长 T、外矩 E）的数值均应标注在水平细实线上方。

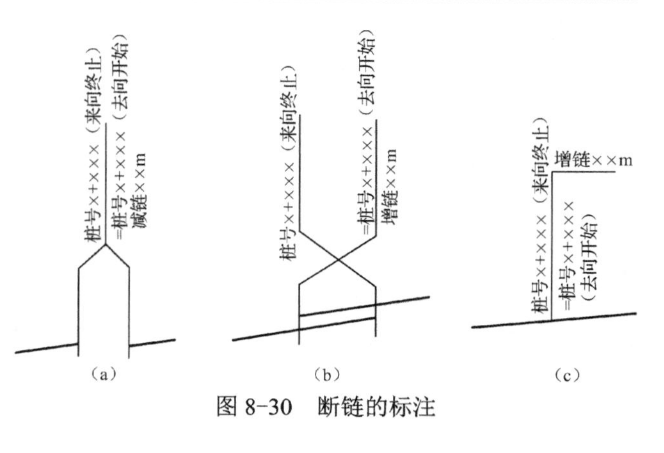

图 8-30 断链的标注

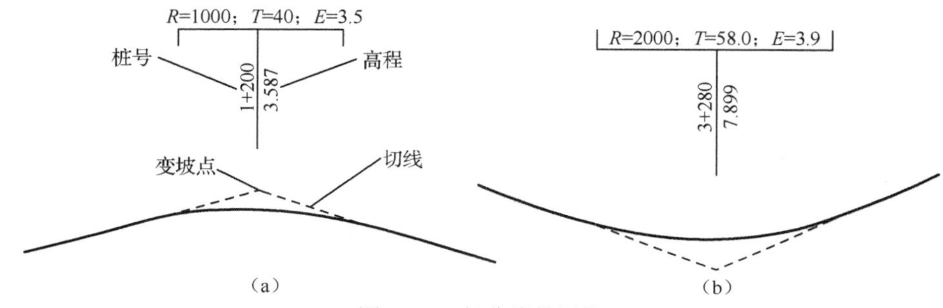

图 8-31 竖曲线的标注

（4）道路中沿线的构造物、交叉口，可在道路设计线的上方，用竖直引出线标出。竖直引出线应对准构造物或交叉口中心位置。线左侧标注桩号，水平线上方标注构造物名称、规格、交叉口名称，如图 8-32 所示。

（5）纵断面图中，给排水管涵应标注规格及管内底的高程。地下管线横断面应采用相应图例。无图例时可自拟图例，并应在图纸中说明。

（6）水准点宜按图 8-33 所示标注，竖直引出线应对准水准桩号，线左侧标注桩号，水平线上方标注编号及高程，线下方标注水准点的位置。

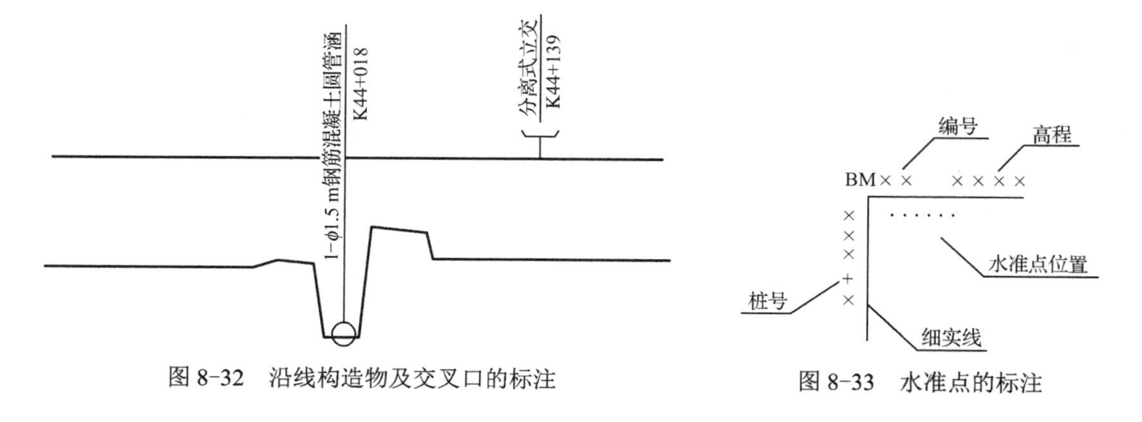

图 8-32 沿线构造物及交叉口的标注

图 8-33 水准点的标注

（7）在测设数据中，设计高程、地面高程、填高、挖深的数值应对准其桩号，单位为 m。

8.5.2　道路路线纵断面图的图示内容

道路路线纵断面图采用直角坐标，以横坐标表示水平距离，纵坐标表示垂直高程，纵断面图主要由两部分组成，图样部分和资料表部分。如图 8-11 所示，下部为某道路 K0+000 至 K1+700 段的纵断面图，其图示内容如下：

1. 图样部分

（1）图样中水平方向表示路线长度，垂直方向表示高程，为清晰反映垂直方向的高差，规定垂直方向的比例按水平方向比例放大 10 倍，如水平方向为 1∶1 000，则垂直方向为 1∶100，图上所画出的图线坡度较实际坡度大，看起来明显。

（2）图样中不规则的细折线表示沿道路设计中心线处的原地面线，是根据一系列中心桩的地面高程连接形成的，可与设计高程结合反映道路的填挖状态。

（3）路面设计高程线，图上比较规则的直线与曲线组成的粗实线为路面设计高程线，它反映了道路路面中心的高程。

（4）竖曲线：在设计线的纵坡变化处（变坡点），为了便于车辆行驶，均应设置圆弧竖曲线。根据纵坡变化情况，竖曲线分为凸形和凹形两种，在图中分别用“┌┴┐”与“└┬┘”符号表示。符号中部的竖线应对准变坡点位置，长度为 20 mm，竖线左侧标注变坡点的里程桩号，竖线右侧标注变坡点的高程，符号的水平线两端应对准竖曲线的起点和终点，竖线长度为 20 mm，并将竖曲线的半径 R、切线长 T、外矢距 E 等要素的数值标注在水平线上方。如图 8-11 中在 K0 + 500 处设有一个凸形曲线。

（5）路线中的构筑物在图中按规定标出名称、规格和中心里程。图 8-11 分别标出了立体交叉处 T 梁桥、石拱桥、箱形通道和涵洞的位置和规格，涵洞用符号“O”表示。

（6）交叉口，水准点按规定标出。

2. 资料表部分

道路路线纵断面图的资料表设置在图样下方并与图样对应，格式有多种，有简有繁，视具体道路路线情况而定，具体项目如下：

（1）地质情况：道路路段土质变化情况，注明各段土质名称。

（2）坡度与坡长。图 8-11 中，“坡度/坡长”栏可看出，K0+500 处为上坡（1.0%）与下坡（-0.5%）的变坡点，因此设凸形曲线一个。

（3）设计高程：注明各里程桩的路面中心设计高程，单位为 m。

（4）原地面标高：根据测量结果填写各里程桩处路面中心的原地面高程，单位为 m。

（5）填挖情况：即反映设计标高与原地面标高的高差。

（6）里程桩号：由左向右排列，应将所有固定桩及加桩桩号示出。桩号数值的字底应与所表示桩号位置对齐。一般设公里桩号标注“K”，百米桩号，构筑物位置桩号及路线控制点桩号等。

（7）平面直线与曲线：道路左、右转弯分别用凹凸折线表示。当不设缓和曲线时，按图 8-34（a）标注；当设缓和曲线时，按图 8-34（b）标注，并在曲线的一侧标注交点编号、桩号、偏角、半径、曲线长。

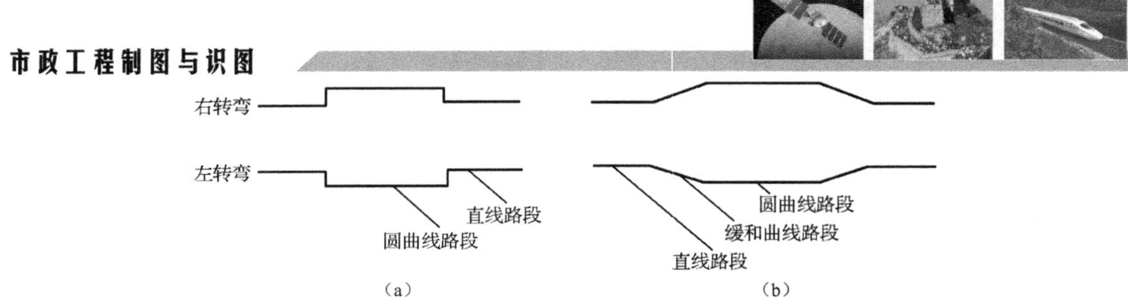

图 8-34　平曲线的标注

道路纵断面图的识读举例如下。

实例 8.4　图 8-35 为某公路路线纵断面图，对此图内容识读如下：

1. 图样部分

（1）比例：路线纵断面图水平向表示路线的长度，铅垂向表示地面及设计线的标高。

由于地面线和设计线的高差比起路线的长度要小得多，如果铅垂向与水平向用同一种比例则很难把高差明显地表达出来，所以规定铅垂向的比例按水平向的比例放大 10 倍。这种画法虽使图上路线坡度与实际不符，但能清楚地显示铅垂向坡度的变化。一般在山岭区水平向比例采用 1 : 2 000，铅垂向比例采用 1 : 200；在丘陵区和平原区田地形起伏变化较小，所以水平向比例采用 1 : 5 000，铅垂向比例采用 1 : 500。一条公路的纵断面图有若干张，应在第一张图的适当位置（在图纸右下角图标内或左侧竖向标尺处）注明铅垂、水平向所用比例。

（2）地面线：图上不规则的折线就是地面线。它是设计的路中心线处原地面上一系列中心桩的连接线。具体画法是将水准测量所得各桩的高程按铅垂向 1 : 200 的比例点绘在相应的里程桩上，然后顺次把各点连接起来，即为地面线，地面线用细实线画出。表示地面线上各点的标高称为地面标高。

（3）设计坡度线：图上比较规则的直线与曲线相间的粗实线称为设计坡度，简称设计线，它是道路设计中线的纵向设计线型。表示路基边缘的设计高程，它是根据地形、技术标准等设计出来的。

（4）竖曲线：设计线纵坡变更处，其两相邻坡度差的绝对值超过一定数值时，为有利于汽车行驶，在变坡处需设置圆形竖曲线。如图 8-35 中 K6+600 桩号处表示凸形竖曲线，半径 R 为 2 000 m，切线长 T 为 40 m，外距 E 为 0.40 m。水平直线的起迄点，表示曲线始点和终点，直线段的中点为两纵坡线的交点，称为变坡点（此点位置应在相应的里程桩处）。过变坡点画一铅垂线，直线旁的数字 80.50 为变坡点的高程（可从图中左端竖向标尺上查出）。

（5）桥涵构造物：当路线上有桥涵时，在设计线上方桥涵的中心位置标出桥涵的名称、种类、大小及中心里程桩号，并采用“O”符号来表示。图 8-35 中注有 $\dfrac{1-100\text{圆管涵}}{\text{K6+100}}$，表示在里程桩 K6+100 处设有一道圆管涵，圆管孔径ϕ为 1.0 m。在新建的大、中桥梁处还应标出水位标高。

（6）水准点：沿线设置的水准点，都应按所在里程的位置标出，并标出其编号、高程和路线的相对位置。如图 8-35 表示在里程桩 K6+220 右侧 6 m 的岩石上，水准点编号为 BM_{15}，其高程为 63.148 m。

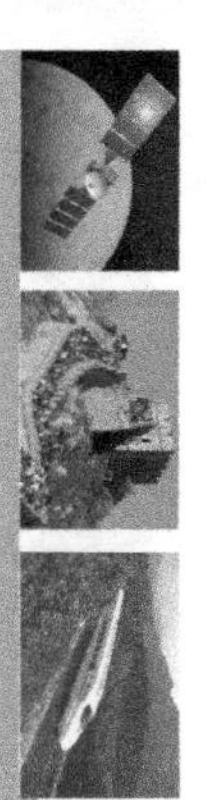

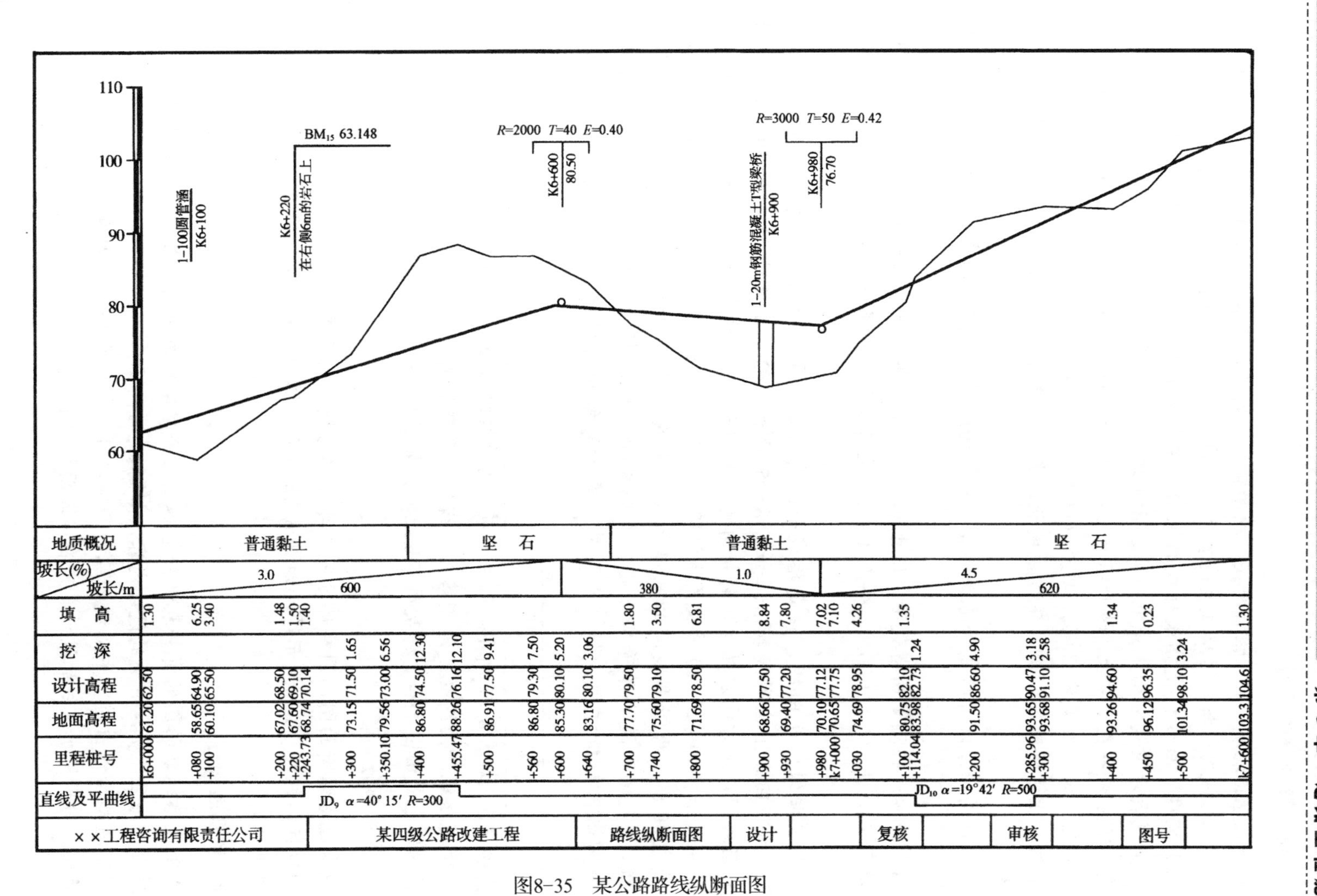

图8-35　某公路路线纵断面图

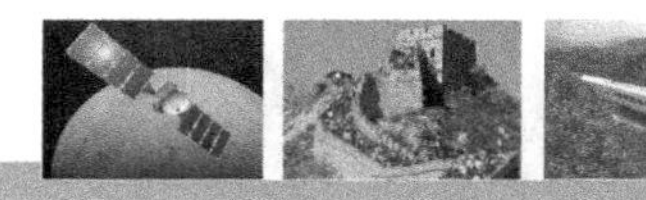

2. 资料表部分的识别

资料表包括地质概况、设计标高、地面标高、坡度、坡长、里程桩号和平曲线等。

（1）地质概况：标出沿路线的地质情况，为设计、施工提供资料。

（2）坡度、坡长：是指设计线的纵向坡度和其长度，第二栏中每一分格表示一坡度。对角线表示坡度方向，先低后高表示上坡，先高后低表示下坡。对角线上方数字表示坡度，下方数字表示坡长，坡长以 m 为单位。如第一分格内注有 3.0/600，表示顺路线前进方向是上坡，坡度为 3.0%，坡长 600 m。如在不设坡度的平路范围内，则在格中画一水平线，上方注数字“0”，下方注坡长。各分格线为变坡点的位置，应与竖曲线中心线对齐。

（3）标高：分设计标高和地面标高，它们和图样相对应，两者之差数，就是挖、填的数值。

（4）桩号：按测量所得数字，以千米、百米定一桩号并填入表内，对平面图中圆曲线的始点（ZY）、中点（QZ）、终点（YZ）及水准点、桥涵中心点和地形突变点等还需设置加桩。

（5）平曲线：平曲线一栏是路线平面图的示意图。直线段用水平线表示，曲线（弯道）用下凹或上凸图线表示。如图 8-35 所示，JD_9、α=40° 15′、R=300 表示 9 号交角点沿路线前进方向左转弯，转折角为 40° 15′，平曲线半径为 300 m。又如 JD_{10}、α=19° 42′、R=500 表示 10 号交角点沿路线前进方向右转弯，转折角为 19° 42′，平曲线半径为 500 m。两铅垂线间的距离为曲线长度。当转折角小于某一定值时，不设平曲线，“定值”随公路等级而定。如四级公路的转折角不大于 5° 时，不设平曲线，但需画出转折方向。如“∧”符号表示路线向右转弯，“∨”符号表示向左转弯。

实例 8.5 如图 8-36 所示，对某城市道路路线纵断面进行识读。

城市道路纵断面图也是沿道路中心线的展开断面图。其作用与公路路线纵断面图相同，其内容也是由图样和资料表两部分组成，如图 8-36 所示。

1. 图样部分

城市道路纵断面图的图样部分完全与公路路线纵断面图的图示方法相同。如绘图比例竖向较横向放大 10 倍表示等，如图 8-36 所示，该图横向比例采用 1 : 500，则竖向比例采用 1 : 50。

2. 资料表部分

城市道路纵断面图的资料表部分基本上与公路路线纵断面图相同，不仅与图样部分上下对应，而且还标注有关的设计内容，如图 8-36 所示。

城市道路除作出道路中心线的纵断面图之外，当纵向排水有困难时，还需作出街沟纵断面图。对于排水系统的设计，可在纵断面图中表示，也可单独设计绘图。

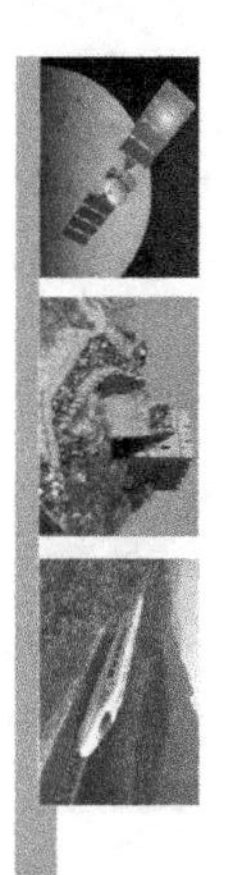

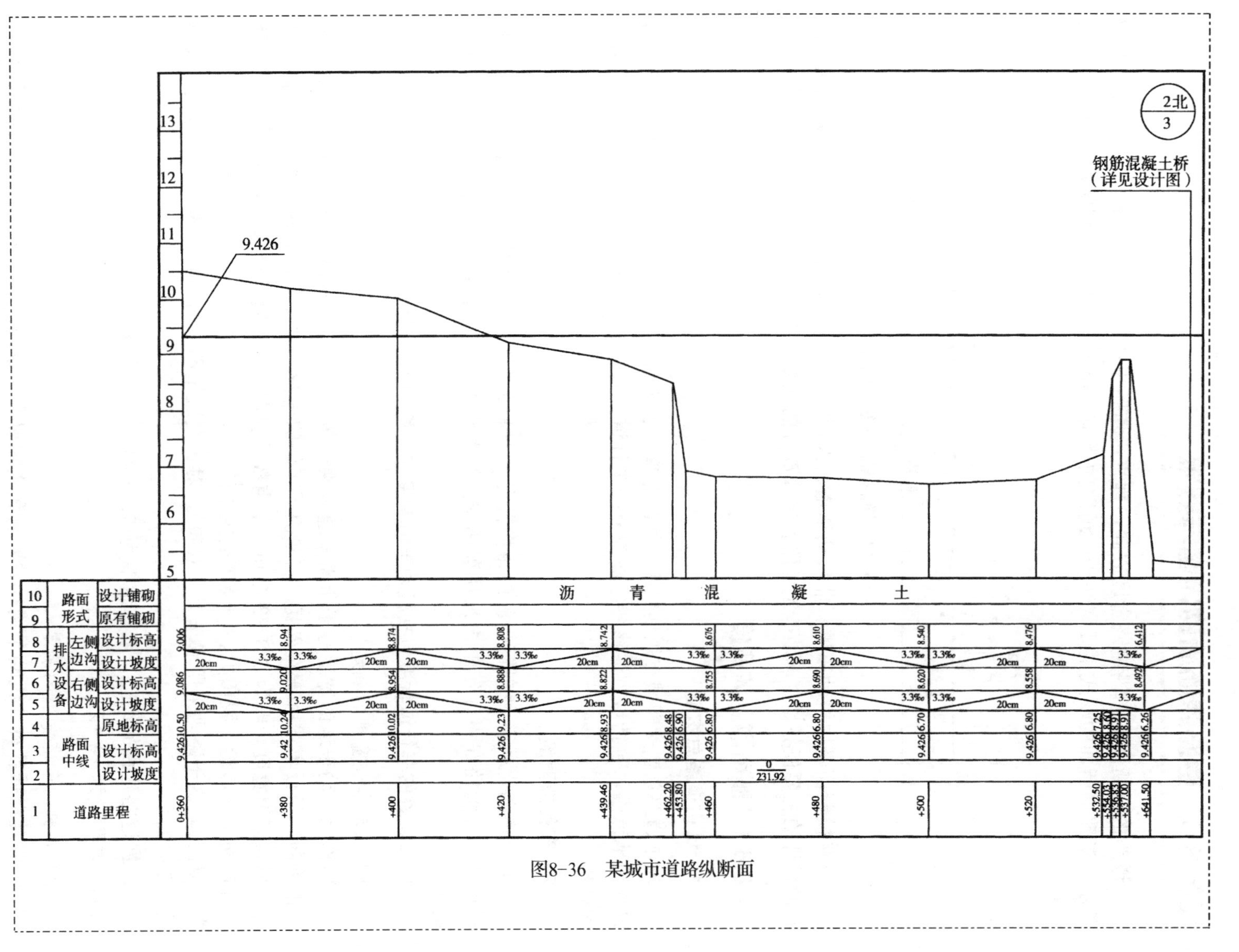

图8-36　某城市道路纵断面

任务 8.6　道路横断面的内容与要求

道路的横断面是指沿道路宽度方向，垂直于道路中心线方面所作的剖面，如图 8-37 所示。道路横断面的形式主要取决于：道路的类别、等级、性质和红线宽度及有关交通资料等。

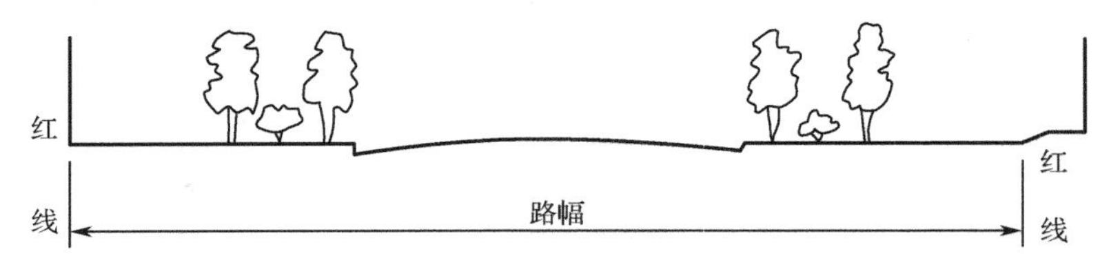

图 8-37　横断面、红线、路幅

道路横断面是由机动车道、非机动车道、人行道、分车带、绿化带等几部分组成。横断面设计的主要任务是合理地确定道路各组成部分的宽度及相互之间的位置与高差等。

8.6.1　城市道路的宽度

1. 城市道路总宽度

城市道路总宽度即城市规划红线之间的宽度，也称路幅宽度、如图 8-37 所示。它是道路的用地范围，包括城市道路各组成部分：车行道、人行道、绿化带、分车带等所需宽度的总和。

2. 车行道宽度

城市道路上供各种车辆行驶的路面部分，统称为车行道。确定车行道宽度最基本的要求是保证道路在设计年限内来往车辆安全顺利地通过，车辆最多时也不至于发生交通堵塞。

城市道路的车行道宽度包括机动车道宽度和非机动车道宽度。

1）机动车道宽度的确定

理论上机动车道的宽度等于所需车道数乘一条车道所需的宽度。一条车道所需的宽度是指单向一条行车线所需的宽度，它取决于车辆的车身宽度及车辆在横向的安全距离。机动车每条车道宽度一般为 3.0～3.75 m。车道数主要取决于道路等级和该道路规划期的高峰小时机动车交通量。我国大、中城市的主干路，除具有特殊要求以外，一般均宜采用四车道（双向），次干路则采用双车道（双向），对于交通量不大的小城镇的主干路可采用双车道（双向）。

根据道路建设的经验，双车道多为 7.5～8.0 m，三车道为 10～11 m，四车道为 13～15 m，六车道为 19～22 m。

2）非机动车道宽度的确定

一般是根据各种非机动车辆行驶要求和实际观测的数据，直接进行横向的排列组合来确定，而通行能力仅作为核算时参考。

单一非机动车道的宽度主要考虑各类非机动车的总宽度和超车、并行时的横向安全距离确定。非机动车每条车道宽度一般为 1.0～2.5 m，根据实际经验，非机动车道的基本宽度可采用 5.0 m（或 4.5 m）、6.5 m（或 6.0 m）、8.0 m（或 7.5 m）。如考虑在远景规划中非机动车道多发展为自行车道或机动车道，如有过渡的可能，则以 6.0～7.5 m 为宜。

3. 人行道宽度

人行道的主要功能是满足行人步行交通的需要，还要供植树、地上杆柱、埋设地下管线及护栏、交通标志宣传栏、清洁箱等交通附属设施之用。人行道总宽度既要考虑道路功能、沿街建筑性质、人流密度、地面上步行交通、种植人行道树、立电线杆，还要考虑地下埋设工程管线所需要的密度，如图 8-38 所示。

根据实践经验，一侧人行道宽度与道路路幅宽度之比大体上在 1 : 7～1 : 5 范围内是比较合适的，如图 8-39 所示。常采用的人行道宽度数据见表 8-23。

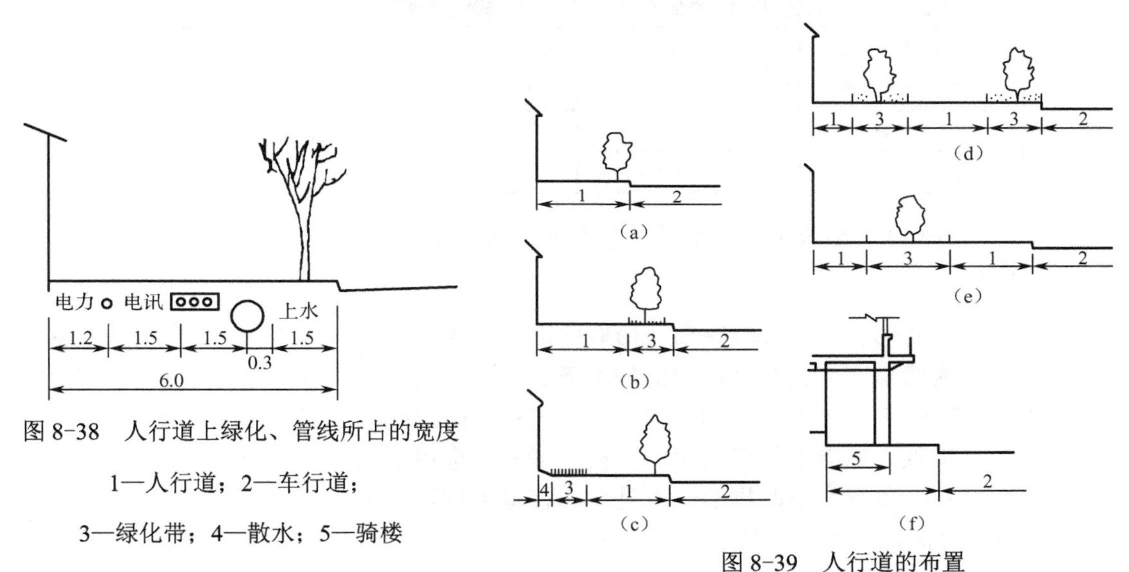

图 8-38　人行道上绿化、管线所占的宽度

1—人行道；2—车行道；

3—绿化带；4—散水；5—骑楼

图 8-39　人行道的布置

表 8-23　确定人行道宽度的参考数据

项　　目	最小宽度（m）	铺砌的最小宽度（m）
设电线杆与路灯杆地带	0.5～1.0	—
种植人行道树的地带	1.25～2.0	—
火车站、公园、城市交通终点站与其他行人聚集地点	7.0～10.0	6.0
市干道有大型商店及公共文化机构的地段	6.5～8.5	4.5
区干道有大型商店及公共文化机构的地段	4.5～6.5	3.0
住宅区街巷	1.5～4.0	1.5

4. 分车带宽度

分车带是分隔车行道的，有时设在路中心，分隔两个不同方向行驶的车辆；有时分隔两种不同的车行道，设在机动车道和非机动车道之间。分车带最小不宜小于 1.0 m 宽度，如

在分车带上考虑设置公共交通车辆停车站台时，其宽度不宜小于 2.0 m。

8.6.2 车行道的横坡及路拱

1. 道路横坡

人行道、车行道、绿带，在道路横向单位长度内升高或降低的数值称为它们的横坡度，用 i 表示，$i=\mathrm{tg}\alpha=h/d$，如图 8-40 所示。

横坡值以%、‰或小数值表示。为使人行道、车行道及绿化带上的雨水通畅地流入街口，必须使它们都具有一定的横坡。横坡大小取决于路面材料与道路纵坡度，也应考虑人行道、车行道、绿带的宽度及当地气候条件的影响。道路横坡度的数值可参考表 8-24。

表 8-24　不同路面类型的路拱横坡度

路面面层类型	路面横坡度（%）	路面面层类型	路面横坡度（%）
水泥混凝土路面	1.0～1.5	半整齐和不整齐石块路面	2.0～3.0
沥青混凝土路面	1.0～1.5	碎、砾石等粒料路面	1.5～4.0
其他黑色路面	1.5～2.5	加固土路面	2.0～4.0
整齐石块路面	1.5～2.5	低级路面	3.0～5.0

非机动车道、人行道横坡度一般采用单面坡，横坡度为 1.0%～2.5%。

2. 路拱

车行道路拱的形状，一般多采用凸形双向横坡，由路中央向两边倾斜，拱顶高出路面边缘的高度称为路拱高度。路拱曲线的基本形式有抛物线形、直线接抛物线形和折线形三种。抛物线形路拱常为城市道路和公路所用，其特点是路拱上各点横坡度是逐渐变化，比较圆顺，形式美观。如能根据路面宽度、横坡度等，选用不同层次的抛物线形路拱，对行车和排水都有利。抛物线形路拱的缺点是：车行道中部过于平缓，易使车辆集中在路中行驶，造成中间路面损坏较快，如图 8-41 所示。

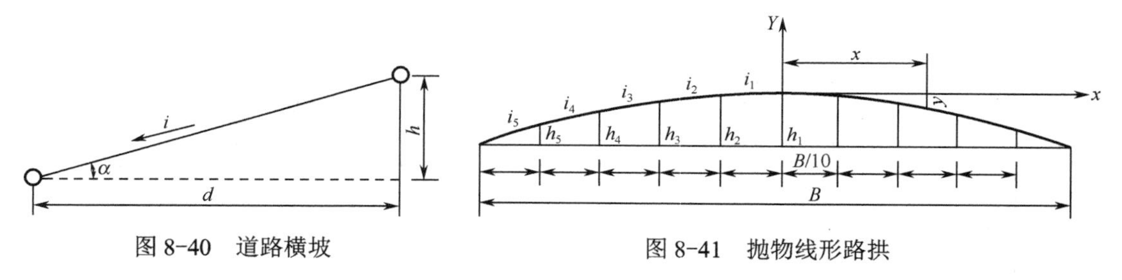

图 8-40　道路横坡　　　图 8-41　抛物线形路拱

直线接抛物线形路拱为在单折线形路拱中部接入一段抛物线，能改善行车条件，排水效果也较好，如图 8-42 所示。

折线形路拱包括单折线形及多折线形两种，其特点是直线段较短，施工时容易碾压得平顺，但其缺点则是在转折点处有尖峰凸出，不利于行车，设计时应考虑补救。折线形路拱适用于水泥混凝土路面，如图 8-43 所示。

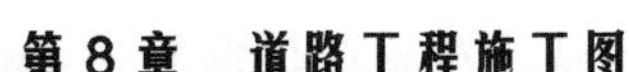

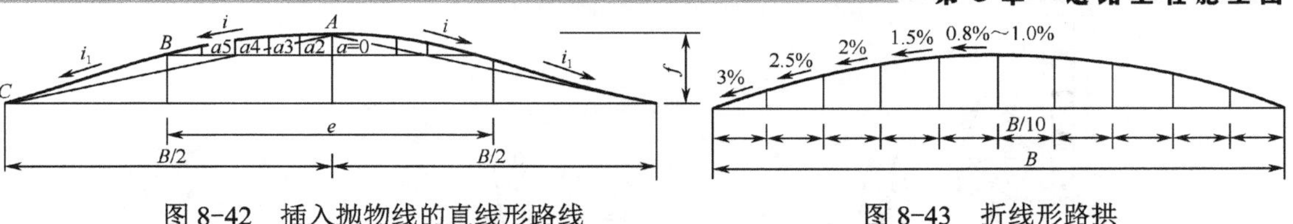

图 8-42　插入抛物线的直线形路线

图 8-43　折线形路拱

8.6.3　城市道路横断面的布置形式

1. 城市道路横断面的基本形式

1）单幅路

单幅路也称作“一块板”断面。车行道上不设分车带，以路面画线标志组织交通，或虽不作画线标志，但机动车在中间行驶，非机动车在两侧靠右行驶的称为单幅路。单幅路适用于机动车交通量不大，非机动车交通量小的城市次干路、大城市支路以及用地不足，拆迁困难的旧城市道路。当前，单幅路已经不具备机非错峰的混行优点，因为出于交通安全的考虑，即使混行也应用路面划线来区分机动车道和非机动车道。单幅路如图 8-44（a）所示。

2）双幅路

双幅路也称作“两块板”断面。用中间分隔带分隔对向机动车车流，将车行道一分为二的，称为双幅路，如图 8-44（b）所示。适用于单向两条机动车车道以上，非机动车较少的道路。有平行道路可供非机动车通行的快速路、郊区风景区道路及横向高差大或地形特殊的路段，亦可采用双幅路。

城市双幅路不仅广泛使用在高速公路、一级公路、快速路等汽车专用道路上，而且已经广泛使用在新建城市的主、次干路上，其优点体现在以下几个方面：

（1）可通过双幅路的中间绿化带预留机动车道，利于远期流量变化时拓宽车道的需要。可以在中央分隔带上设置行人保护区，保障过街行人的安全。

（2）可通过在人行道上设置非机动车道，使得机动车和非机动车通过高差进行分隔，避免在交叉口处混行，影响机动车通行效率。

（3）有中央分隔带使绿化比较集中地生长，同时也利于设置各种道路景观设施。

3）三幅路

三幅路也称作“三块板”断面。用两条分车带分隔机动车和非机动车流，将车行道分为三部分的，称为三幅路。适用于机动车交通量不大，非机动车多，红线宽度大于或等于 40 m 的主干道。

三幅路虽然在路段上分隔了机动车和非机动车，但把大量的非机动车设在主干路上，会使平面交叉口或立体交叉口的交通组织变得很复杂，改造工程费用高，占地面积大。新规划的城市道路网应尽量在道路系统上实行快、慢交通分流，既可提高车速，保证交通安全，还能节约非机动车道的用地面积。

使机动车和非机动车交通安全。使机动车和非机动车交通量都很大的道路相交时，双方没有互通的要求，只需建造分离式立体交叉口，将非机动车道在机动车道下穿过。对于

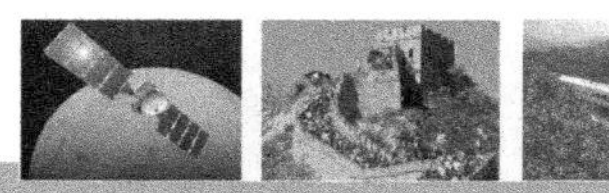

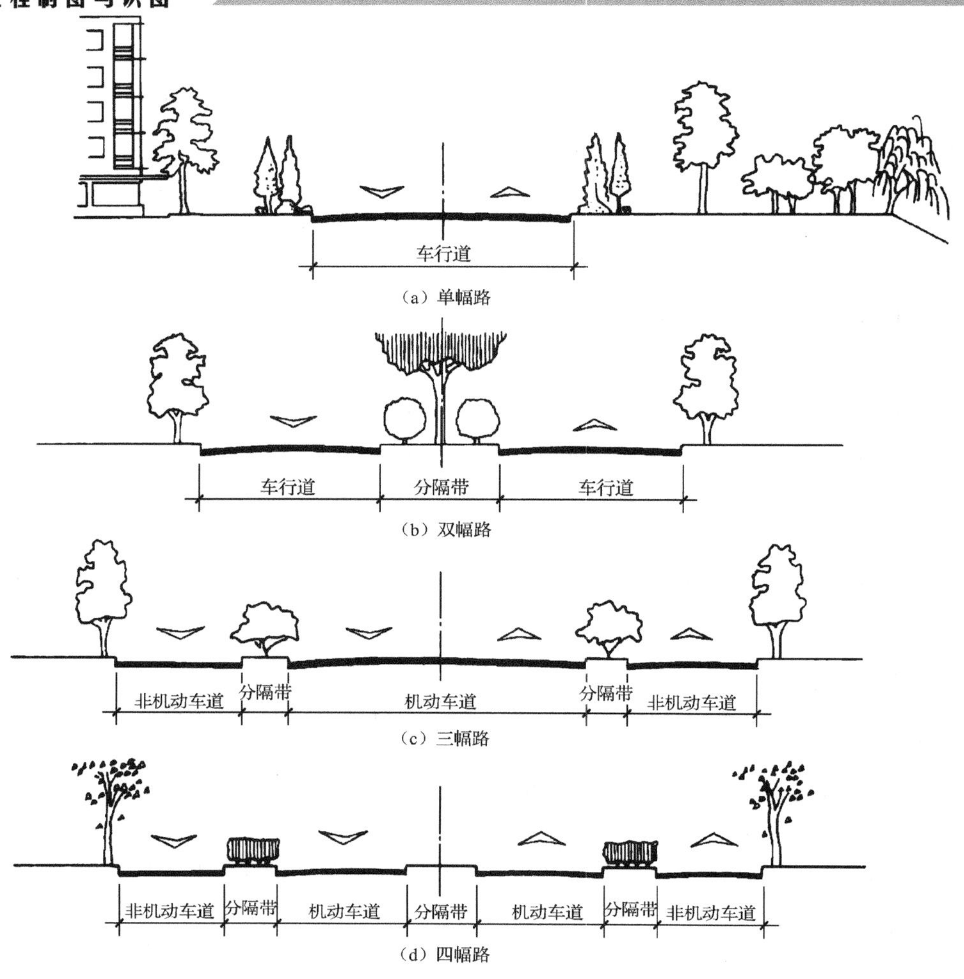

图 8-44　道路横断面形式

主干路应以交通功能为主，也需采用机动车与非机动车分行方式的三幅路横断面。三幅路如图 8-44（c）所示。

4）四幅路

四幅路也称作“四块板”断面。用三条分车带使机动车对向分流、机非分隔的道路称为四幅路。适用于机动车量大，速度高的快速路，其两侧为辅路。也可用于单向两条机动车车道以上，非机动车多的主干路。四幅路也可用于中、小城市的景观大道，以宽阔的中央分隔带和机非绿化带衬托。四幅路如图 8-44（d）所示。

带有非机动车道的四幅路不宜用在快速路上，快速路的两侧辅路宜用于机非混行的地方性交通，并且仅供右进右出，而不宜跨越交叉口，以确保快速路的功能。

随着城市的发展，机动化程度的提高，在一些开放新兴城市中非机动车出行越来越少，非机动车道往往被闲置浪费。而且由于机非分隔带的限制，又不能利用非机动车道增加机动车道数，从而造成道路资源的极大浪费。在总结实践的基础上，有些城市改为双幅路道路，更加符合城市发展的需要，应当成为城市新建和改建道路时的设计模式。

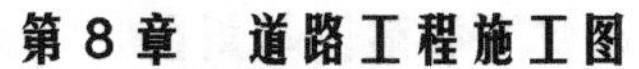

一条道路宜采用相同形式的横断面。当道路横断面形式或横断面各组成部分的宽度变化时，应设过渡段，宜以交叉口或结构物为起止点。为保证快速路汽车行驶安全、通畅、快速，要求道路横断面选用双幅路形式，中间带留有一定宽度，以设置防眩、防撞设施。如有非机动车通行时，则应采用四幅路横断面，以保证行车安全。

城市道路为达到机非分流，通常采用三幅式断面，随着车速的提高，为保证机动车辆行驶安全，满足快速行车的需要，多采用四幅式断面，但三幅式、四幅式断面均不能解决快速干道沿线单位车辆的进出及一般路口处理。

为使城市快速干道真正达到机非分流、快速专用、全封闭、全立交、快速畅通，同时又为两侧地方车辆出入主线提供尽可能方便，并与路网能够较好地连接，必须建立机非各自的专用道系统。

2. 郊区道路横断面的基本形式

郊区道路主要是市区通往近郊工业区、文教区、风景区、机场、铁路站和卫星城镇等的道路。

效区道路两侧多是菜地、仓库、工厂、住宅等，以货运交通为主，行人与非机动车很少。其断面特点是：明沟排水，车行道为 2～4 条，路面边缘不设边石，路基基本处于低填方或不填不挖状态，无专门人行道，路面两侧设一定宽度的路肩，用以保护和支撑路面铺砌层或临时停车或步行交通用，其组成如图 8-45 所示。

郊区道路的横断面形式，如图 8-46 所示。

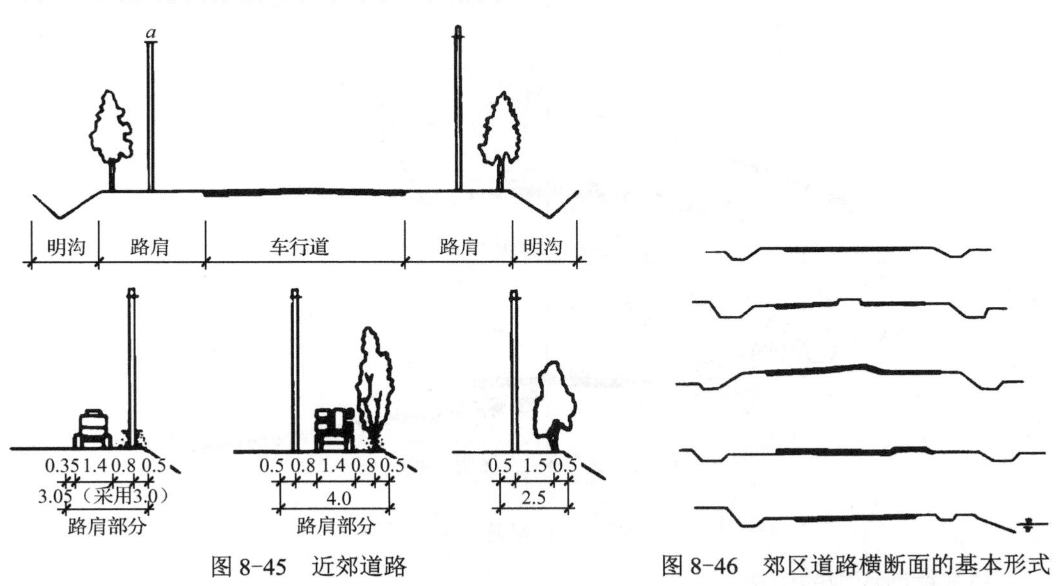

图 8-45　近郊道路

图 8-46　郊区道路横断面的基本形式

任务 8.7　道路横断面图的识读

8.7.1　公路路基横断面图

公路路基横断面图是在路线中心桩处作一垂直于路线中心线的断面图。它的作用是为

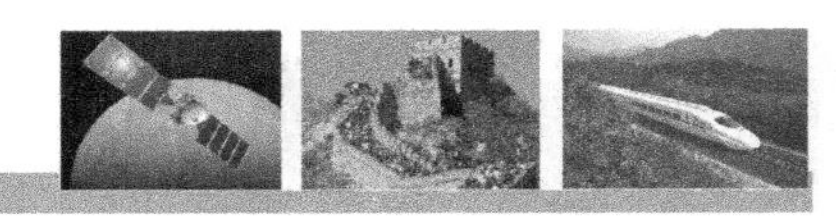

了表达各中心桩处横向地面起伏及路基形状、尺寸、边坡、边沟、截水沟等。工程上要求在每一中心桩处根据测量资料和设计要求顺次画出每一个路基横断面图，用来计算公路的土石方量和作为路基施工的依据。

1. 公路路基横断面图的形式

（1）路堤：即填方路基，如图 8-47（a）所示。在图下注有该断面的里程桩号、中心线处的填方高度及该断面的填方面积。图中边坡 1 : *m* 可根据岩石、土壤的性质而定。1 : *m* 表示边坡的倾斜程度，*m* 值越大，边坡越缓；*m* 值越小，边坡越陡。

路堤边坡坡度对一般土壤可采用 1 : 1.5。路堤浸水侧的边坡，应考虑到浸水影响。

（2）路堑：即挖方路基，如图 8-47（b）所示。在图下注有该断面的里程桩号、中心线处的挖方高度及该断面的挖方面积。

路堑边坡一般土壤为 1 : 1.5～1 : 0.5。一般岩石为 1 : 0.5～1 : 0.1。

（3）半填半挖路基：是前两种路基的综合，如图 8-47（c）所示。图下仍注有该断面的里程桩号、中心线处的填（挖）方高度及该断面的填（挖）方面积。

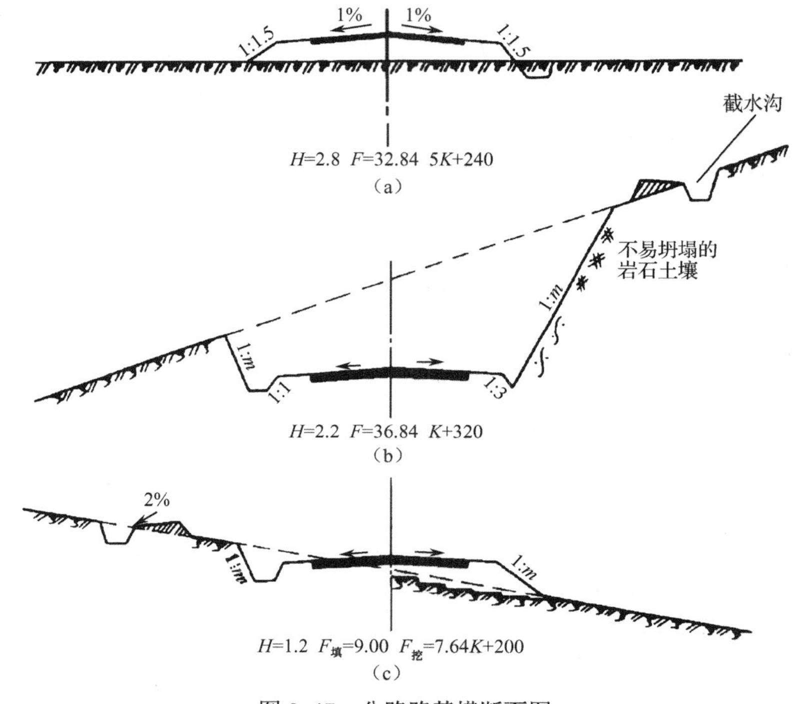

图 8-47 公路路基横断面图

2. 路基横断面图的画法

路基横断面图的画法步骤如下：

（1）使用透明方格纸画图，便于计算断面的填挖面积，给施工放样带来方便。

（2）路基横断面图应按顺序沿着桩号从下到上，从左至右画出。

（3）横断面的地面线一律画细实线，设计线一律画粗实线。

（4）每张路基横断面图的右上角应写明图纸序号及总张数，在最后一张图纸的右下角

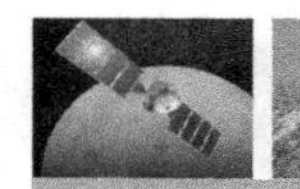

绘制图标。路基横断面图，如图 8-48 所示。

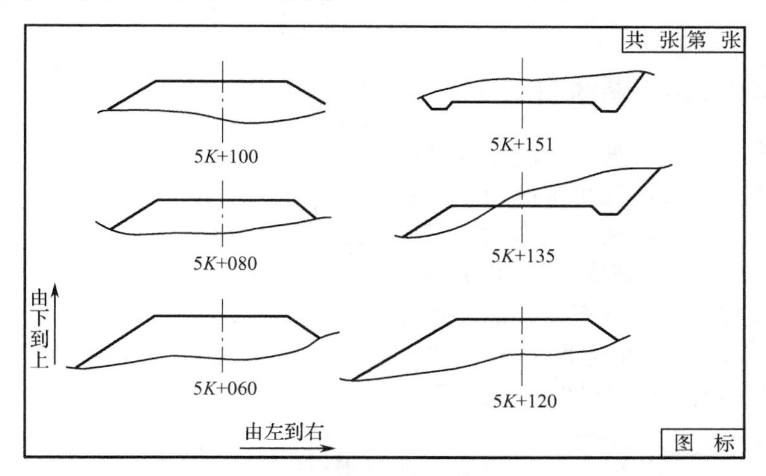

图 8-48　路基横断面

8.7.2　城市道路横断面图

城市道路横断面图是道路中心线法线方向的剖面图。它是由车行道、绿化带、分隔带和人行道等部分组成，地上有电力、电讯等设施，地下有给水管、污水管、煤气管和地下电缆等公用设施。如图 8-49 所示，图中要表示出横断面各组成部分及其相关公路路基及城市道路横断面图的比例，一般视等级要求及路基断面范围而定，一般采用 1∶100 或 1∶200。

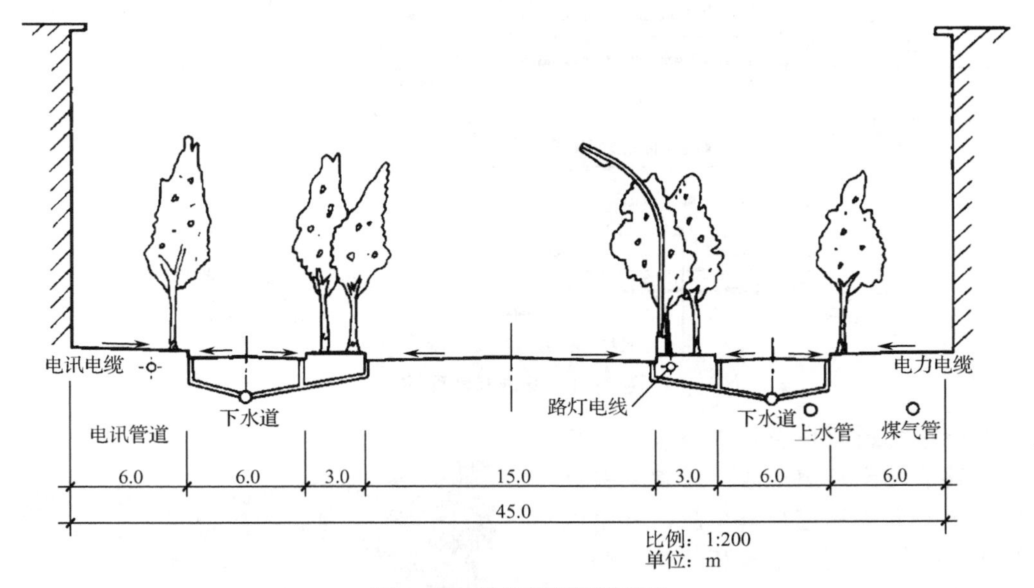

图 8-49　城市道路横断面图

设计时除了绘制近期设计横断面图外，对分期修建的道路还要画出远期规划设计横断面图，如图 8-50 所示。为了计算土石方工程量和施工放样，与公路横断面图相同，需绘出各个中心桩的现状横断面，并加绘设计横断面图，标出中心桩的里程和设计标高，即所谓的施工横断面图。图 8-51 为城市道路标准横断面图。

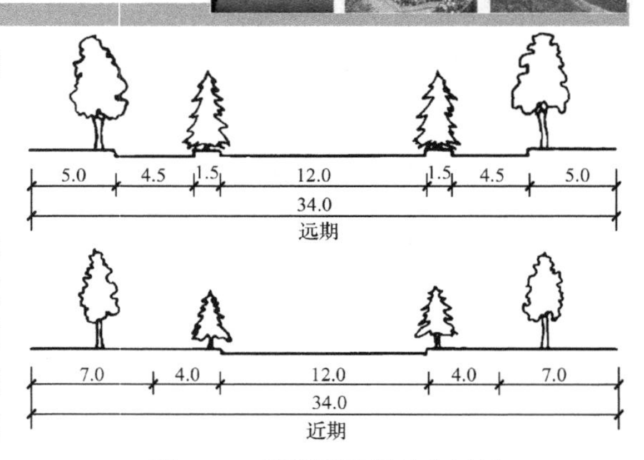

图 8-50　横断面远近结合示例

8.7.3　高速公路横断面图

随着交通量及车速的提高，高速公路的修建已经越来越多，发展也越来越快。高速公路的特点是：车速高，通行能力大，有四条以上车道并设中央分隔带，采用立体交叉，全部或局部控制出入，有完备的现代化交通管理设施等，它是高标准的现代化公路。高速公路鸟瞰示意图，如图 8-52 所示。

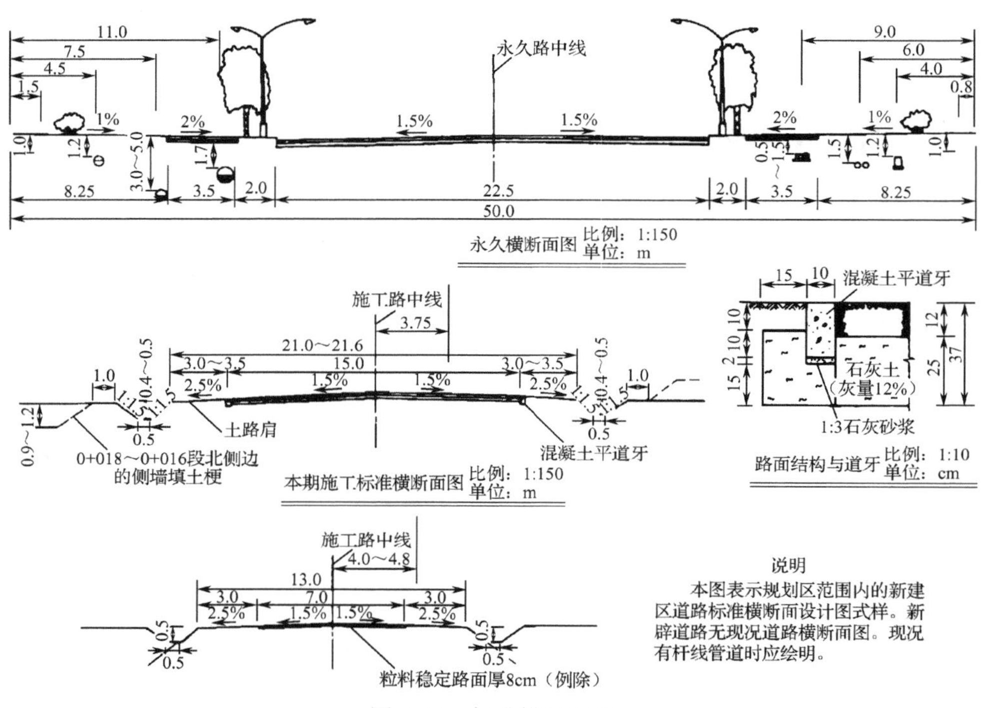

图 8-51　标准横断面图

高速公路横断面是由中央分隔带、行车道、硬路肩和土路肩组成。设置中央分隔带以分离对向的高速行车车流，并用以设置防护栅、隔离墙、标志和植树。路绿带起视线诱导作用，有利于安全行车。中央分隔带常用的形式有三种，如图 8-53 所示。

高速公路横断面宽度应依据公路性质、车速要求、交通量而定，如图 8-54 所示。

图 8-52　高速公路鸟瞰示意图

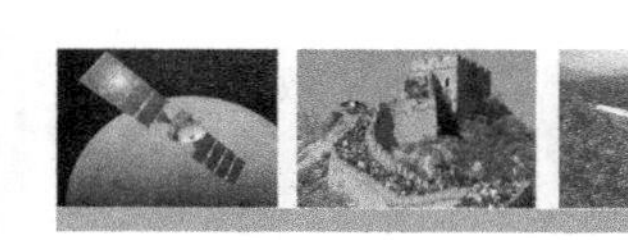

（a）植树

（b）防眩板

（c）防眩网

图 8-53　中央分隔带的常见形式

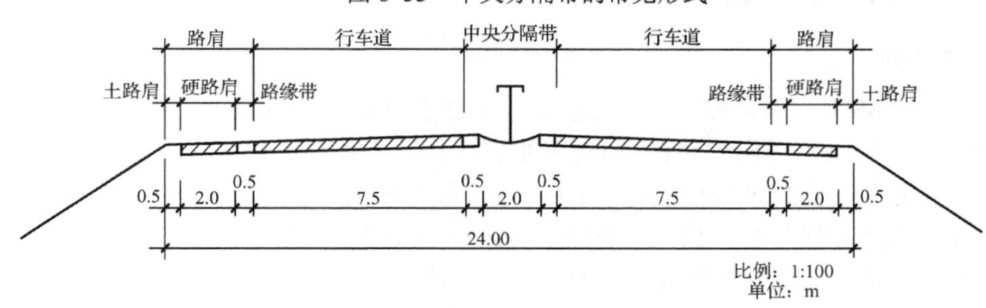

图 8-54　高速公路横断面

下面通过示例对城市道路横断面的图示内容与画法进行介绍。

图 8-55 为某城市道路横断面图，比例为 1∶150，为四块板断面，同时表示了管线电缆线的布置。

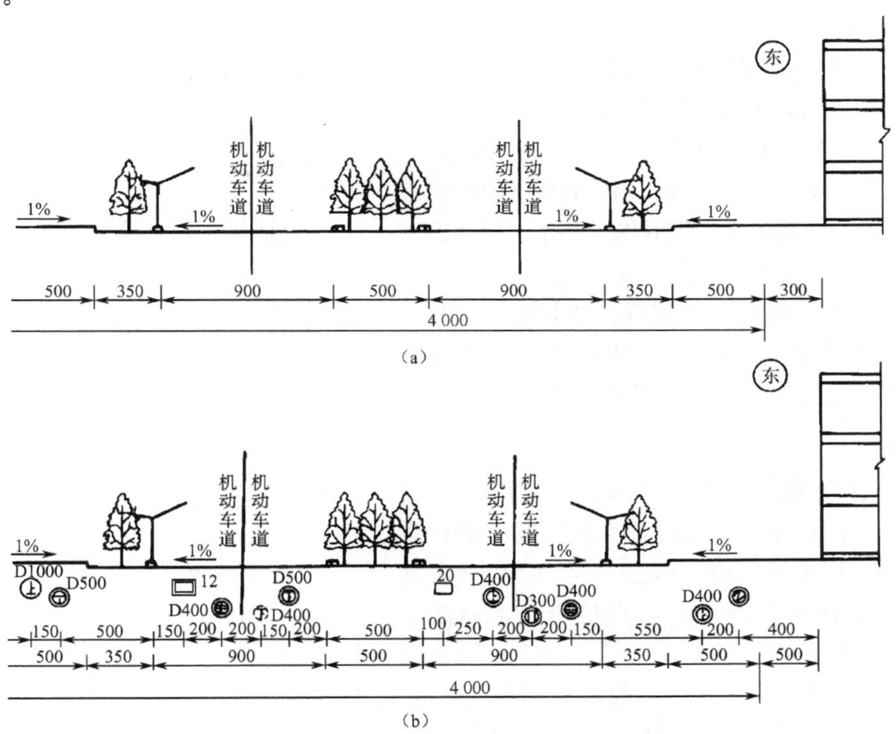

图 8-55　城市道路横断面图

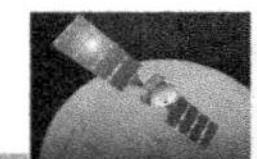

任务 8.8　城市道路排水系统施工图

城市道路是车辆和行人的交通通道，但是没有城市道路排水系统予以保证，车辆和行人将无法正常通行。此外，城市道路排水系统还有助于改善城市卫生条件、避免道路过早损坏。因此，城市道路排水系统是城市道路的重要组成部分。

城市中需要排除的污水有雨、雪水、生活污水和工业废水。

8.8.1　排水体制与排水系统

1. 排水体制

生活污水是人们在日常生活中用过的水。它主要由厨房、卫生间、浴室等排出。生活污水含有大量的有机物，还带有许多病源微生物，经适当处理可以排入土壤或水体。

工业废水是工业生产过程中所产生的废水。它的水质、水量随工业性质的不同，差异很大：有的较清洁，称为生产废水，如冷却水；有的污染严重，含有重金属、有毒物质或大量有机物、无机物，称为生产污水，如炼油厂、化工厂等生产污水。

雨水、雪水在地面、屋面流过，带有城市中固有的污染物，如烟尘、有害气体等。此外，雨、雪水虽较清洁，但初期雨水污染较重。

由于各种污水的水质不同，我们可以用不同的管道系统来排除，这种将各种污水排除的方式称为排水体制。排水体制分为分流制和合流制。

1）分流制

用两个或两个以上的管道系统来分别汇集生活污水、工业废水和雨水、雪水的排水方式称为分流制。如图 8-56 所示，在这种排水系统中有两个管道系统，污水管道系统排除生活污水和工业废水。雨水管道系统排除雨水、雪水。当然有些分流制只设污水管道系统，不设雨水管道系统，雨水、雪水沿路面、街道边沟或明渠自然排放。

分流制排水系统可以做到清、浊分流，有利于环境保护，降低污水处理厂的处理水量，便于污水的综合利用，但工程投资大、施工较困难。

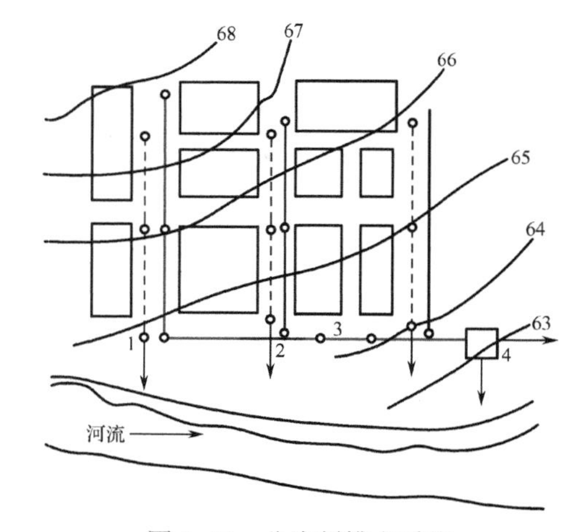

图 8-56　分流制排水系统

2）合流制

用一个管道系统将生活污水、工业废水、雨水、雪水统一汇集排除的方式称为合流制。这种排水系统虽然工程投资较少、施工方便，但会使大量没经过处理的污水和雨水一起直接排入水体或土壤，造成环境污染。

排水体制的应用应适合当地的自然条件、卫生要求、水质水量、地形条件、气候因素、水体情况及原有的排水设施、污水综合利用等条件。

2. 道路雨水排水系统的分类

根据构造特点的不同，城市道路雨水、雪水排水系统可分为以下几类。

1）明沟系统

所谓明沟系统，即采取街沟或小的明沟汇集雨水，然后由相应大小的明沟（渠）集中排入天然水体的排水系统。明沟（渠）可设在路面的两边或一边，在街坊出入口、人行过道等地方设置一些盖板、涵管等过水结构物，以保证交通安全。

明沟的排水断面主要有梯形、矩形两种，其尺寸应由汇水面积及雨量公式依水力学中明渠均匀流公式计算确定，如图 8-57 所示。

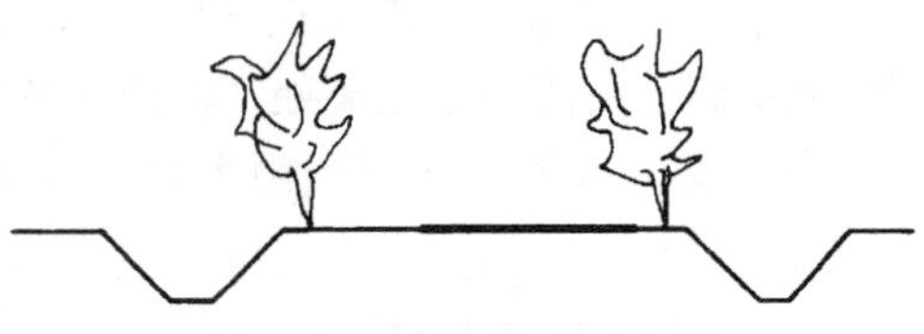

图 8-57　明沟排水示意图

2）暗管系统

暗管系统的特点是采用埋置式干管进行雨水的排放，包括街沟、雨水口、连接管、干管、检查井、出入口等部分。道路上及其相邻地区的地面水顺道路的纵坡、横坡流向车行道两侧的街沟，然后沿街沟的纵坡流入雨水口，再由连接管通向干管，最终排入附近的河滨或湖泊中，如图 8-58 所示。

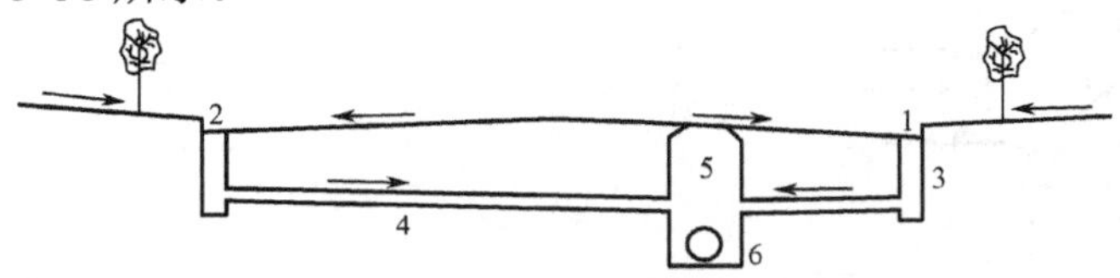

1—街沟；2—进水孔；3—雨水口；4—连管；5—检查井；6—雨水干管

图 8-58　暗管排水示意图

雨水排除系统一般不设泵站，雨水靠重力排入水体。但某些地区地势平坦、区域较大的城市如上海、天津等，因为水体的水位高于出水口，常需设置泵站抽升雨水。

3）混合系统

城市中排除雨水可用暗管，也可用明沟，在一个城市中，也不一定只采用单一系统来排除雨水、雪水。明沟造价低，但对于建筑密度高、交通繁忙的地区，采用明沟需增加大量的桥涵费，并不一定经济，同时影响交通和环境卫生。因此，这些地区采用暗管系统。而在城镇的郊区，由于建筑密度小、交通稀疏，应首先采用明沟。在一个城市中，既采用暗管又采用明沟的排水系统就是混合系统。这种系统可以降低整个工程的造价，同时又不至于引起城市中心的交通不便和环境卫生。

山区和丘陵地带的防洪沟应采用明沟。若采用暗管，由于地面坡度大、水流快，往往会迅速越过暗管的雨水口，使暗管失去作用。另外，当洪流超过雨水管道的排水能力时，不能及时泄洪。

8.8.2　雨水管渠及其附属构筑物沿道路的布置

1. 雨水口的布置要求

雨水口是雨水管道或合流管道上汇集雨水的构筑物。街道上的雨水、雪水首先进入雨

水口，再经过连接管流入雨水管道。因此，雨水口的位置是否正确非常重要，如果雨水口不能汇集雨、雪水，那么雨水管道就失去了作用。

雨水口的设置应根据道路（广场）情况、街坊及建筑情况、地形情况（应特别注意汇水面积大、地形低洼的积水点）、土壤条件、绿化情况、降雨强度，以及雨水口的泄水能力等因素确定。

雨水口宜于设置在汇水点（包括集中来水点）上和截水点上，前者如街坊中的低洼处等；后者如道路上每隔一定距离处、沿街各单位出入口及人行横道线上游（分水点情况除外）等。

道路交叉口处，应根据雨水径流情况布置雨水口，如图 8-59 所示。

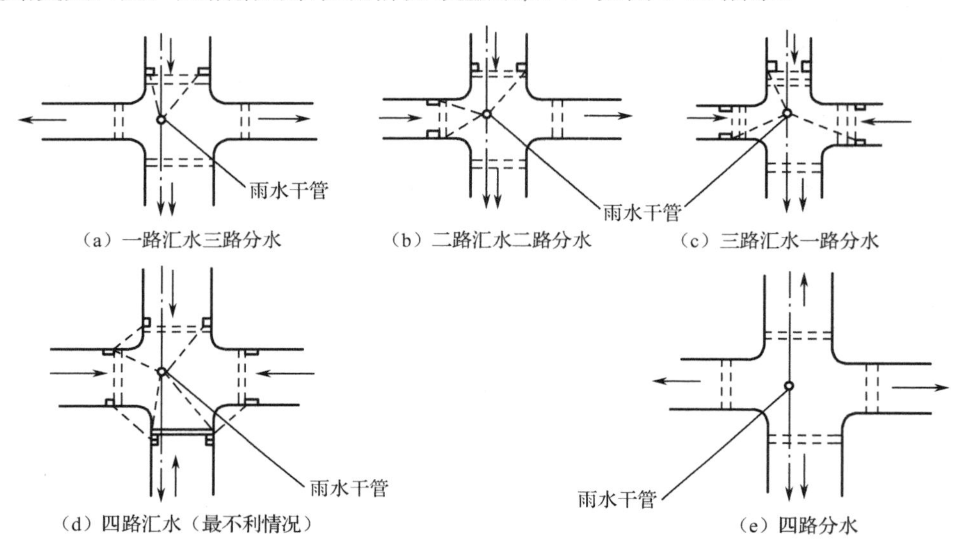

图 8-59　路口雨水口布置

2. 检查井的布置要求

检查井是雨水管道系统中用来检查、清通排水管道的构筑物，要求在排水管线的一定距离上设置检查井。此外，在排水管道的交汇处、转弯处、管径变化处、管道高程变化处都应设置检查井（检查井的间距应符合给排水设计规范的要求）。

3. 雨水管道的布置要求

城市道路的雨水管线一般平行于道路中心线或规划红线。雨水干管一般设置在街道中间或一侧，如图 8-60 所示，并宜设在快车道以外，在个别情况下亦可以双线分置于街道的两侧。

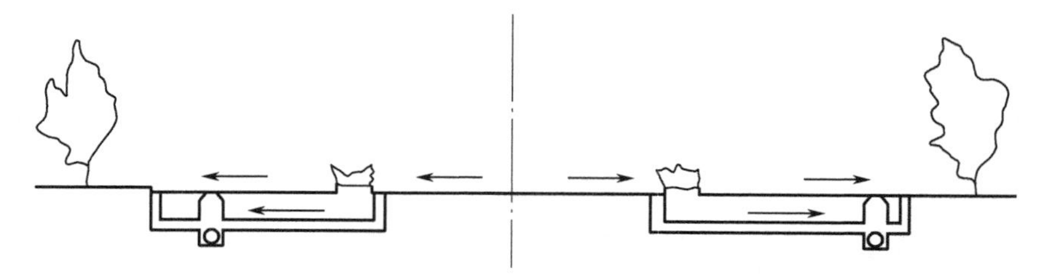

图 8-60　双线雨水管布置

在交通量大的干道上，雨水管也可以埋在街道的绿地下和较宽的人行道下，以减少

由于管道施工和检修对交通运输产生较大的影响。但不可埋设在种植树木的绿带下和灯杆线下。

雨水管应尽可能避免或减少与河流、铁路及其他城市地下管线的交叉，否则将施工复杂以致增加造价。在不能避免相交处应直交，并保证相互之间有一定的竖向间隙。雨水管道与房屋及其他管道之间的最小距离应满足给排水设计规范的要求。雨水管与其他管线发生平交时，其他管线一般可用倒虹管的办法，如雨水管与污水管管线相交，一般将污水管用倒虹管穿过雨水管的下方。

如果污水管的管径较小，也可以在交汇处加建窨井，将污水管改用生铁管穿越而过。当雨水管与给水管相交时，可以把给水管向上做成弯头，用铸铁管穿过雨水窨井。

雨水在管道内流动是重力流，所以雨水管道的纵坡尽可能与街道纵坡一致。这样不致使管道埋设过深，节省土方量。如果车行道过于平坦，排除地面雨水有困难时，应使街沟的纵坡大于 0.3%，并用锯齿形街沟，以保证排水。

管道埋深不宜过大，一般在干燥土壤中，管道最大埋深不超过 8 m。当地下水位较高，可能产生流砂的地区，不超过 5 m，否则埋深过大将增加施工难度及工程造价。管道的最小埋设深度决定于管道上面的最小覆土深度，如图 8-61 所示。

《城市排水设计规范》规定：在车行道下，管顶最小覆土深度一般不小于 0.7 m。在管道保证不受外部荷载损坏时，最小覆土深度可适当减小。

不同直径的管子在检查中的衔接，根据《城市排水设计规范》要求，应使上下游管段的管顶等高，称为管顶平接（如图 8-62 所示），这样可避免在上游管中形成回水。

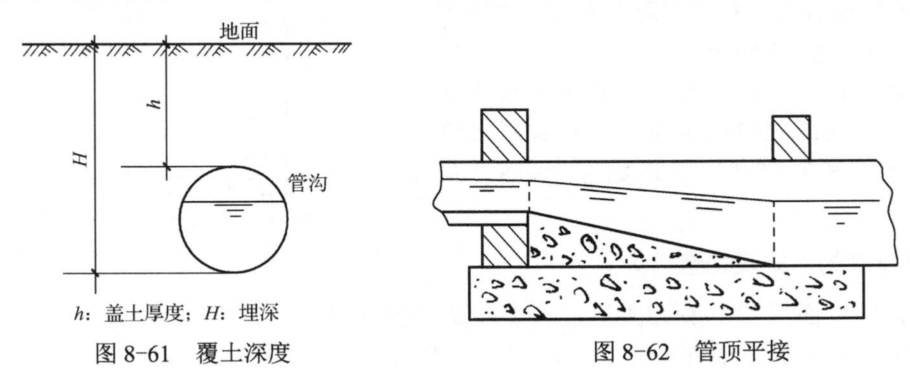

h：盖土厚度；H：埋深

图 8-61　覆土深度

图 8-62　管顶平接

8.8.3　雨水管道及其附属构筑物的构造

1. 雨水口的形式及构造

雨水口，一般由基础、井身、井口、井箅等部分组成，其水平截面一般为矩形，如图 8-63 所示。按照集水方式的不同，雨水口可分为平箅式、立箅式与联合式。

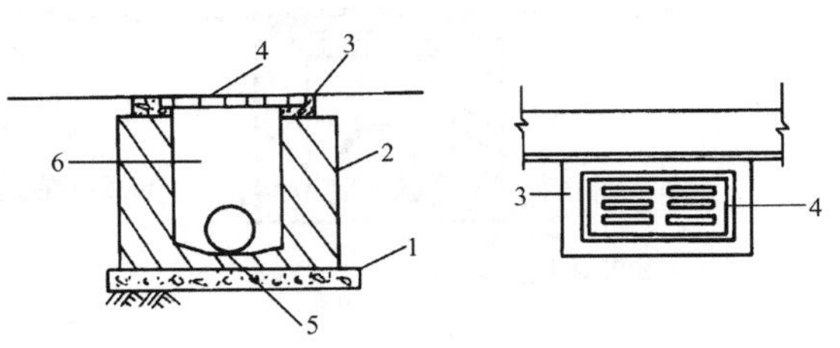

1—基础；2—井身；3—井箅圈；4—井箅；

5—支管；6—井室

图 8-63　雨水口基本构造

平箅式就是雨水口的收水井箅呈水平状态设在道路或道路边沟上，收水井箅与雨水流动方向平行。平箅式雨水口又分成

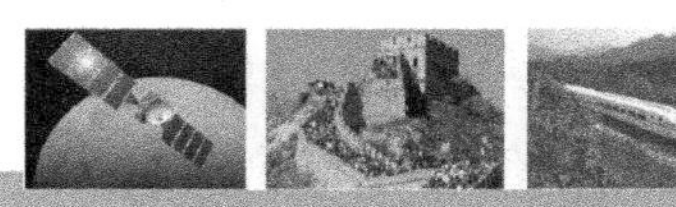

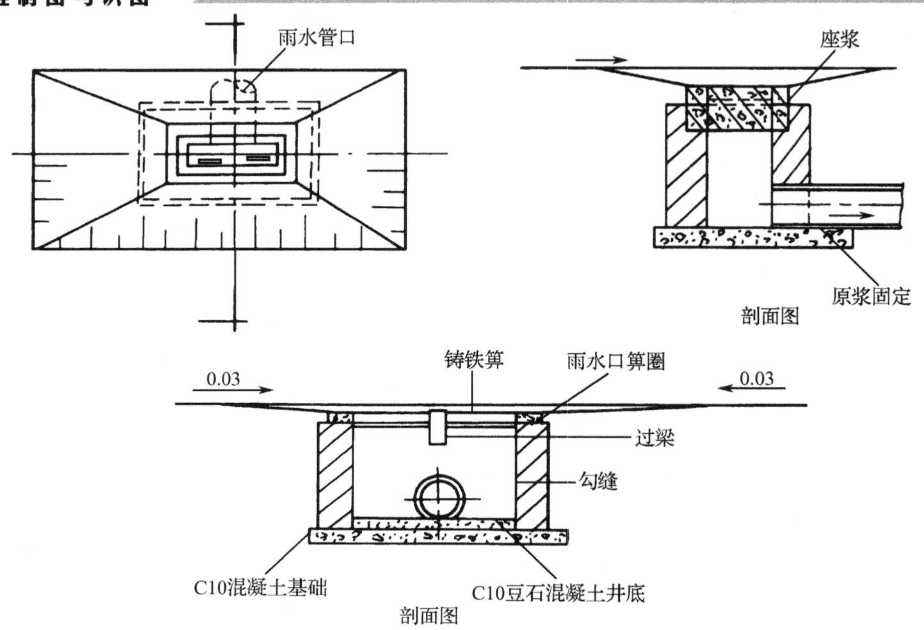

图 8-64　平箅雨水口

单箅和双箅，其构造如图 8-64 所示。

立箅式就是雨水口的收水井箅呈竖直状态设在人行道的侧缘石上。井箅与雨水流动方向呈正交，其构造如图 8-65 所示。

联合式就是雨水口兼有上述两种吸水井箅的设置方式，其两井箅成直角。联合式雨水口又分成单箅式和双箅式，构造如图 8-66、图 8-67 所示。

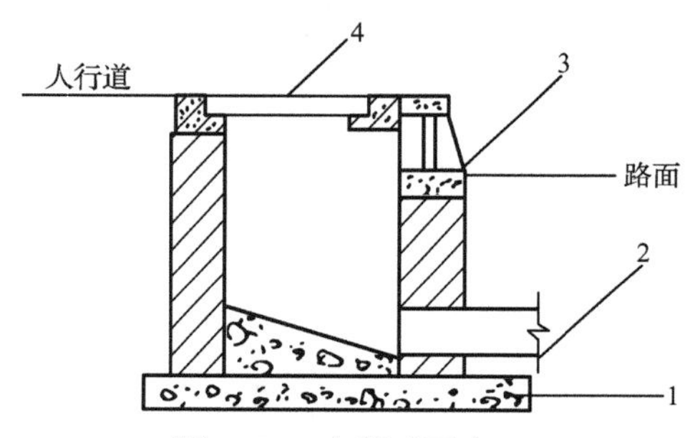

图 8-65　立箅式雨水口

2. 检查井的形式及构造

检查井的平面形状一般为圆形。大型管渠的检查井，也有矩形或扇形的。一般检查井的基本构造可分为基础部分、井身、井口、井盖。

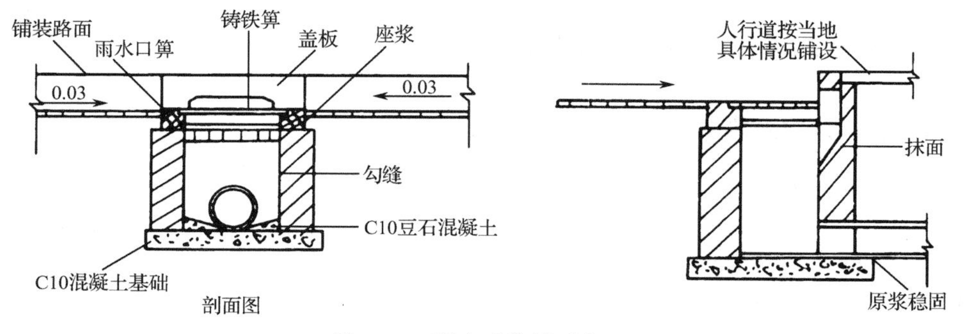

图 8-66　联合式单箅雨水口

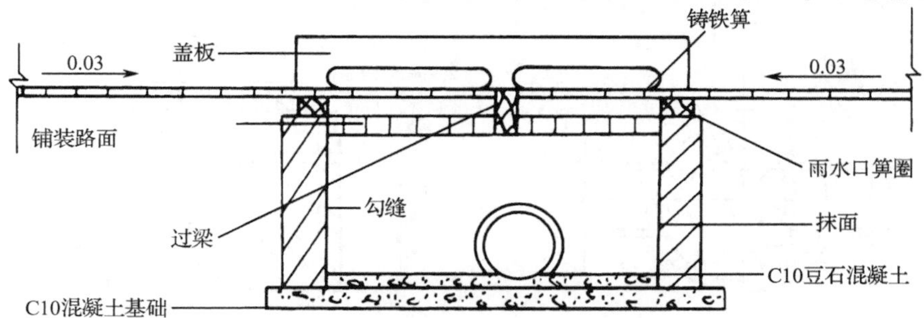

图 8-67　联合式双箅雨水口

检查井的基础一般由混凝土浇筑而成，井身多为砖砌，内壁须用水泥砂浆抹面，以防渗漏。井口、井盖多为铸铁制成。检查井的井口应能够容纳人身的进出。井室内也应保证下井操作人员的操作空间。为了降低检查井的井室和井口之间的距离，须有一个减缩部分连接。检查井内上、下游管道的连接，是通过检查井底的半圆形或弧形流槽，按上下游管底高程顺接。这样，可以使管内水流在过井时，有较好的水力条件。流槽两侧与检查井井壁间的沟肩宽度，一般应不小于 20 cm，以便维护人员下井时立足。设在管道转弯或管道交汇处的检查井，其流槽的转弯半径，应按管线转角的角度及管径的大小确定，以保证井内水流通顺。一般检查井内的流槽型式，如图 8-68 所示。

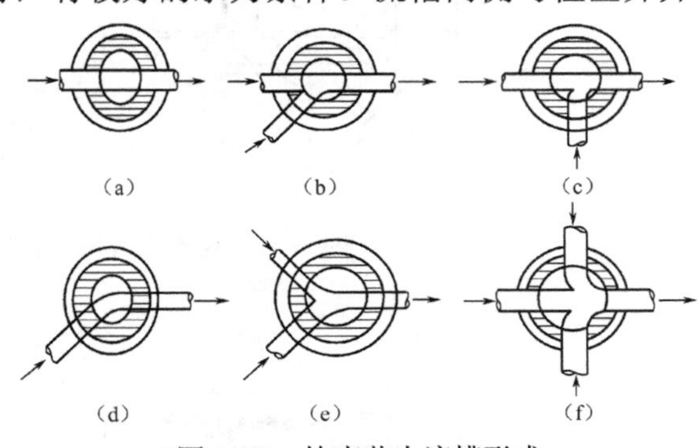

图 8-68　检查井内流槽形式

雨水检查井、污水检查井的构造基本相同，只是井内的流槽高度有差别。当一般管道按管顶平接时，如果是同管径的管道在检查井内连接时，雨水检查井的流槽顶与管中心平齐；如果管径不同，则雨水检查井的流槽顶一般与小管中心平齐。在按管顶平接时，污水检查井的流槽顶一般与管内顶平齐。也就是说，在同等条件下，污水检查井的流槽要比雨水检查井的高些。

下面是几种常用检查井的构造图，如图 8-69、图 8-70、图 8-71、图 8-72 所示。

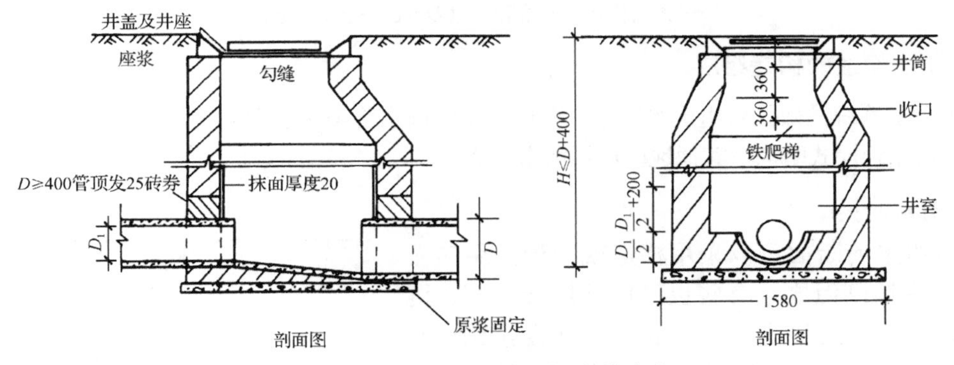

图 8-69　ϕ1 000 mm 圆形雨水检查井

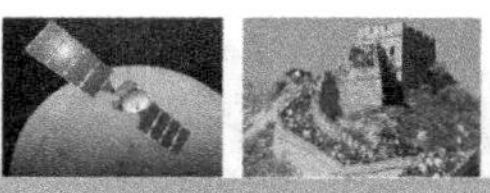

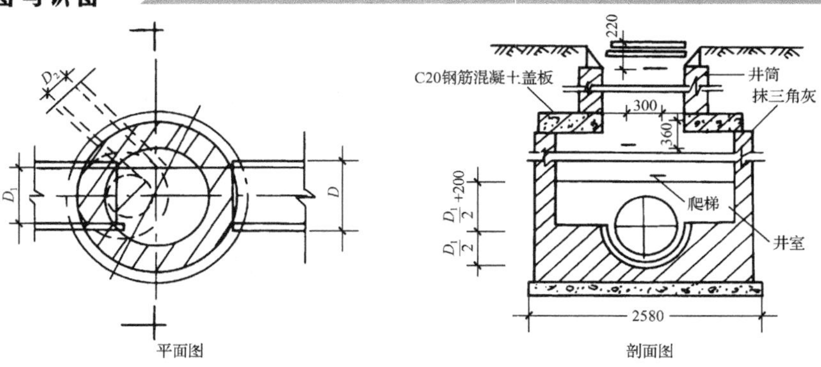

图 8-70　ϕ1 500 mm 圆形雨水检查井

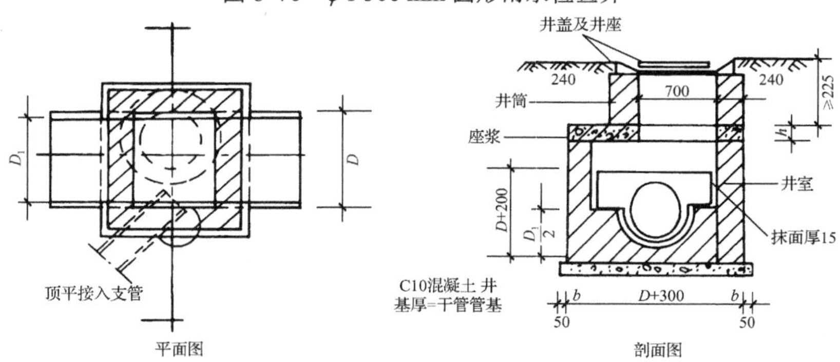

图 8-71　矩形直线雨水检查井（D=800～2 000 mm）

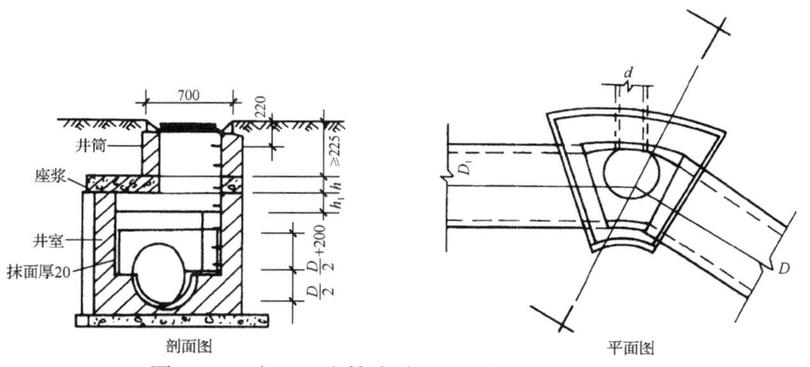

图 8-72　扇形雨水检查井（D=800～2 000 mm）

3. 雨水管道的构造组成

雨水管渠系统在郊区可用雨水明渠，在城市中的雨水管渠系统中的高程控制点地区或其他平坦地区，可用地面式暗沟，其他地区可用雨水管道。

1）雨水明渠

雨水明渠的断面可以采用梯形或矩形，用砖石或混凝土块铺砌而成。有些也可以不用砖、石、混凝土铺砌，但土渠跌差大于 1 m 时，可用浆砌块石铺砌。雨水明渠的构造见图 8-73，与雨水管道的衔接见图 8-74。

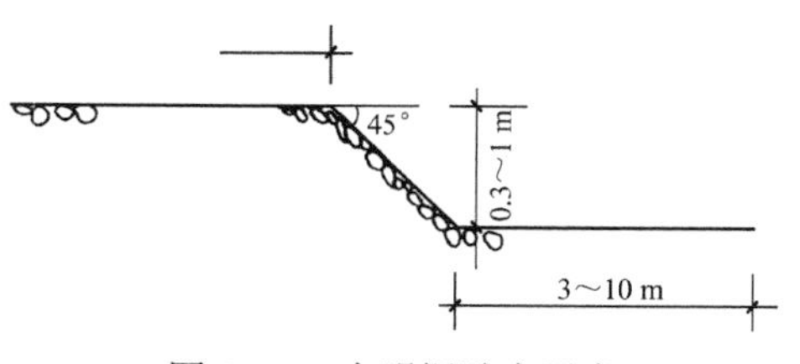

图 8-73　土明渠跌水示意

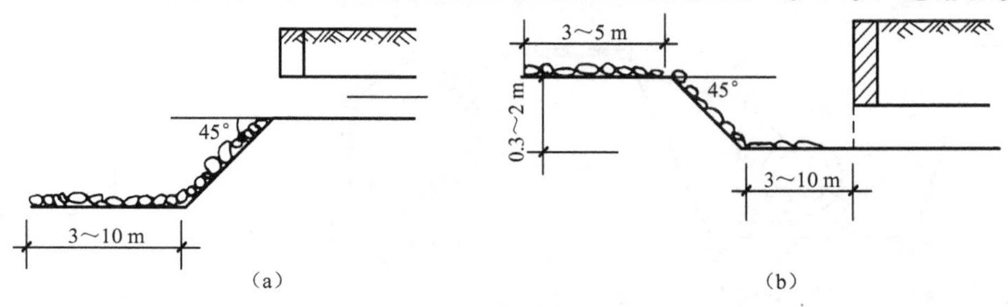

图 8-74　排水管道与明渠连接

2）地面式雨水暗沟

地面式暗沟是一种无覆土的盖板渠。地面式暗沟的全部或大部分处于冻层之内，因此应考虑冻害问题。一般防冻做法是：施工时尽量开小槽，在侧墙（砖墙或块石墙或装配式钢筋混凝土构件）外槽中回填焦渣或混渣等材料以保温，并破坏毛细作用。有条件处宜尽量用块石。我国南方温暖地区采用问题不大，华北大部分地区按上述做法亦能大大减轻冻害，寒冷地区采用时则应慎重。此外，对浅埋的地下管线增加了交叉的机会，须妥善规划和处理。沟盖板兼作步道时，在构造上应考虑启盖后便于复原板面应光滑耐磨。地面式暗沟在道路断面内布置示例，如图 8-75、图 8-76、图 8-77 所示。

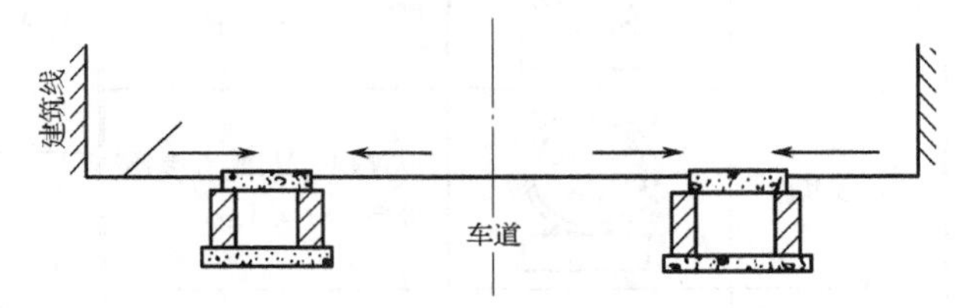

图 8-75　地面式暗沟在道路断面内布置示例 1

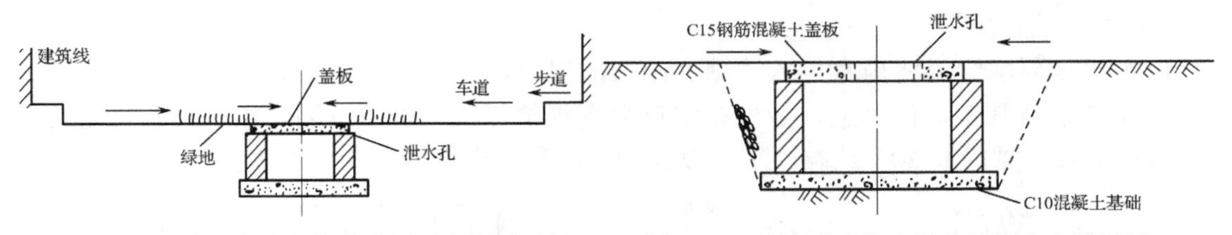

图 8-76　地面式暗沟在道路断面内布置示例 2　　图 8-77　地面式暗沟在道路断面内布置示例 3

3）雨水管道

在城市的市区一般利用管道排除雨水。常用的雨水管道为圆形断面，管材一般有两种类型：金属管材和非金属管材。金属管材一般有铸铁管和钢管两种，由于金属管材造价很高，一般只在排水管道穿越铁路、高速公路、严重流砂地段、地震烈度超过 8 度地区或者如倒虹管等特殊要求的工程项目中才考虑采用。非金属管材常用的有混凝土管、钢筋混凝土管、塑料管。

雨水管道常用的管道基础有混凝土基础。混凝土基础由管基和管座两部分组成（见图 8-78）。由于结构型式的不同，混凝土基础可分为枕形基础和带形基础两种。

（1）枕形基础是仅设在管道接口处的局部管基与管座（见图 8-79）。

（2）带形基础是一种沿管线全长敷设的管基与管座（见表 8-25）。

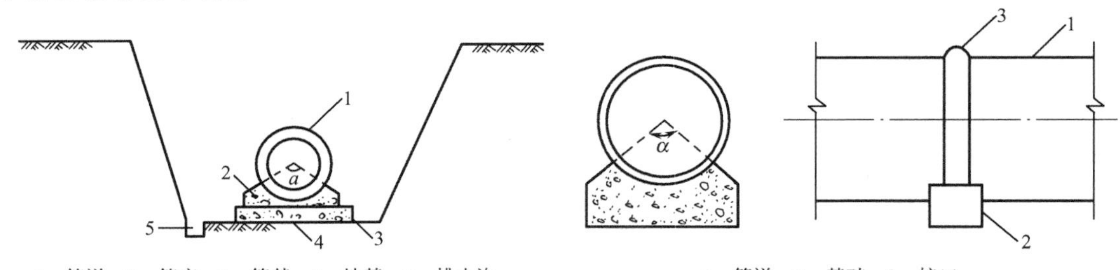

1—管道；2—管座；3—管基；4—地基；5—排水沟

图 8-78 管道基础示意图

1—管道；2—基础；3—接口

图 8-79 混凝土枕形基础

表 8-25 带形基础及适用条件

基础形式	示意图	适用条件	基础形式	示意图	适用条件
C9 基座		管顶以上覆土层厚度为 0.7～2.5 m	C36 Ⅰ 型基座		管顶以上覆土层厚度小于 0.7 m 或需要加固处管径 1 000 mm 以下
C13.5 基座		管顶以上覆土层厚度为 2.6～4.0 m	C36 Ⅱ 型基座		条件同上和径大于 1 000 mm
C18 基座		管顶以上覆土层厚度为 4.1～6.0 m			

4）雨水管道出水口

出水口是雨水管道将雨水排入池塘、小河的出口，一般是非淹没式的出水管的管底高程，在排放水体常年水位以上，最好在常年最高水位以上，以防倒灌。出水口与河道连接部分应做护坡（见图 8-80）或挡土墙，以保护河岸和固定管道出水口的位置。

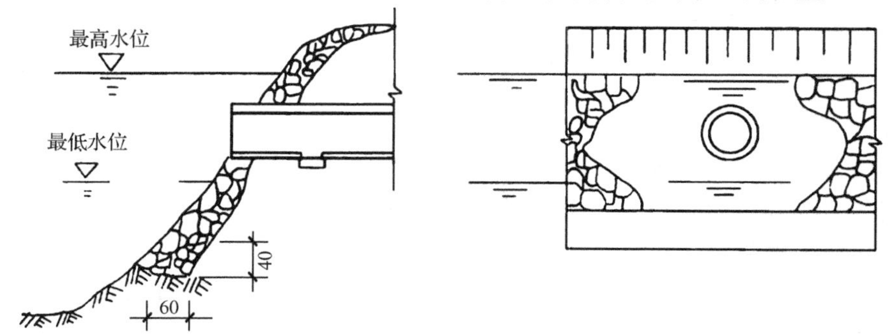

图 8-80 采用护坡的出水口（尺寸单位：mm）

8.8.4 道路排水系统施工图

1. 道路排水系统平面图

雨水管道的平面详图，一般比例为 1 : 500～1 : 200，以布置雨水管线的道路为中心。图上注明：雨水管网干管、主干管的位置；设计管段起讫检查井的位置及其编号；设计管段长度、管径、坡度及管道的排水方向。此外，还注明了道路的宽度并绘出了道路边线及建筑物轮廓线等。同时，注明设计管线在道路上的准确位置，以及设计管线与周围建筑物的相对位置关系；设计管线与其他原有或拟建其他地下管线的平面位置关系等。

2. 道路排水系统断面图

雨水管道断面图，是与平面详图相互对应并互为补充的。管道的平面图，是着重反映设计管线在道路上的平面位置；断面图，则是重点突出设计管道在道路以下的状况。为了突出纵断面图的这个特点，一般将纵断面图绘成沿管线方向的比例与竖直方向（挖深方向）的比例不同的形式，沿管线方向的比例一般应与平面详图比例相同，而竖直方向比例通常为 1∶100～1∶50。这样，可以使管道的断面加大，位置也变得更明显。图上注明设计管道的管径、坡度、管内底高程、地面高程、路面高程、检查井修建高程、检查井编号、管道材料、管道基础类型及旁侧支管的位置等（见图 8-81）。

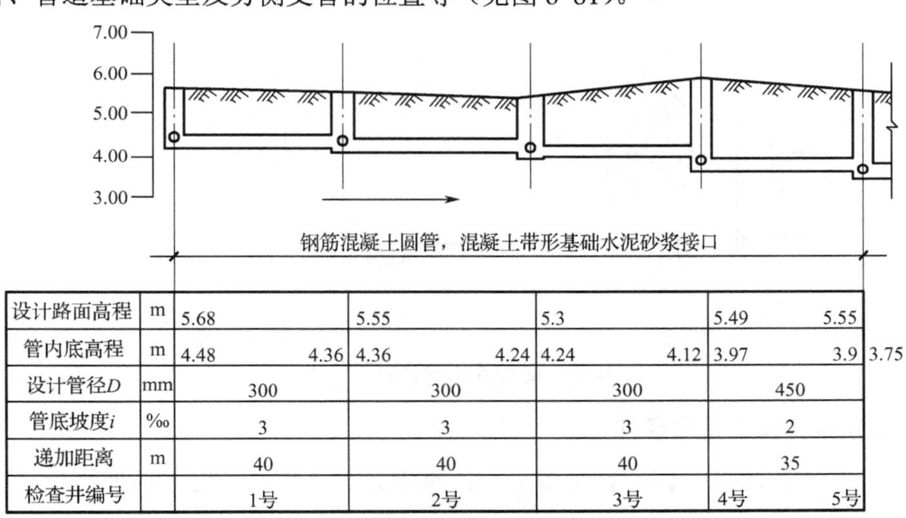

设计路面高程	m	5.68		5.55		5.3		5.49	5.55	
管内底高程	m	4.48	4.36	4.36	4.24	4.24	4.12	3.97	3.9	3.75
设计管径*D*	mm	300		300		300		450		
管底坡度*i*	‰	3		3		3		2		
递加距离	m	40		40		40		35		
检查井编号		1号		2号		3号		4号	5号	

图 8-81　雨水管道部分管段断面

任务 8.9　挡土墙施工图

8.9.1　挡土墙的类型、用途与适用条件

1. 挡土墙的用途

挡土墙是用来支撑天然边坡和人工填土边坡以保持土体稳当的构筑物。挡土墙设置的位置不同，其作用也不同。设置在高填路堤或陡坡路堤下方的路肩墙或路堤墙，它的作用是防止路基边坡或基底滑动，确保路基稳定。同时可收缩填土坡脚，减少填方数量，减少拆迁和占地面积，以保护临近线路既有的重要建筑物。设置在滨河及水库路堤傍水侧的挡土墙，可防止水流对路基的冲刷和侵蚀，也是减少压缩河库或少占库容的有效措施。设置在堑坡底部的为路堑挡土墙，主要用于支撑开挖后不能自行稳定的边坡，同时可减少刷方数量，降低刷坡高度。设置在堑坡上部的山坡挡土墙，用于支挡山坡土可能塌滑的覆盖层

或破碎岩层，有的兼有拦石作用。设置在隧道口或明洞口的挡土墙，可缩短隧道或明洞长度，降低工程造价。设置在出水口四周的挡土墙可防止水流对河床、池塘边壁的冲刷，防止出水口堵塞（见图 8-82）。

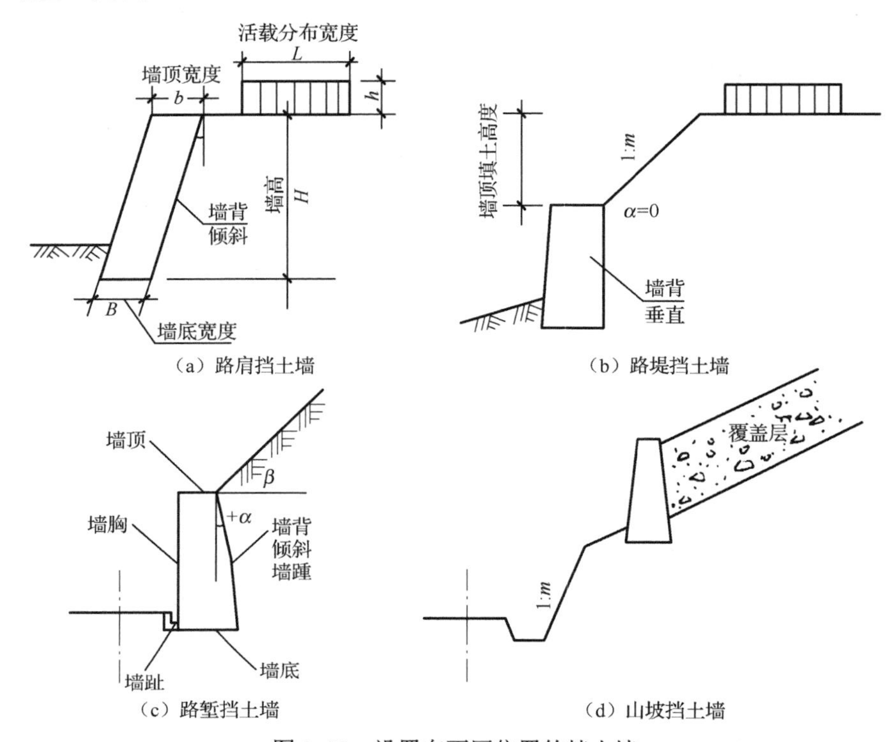

图 8-82 设置在不同位置的挡土墙

2. 挡土墙的类型与适用条件

按支撑土压力的方式不同，挡土墙分为：重力式挡土墙、锚定式挡土墙、薄壁式挡土墙、加筋挡土墙。

（1）重力式挡土墙依靠墙身自重支撑土压力来维持其稳定。一般多用片（块）石砌筑，在缺乏材料的地区有时也用混凝土修建。重力式挡土墙工程量大，但其形式简单、施工方便、可就地取材、适应性较强，故被广泛采用。

重力式挡土墙的墙背形式有普通式［见图 8-83（a）、（b）］，折线形［见图 8-83（c）］，衡重式［见图 8-83（d）］等四种形式，以适应不同的地形、地质条件和经济要求。

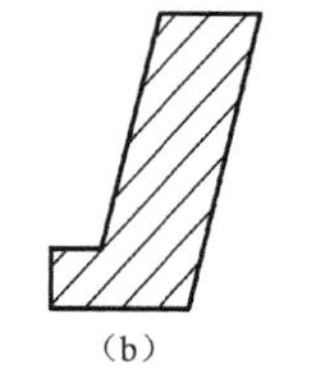
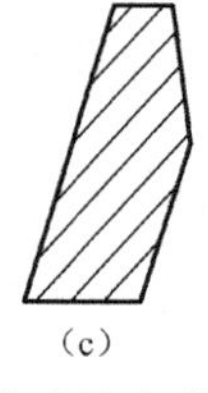
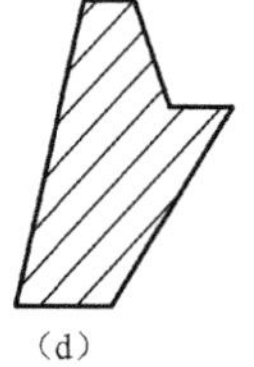

图 8-83 重力式挡土墙

（2）锚杆式挡土墙是一种轻型挡土墙（如图 8-84 所示），主要由预制的钢筋混凝土立柱、挡土板构成墙面，与水平或倾斜的钢锚杆联合组成，锚杆的一端与立柱连接，另一端被锚固在山坡深处的稳定岩层或土层中。适用于墙高较大、石料缺乏或开挖困难地区，主要适用于具有锚固条件的路基挡土墙，一般多用于路堑挡土墙。

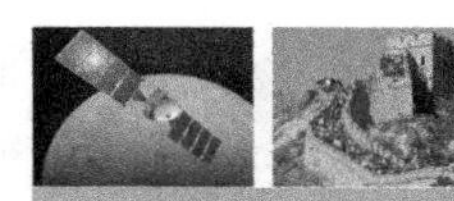

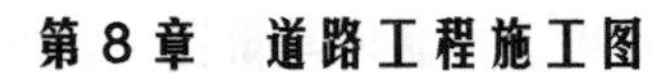

锚定板式挡土墙的结构形式与锚杆式基本相同，只是将锚杆的锚固端改用锚定板，埋入墙后填料内部的稳定层中（如图 8-85 所示）。它主要适用于缺乏石料地区的路肩式或路堤式挡土墙，不适用于路堑式挡土墙。

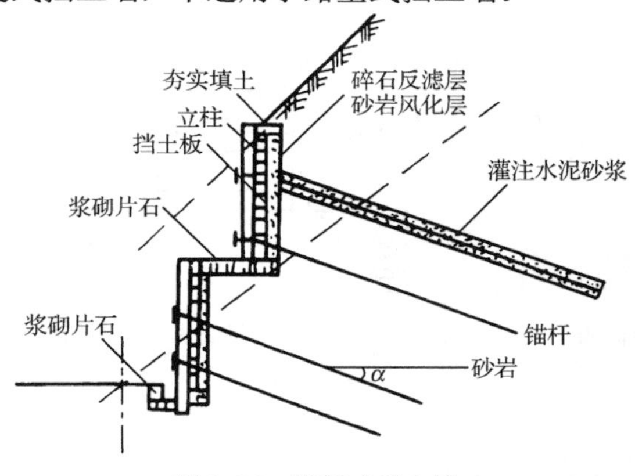

图 8-84　锚杆式挡土墙

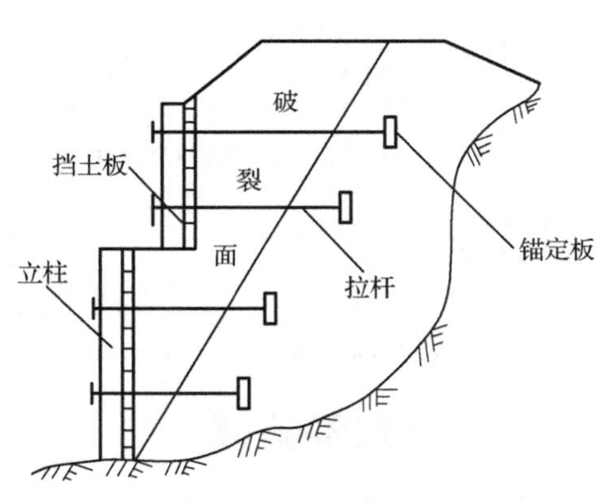

图 8-85　锚定板式挡土墙

（3）薄壁式挡土墙是钢筋混凝土结构，包括悬臂式和扶臂式两种主要形式。悬臂式挡土墙的一般型式（如图 8-86 所示），它是由立臂和底板组成，具有三个悬臂，即立臂、趾板和踵板。扶臂式挡土墙与悬臂式挡土墙基本相同，但一般用在墙身较高处，沿墙长每隔一定距离加筑肋板（扶臂）连接墙面板及踵板（如图 8-87 所示）。它们自重轻、圬工省，适用于墙高较大的情况，但须使用一定数量的钢材，经济效果较好。

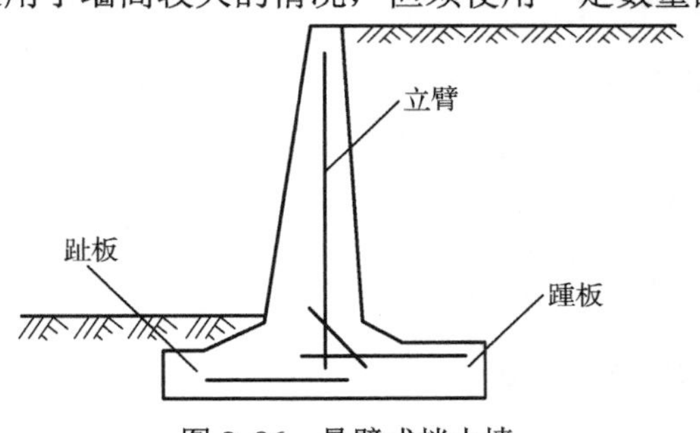

图 8-86　悬臂式挡土墙

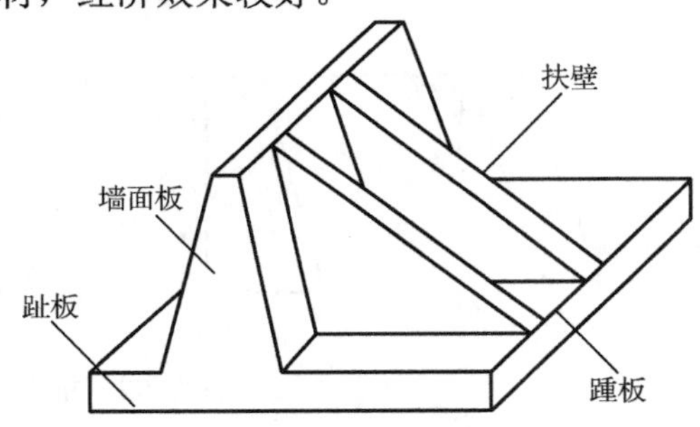

图 8-87　扶壁式挡土墙

（4）加筋土挡土墙是由填土及在填土中布置的拉筋条，以及墙面板三部分组成（如图 8-88 所示）。在垂直于墙的方向，按一定间隔和高度水平地放置拉筋材料，然后填土压实。拉筋材料通常为镀锌薄钢带、铝合金、增强塑料及合成纤维等。墙面板一般是用混凝土预制，也有采用半圆形铝板的。加筋土挡土墙属于柔性结构，对地基变形适应性大，建筑高度大，适用于填土地基。

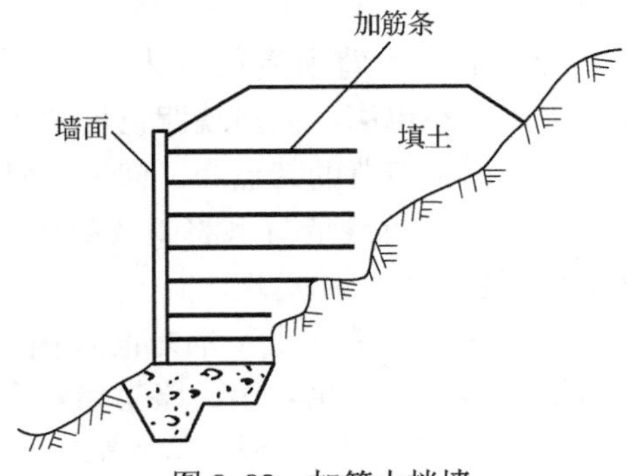

图 8-88　加筋土挡墙

此外，尚有柱板式挡土墙、桩板式挡土墙和垛式（又称框架式）挡土墙（如图 8-89、图 8-90、图 8-91 所示）

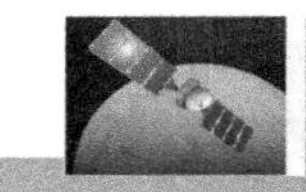

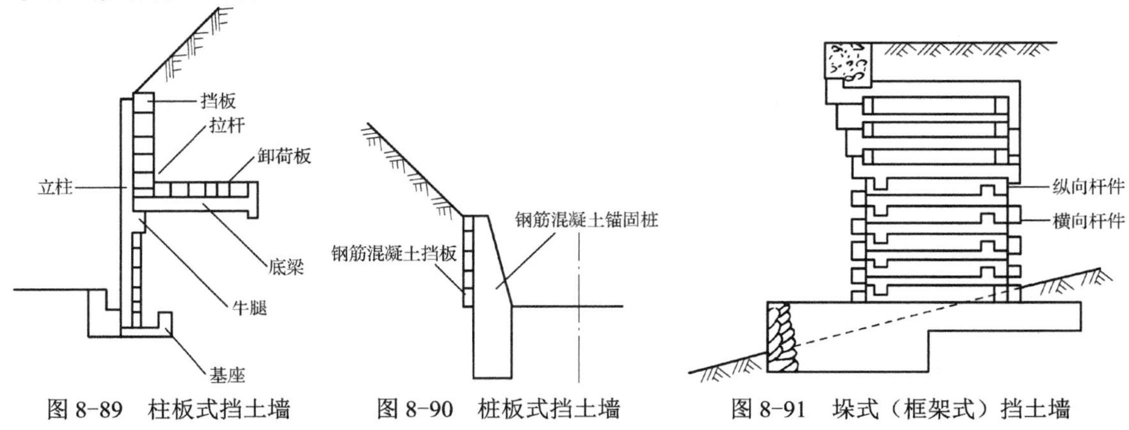

图 8-89　柱板式挡土墙　　图 8-90　桩板式挡土墙　　图 8-91　垛式（框架式）挡土墙

8.9.2　挡土墙的构造

常用的挡土墙一般多为重力式挡土墙。现以重力式挡土墙为例介绍挡土墙的构造。重力式挡土墙一般是由墙身、基础、排水设施和伸缩缝等部分组成。

1．墙身构造

1）墙背

重力式挡土墙的墙背，可以有仰斜、俯斜、垂直、凸形和衡重式等形式（如图 8-92 所示）。常用砖、卵石、块石、片石等材料建筑。

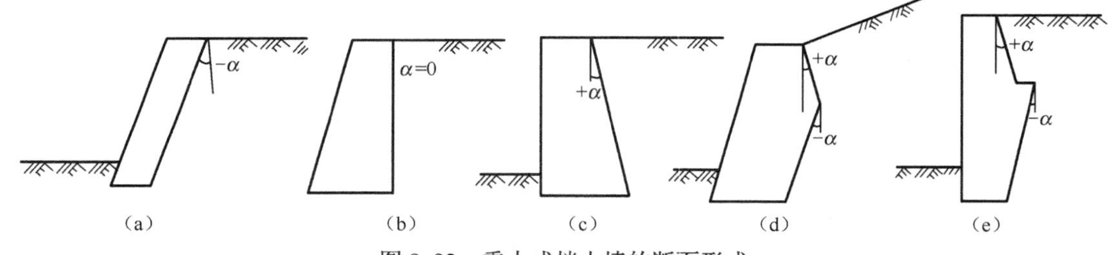

图 8-92　重力式挡土墙的断面形式

（1）仰斜墙背一般适用于路堑墙及墙趾处地面平坦的路肩墙或路堤墙。仰斜墙背的坡度不宜大于 1∶0.3，以免施工困难。

（2）俯斜墙背所受的压力较大。当地面横坡陡峭时，俯斜式挡土墙可采用陡直的墙面，借以减小墙高。俯斜墙背也可做成台阶形，以增加墙背与填料间的摩擦力。

（3）垂直墙背的特点介于仰斜和俯斜墙背之间。

（4）凸形折线墙背系将斜式挡土墙的上部墙背改为俯斜，以减小上部断面尺寸，多用路堑墙，也可用于路肩墙。

（5）衡重式墙在上下墙之间设衡重台，并采用陡直的墙面。适用于山区地形陡峻处的路肩墙和路堤墙，也可用于路堑墙。上墙俯斜墙背的坡度为 1∶0.45～1∶0.25，下墙仰墙背在 1∶0.25 左右，上、下墙的墙高比一般采用 2∶3。

2）墙面

墙面一般为平面，其坡度与墙背坡度相协调。墙面坡度直接影响挡土墙的高度。因此，在地面横坡较陡时，墙面坡度一般为 1：0.20～1：0.05，矮墙可采用陡直墙面，地面平缓时，一般采用 1：0.35～1：0.20，较为经济。

3）墙顶

墙顶最小宽度，浆砌挡土墙不小于 50 cm，干砌不小于 60 cm。浆砌路肩墙墙顶，一般宜采用粗料石或混凝土做成顶帽，厚 40 cm。如不做成顶帽，或为路堤墙和路堑墙，墙顶应以大块石砌筑，并用砂浆勾缝，或用 5 号砂浆抹平顶面，砂浆厚 2 cm。干砌挡土墙墙顶 50 cm 高度内，5 号砂浆砌筑，以增加墙身稳定。干砌挡土墙的高度一般不宜大于 6 m。

4）护栏

为保护交通安全，在地形险峻地段，或过高过长的路肩墙的墙顶应设置护栏。为保护路肩最小宽度，护栏内侧边缘距路面边缘的距离，二、三级路不小于 0.75 m，四级路不小于 0.5 m。

2. 基础

绝大多数挡土墙，都修筑在天然地基上，但当地基承载能力较差时，则要设基础。

当地基承载力不足，地形平坦而墙身较高时，为减少基底应力和抗倾覆稳定性，常常采用扩大基础的方法，如图 8-93（a）所示。

当地基压应力超过地基承载力过多时，需要加宽值较大，为避免部分的台阶过高，可采用钢筋混凝土底板，如图 8-93（b）所示，其厚度由剪力和主拉应力控制。

当地基为软弱土层（如淤泥、软黏土等）时，可采用砂砾、碎石、矿渣或灰土等材料予以换填，以扩散基底应力，使之均匀地传递到下卧软弱土层中，如图 8-93（c）所示。

当挡土墙修筑在陡坡上，而地基又为完整、稳固，对基础不产生侧压力的坚硬岩石时，设置台阶式基础，以减少基坑开挖和节省圬工，如图 8-93（d）所示。

当地基有短段缺口（如深沟等）或挖基困难（如需要水下施工等），可采用拱形基础，以石砌拱圈跨过，再在其上砌筑墙身，但应注意土压力不宜过大，以免横向推力导致拱圈开裂，如图 8-93（e）所示。

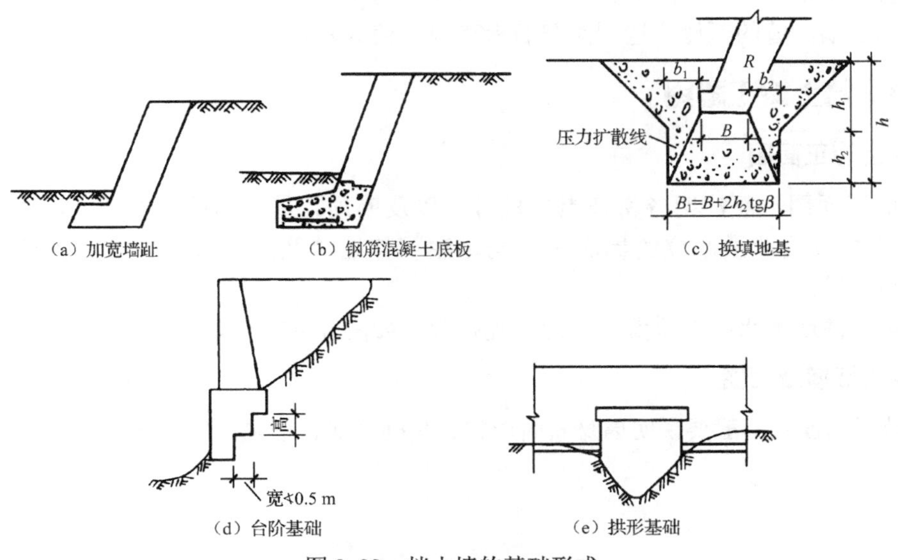

图 8-93　挡土墙的基础形式

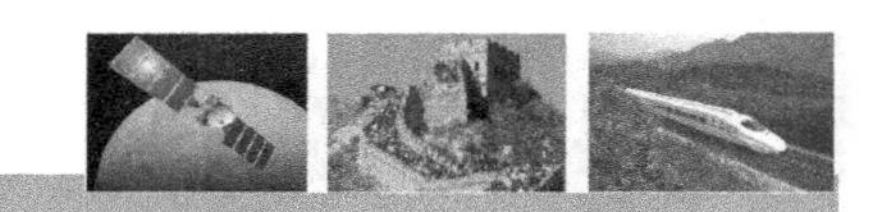

3. 排水设施

挡土墙排水设施的作用主要是排除墙后土体中的积水和防止地面水下渗，以防止墙后积水形成静水压力，减少寒冷地区回填土的冻胀压力，消除黏性土填料浸水后的膨胀压力。

排水措施主要包括：设置地面排水沟、引排地面水、夯实回填土顶面和地面松土，防止雨水及地面水下渗，必要时可加设铺砌；对路堑挡土墙墙趾前的边沟应予以铺砌加固，以防边沟水渗入基础；设置墙身泄水孔，排除墙后水（如图 8-94 所示）。干砌挡土墙因墙身透水，可不设泄水孔。

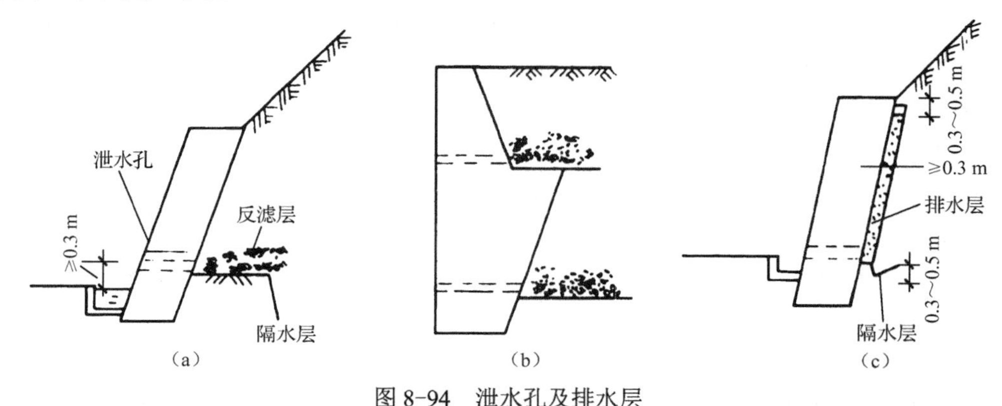

图 8-94　泄水孔及排水层

4. 沉降缝与伸缩缝

为避免因地基不均匀沉陷而引起墙身开裂，需根据地质条件的变异和墙高，以及墙身断面的变化情况设置沉降缝。为了防止圬工砌体因收缩硬化和温度变化而产生裂缝，应设置伸缩缝。伸缩缝和沉降缝可以合并设置。缝内一般可用胶泥，但在渗水量大、填料容易流失或冻害严重地区，则宜用沥青麻筋或涂以沥青的木板等具有弹性的材料。

干砌挡土墙，缝的两侧应选用平整石料砌筑，使成垂直通缝。

8.9.3 挡土墙工程图

1. 挡土墙正面图

挡土墙正面图一般注明各特征点的桩号，以及墙顶、基础顶面、基底、冲刷线、冰冻线、常水位线或设计洪水位的标高等。同时注明伸缩缝及沉降缝的位置、宽度、基底纵坡、路线纵坡等。

挡土墙还注明泄水孔的位置、间距、孔径等，如图 8-95 所示。

2. 挡土墙横断面图

挡土墙横断面图一般要说明墙身断面形式、基础形式、埋置深度、泄水孔等，如图 8-96 所示。

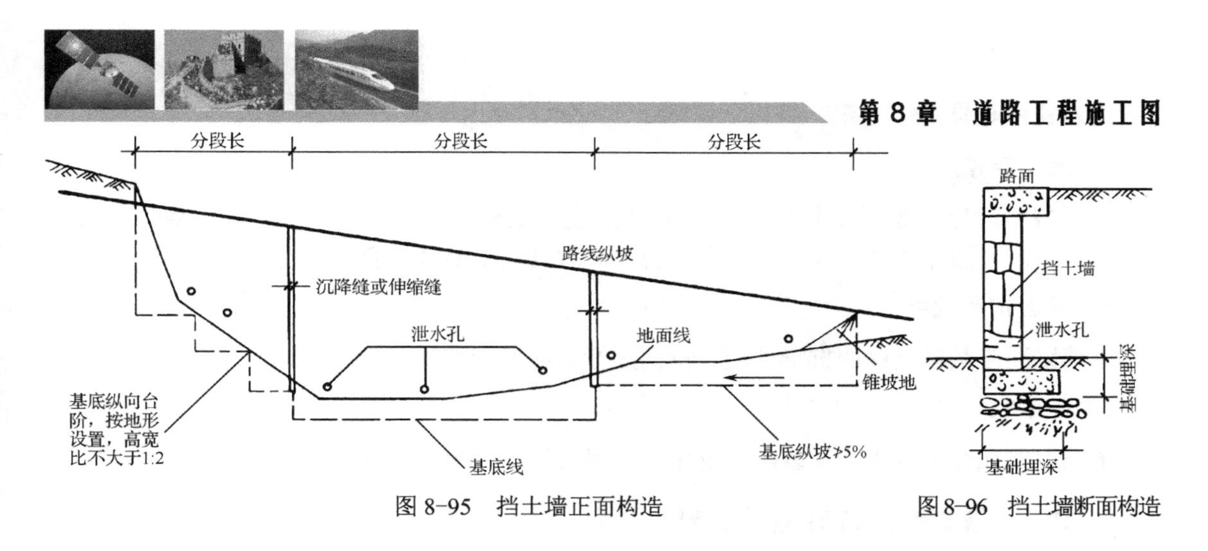

图 8-95　挡土墙正面构造　　　图 8-96　挡土墙断面构造

任务 8.10　路面的要求与结构

公路与城市道路路面是在路基表面上用各种不同材料或混合料分层铺筑而成的一种层状结构物，它的功能不仅是保证汽车在道路上能全天候地行使，而且要保证汽车以一定的速度，安全、舒适而经济地运行。

路面工程是公路与城市道路建设中的一个重要组成部分。路面的好坏直接影响行车速度、运输成本、行车安全和舒适。同时，路面在道路造价中占很大比重，一般高级路面要占道路总投资的 60%～70%，低级路面也要占 20%～30%。因此，修好路面，对发挥整个公路与城市道路运输的经济效益，具有十分重要的意义。

8.10.1　路面应满足的要求

为了保证公路与城市道路全年通车，提高行车速度，增强安全性和舒适性，降低运输成本和延长道路使用年限，要求路面应具有足够的使用性能。

1. 路面结构的强度和刚度

所谓强度是指路面结构抵抗行车荷载作用所产生的各种应力而不致破坏的能力。路面结构整体及其各组成部分必须具备足够的强度，以避免破坏。

所谓刚度是指路面结构抵抗变形的能力。路面结构整体或某一组成部分刚度不足，即使强度足够，在车轮荷载作用下也会产生过量变形，而造成车辙、沉陷或波浪等破坏。因此，整个路面结构及其各组成部分的变形量应控制在容许的范围之内。

2. 稳定性

路面结构暴露于大气之中，经常受到温度和水分变化的影响，其力学性能也随之不断发生变化，强度和刚度不稳定，路况时好时坏。因此，要研究路面结构的温度和湿度状况及其对路面结构性能的影响，以利于修筑在当地气候条件下有足够稳定性的路面结构。

3. 耐久性

路面结构必须具备足够的抗疲劳强度、抗老化和抗形变累积的能力。

4. 表面平整度

为了减小动荷系数（冲击力）、提高行车速度和增进行车舒适性、安全性，路面应保持一定的平整度。道路等级越高，设计车速越大，对路面平整度的要求也越高。

5. 表面抗滑性能

道路路面应具备足够的抗滑性能，特别是行车速度较快时，对抗滑性能的要求较高。

6. 少尘性

道路路面在行车过程中尽量减少扬尘，以保证行车安全和环境卫生。

8.10.2 路面结构及其层次划分

为了减小雨水对路面的浸湿和渗入路基，从而降低路面结构的强度，道路表面应筑成直线形和抛物线形的路拱。等级较高的路面，其平整度和水稳性较好，透水性也小，可采用较小的路拱横坡度，反之则应采用较大的横坡度，见表 8-24。

路肩横坡度应较路面横坡大 1%，以利于迅速排水。路肩全宽或部分宽度表面最好用砂材料或再加结合料予以处治，形成平整、坚实不透水的表面。

根据使用要求、受力情况和自然因素等作用程度不同，把整个路面结构自上而下分成若干层次来铺筑，如图 8-97 所示。

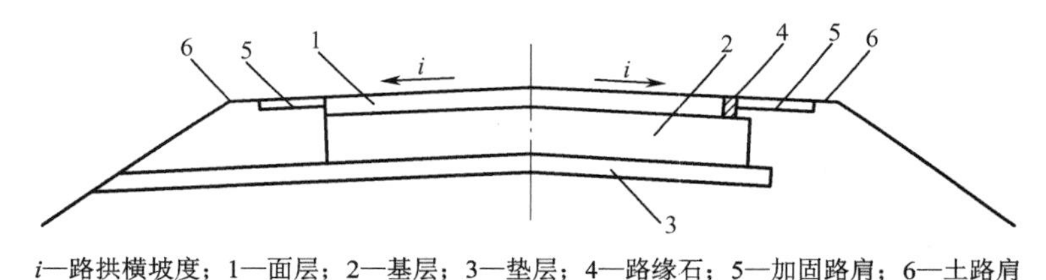

i—路拱横坡度；1—面层；2—基层；3—垫层；4—路缘石；5—加固路肩；6—土路肩

图 8-97　路面结构层次划分示意图

1. 面层

面层是直接同行车和大气接触的表面层次，它承受行车荷载的垂直力、水平力和冲击力的作用，以及雨水和气温变化的不利影响。面层应具备较高的结构强度、刚度和稳定性，且应当耐磨、不透水，表面还应有良好的抗滑性和平整度。

修筑面层所用的材料主要有：水泥混凝土、沥青混凝土、沥青碎（砾）石混合料、砂砾或碎石掺土，以及不掺土的混合料、块石等。

2. 基层

基层主要承受由面层传来的车辆荷载垂直力，并把它扩散到垫层和土基中，故基层应有足够的强度和刚度。基层还应有平整的表面，以保证面层厚度均匀。基层遭受大气因素的影响较面层小，但难于阻止地下水的浸入，要求基层结构应有足够的水稳性。

修筑基层所用的材料主要有：各种结合料（如石灰、水泥或沥青等）稳定土或稳定碎（砾）石、贫水泥混凝土、天然砂砾、各种碎石或砾石、片石、块石或圆石、各种工业废渣所组成的混合料及它们与土、砂、石所组成的混合料等。

3. 垫层

垫层是设在土基与基层之间的构造层，其功能是改善土基的湿度和温度状况，以保证面层和基层的强度和刚度的稳定性，以及不受冻胀翻浆作用的影响。垫层常设在排水不良和冻胀翻浆路段，在地下水位较高地区铺设的垫层起隔水作用又称隔离层。在冻深较大地区铺设的垫层能起防冻作用又称防冻层。垫层还能扩散由面层和基层传来的车轮荷载垂直作用力，以减小土基的应力和变形，而且它能阻止路基土挤入基层中，保持基层结构的性能。

修筑垫层所用的材料要有较好的水稳定性和隔热性。常用的材料有两类：一类是用松散粒料，如砂、砾石、炉渣、片石或圆石等组成的透水性垫层；另一类是由整体性材料如石灰土或炉渣石灰土等组成的稳定性垫层。

图 8-97 所示为一个典型的路面结构示意图。值得注意的是：实际上路面并不一定都具有那么多的结构层次。此外，路面各结构层次的划分，也不是一成不变的。为保护沥青路面的边缘，其基层应较面层每边宽出约 0.25 m，垫层也要较基层每边宽出约 0.25 m。当不设横向盲沟时，应将垫层向两侧延伸直至路基边坡表面，以利于排水。

8.10.3 路面的分级与分类

1. 路面的分级

根据面层的使用品质、材料组成类型、结构强度和稳定性的不同，将路面分成四个等级，见表 8-26。

表 8-26　各等级路面所具有的面层类型及其所适用的公路等级

路面等级	面 层 类 型	所适用的公路等级
高级	水泥混凝土、沥青混凝土、厂拌沥青碎石、整齐石块或条石	高速、一级、二级
次高级	沥青灌入碎（砾）石、路拌沥青碎（砾）石、沥青表面处治、半整齐石块	二级、三级
中级	泥结或级配碎（砾）石、水结碎石、不整齐石块、其他粒料	三级、四级
低级	各种粒料或当地材料改善土：如炉渣土、砾石土、砾土和砂等	四级

1）高级路面

它的特点是强度和刚度高，稳定性好，使用寿命长，能适应繁重的交通量，平整无尘，能保证高速行车，其养护费用少，运输成本低。但其基建投资大，需要质量较高的材料来修筑。

2）次高级路面

它的特点是强度和刚度较高，使用寿命较长，能适应较大交通量，行车速度也较高，造价低于高级路面。但要求定期修理，养护费用和运输成本也相对较高。

3）中级路面

它的特点是强度和刚度较低，稳定性较差，使用期限较短，平整度较差，易扬尘，仅能适应一般的交通量，行车速度低，需要经常维修和补充材料，方可延长使用年限。造价虽低，但养护工作量大，运输成本也高。

4）低级路面

它的特点是强度和刚度低，水稳性和平整度均差，易生灰，只能保证低速行车，适应的交通量较小，雨季有时不能通车。造价虽低，但要求经常养护维修，而且运输成本很高。

2. 路面的分类

1）根据路面的力学性能划分

（1）柔性路面。柔性路面是指各种基层（水泥混凝土除外）和各类沥青面层、碎（砾）石面层或块石面层所组成的路面结构。其特点是刚度小，在荷载作用下所产生的弯沉变形较大，路面结构本身抗弯拉强度较低。车轮荷载通过各结构层向下传递到土基层，使土基受到较大的单位压力，因而土基的强度和稳定性，对路面结构整体强度有较大影响，如图 8-98 所示。

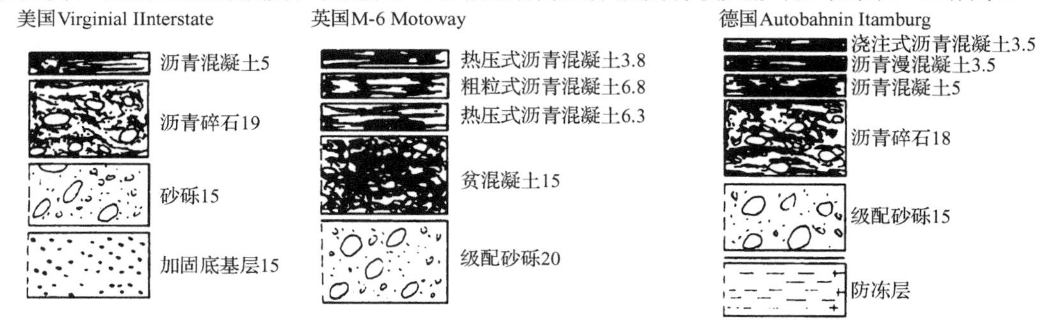

图 8-98　柔性路面（cm）

（2）刚性路面。刚性路面是指用水泥混凝土作面层或基层的路面结构。水泥混凝土的强度较高，其抗弯拉强度比各种路面材料要高得多，弹性模量也大很多，因而刚性很大。水泥混凝土路面板在车轮荷载作用下弯沉变形极小，荷载通过混凝土板体的扩散分布作用，传递到基础上的单位压力，较柔性路面小得多，如图 8-99 所示。

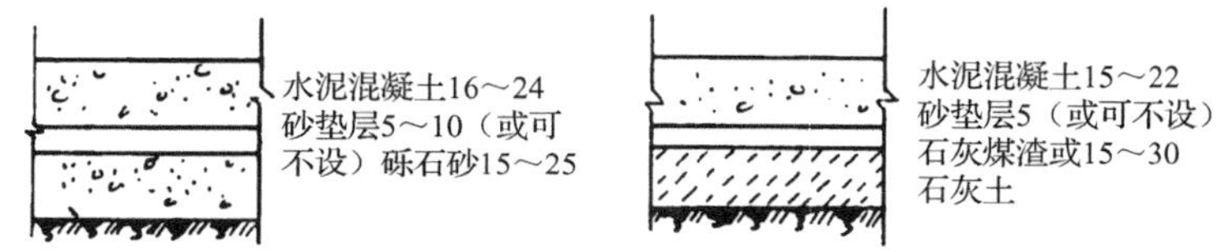

图 8-99　刚性路面（cm）

2）按筑路材料划分

（1）以无机材料为结合料的路面：骨料为碎（砾）石和砂，结合料以水泥、黏土为主，也常用石灰作结合料。

① 水泥混凝土路面：以水泥为结合料的路面，力学特性好，具有耐风化和抵抗雨雪侵蚀能力强的优点，宜用于高级路面，可适合高速和大交通量的行车要求，但其须置于坚实的基层和土基之上。因水泥材料昂贵故工程造价很高，加上路面分块和接缝处理技术还未得到很好的解决，这一些不利因素，对水泥混凝土路面被广泛选用都起到一定的影响。

② 泥结碎（砾）石和级配砾（碎）石路面：以碎石、砾石及砂为主要材料，以黏土为结合料，经摊铺和辗压成形的一种路面。泥结碎（砾）石路面，先将骨料层先铺再辗压，待灌注稠度适当的黏土浆并充满碎石中的孔隙以后，再辗压成型。上层可加铺级配砂土磨耗层或松散保护层。级配砾（碎）石路面，其施工方法与泥结碎石路面不同，先将合乎规

格的级配料掺入一定量的黏土，经加水拌合后摊铺和辗压成型，上面也可加铺磨耗层或保护层。这一类路面的最大优点是就地取材，施工方法也比较简便。

③ 稳定土路面：以当地工程性质良好的普通土为主要材料，掺入一定量的石灰或水泥，加水拌合、摊铺和辗压成型的路面常称为石灰稳定土或水泥稳定土路面。如果以当地工程性质良好的黏性土为主要材料，适当掺入一些中粗砂，经洒水拌合、摊铺和辗压成型的路面称为砂土路面。这种路面结构类型属于低级路面，只能用于交通量小的四级以下公路，下雨天不宜通车，最好建于不潮湿地区。

（2）以有机材料为结合料的路面：以碎石、砾石及砂为主要材料，以石油沥青（包括渣油）或煤沥青为结合料，用不同方式或不同施工方法铺筑成的路面。

① 沥青混凝土路面：弹性好、抗剪强度高，平整度和防震性可以达到很高的水平，能适应大交通量和高速行车，养护工作量小，局部修补很容易，多用于高速公路和城市道路的路面面层。其缺点在于沥青中的油分挥发和组分改变后，路面逐渐老化以致影响其使用寿命；同时因路面表面光滑，使之与车轮的摩擦系数偏低，遇水后更低；另外，受设备限制只适宜在气温较高的季节施工。这些因素，限制着沥青混凝土路面被广泛应用。

② 沥青碎石：与沥青混凝土的差别在于，混合料中不用矿粉，力学性能和使用周期稍低，单位造价也稍低，其余方面都与沥青混凝土路面基本相同。

③ 沥青灌入式：工程性能与沥青碎石基本相似，沥青稠度要求较低。面层强度、耐久性及工程造价都比沥青碎石低。

④ 沥青碎（砾）石表面处治：在坚实的路面基层上或者在中级路面的面层上，先在表面洒布沥青，然后铺撒粒径 0.5～1.5 cm 的石屑，经碾压成为很薄的路面面层。沥青碎石表面处治既可独立地作为次高级路面面层，也可用作高级和次高级路面面层的保护层。因其结构层很薄，其力学强度、稳定性及耐久性都较差，只能适用于每昼夜 2000 辆以下的中等交通量。其优点是造价低、施工简便，对油料性能的要求也较低，常在一般干线公路上采用。

⑤ 沥青灰土表面处治：以当地工程性质良好的普通土掺和沥青，经拌合、摊铺和碾压成形的路面面层。由于沥青与土粒结合而改善了土的物理力学性质，这种路面结构层具有一定的力学强度和水稳性，可以适应每昼夜 400 辆以下的交通量。

⑥ 沥青砂：沥青与中粗砂加热拌合，可摊铺在高级和次高级路面面层上作保护层和磨耗层，也可作为沥青路面的上层，由于沥青砂防水性能好，热稳定性也比较好，故常在沥青路面施工和养护中采用。

（3）其他类型。

① 整齐料石或条石路面：其耐久性、耐磨性、抗弯强度和表面粗糙度都很好，可作为大交通量和汽车高速行驶的路面面层。由于平整度难以控制，不利于汽车高速行驶。加上料石加工费用高，施工不宜机械化等缺点，这一类型的路面面层很少被采用。

② 半整齐块石路面面层：与整齐料石或条石路面面层相似，加工石料规格较低，工程条件也要求较差。由于上述缺点存在，也很少在次高级路面上采用。

③ 不整齐石块：用碎石或其他不规则石块（如片石），在路槽中铺筑并碾压成型的路面结构层，宜用于降雨量偏少地区作基层或作中级路面面层。在水稳性好的路基上，可浆砌为过水路面。

④ 其他材料：在缺乏石料地区，可以利用废砖渣、瓦砾加工成一定规格的骨料铺筑路

面。在没有现成砖瓦废料的地区，也可选用黏性土作原料，烧制成陶质或砖质碎块（类似碎石）作路面材料。另外，也可以选用山砂、河砂或工业废渣，如矿渣、炉渣和粉煤灰作路面材料。用这些材料铺筑路面，有的可作低级路面的面层，有的可作高级及次高级路面的底基层或基层。利用工业废料作路面材料，现在正在公路和城市道路建设中被广泛采用。

3. 路面结构层厚度

路面结构层总厚度是各结构层厚度的总和。各结构层厚度的选定，是根据车轮荷载、土基强度和路面材料强度等因素，经过设计计算所求得的技术条件和工程经济最佳的组合。同一路面的结构层中，各层次的材料强度及其结构厚度，都是相互关联、相互依存和相互补充的。例如，路面面层材料与其他各层比较，强度最高、料价也最高。在车轮荷载和土基强度已定的情况下，为求得工程经济合理，常选用较薄的路面面层。因此就得选用较强或较厚的基层、底基层或者再加上垫层。反过来说，如果因某种原因必须增厚面层时，相应的可以减薄基层或底基层的厚度，有时也可以不用垫层。在面层和土基强度一定的情况下，也可以加厚基层取消底基层。在实际设计中，不经过技术经济论证都不得采用过多或过少的层次构造。另一方面，基层或垫层的厚度也不能过多地增加，一则各层次的厚度要受最佳技术经济组合的制约，再则厚度过大的层次会增加施工方面的困难。因为较大的结构层厚度，常须分两次以上的铺筑和碾压。从结构角度看，过多的结构分层会影响它的结构整体性，因此，设计路面各构造层次也不应太薄，必须具有一个最小厚度，小于这一最小厚度就不能形成一个结构层。例如，有的规范规定，水泥混凝土结构层的最小厚度，应不小于碎石最大粒径的 4 倍并大于 16 cm。路面结构层常用最小厚度见表 8-27。

表 8-27　常用路面结构的最小厚度

结构名称		最小厚度（m）	附　注
沥青混凝土热拌沥青混合料	粗粒式	5.0	单层最小厚度，不包括连接层的组合厚度
	中粒式	4.0	
	细粒式	2.5	
沥青贯入式		4.0	
沥青碎（砾）石表面处治、沥青石屑		1.5	
沥青灰土表面处治及沥青砂		2.0 及 1.0	
天然砂砾、级配砾（碎）石、泥结碎（砾）石、水结及干压碎石		8.0	
泥结碎（砾）石、级配砾（碎）石掺石灰		8.0	
铺砌片石、铺砌锥块石		12.0	
砂姜石、碎砖等嵌锁型结构		6.0	
灰土类（石灰土、碎（砾）石灰土、煤渣灰土等）工业废渣类（二渣、三渣、二渣土等）		8.0	新路可增厚至 15
块石、圆石或拳石基层		10.0	
大块石基层		12.0	
水泥稳定砂砾		8.0	新路可增厚至 15

任务 8.11　常见路面的构造

8.11.1　水泥混凝土路面的构造

水泥混凝土路面，包括素混凝土、钢筋混凝土、连续配筋混凝土、预应力混凝土、装配式混凝土、钢纤维混凝土和混凝土小块铺砌等面层板和基（垫）层组成的路面。目前采用最广泛的是就地浇筑的素混凝土路面，简称混凝土路面。

所谓素混凝土路面，是指除接缝区和局部范围（边缘和角隅）外，不配置钢筋的混凝土路面。它的优点是：强度高，稳定性好，耐久性好，养护费用少、经济效益高，有利于夜间行车。但是，对水泥和水的用量大，路面有接缝，养护时间长，修复困难。

1. 土基和基层

1）土基

理论分析表明，通过刚性面层和基层传到土基上的压力很小，因此混凝土板下不需要有坚强的土支撑。然而，如果土基的稳定性不足，在水温变化的影响下出现较大的变形，特别是不均匀沉陷、不均匀冻胀、膨胀土等仍将给混凝土面层带来很不利的影响，以至于破坏。

控制路基不均匀支撑的最经济、最有效的方法是：把不均匀的土掺配成均匀的土；控制压实时的含水量接近于最佳含水量并保证压实度达到要求；加强路基排水设施，对于湿软地基，则应采取加、固措施；加设垫层，以缓和可能产生的不均匀变形对面层的不利影响。

2）基层

除了混凝土面层下的土基本身有良好级配的砂砾类土，而且是良好排水条件的轻交通外，都应设置基层。理论计算和实践都已证明，采用整体性好的材料修筑基层，可以确保混凝土路面良好的使用特性和延长路面的使用寿命。

基层厚度以 0.2 m 左右为宜。基层宽度宜较路面两边各宽出 0.2 m，以供施工时安装模板并防止路面边缘渗水至土基而导致路面破坏。

在冰冻深度大于 0.5 m 的季节性冰冻地区，为防止路基可能产生的不均匀冻胀对混凝土面层的不利影响，路面结构应有足够的厚度，以便将路基的冰冻深度约束在有限的范围之内。路面结构的最小厚度，随冰冻线深度、路基的潮湿状况和土质状况而异，其数值可参照表 8-28 选定。超出面层和基层厚度的部分可用基层下的垫层（防冻层）来补足。

表 8-28　水泥混凝土路面结构最小厚度（m）

冰冻深度（m）	路基潮湿类型	对冻胀敏感的土类	对冻胀不敏感的土类
0.5～1.0	中湿	0.4～0.5	0.3～0.4
	潮湿	0.5～0.7	0.4～0.5
1.0～2.0	中湿	0.5～0.7	0.4～0.6
	潮湿	0.7～1.0	0.6～0.7
>2.0	中湿	0.7～1.0	0.6～0.7
	潮湿	1.0～1.2	0.7～0.9

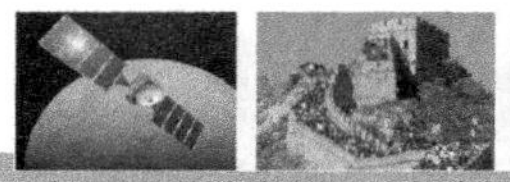

2. 面板的横断面形式

理论分析表明，轮载作用于板中部时板所产生的最大应力约为轮载作用于板边部时的2/3。因此，面层板的横端面应采用中间薄两边厚的形式，以适应荷载应力的变化。一般边部厚度较中部厚大约 25%，是从路面最外两侧板的边部，在 0.6～1.0 m 宽度范围内逐渐加厚，如图 8-100 所示。但是厚边式路面对土基和基层的施工整型带来不便；而且使用经验也表明，在厚边式路面变化转折处，易引起板的折裂。因此，目前国内外常采用等边厚式断面，或在等边厚式断面板的最外两侧板边部配置钢筋予以加固。

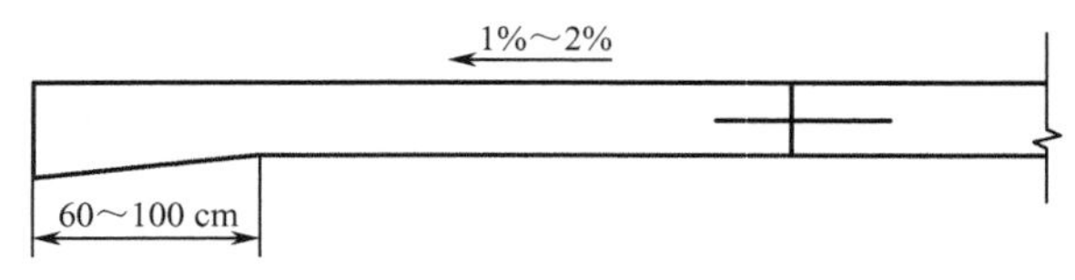

图 8-100　厚边式断面

3. 接缝的构造与布置

混凝土面层是由一定厚度的混凝土板所组成，它具有热胀冷缩的性质。由于一年四季气温的变化，混凝土板会产生不同程度的膨胀和收缩。白天气温升高，混凝土板顶面温度较底面高，这种温度坡差会造成板的中部隆起；夜间气温降低，板顶的温度较底面低，会使板的周边和角隅翘起，如图 8-101（a）所示。这些变形会受到板与基础之间的摩阻力、黏结力、板的自重和车轮荷载等的约束，致使板内产生过大的应力，造成板面断裂或拱胀等破坏，如图 8-101（b）所示。

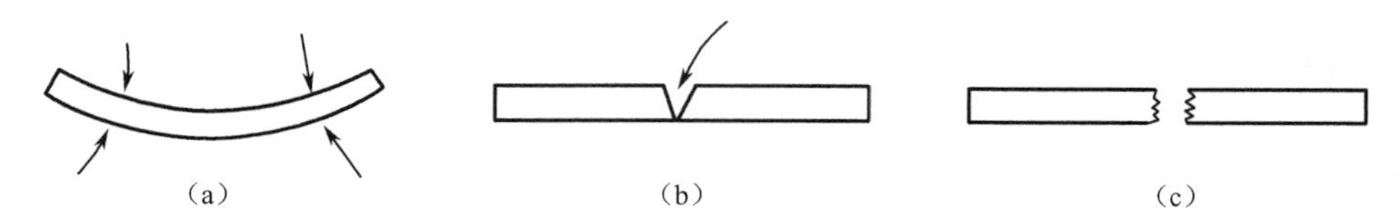

图 8-101　混凝土由于温度坡差引起的变形

由于翘曲而引起的裂缝，则在裂缝发生后被分割的两块板体尚不致完全分离，倘若板体温度均匀下降引起收缩，则将使两块板体被拉开从而失去荷载传递作用，如图 8-101（c）所示。

为避免这些缺陷，混凝土路面不得不在纵横两个方向建造许多接缝，把整个路面分割成为许多板块（见图 8-102）。

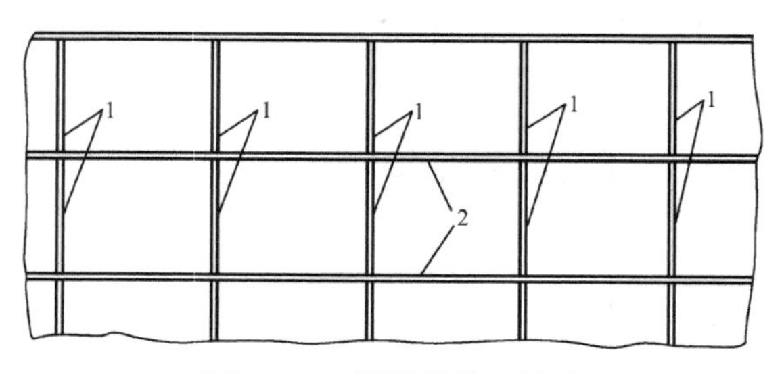

图 8-102　板的分块与接缝

横向接缝是垂直于行车方向的接缝，分为收缩缝、膨胀缝和施工缝。收缩缝保证板因温度和湿度的降低而收缩时沿该薄弱端面缩裂，从而避免产生不规则的裂缝。膨胀缝保证板在温度升高时能部分伸张，从而避免产生路面板在热天的拱胀和折裂破坏，同时膨胀缝也能起到收缩缝的作用。另外，混凝土路面每天完工及因雨天或其他原因不能继续施工时，应尽量做到膨胀缝处。如不可能，也应做至收缩缝处，并做成施

工缝的构造形式。

在任何形式的接缝处板体都不可能是连续的，其传递荷载的能力总不如非接缝处。而且任何形式的接缝都不可避免要漏水。因此，对各种形式的接缝，都必须为其提供相应的传荷与防水的设施。

1）横缝的构造与布置

（1）膨胀缝的构造。缝隙宽约 18～25 mm。如施工时气温较高，或膨胀缝间距较短，应采用低限；反之用高限。缝隙上部约为厚板的 1/4 或 5 mm 深度内浇灌填缝料，下部则设置富有弹性的嵌缝板，它可由油浸或沥青制的软木板制成。胀缝缝隙宽度（以 mm 计）的理论值 b 按下式确定：

$$b = 1\,000 a_c \cdot a \cdot \Delta t \cdot L \tag{8-20}$$

式中，a_c 为填缝材料的压缩系数；a 为混凝土温度膨胀系数，约为 10（1/℃）；Δt 为混凝土的最高平均温度同施工时的温度的差值（℃）；L 为考虑伸长影响的计算板长（m）。

对于交通繁忙的道路，为保证混凝土板之间能有效地传递载荷，防止形成错台，可在胀缝处板厚中央设置传力杆。传力杆一般为长 0.4～0.6 m，直径为 20～25 mm 的光圆钢筋，每隔 0.3～0.5 m 设一根。杆的半段固定在混凝土内，另半段涂以沥青，套上长约 8～10 cm 的铁皮或塑料筒，筒底与杆端之间留出宽约 3～4 cm 的空隙，并用木屑与弹性材料填充，以利于板的自由伸缩，见图 8-103（a）。在同一条胀缝上的传力杆，设有套筒的活动端最好在缝的两边交错布置。

由于设置传力杆需要钢材，故有时不设传力杆，而在板下用 C10 混凝土或其他刚性较大的材料，铺成断面为矩形或梯形的垫枕，见图 8-103（b）。当用炉渣石灰土等半刚性材料作基层时，可将基层加厚形成垫枕，见图 8-103（c），结构简单，造价低廉。为防止水经过胀缝渗入基层和土层，还可以在板与垫枕或基层之间铺一层或两层油毛毡或 2 cm 厚沥青砂。

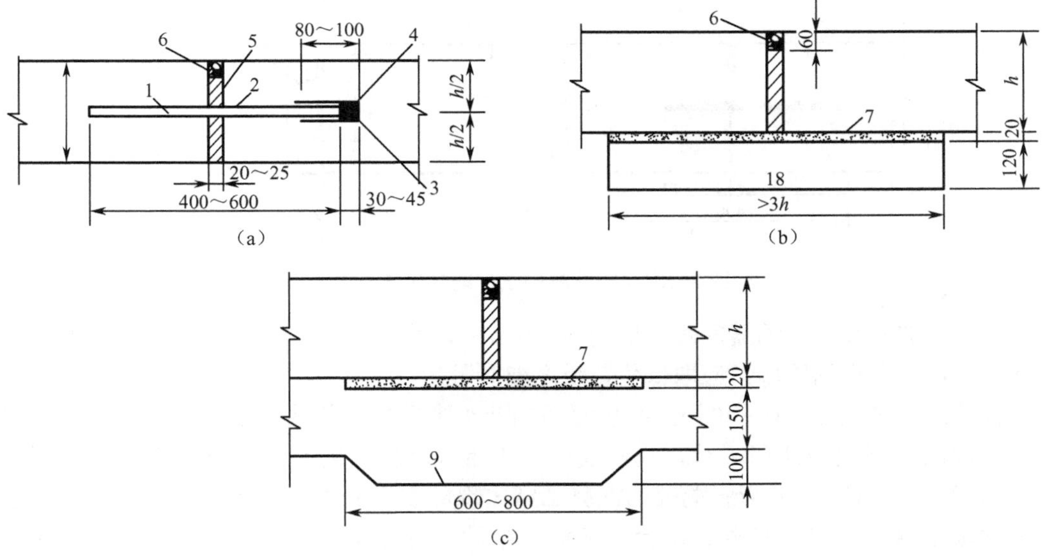

图 8-103 膨胀缝的构造形式

（2）收缩缝的构造。缩缝一般采用假缝形式，见图 8-104（a），即只在板的上部设缝

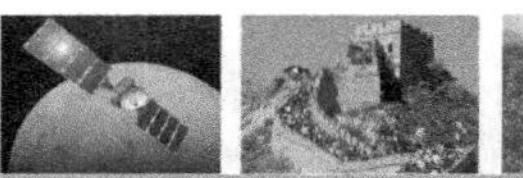

隙，当板收缩时将沿此最薄弱断面有规则地自行断裂。收缩缝缝隙宽约 5～10 mm，深度约为板厚的 1/4～1/3，一般为 4～6 cm，近年来国外有减小假缝宽度与深度的趋势。假缝缝隙内亦需浇灌填缝料，以防地面水下渗及石砂杂物进入缝内。但是实践证明，当基层表面采用了全面防水措施（下封闭或沥青表面处理方式）后，收缩缝缝隙宽度小于 3 mm 时（用锯缝法施工）可不必浇灌填缝料。

由于收缩缝缝隙下面板断裂面凹凸不平，能起一定的传荷作用，一般不必设置传力杆，但对交通繁忙或地基水文条件不良路段，也应在板厚中央设置传力杆。这种传力杆长度约为 0.3～0.4 m，直径为 14～16 mm，每隔 0.30～0.75 m 设一根，见图 8-104（b），一般全部锚固在混凝土内，以使缩缝下部凹凸面的传荷作用有所保证；但为便于板的翘曲，有时也将传力杆半段涂以沥青，称为滑动传力杆，而这种缝称为翘曲缝。

应当补充指出，当在膨胀缝或收缩缝上设置传力杆时，传力杆与路面边缘的距离，应较传力杆间距小些。

（3）施工缝的构造。施工缝采用平头缝或企口缝的构造形式。平头缝上部应设置深为板厚 1/4～1/3 或 4～6 cm，宽为 8～12 mm 的沟槽，内浇灌填缝料。为利于板间传递荷载，在板厚的中央也应设置传力杆，见图 8-104（c）。传力杆长约 0.40 m，直径为 20 mm，半段锚固在混凝土中，另半段涂沥青或润滑油，亦称滑动传力杆。如不设传力杆，则需要专门的拉毛模板，把混凝土接头处做成凹凸不平的表面，以利于传递荷载。另一种形式是企口缝，如图 8-104（d）所示。

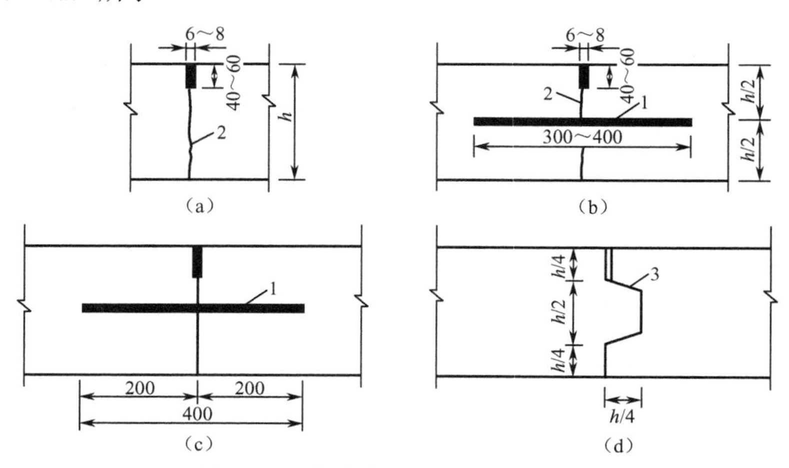

图 8-104　收缩缝的工作缝的构造形式

（4）横缝的布置。收缩缝间距一般为 4～6 m（即板长），在昼夜气温变化较大的地区，或地基水文情况不良的路段，应取低值，反之取高限。

膨胀缝间距过去取 20～40 m，在桥涵两端及小半径平、竖曲线处，也应设置膨胀缝。膨胀缝是混凝土路面的薄弱环节，它不仅给施工带来不便，同时，由于施工时传力杆设置不当（未能正确定位），使膨胀缝处的混凝土常出现碎裂等病害；当水通过膨胀缝渗入地基后，易使地基软化，引起唧泥、错台等破坏；当砂石进入膨胀缝后，易造成膨胀缝处板边挤碎、拱胀等破坏。同时，膨胀缝容易引起行车跳动，其中的填缝料又要经常补充或更换，增加了养护的麻烦。因此，近年来国外修筑的混凝土结构均有减少胀缝的趋势。我国

现行刚性路面设计规范规定，膨胀缝应尽量少设或不设；但在邻近桥梁或固定建筑物处，或与其他类型路面相连接处、板厚变化处、隧道口、小半径曲线和纵坡变换处，均应设置膨胀缝。在其他位置，当板厚等于或大于 0.20 m 并在夏季施工时，也可不设膨胀缝；其他季节施工，一般可每隔 100～200 m 设置一条膨胀缝。

但是，采用长间距膨胀缝或无膨胀缝路面结构时，需注意采取一些相应的措施，如增大基层表面的摩阻力，可约束板在高温或潮湿时伸长的趋势；在气温较高时施工，以尽量减小水泥混凝土板的胀缩幅度；相对地缩短缩缝间距，以便减小板的温度翘曲应力，缩小缩缝缝隙的拉宽度以提高传荷能力，并增进板对地基变形的适应性。

2）纵缝的构造与布置

纵缝是指平行于混凝土行车方向的那些接缝。纵缝一般按 3～4.5 m 设置，这对行车和施工都较方便。当双车道路面按全幅宽度施工时，纵缝可做成假缝形式。对这种假缝，国外规定在板厚中央应设置拉杆，拉杆直径可小于传力杆，间距为 1.0 m 左右，锚固在混凝土内，以保证两侧板不致被拉开而失掉缝下部的颗粒嵌锁作用，见图 8-105（a）。当按一个车道施工时，可做成平头纵缝，见图 8-105（b），当半幅板做成后，对板侧壁涂以沥青，并在其上部安装厚约 0.01 m，高约 0.04 m 的压缝板，随即浇筑另半幅混凝土，待硬结后拔出压缝板，浇灌填缝料。为利于板间传递荷载，也可采用企口式纵缝，见图 8-105（c），缝壁应涂沥青，缝的上部也应留有宽为 6～8 mm 的缝隙，内浇灌填缝料。为防止板沿两侧拱横坡爬动拉开和形成错台，以及防止横缝错开，有时在平头式及企口式纵缝上设置拉杆，见图 8-105（c）、（d），拉杆长 0.5～0.7 m，直径为 18～20 mm，间距为 1.0～1.5 m。

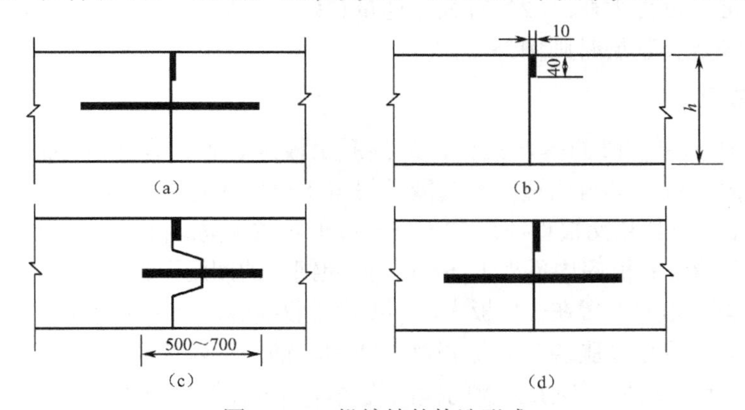

图 8-105　纵缩缝的构造形式

对多车道路面，应每隔 3～4 车道设一条纵向膨胀缝，其构造与横向膨胀缝相同。当路旁有路缘石时，路缘石与路面板之间也应设膨胀缝，但不必设置传力杆或垫枕。

3）纵横缝的布置

纵缝与横缝一般做成垂直正交，使混凝土板具有 90° 的角隅。纵缝两旁的横缝一般为一条直线。实践证明，如横缝在纵缝两旁错开，将导致板产生从横缝延伸出来的裂缝，见图 8-106。在交叉口范围内，为了避免板形成较尖锐的角并使板的长边与行车的方向一致，大多采用辐射式的接缝布置形式，见图 8-107。

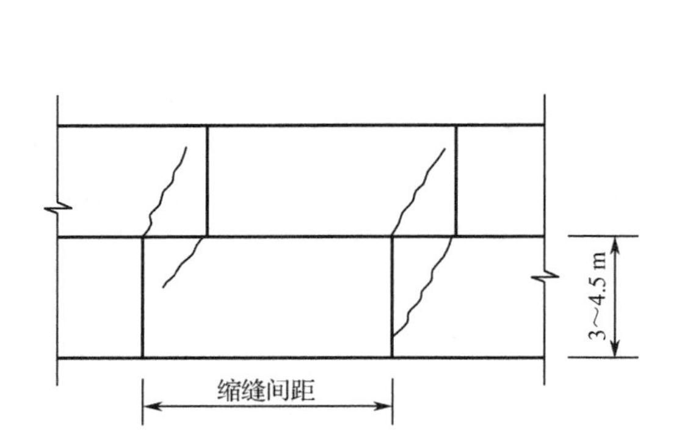

图 8-106　横缝错开时引起的裂缝

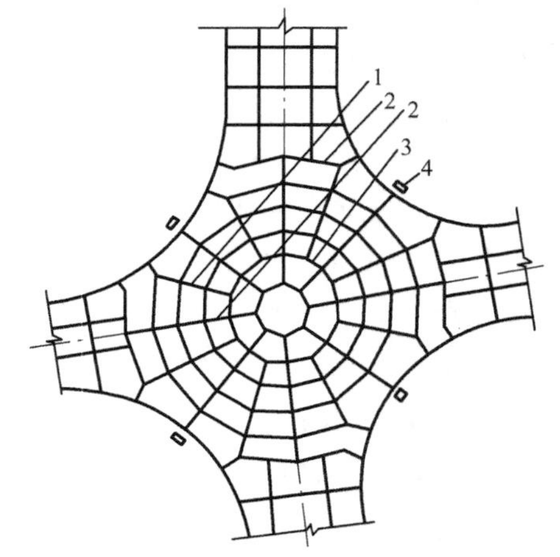

1—纵缝（企口式）；2—胀缝；3—缩缝；4—进水口

图 8-107　交叉口接缝布置

目前在国外流行一种新的混凝土路面接缝布置形式，即胀缝少，缩缝间距不等，按 4 m、4.5 m、5 m、5.5 m 和 6 m 的顺序设置，而且横缝与纵缝交成 80° 左右的斜角，如设传力杆，则传力杆与路中线平行，其目的是使一辆车只有一个后轮横越接缝，减轻由于共振作用所引起的行车跳动的幅度，同时也可缓和板伸张时的顶推作用。

至于传力杆的设置问题，国外一般认为：（1）对低交通量道路，当收缩缝间距小于 4.5～6.0 m 时，可不设传力杆；（2）对大交通量道路，任何时候都应该设置传力杆，采用间距小的收缩缝和稳定类基层时则例外。

4．钢筋的布置

当采用板中计算厚度时的等厚式板，或混凝土板纵、横向自由缘下的基础有可能产生较大的塑性变形时，应在其自由边缘和角隅处设置下述两种补强钢筋。

（1）边缘钢筋。一般用两根直径为 12～16 mm 的螺纹钢筋或圆钢筋，设在板的下部板厚的 1/4～1/3 处，且距边缘和板底均不小于 5 cm，两根钢筋的间距不应小于 0.10 m，见图 8-108（a）。纵向边缘钢筋一般只布置在一块板内，不得穿过收缩缝，以免妨碍板的翘曲；但有时亦可将其穿过缩缝，但不得穿过胀缝。为加强锚固能力，钢筋两端应向上弯起。在横胀缝两侧边缘及混凝土路面的起终端处，为加强板的横向边缘，亦可设置横向边缘钢筋。

（2）角隅钢筋。设置在膨胀缝两侧板的角隅处，一般可用两根直径为 12～14 mm，长 2.4 m 的螺纹钢筋弯成，如图 8-108（b）所示的形状。角隅钢筋应设在板的上部，距板顶面不小于 0.05 m，距膨胀缝和板边缘各为 0.01 m。在交叉口处，对无法避免形成的锐角，宜设置双层钢筋网补强，见图 8-108（c），以避免板角断裂。钢筋布置在板的上下部，距板顶（底）0.05～0.07 m 为宜。

当混凝土路面中必须设置窨井、雨水口等其他构造物时，宜设在板中或接缝处，在井口边设置胀缝同混凝土面板分开，构造物周围的混凝土面板须用钢筋加固。如构造物不可避免地布置在离板边小于 1 m 时，则应在混凝土板薄弱断面处增设加固钢筋。

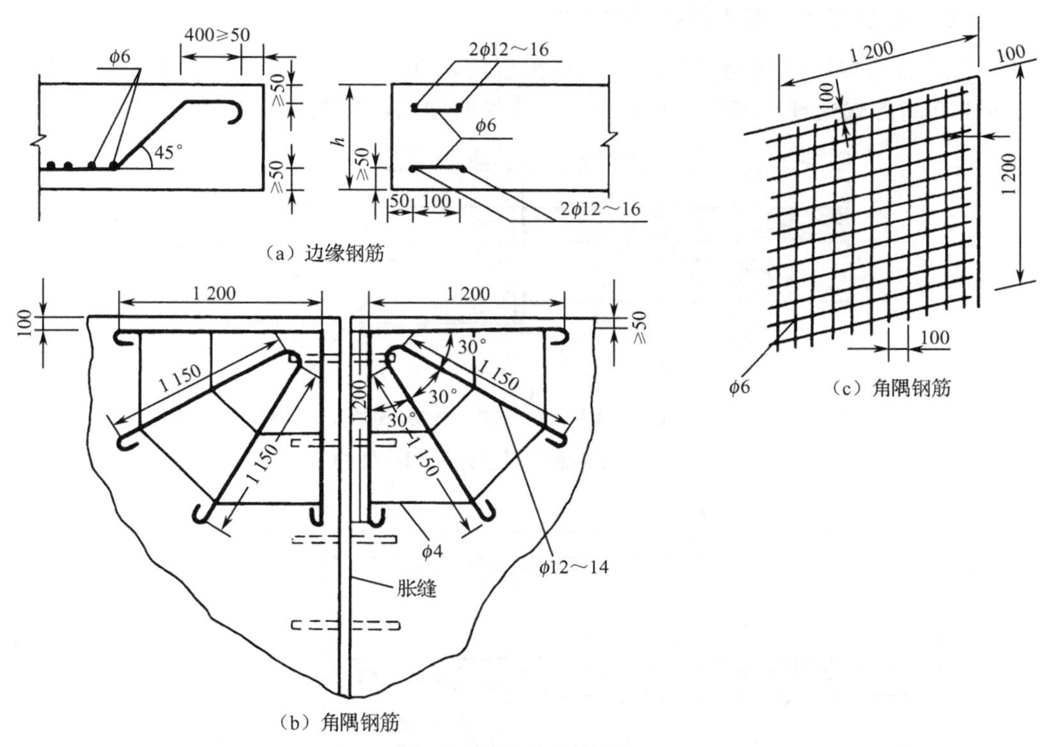

图 8-108　边缘和角隅钢筋的布置

混凝土路面同桥梁相接处，宜设置钢筋混凝土搭板。搭板一端放在桥台上，并加设防滑锚固钢筋和在搭板上预留灌浆孔。如为斜交桥梁，尚应设置钢筋混凝土渐变板。渐变板的块数，当桥梁斜角大于 70° 时设一块；45° ～70° 时设两块；小于 45° 时至少设三块，见图 8-109。渐变板的短边最小为 5 m，长边最大为 10 m。搭板和渐变板的配筋量按有关公式计算，角隅部分另加钢筋补强。

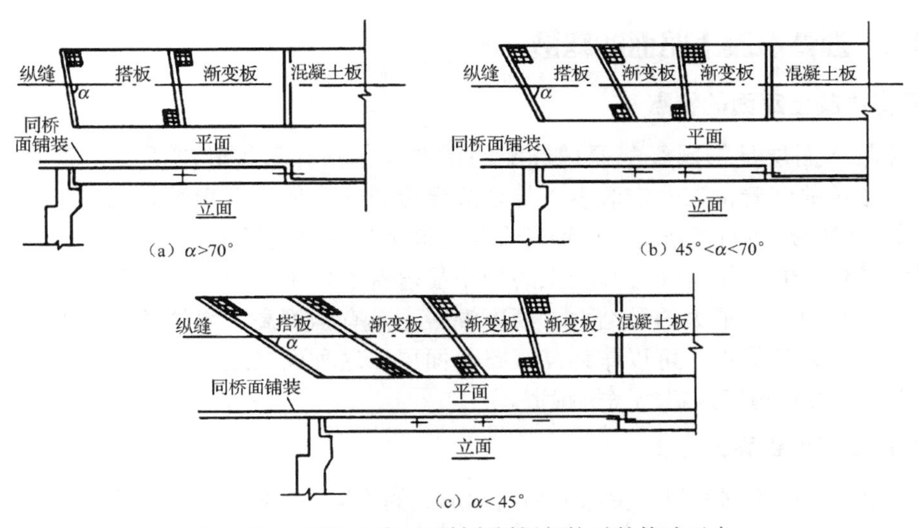

图 8-109　混凝土路面同斜交桥梁相接时的构造示意

5. 混凝土路面与柔性路面相接处的处理

混凝土路面同柔性路面相接处，为避免出现沉陷和错台，或柔性路面受顶推而拥起，宜按图 8-110 的方式处理；或将混凝土板埋入柔性路面内，如图 8-111 所示。

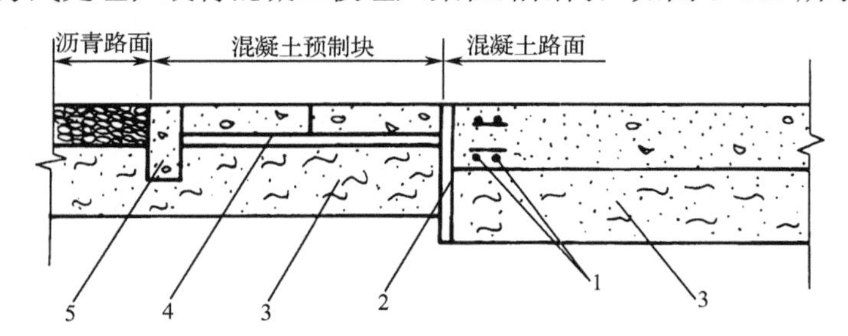

1—端部边缘钢筋；2—胀缝；3—基层；4—卧层（C5 混合砂浆）；5—混凝土平道牙

图 8-110　混凝土路面同柔性路面相接处的示例

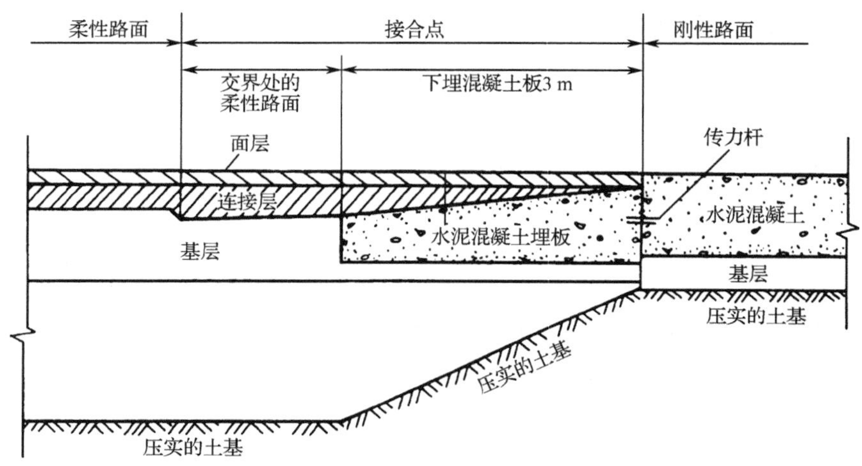

图 8-111　混凝土板埋入柔性路面的连接方法

8.11.2　沥青混凝土路面的构造

1. 沥青混凝土路面的特点

沥青混凝土面层是按照级配原理选配的矿料（包括碎石、轧制砾石、石屑、砂和矿粉）与一定数量的沥青，在一定温度下拌合成混合料（一般由沥青混凝土加工厂生产）经摊铺、压实而成的路面面层结构。这种沥青混合料称为沥青混凝土混合料。

采用相当数量的矿粉是沥青混凝土的一个显著特点，矿粉的掺入使黏稠的沥青以薄膜的形式分布，从而产生很大的黏结力。沥青混凝土具有强度高、整体性好、抵抗自然因素破坏作用的能力强等优点，可以作为高级路面面层。这种面层适用于高速公路、交通量繁重的公路干道、城市道路及机场飞机跑道。

2. 沥青混凝土路面的分类

沥青混凝土面层根据材料、空隙率和结构形式的不同，可按下列方法分类：

（1）按沥青混合料的最大粒径分类。沥青混凝土混合料按矿料的最大粒径，可分为 LH-

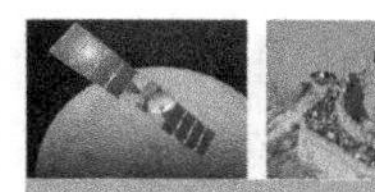

35、LH-30、LH-25、LH-20、LH-15、LH-10、LH-5 七种类型。在生产与施工上可按矿料粒径，分为粗粒式（LH-30 及 LH-35）、中粒式（LH-20 及 LH-25）、细粒式（LH-10 及 LH-15）及沥青砂（LH-5）。

（2）按结构空隙率分类。根据沥青混凝土混合料按标准压实后剩余空隙率，可分为 1 型（剩余空隙率 3%～6%）和 2 型（剩余空隙率为 6%～10%）。

（3）按结构形式分类。沥青混凝土路面可修筑为单层式或双层式。单层式面层的厚度为 4～6 cm，宜采用中粒式沥青混凝土一次铺筑，双层式一般采用厚 2～4 cm 的中粒式或细粒式沥青混凝土作上面层；厚 3.5～5 cm（有的城市达到 8 cm）的粗粒式沥青混凝土作下面层。

沥青混凝土混合料的材料规格，应符合《公路工程技术标准》规定。沥青混凝土路面的施工方法请参考施工教材，在此不作详细赘述。图 8-112 为高速公路沥青混凝土路面结构组成示例图。

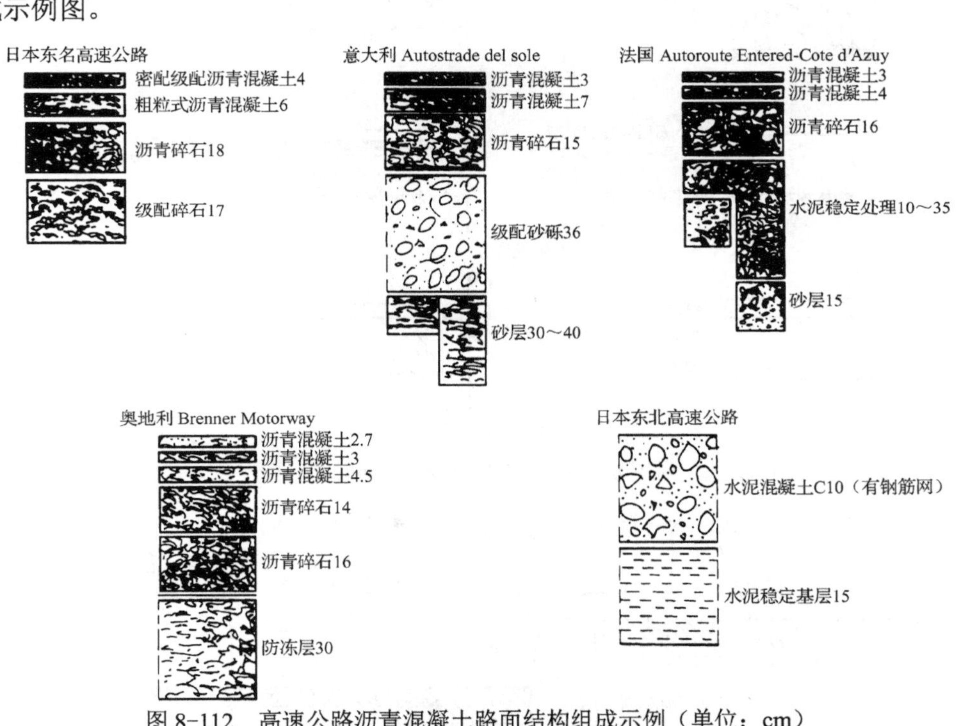

图 8-112　高速公路沥青混凝土路面结构组成示例（单位：cm）

任务 8.12　路面结构施工图识读

路面结构施工图常采用断面图的形式表示其构造。表 5-1 列出了路面结构常用材料图例。路面结构根据当地气候条件不同有所区别，图 8-113 为我国华东地区干燥及季节性潮湿地带常用的几种典型公路路面构造；图 8-114 为我国新疆乌鲁木齐地区机动车道路面结构大样图，图 8-115 为该地区人行道路面结构大样图。

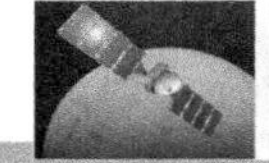

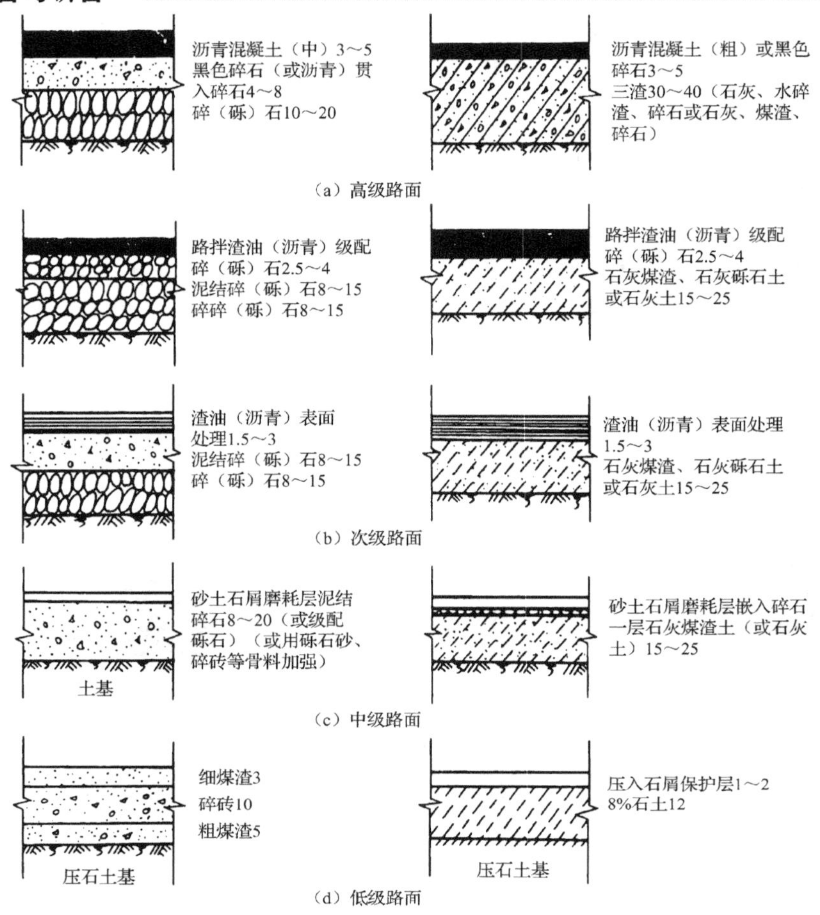

图 8-113　公路路面结构（cm）

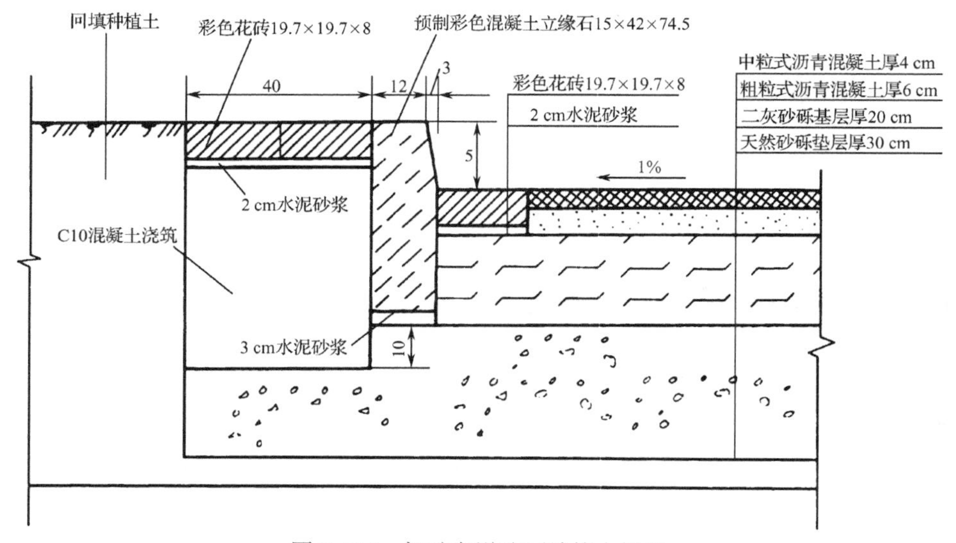

图 8-114　机动车道路面结构大样图

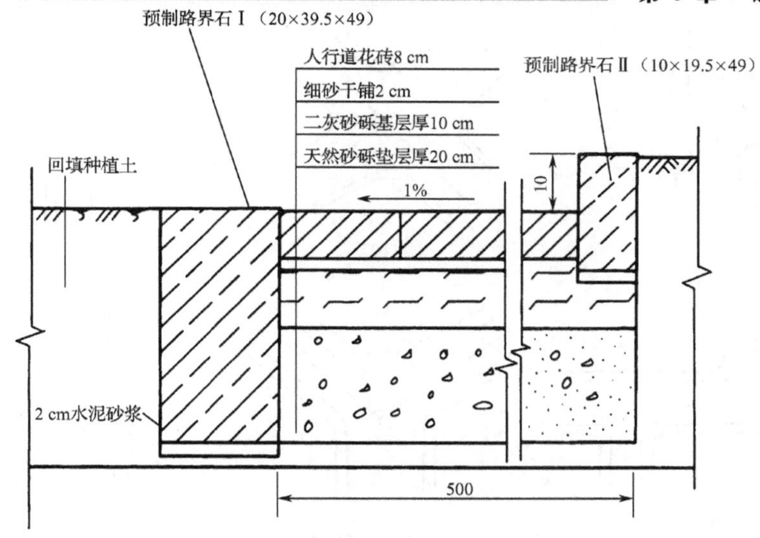

图 8-115　人行道路面结构大样图

任务 8.13　道路交叉口与施工图

在城市中，由于道路的纵横交错而形成很多交叉口。相交道路各种车辆和行人都要在交叉口处汇集、通过，因此交叉口是道路交通的咽喉，交通是否安全、畅通，很大程度上取决于交叉口。

8.13.1　交叉口的基本类型及使用范围

平面交叉口的型式，决定于道路网的规划、交叉口用地及其周围建筑的情况，以及交通量、交通性质和交通组织。常见的交叉口型式有：十字形、X 字形、T 字形、Y 字形、错位交叉和复合交叉（五条或五条以上道路的交叉口）等几种。

（1）通常采用最多的十字形交叉口，见图 8-116（a）。其型式简单，交通组织方便，街角建筑容易处理，适用范围广，可用于相同等级或不同等级道路的交叉，在任何一种型式的道路网规划中，它都是最基本的交叉口型式。

（2）X 字形交叉口是两条道路以锐角或钝角斜交，见图 8-116（b）。当相交的锐角较小时，将形成狭长的交叉口，对交通不利（特别对左转弯车辆），锐角街口的建筑也难处理。所以，当两条道路相交，如不能采用十字形交叉口时，应尽量使相交的锐角大些。

（3）T 字形交叉口（如图 8-116（c））、错位交叉口（见图 8-116（d））和 Y 字形交叉口（图 8-116（e））均用于主要道路和次要道路的交叉，主要道路应设在交叉口的直顺方向。在特殊情况下，如一条尽头式干道和另一条滨河主干道相交，两条主干道也可用 T 字形交叉。必须注意的是，不应该为了片面地追求道路的对景（街景处理）而把主干道设计成错位交叉口，见图 8-116（d），致使主干道曲折，影响了主干路车辆的畅通。

（4）复合交叉口是多条道路交汇的地方，见图 8-116（f），容易起到突出中心的效果，但用地大，并给交通组织带来很大的困难，采用时必须慎重全面考虑。

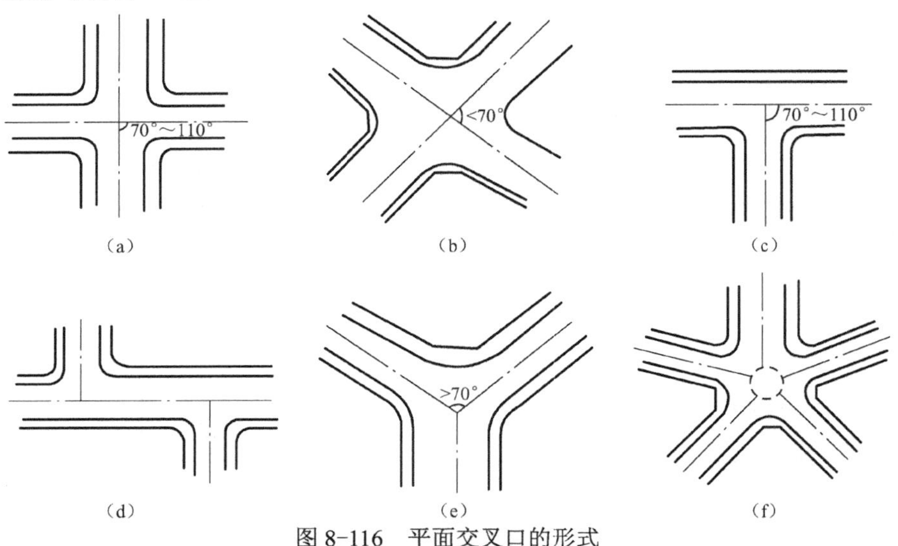

图 8-116　平面交叉口的形式

8.13.2　交叉口的视距

为了保证交叉口上的行车安全，司机在入交叉口前的一段距离内，必须能看清相交道路上车辆的行驶情况，以便能顺利地驶过交叉口或及时停车，避免发生碰撞，这一段距离必须大于或等于停车视距。

由停车视距（S 停）所组成的三角形称为视距三角形（见图 8-117 和图 8-118 中的阴影部分）。在视距三角形的范围内，不能有任何阻碍司机视线的障碍物。

视距三角形是按最不利情况绘制的。从出行车辆可能的最危险冲突点向两条相交道路分别沿行车的轨迹线（可取行车的车道中线）量取停车视距 S 停值。连接末端，在三条线所构成的视距范围内，不准有障碍线的障碍物存在。

出行车可能的最危险冲突点在靠右边的第一条直行机动车道的轴线与相交道路靠中心线的第一条直行车道的轴线所构成的交叉点（见图 8-117）。Y 字形或 T 字形交叉口，其最危险的冲突点则在直行道路最靠右边的第一条直形车道的轴线与相交道路最靠中心线的一条转车道的轴线所构成的交叉点（见图 8-118）。

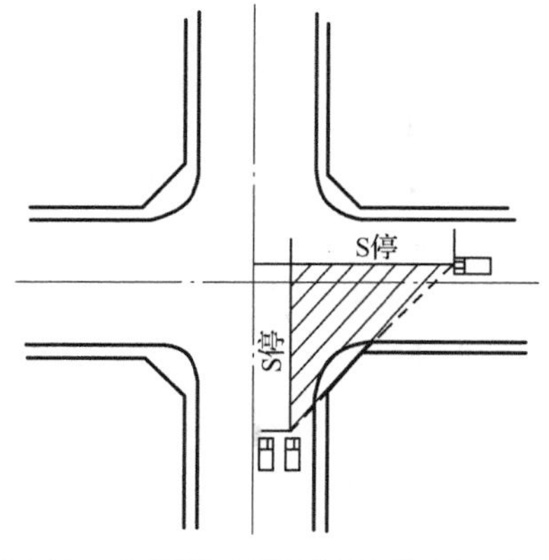

图 8-117　十字形交叉口的视距三角形

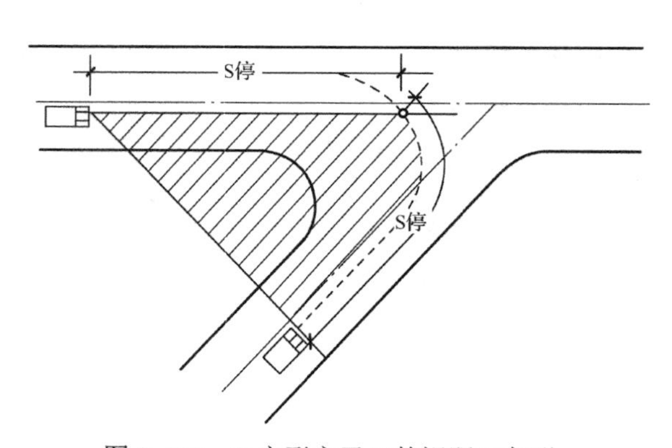

图 8-118　Y 字形交叉口的视距三角形

8.13.3　交叉口转角的缘石半径

为了保证各种右转弯车能以一定的速度顺利地转弯，交叉口转角处的缘石应做成圆曲线、多圆心复曲线或抛物线等，一般多采用圆曲线，圆曲线的半径称为缘石半径（见图 8-119）。

未考虑机动车道加宽的交叉口转角的缘石半径 R_1 为：

$$R_1 = R-(B/2+W) \tag{8-21}$$

式中，R 为机动车右转车道中心线的圆半径（m）（取汽车转弯时其前挡板中心轨迹的圆半径）；

B 为机动车道宽度（m），一般采用 3.5 m；

W 为交叉口转弯处的非机动车道宽度（m），一般采用 3.0 m。

关于 R 的计算方法从略。另外，还应注意交叉口转角的缘石半径不得小于汽车的最小转弯半径。在一般的十字交叉口，缘石半径 R_1 通常采用：主干道 20～25 m；次干道 10～15 m；住宅区街坊道路 6～9 m。

随着我国城市交通运输和汽车制造工业的迅速发展，载重汽车拖带挂车、铰接的公共汽车和无轨电车日益增多，为了使右转弯车辆的速度不致减得太低而能顺利通过交叉口，在条件允许的情况下，缘石半径 R_1 值最好能适当大一些。

必须指出的是，我国各城市现有城市道路的车行道宽度都普遍狭窄，大多数是单进口道，即进口道只有一条机动车车道，在近期还不可能大量拆迁房屋拓宽车行道的情况下，适当加大缘石半径，以扩大进口道停车线断面附近的车行道宽度，减少交通阻塞，具有现实意义。

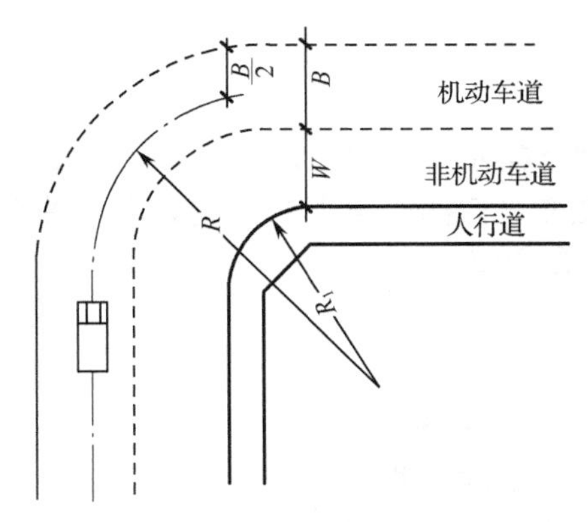

图 8-119　缘石半径的计算图标

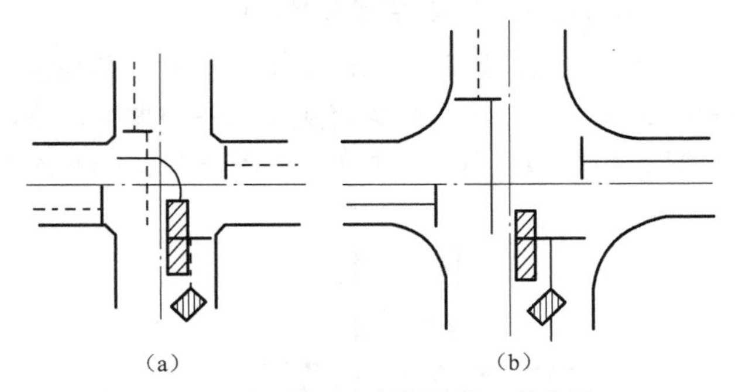

图 8-120　不同缘石半径的单进口道交叉口

单进口道的交叉口由于进口狭窄，左转车辆在冲突点前等候对向直行车流空挡时，严重阻碍后车的通行，直接影响到交叉口的通行能力。但如果能把缘石半径适当加大，可获得明显效果（图 8-120）。

图 8-120（a）和图 8-120（b）都是车道宽度相同的单进口道交叉口，所不同的是图 8-120（b）比图 8-120（a）的缘石半径大。当 14.5 m 的铰接公共汽车在冲突点前等候对向直行车流空挡时，后车几乎无法绕过行进，很容易造成交通阻塞，如图 8-120（a）所示。但选用较大的缘石半径，见图 8-120（b），使进口处呈开口较大的喇叭状，不仅能为后车的绕行提供较大的空隙，而且还保留了非机动车通道，所以不会阻塞。根据观测，单进口道交叉口的缘石半径宜大于 20 m，停车线在可能的情况下应尽量靠近交叉口，使进口处的喇叭口扩

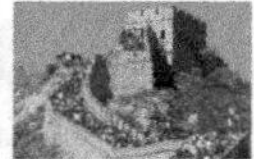

大，停候的左转车辆可避免阻塞后车的绕行。

8.13.4 交叉口的立面构成形式

交叉口的立面构成，在很大程度上取决于地形，以及和地形相适应的相交道路的横断面。现以十字形交叉口为例介绍几种交叉口的立面构成形式。

1. 相交道路的纵坡全由交叉口中心向外倾斜

这种交叉口中心高，四周低，这种交叉口不需要设置雨水进水口，可让地面雨水向交叉口四个街角的街沟排除。图 8-121（a）为主—主交叉；图 8-121（b）为主—次交叉。两者的立面构成形式一样。

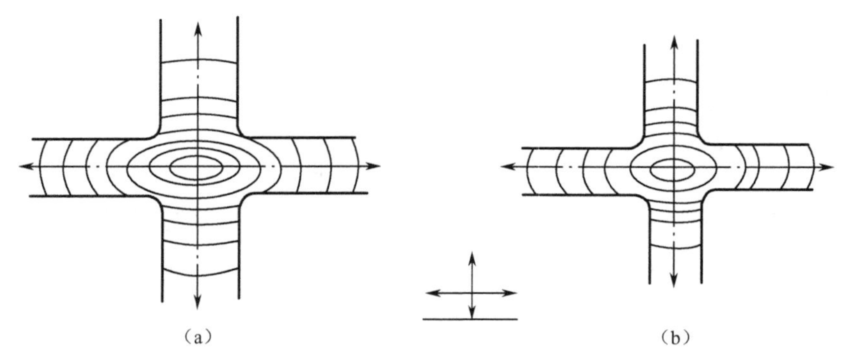

图 8-121　在凸形地形的交叉口立面形式

2. 相交道路的纵坡全向交叉口中心倾斜

这种交叉口，地面水均向交叉口集中，必须设置地下排水管排泄地面水。为避免雨水积聚在交叉口中心，还应该将交叉口中心做得高些，在交叉口四个角下的低洼处设置进水口。图 8-122（a）为主—主交叉；图 8-122（b）为主—次交叉。

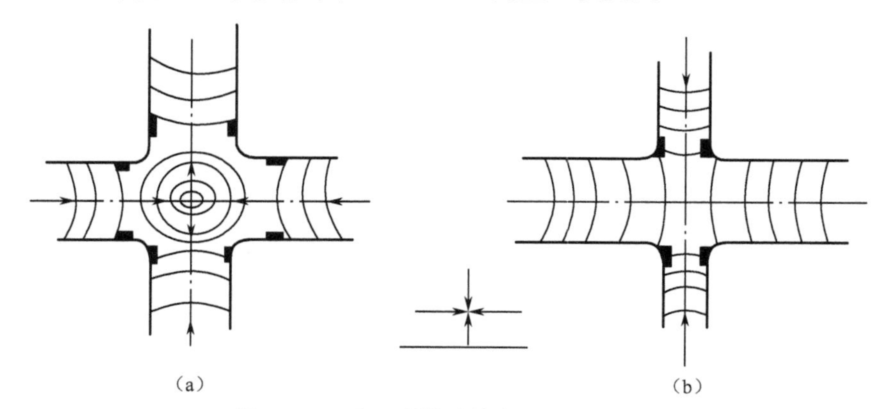

图 8-122　在凹形地形的交叉口立面形式

3. 三条道路的纵坡由交叉口向外倾斜，而另一条道路的纵坡向交叉口倾斜

交叉口中有一条道路位于地形分水线上就形成这种形式。在纵坡向着交叉口的路口上的人行横道的上侧设置进水口，使街沟的地面水不流过人行横道和交叉口，以免影响

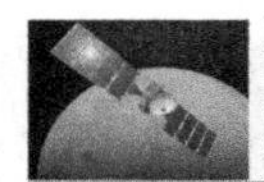

行人和车辆通行。图 8-123（a）为主—主交叉；图 8-123（b）和图 8-123（c）为主—次交叉。

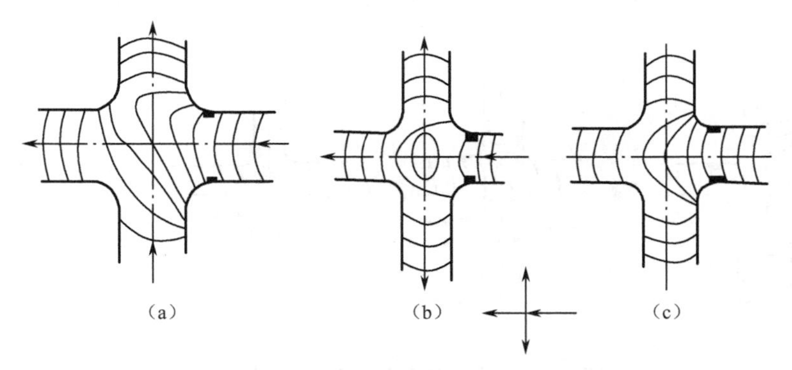

图 8-123 在分水线上的交叉口立面设计

4. 三条道路的纵坡向交叉口倾斜，另一条道路的纵坡由交叉口向外倾斜

交叉口中有一条道路沿谷线上，则次要道路进入交叉口前在纵断面上产生转折点而形成过街横沟，对行车不利。图 8-124（a）为主—主交叉；图 8-124（b）、（c）、（d）为主—次交叉。

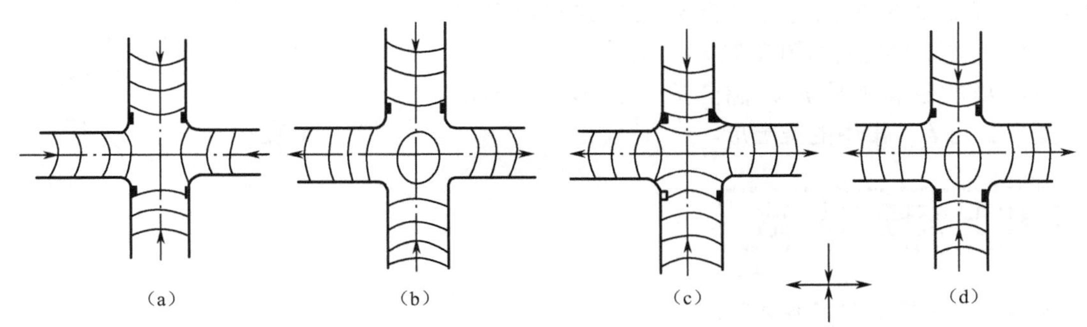

图 8-124 在谷线地形上的交叉口立面设计

5. 相邻两条道路的纵坡向交叉口倾斜，而另外两条道路的纵坡均由交叉口向外倾斜

交叉口位于斜坡地形上就形成这种形式。交叉口形成一个单向倾斜的斜面。在进入交叉口的人行横道的上侧设置进水口。图 8-125（a）为主—主交叉；图 8-125（b）、（c）为主—次交叉。

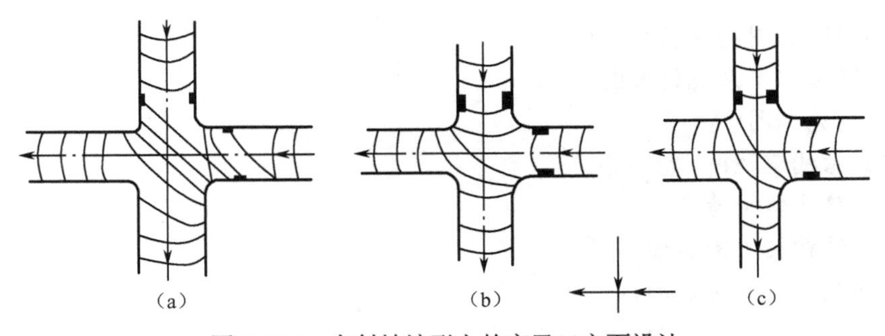

图 8-125 在斜坡地形上的交叉口立面设计

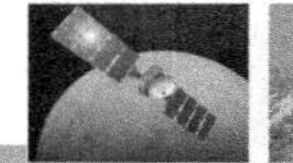

6. 相交两条道路的纵坡向交叉口倾斜，而另外两条道路的纵坡由交叉口向外倾斜

交叉口位于马鞍形地形上就是这种形式。图 8-126（a）、（b）为主—主交叉；图 8-126（c）、（d）为主—次交叉。

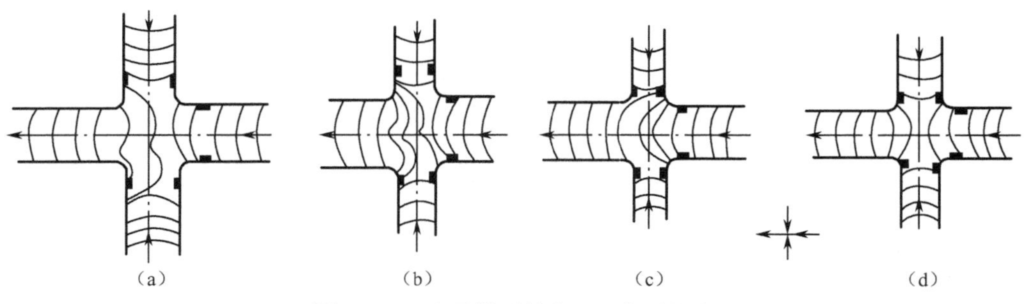

图 8-126 在马鞍形的交叉口立面设计

7. 环形交叉口

环形交叉（俗称转盘）是在交叉口中央设置一个中心岛，用环道组织序化交通，驶入交叉口的车辆，一律绕岛做逆时针单向行驶至所要去的路口离岛驶去。环形交叉口的组成如图 8-127 所示。

中心岛的形状有圆形、椭圆形、卵形、方形圆角、菱形圆角等，常用的是圆形。

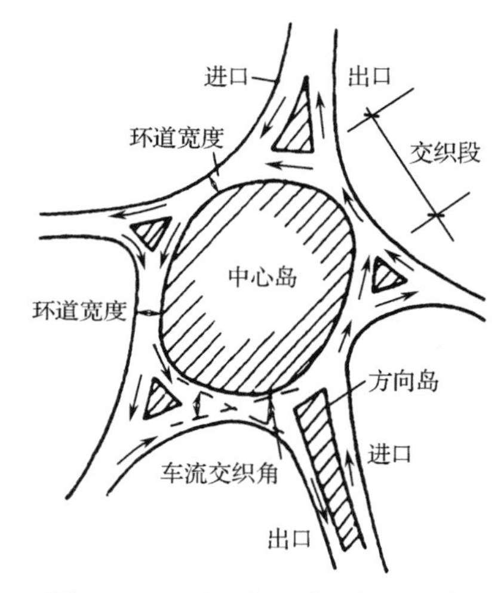

图 8-127 环形交叉路口组成示意

知识梳理与总结

本章主要介绍主要内容如下：

（1）道路平面线型设计概述；
（2）道路平面图的内容与识读；
（3）道路纵断面设计概述；
（4）平面线形与纵断面线形的组合和锯齿形街沟；
（5）道路纵断面图的识读；
（6）道路横断面概述；
（7）道路横断面图的内容与识读；
（8）城市道路排水系统施工图；
（9）挡土墙施工图；
（10）路面结构概述；
（11）常见路面的构造；
（12）路面结构施工图识读；
（13）道路交叉口与施工图。

思考与习题 8

1．什么是道路路线？道路路线的线型是如何确定的？
2．道路平面设计的主要内容是什么？
3．道路平曲线要素有哪些？平曲线半径如何选择？
4．平曲线上的超高、加宽与曲线衔接的概念是什么？
5．道路平面图包括哪些内容？画平面图应注意哪些问题？
6．纵坡坡度的定义是什么？桥隧部分的最大纵坡规定是什么？
7．合成坡度的定义是什么？合成坡度过大有何危害？
8．竖曲线的种类有哪些？
9．竖曲线的要素有哪些？
10．各个里程桩的填挖高度如何确定？
11．平曲线与竖曲线的良好组合是什么？不良的组合是什么？
12．长链、短链的定义是什么？如何标注？
13．道路路线纵断面图的图示内容是什么？
14．什么是道路的横断面？它是由哪几部分组成？横断面设计的主要任务是什么？
15．城市道路总宽度的含义是什么？它由哪几部分组成？各部分宽度如何确定？
16．什么是道路的横坡、路拱？路拱曲线的基本形式有哪些？各适用于何种情况？
17．城市道路横断面的布置形式有哪几种？画图说明其各自的特点。
18．什么是公路路基横断面图？它的形式有哪几种？画图说明。
19．什么是城市道路横断面图？它的组成如何？
20．什么叫排水体制？排水体制分为哪几种？它们的适用条件是什么？
21．道路雨水排水系统有哪几类？它们由哪几部分组成？
22．雨水口、检查井有哪几种形式？它们的主要构造有哪几部分？
23．雨水明渠、地面式雨水暗沟的构造组成有哪几部分？它们的适用条件分别是什么？
24．挡土墙有哪几种类型？它们的适用条件分别是什么？
25．什么是路面？它有哪些功能？路面应满足的要求是什么？
26．路面根据什么来分级？共分哪几级？各级路面有何特点？
27．什么是水泥混凝土路面？它有哪些特点？其断面形式如何？
28．水泥混凝土路面板中的钢筋应如何布置？
29．沥青混凝土路面的特点是什么？如何分类？
30．道路交叉口有哪几种基本类型？它们的使用范围是什么？

第9章 桥隧工程图

教学导航

教	知识重点	1. 桥梁的分类及组成; 2. 钢筋混凝土结构图的识读; 3. 钢筋混凝土桥梁工程图的形成、图示内容及识读方法; 4. 桥梁桥型布置图的绘制步骤、基本思路及标注方法; 5. 隧道工程图的识读
	知识难点	钢筋混凝土桥梁工程图的识读
	推荐教学方式	从学习任务入手，结合实际施工图纸，从实际问题出发，讲解钢筋混凝土桥梁工程图的识读步骤和方法
	建议学时	6学时
学	推荐学习方法	查资料，看图纸，看不懂的地方做出标记，听老师讲解，在老师的指导下练习识读钢筋混凝土桥梁工程图
	必须掌握的理论知识	1. 桥梁的分类及组成; 2. 钢筋混凝土结构图的识读; 3. 钢筋混凝土桥梁工程图的形成、图示内容及识读方法; 4. 桥梁桥型布置图的绘制步骤、基本思路以及标注方法; 5. 隧道工程图的识读
	需要掌握的工作技能	能够识读钢筋混凝土桥梁工程图

道路路线在跨越河流湖泊、山川，以及道路互相交叉、与其他路线（如铁路）交叉时，为了保持道路的畅通，就需要修筑桥梁。同时，在山岭地区修筑道路时，为了减少土石方数量，保证车辆平稳行驶和缩短里程要求，可考虑修建公路隧道。

任务 9.1　认识桥梁

9.1.1　桥梁的基本组成

如图 9-1 所示，桥梁由上部结构（主梁、主拱圈和桥面系）、下部结构（桥台、桥墩和基础）及附属结构（栏杆、灯柱、护岸和导流结构物等）三部分构成。

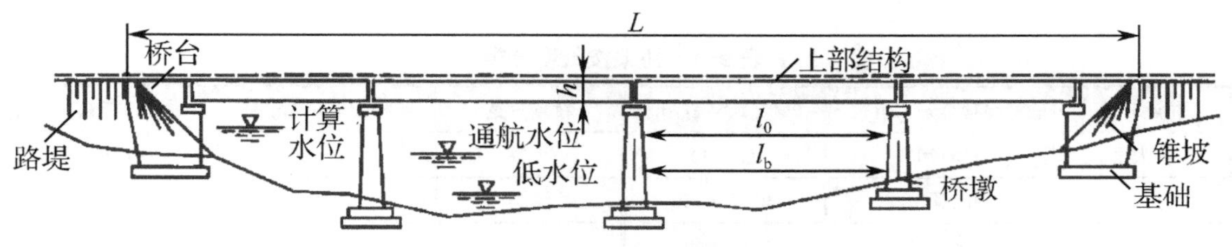

图 9-1　桥梁的基本组成

上部结构又称桥跨结构，主要包括承重结构（主梁或主拱圈）和桥面系，是路线遇到障碍中断时跨越障碍的建筑物，它的作用是承受车辆荷载，并通过支座传给桥墩和桥台。下部结构是支承桥跨结构并将永久荷载和车辆等荷载传至地基的结构物，主要包括桥台、桥墩和基础。桥台设在桥梁两端，除支承桥跨结构外还承受路基填土的水平推力；桥墩则在两桥台之间，主要用于支撑桥跨结构；桥墩和桥台底部的部分称为基础，承担从桥墩和桥台传来的全部荷载。

支座是设在桥墩和桥台顶面，用来支撑上部结构的传力装置。附属设施主要包括栏杆、灯柱、伸缩缝、护岸、导流结构物等。在路堤和桥台的衔接处，一般还在桥台两侧设置石砌的锥形护坡，以保证迎水部分路堤边坡的稳定。

河流中的水位是变动的，枯水季节河流中的最低水位称为低水位；洪峰季节河流中的最高水位称为高水位。桥梁设计中按规定的设计洪水频率计算所得的高水位称为设计洪水位。

净跨径（L_0）是设计洪水位上相邻两个桥墩（桥台）之间的净距。计算跨径对于具有支座的桥梁，是指桥跨结构相邻两个支座中心之间的距离，用 L_b 表示（见图 9-1）。对于拱式桥，是两相邻拱脚截面形心点之间的距离。桥跨结构的力学计算是以 L_b 为基准的。

标准跨径（L_k）对于梁式桥，是指相邻桥墩中线之间的距离，或墩中线至桥台台背前缘之间的距离。对于拱式桥，则是指净跨径。我国《公路工程技术标准》中规定，对于标准设计或新建桥涵跨径在 60 m 以下时，一般应尽量采用标准跨径，其跨径范围为 0.75～60 m，共分 22 种。

总跨径（ΣL_0）是多孔桥梁中各孔净跨径的总和，它反映了桥下宣泄洪水的能力。

桥梁全长（桥长 L）是桥梁两端两个桥台的侧墙或八字墙后端点之间的距离。对于无桥台的桥梁为桥面行车道的全长。

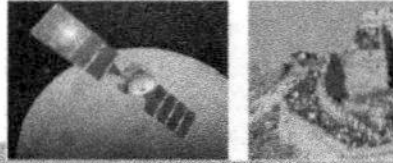

9.1.2 桥梁的分类

桥梁的形式有很多种，常见的分类形式有：

（1）按结构形式分为梁式桥、拱式桥、刚架桥、桁架桥、悬索桥、斜拉桥等。

（2）按上部结构所用的建筑材料分为钢桥、钢筋混凝土桥、预应力混凝土桥、石桥、木桥等，其中以钢筋混凝土桥和预应力混凝土桥应用最为广泛。

（3）按用途分为公路桥、铁路桥、公路铁路两用桥、人行桥、运水桥（渡槽）等。

（4）按跨越障碍的性质可分为跨河桥、跨线桥（立体交叉桥）、高架桥和栈桥。

（5）按孔桥全长和单孔跨径的不同分为：特大桥、大桥、中桥、小桥和涵洞，具体见表 9-1。

表 9-1　桥梁按长度分类

桥涵分类	桥梁全长 L/m	单孔跨径 L_K/m	桥涵分类	桥梁全长 L/m	单孔跨径 L_K/m
特大桥	$L>1000$	$L_K>150$	小桥	$8\leqslant L\leqslant 30$	$5\leqslant L_K<20$
大桥	$100\leqslant L\leqslant 1000$	$40\leqslant L_K<150$	涵洞		$L_K<5$
中桥	$30<L<100$	$20\leqslant L_K<40$			

任务 9.2　钢筋混凝土结构图识读

9.2.1 钢筋混凝土结构的基本知识

混凝土是由水泥、砂、石子和水按一定的比例拌合、硬化而成的一种人造材料，把它灌入模板中，经振捣密实和养护凝固后就形成了坚硬的混凝土构件。混凝土的抗压强度较高，抗拉强度较低，容易因受拉而断裂。为了提高混凝土构件的抗拉能力，常在混凝土构件的受拉区加入一定数量的钢筋，使两种材料黏结成一个整体，共同承受外力，这种配有钢筋的混凝土称为钢筋混凝土。钢筋混凝土是最常用的建筑材料，桥梁工程中的许多构件都是用其来制作的，如梁、板、柱、桩、桥墩等。

9.2.2 钢筋的基本知识

1. 钢筋的分类和作用

钢筋按其在整个构件中所起作用的不同，可分为下列五种：

（1）受力钢筋（主筋）。用来承受拉力或压力的钢筋，用于梁、板、柱等各种钢筋混凝土构件。

（2）箍筋（钢箍）。用以固定受力钢筋位置，并承受一部分剪力或扭力。

（3）架立钢筋。大多用于钢筋混凝土梁中，用来固定箍筋的位置，并与梁内的受力筋、箍筋一起构成钢筋骨架。

（4）分布钢筋。大多用于钢筋混凝土板或高梁结构中，用以固定受力钢筋位置，使荷载分布给受力钢筋，并防止混凝土因收缩和温度变化出现裂缝。

（5）构造筋。因构件的构造要求和施工安装需要配置的钢筋，如腰筋、预埋锚固筋、吊环等。

钢筋配置立体图如图 9-2 所示。

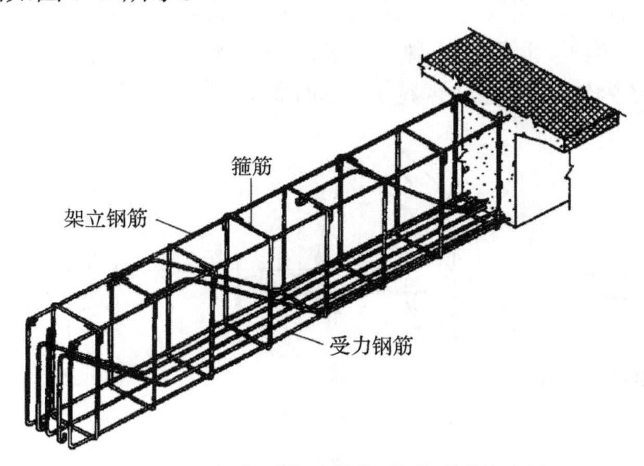

图 9-2　钢筋混凝土梁钢筋配置立体图

2. 钢筋的种类和符号

钢筋分为普通钢筋和预应力钢筋两类。普通钢筋是指用于钢筋混凝土结构中和预应力混凝土结构中的非预应力钢筋，普通钢筋按照强度和品种不同可分为四类（见表 9-2）。预应力钢筋宜采用钢绞线和消除应力钢丝，也可采用热处理钢筋。HPB 表示热轧光圆型钢筋，HRB 表示热轧带肋钢筋，RRB 表示余热处理带肋钢筋。钢筋的形式如图 9-3 所示。

表 9-2　普通钢筋的分类

种类	符号	公称直径/mm	屈服强度标准值 fyk/（N/mm^2）
HPB235（Q235）	ϕ	8～20	235
HRB335（20MnSi）	ϕ	6～50	335
HRB400（20MnSiV、20MnSiVb、20MnTi）	ϕ	6～50	400
RRB400（K 20MnSi）	ϕ^R	8～40	400

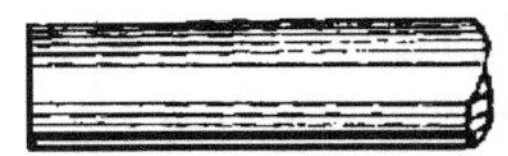
（a）光圆钢筋

（b）人字纹钢筋

（c）螺纹钢筋

（d）月牙纹钢筋

图 9-3　钢筋的形式

3. 混凝土的等级和钢筋的保护层

混凝土按其抗压强度不同分为 C15、C20、C25、C30、C35、C40、C45、C50、C55、C60、C65、C70、C75、C80 等若干等级。数字越大，混凝土的抗压强度越高。

为了防止钢筋锈蚀和保证钢筋与混凝土的紧密黏结，梁、板、柱等构件都应具有足够的混凝土保护层厚度。受力钢筋的外边缘到混凝土外边缘的最小距离，称为保护层厚度或净距。梁、板受力钢筋混凝土保护层最小厚度不应小于受力钢筋的公称直径，后张法构件

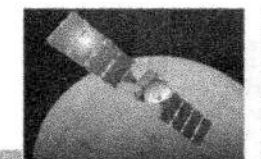

预应力直线形钢筋不应小于其直径的 1/2，并应符合有关规定。

4. 钢筋的弯钩和弯起

对于光圆受力钢筋，为了增加其与混凝土的黏结力，在钢筋的端部做成弯钩，弯钩的形式有半圆弯钩、斜弯钩和直弯钩三种，如图 9-4 所示。根据需要，钢筋尺寸实际长出 6.25*d*、4.9*d* 或 3.5*d*（*d* 为钢筋的公称直径）。这时钢筋的长度要计算其弯钩的增长数值。

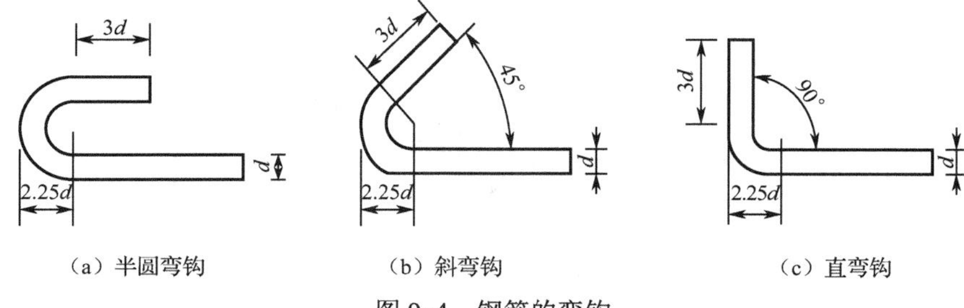

图 9-4　钢筋的弯钩

受力钢筋中有一部分需要在梁内向上弯起，这时弧长比两切线之和短些，其计算长度应减去折减数值，如图 9-5 所示。

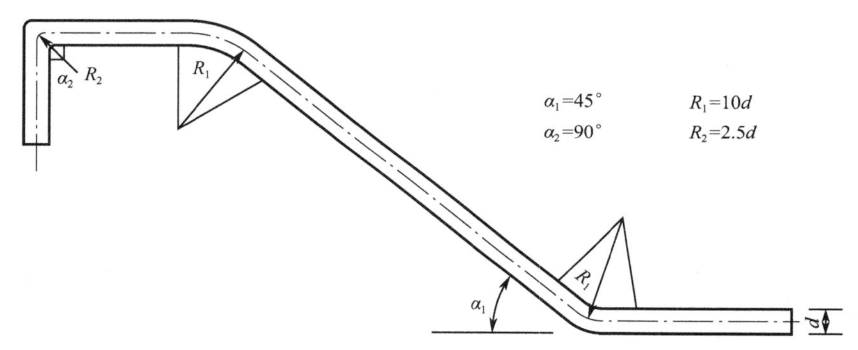

图 9-5　钢筋的弯起

为了简化计算，钢筋弯钩的增长数值和弯起的折减数值均编有表格备查。表 9-3 为钢筋弯钩增长数值表，表 9-4 为钢筋弯起折减数值表。

表 9-3　钢筋弯钩增长数值

钢筋公称直径 d/mm	弯钩增长值/cm				理论重量/（kg/m）	螺纹钢筋外径 /mm
	光圆钢筋			螺纹钢筋		
	90°	135°	180°	90°		
10	3.5	4.9	6.3	4.2	0.617	11.3
12	4.2	5.8	7.5	5.1	0.888	13.0
14	4.9	6.8	8.8	5.9	1.21	15.5
16	5.6	7.8	10.0	6.7	1.58	17.5
18	6.3	8.8	11.3	7.6	2	20.0
20	7.0	9.7	12.5	8.4	2.47	22.0

续表

钢筋公称直径 d/mm	弯钩增长值/cm				理论重量/（kg/m）	螺纹钢筋外径 /mm
	光圆钢筋			螺纹钢筋		
	90°	135°	180°	90°		
22	7.7	10.7	13.8	9.3	2.98	24.0
25	8.8	12.2	15.6	10.5	3.85	27.0
28	9.8	13.6	17.5	11.8	4.83	30.0
32	11.2	15.6	20.0	13.5	6.31	34.5
36	12.6	17.5	22.5	15.2	7.99	39.5
40	14.0	19.5	25.0	16.8	9.87	4.35

表 9-4　钢筋弯起折减数值

类别 \ 钢筋直径/mm		10	12	14	16	18	20	22	25	28	32	36	40
光圆钢筋 /cm	45°		−0.5	−0.6	−0.7	−0.8	−0.9	−0.9	−1.1	−1.2	−1.4	−1.5	−1.7
	90°	−0.8	−0.9	−1.1	−1.2	−1.4	−1.5	−1.7	−1.9	−2.1	−2.4	−2.7	−3.0
螺纹钢筋 /cm	45°		−0.5	−0.6	−0.7	−0.8	−0.9	−0.9	−1.1	−1.2	−1.4	−1.5	−1.7
	90°	−1.3	−1.5	−1.8	−2.1	−2.3	−2.6	−2.8	−3.2	−3.6	−4.1	−4.6	−5.2

实例 9.1　如图 9-6 所示，ϕ10 的光圆钢筋两端半圆钩端点的长度为 126 cm，求下料长度（其中某根钢筋在下料前的剪切长度，就是为了能够完成该根钢筋的加工所剪切的钢筋长度）。

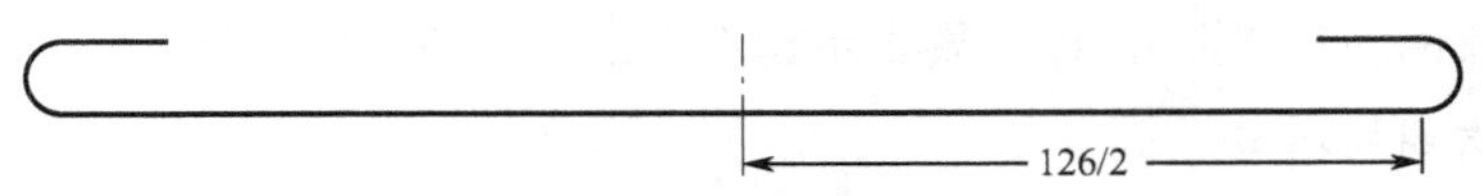

图 9-6　光圆钢筋弯钩

解：钢筋的下料长度等于直钢筋部分与半圆弯钩所需要的钢筋长度之和。查表 9-3，得出弯钩的长度为 63 mm，即：

$$(126+2\times6.3)=(126+12.6)=138.6\ \text{cm}\approx139\ \text{cm}$$

实例 9.2　如图 9-7 所示，ϕ22 的钢筋长度为（728+65×2）cm，求下料长度。

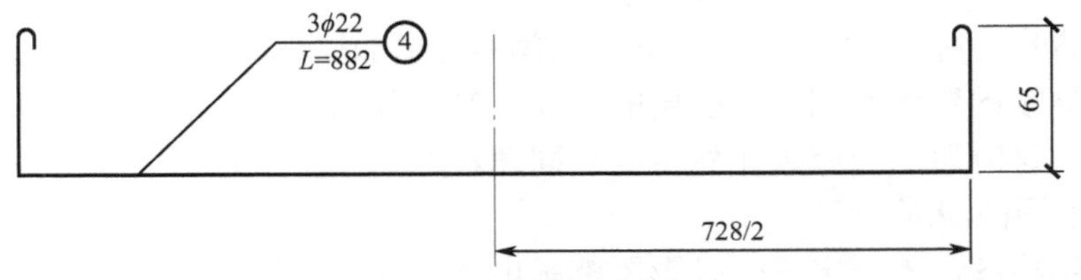

图 9-7　钢筋的弯钩与弯起

解：查表 9-3、表 9-4 得出半圆弯钩增长值为 138 mm、90° 弯转折减长度为 17 mm，则计算长度数值为：

$$[728+65\times2+2\times(13.8-1.7)]=882.2\ \text{cm}\approx882\ \text{cm}$$

5. 钢筋骨架

为制作钢筋混凝土构件，需先将不同直径的钢筋按需要的长度截断，再根据设计要求进行弯曲，最后将成型的钢筋进行组装，构成钢筋骨架。

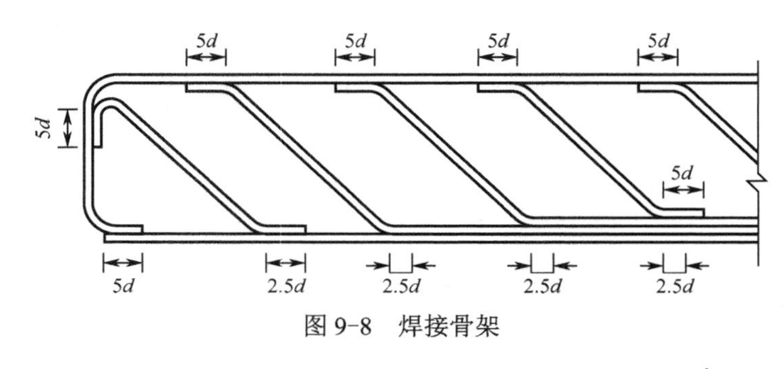

图 9-8　焊接骨架

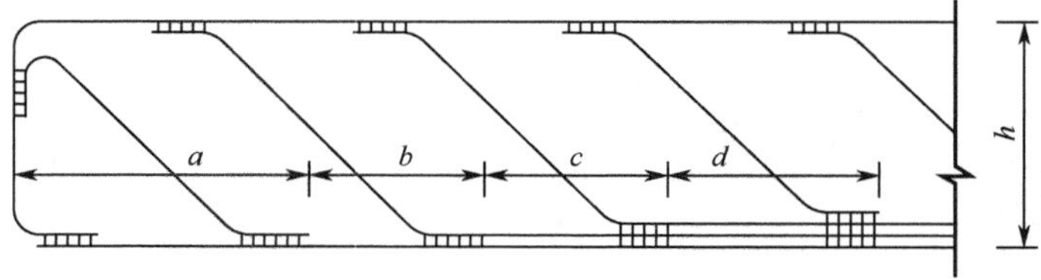

图 9-9　焊接钢筋骨架的标注

将钢筋组装成型，一般有两种方式。一种是用细钢丝绑扎钢筋骨架，另一种是焊接钢筋骨架，先将钢筋焊接成平面骨架，然后用箍筋将平面骨架连接成空间骨架。对于焊接骨架，节点处固定主钢筋的焊缝长度应在图中予以表达，如图 9-8 所示。图 9-9 是焊接钢筋骨架标注图示。

9.2.3　钢筋混凝土结构图特点

钢筋混凝土结构图包括两类图样，一类称为构件构造图（或模板图），即对于钢筋混凝土结构，只画出构件的形状和大小，不表示内部钢筋的布置情况；另一类称为钢筋结构图（或钢筋构造图或钢筋布置图），即主要表示构件内部钢筋的布置情况。

1. 钢筋结构图的特点

（1）为突出结构物中钢筋的配置情况，在绘制配筋图时，可假设混凝土是透明的，能够看清楚构件内部的钢筋。

（2）构件的外形轮廓用细线表示，钢筋用粗实线表示，若箍筋和分布筋数量较多，也可画为中实线。

（3）在构件的断面图中，不画出混凝土的材料符号，钢筋形象地用实心小圆点或空心小圆圈表示。

（4）对钢筋的级别、根数、直径、长度及间距等要加以标注。

（5）由于钢筋的弯钩和钢筋保护层的尺寸相对构件的尺寸较小，若严格按比例画则线条会重叠不清，这时可适当夸大比例绘制。同理，在立面图中遇到钢筋重叠时，也可在中间留有空隙，使图面清晰。

（6）钢筋结构图，不一定三个投影图都画出来，而是根据需要来决定。例如，画钢筋混凝土梁的钢筋图，一般不画平面图，只用立面图和断面图来表示。

2. 钢筋的编号和尺寸标注方式

在钢筋结构图中，为了区分不同类型、不同直径、不同长度、不同形状的钢筋，应将不同类型的钢筋，按直径大小和钢筋主次加以编号并注明数量、直径、长度和间距。钢筋编号的标注通常有三种方法，如图 9-10 所示。

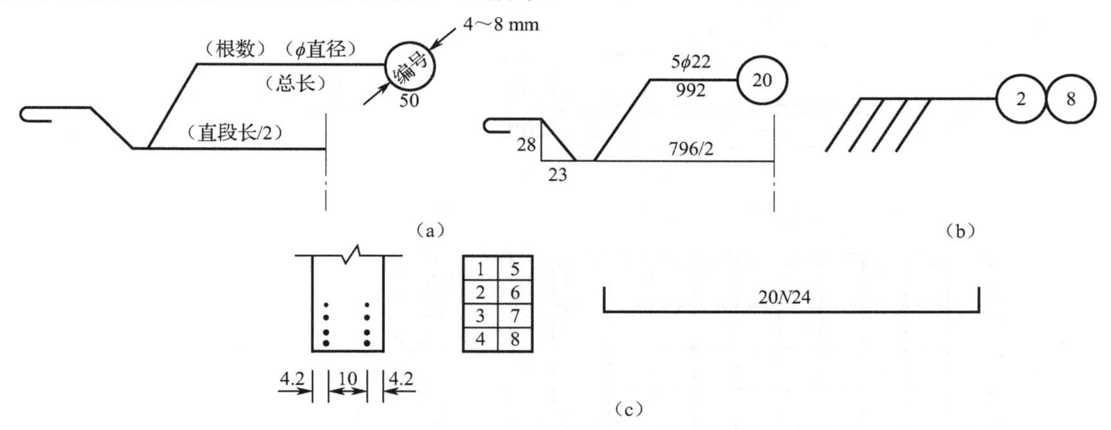

图 9-10　钢筋标注的方法

（1）编号标注在引出线右侧的细实线圆圈内，圆圈的直径为 4～8 mm。

（2）将冠以 N 字的编号，注写在钢筋的侧面，根数注在 N 字前，编号注在 N 字后。

（3）在钢筋断面图中，编号可标注在对应的方格内。在道路工程图中，钢筋直径的尺寸单位采用 mm，其余尺寸单位均采用 cm，图中无需注出单位。在建筑制图中，钢筋图中所有尺寸单位为 mm。钢筋的数量、直径、长度和间距，通常采用如下格式标注：

$$\frac{n\phi d}{L@S}\ ⓜ$$

其中，m 为钢筋的编号；n 为钢筋的根数；ϕ为钢筋直径符号，也表示钢筋的类型；d 为钢筋直径的数值（mm）；L 为钢筋的下料长度数值（cm）；@为钢筋中心间距符号；S 为钢筋间距的数值（cm）。

如：$\frac{3\phi 22}{L=625@30}$②中，“②”表示 2 号钢筋，“$3\phi 22$”表示直径为 22 mm 的 HPB235 钢筋有 3 根，“L=625”表示每根钢筋的下料长度为 625 cm，“@30”表示钢筋轴线之间的距离为 30 cm。

3. 钢筋结构图的内容

（1）配筋图主要表明各种钢筋的配置，是绑扎或焊接钢筋骨架的依据。为此，应根据结构特点选用基本投影。例如，对于梁、柱等长条形构件，常选用一个立面图和几个断面图；对于钢筋混凝土板，则常采用一个平面图或一个平面图和一个立面图，如图 9-11 所示。

（2）钢筋成型图是表示每根钢筋形状和尺寸的图样，是钢筋成型加工的依据。因此，在钢筋结构图中，为了能充分表明钢筋的形状以便于配料和施工，还必须画出每种钢筋加工成型图（钢筋详图），而且主要钢筋应尽可能与配筋图中同类型的钢筋保持对齐关系，长度尺寸可直接注写在各段钢筋旁，图上应注明钢筋的符号、直径、根数、弯曲尺寸和断料长度等，如图 9-12 所示。有时为了节省图幅，可把钢筋成型图画成示意略图放在钢筋数量表内。

（3）在钢筋结构图中，为了便于施工备料和计算工程数量，一般还附有钢筋数量表，内容包括钢筋的编号、直径、每根长度、根数、总长及质量等，必要时可加画略图，见

图 9-13 和表 9-5。

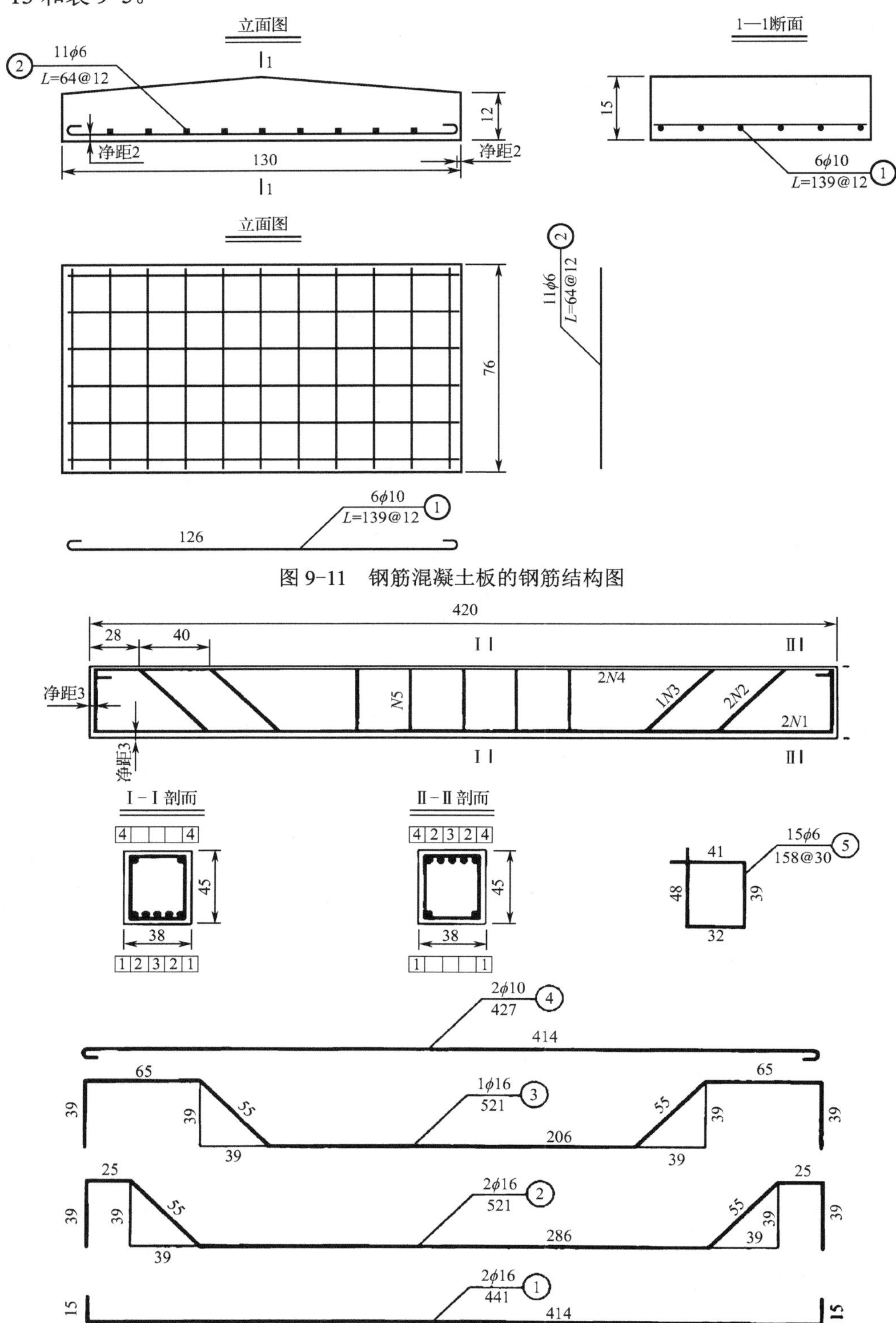

图 9-11 钢筋混凝土板的钢筋结构图

图 9-12 矩形梁的配筋图

9.2.4　钢筋结构图举例

如图 9-12 所示，梁的钢筋布置情况是用立面图和断面图及钢筋成型图表示的。由图可看出该梁断面为矩形，宽 38 cm，高 45 cm，梁长 420 cm。梁内共有五种钢筋，其中：①号、②号、③号是受力筋，均为 HPB235 钢筋，直径为 16 mm；①号是直筋，有两根，布置在梁的底部两侧；②号是弯起钢筋，也是两根，在跨中位于梁的底部，两端弯起后位于梁的上部；③号也是弯起钢筋，只有一根，弯起部位与②号钢筋稍有不同；④号是架立筋，为直径 10 mm 的 HPB235 钢筋，共有两根位于梁的上部两侧；⑤号是箍筋，为直径 6 mm 的 HPB235 钢筋，沿梁的长度方向每隔 30 cm 布置一根，共有 15 根。在立面图中箍筋可不全画出，只示意性地画出几根即可。立面图中各钢筋的编号和数量可用简略形式标注，如“1*N*3”表示 1 根③号钢筋，“2*N*1”表示 2 根①号钢筋，Ⅱ-Ⅱ是梁的端部断面图。在断面图中钢筋的编号就标注在对应的小方格内，这样就清楚地表示出②和③号钢筋在跨中是位于梁的底部，在两端是位于梁的顶部。该梁上下及侧面的保护层厚度（净距）均为 3 cm。

图 9-13 为一根钢筋混凝土梁的钢筋结构图，从Ⅰ-Ⅰ断面图可以看出梁的断面为 T 形，称为 T 形梁，梁内有 6 种钢筋，它的形状和尺寸在钢筋成型图上均已表达清楚。从立面图及Ⅰ-Ⅰ断面图中可以看出钢筋排列的位置及数量。Ⅰ-Ⅰ断面图的上方和下方有小方格，格内注有数字，用以表明钢筋在梁内的位置及其编号。立面图中的“2*N*5”表示有两根 5 号钢筋，安置在梁内的上部，对应在Ⅰ-Ⅰ断面图中则可以看出两根 5 号钢筋在梁的上部对称排列。

表 9-5 是钢筋数量表，表中所列“每米质量/（kg/m）”一栏数字，可以从有关工程手册中查得。表中所列钢丝是用来绑扎钢筋的，钢丝数量按规定为钢筋总质量的 0.5%。如不用钢丝绑扎而采用焊接时，则应注出焊接长度和厚度。

表 9-5　钢筋混凝土梁钢筋数量

编号	钢号和直径/mm	长度/cm	根数	总长/m	每米质量/（kg/m）	总重/kg
1	ϕ22	528	1	5.28	2.984	15.76
2	ϕ22	708	2	14.16	2.984	42.25
3	ϕ22	892	2	17.84	2.984	53.23
4	ϕ22	881	3	26.43	2.984	78.87
5	ϕ22	745	2	14.90	0.888	13.23
6	ϕ6	198	24	47.53	0.222	10.55
总计						213.89
绑扎用钢丝 0.5%						10.07

任务 9.3　桥梁工程图识读

桥梁的建造不但要满足使用上的要求，还要满足经济、美观、施工等方面的要求。修

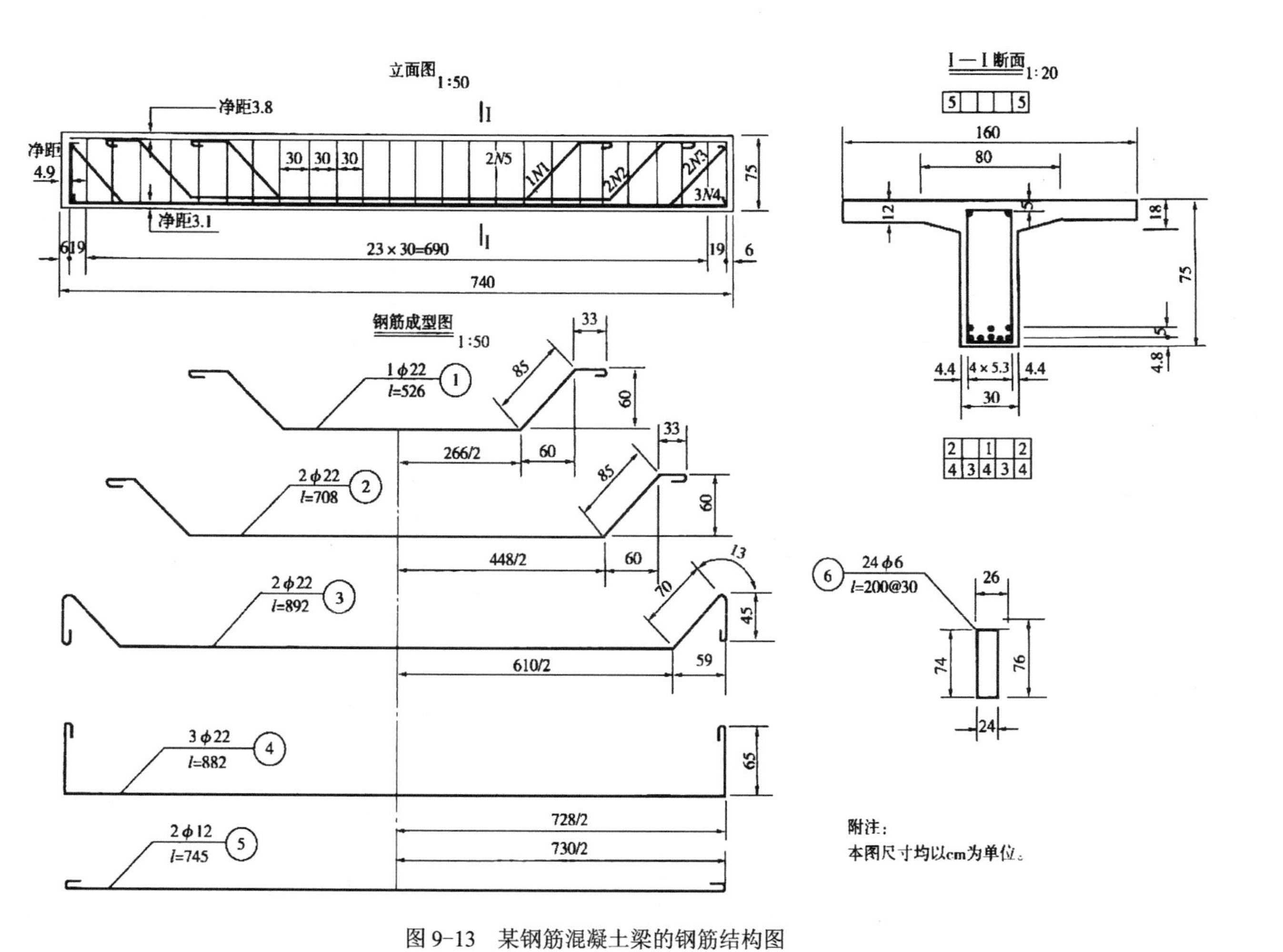

图 9-13　某钢筋混凝土梁的钢筋结构图

建前首先要进行桥位附近的地形、地质、水文、建材来源等方面的调查，绘制出地形图和地质断面图，供设计和施工使用。

虽然各种桥梁的结构形式和建筑材料不同，但图示方法基本上是相同的。表示桥梁工程的图样一般可分为桥位平面图、桥位地质断面图、桥梁总体布置图、构件图、详图等。

9.3.1　钢筋混凝土空心板梁桥

1. 桥位平面图

桥位平面图主要用于表示桥梁的所在位置，与路线的连接情况，以及周围的地形、地物。其画法与道路路线平面图相同，只是所用的比例较大。通过地形测量的方法绘出桥位处的道路、河流、水准点、钻孔及附近的地形和地物，以便作为设计桥梁、施工定位的根据。图 9-14 为某桥的桥位平面图。除了表示路线平面形状、地形和地物外，还表明了钻孔、里程、水准点的位置和数据。桥位平面图中的植被、水准符号等均应以正北方向为准，而图中文字方向则可按路线要求及总图标方向来决定。

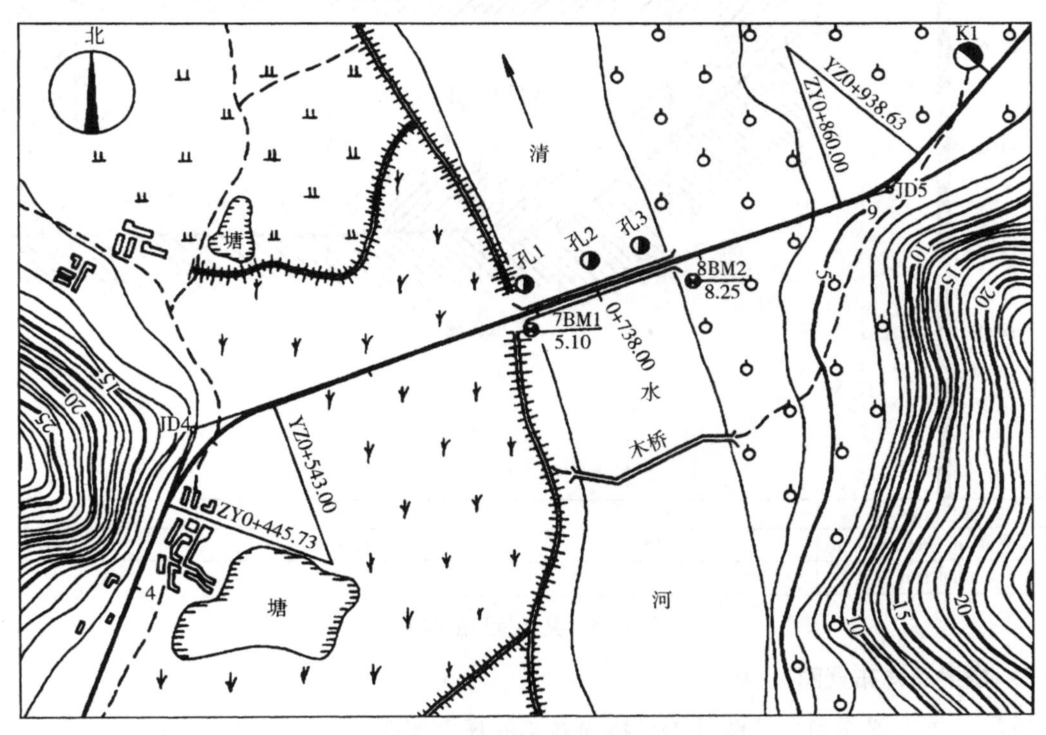

图 9-14　某桥位平面图

2. 桥位地质断面图

桥位地质断面图是根据水文调查和地质钻探所得的资料绘制的河床地质断面图，表示桥梁所在位置的地质水文情况，包括河床断面线、最高水位线、常水位线和最低水位线，作为桥梁设计的依据，小型桥梁可不绘制桥位地质断面图，但应写出地质情况说明。地质断面图为了显示地质和河床深度变化情况，特意把地形高度（标高）的比例较水平方向比例放大数倍画出。如图 9-15 所示，地形高度的比例采用 1∶200，水平方向比例采用 1∶500。

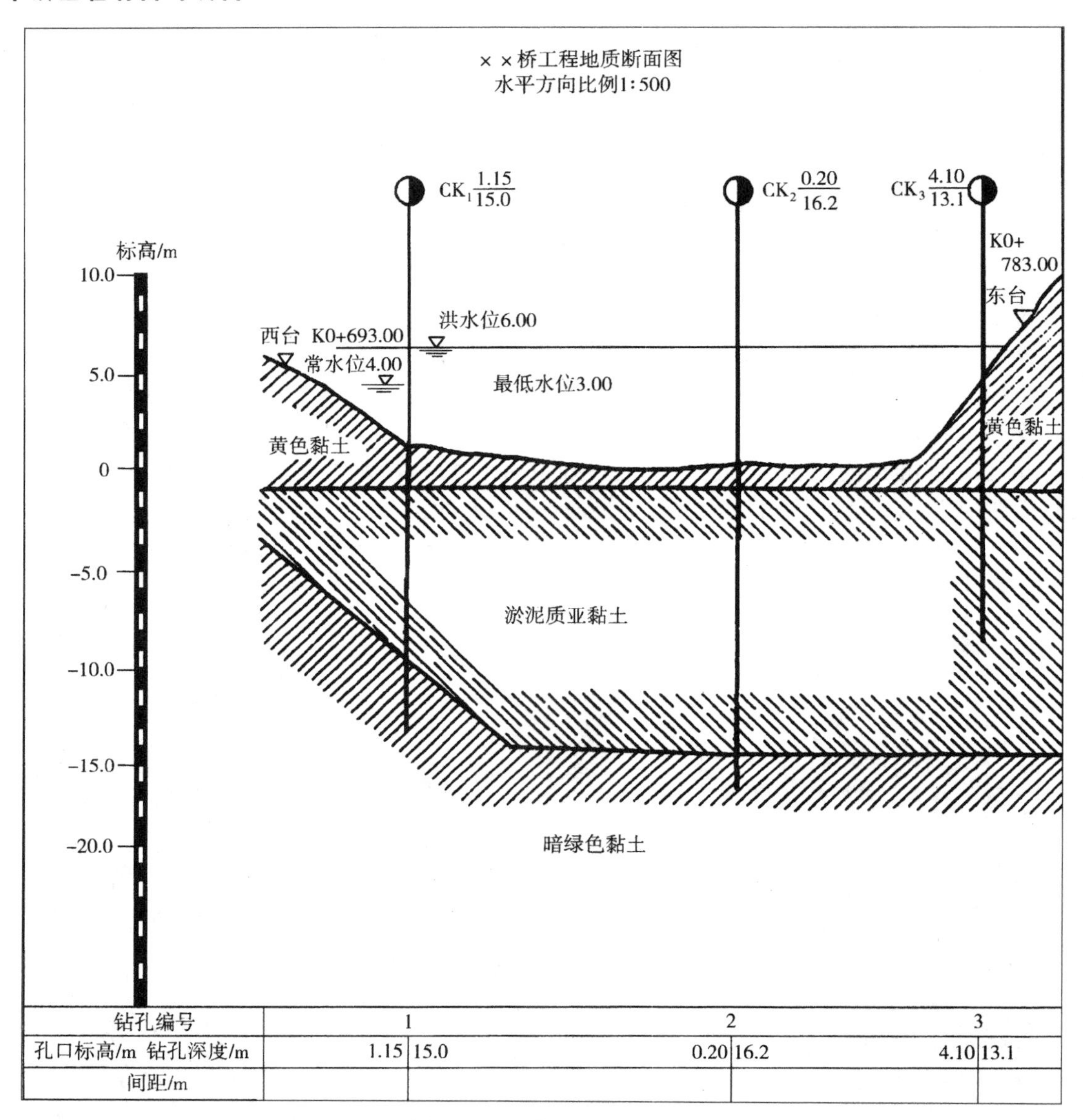

图 9-15 某桥位地质断面

3. 桥梁总体布置图

桥梁总体布置图和构件图是指导桥梁施工的最主要图样，它主要表明桥梁的形式、跨径、孔数、总体尺寸、桥道标高、桥面宽度、各主要构件的相互位置关系，桥梁各部分的标高、材料数量及总的技术说明等，作为施工时确定墩台位置、安装构件和控制标高的依据。一般由立面图、平面图和剖面图组成。

图 9-16 为某桥梁的总体布置图，绘图比例采用 1∶200，该桥为三孔钢筋混凝土空心板简支梁桥，总长度 34.90 m，总宽度 14 m，中孔跨径 13 m，两边孔跨径 10 m。桥中设有两个柱式桥墩，两端为重力式混凝土桥台，桥台和桥墩的基础均采用钢筋混凝土预制打入桩。桥上部承重构件为钢筋混凝土空心板梁。

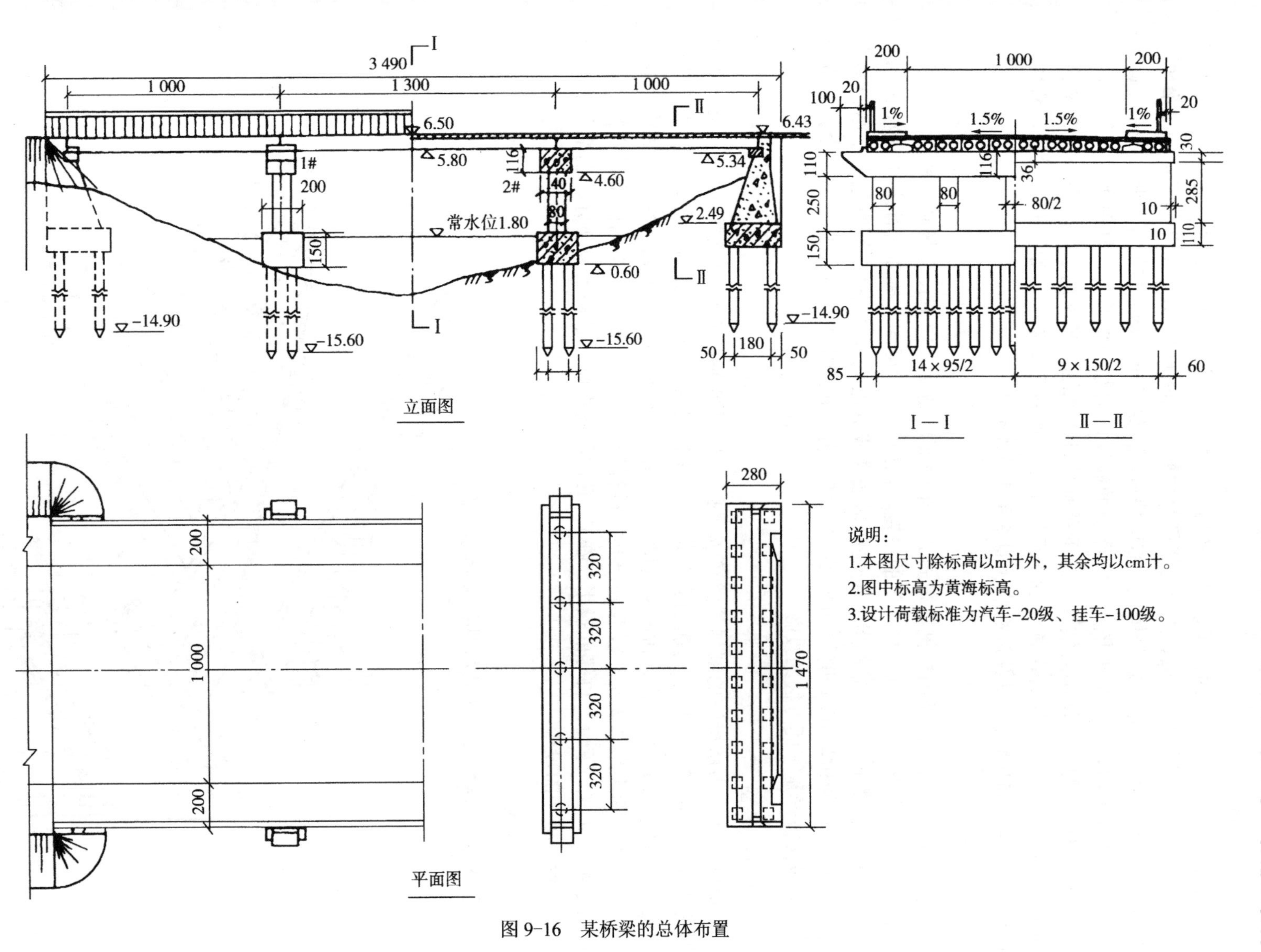

图 9-16　某桥梁的总体布置

1）立面图

桥梁一般是左右对称的，所以立面图常常是由半立面和半纵剖面合成的。左半立面图为左侧桥台、1 号桥墩、板梁、人行道栏杆等主要部分的外形视图。右半纵剖面图是沿桥梁中心线纵向剖开而得到的，2 号桥墩、右侧桥台、板梁和桥面均应按剖开绘制。图中还画出了河床的断面形状，在半立面图中，河床断面线以下的结构如桥台、桩等用虚线绘制，在半剖面图中地下的结构均画为实线。由于预制桩打入到地下较深的位置，不必全部画出，为了节省图幅，采用了断开画法。图中还注出了桥梁各重要部位，如桥面、梁底、桥墩、桥台、桩尖等处的高程，以及常水位（即常年平均水位）。

2）平面图

桥梁的平面图也常采用半剖的形式。左半平面图是从上向下投影得到的桥面俯视图，主要画出了车行道、人行道、栏杆等的位置。由所注尺寸可知，桥面车行道净宽为 10 m，两边人行道各 2 m。右半部采用的是剖切画法（或分层切开画法），假想把上部结构移去后，画出了 2 号桥墩和右侧桥台的平面形状和位置。桥墩中的虚线圆是立柱的投影，桥台中的虚线正方形是下面方桩的投影。

3）横剖面图

根据立面图中所标注的剖切位置可以看出，Ⅰ－Ⅰ剖面是在中跨位置剖切的，Ⅱ－Ⅱ剖面是边跨位置剖切的，桥梁的横剖面图是左半部Ⅰ－Ⅰ剖面和Ⅱ－Ⅱ剖面拼成的。桥梁中跨和边跨部分的上部结构相同，桥面总宽度为 14 m，是由 10 块钢筋混凝土空心板拼接而成，图中由于板的断面形状太小，没有画出其材料符号。在Ⅰ－Ⅰ剖面图中画出了桥墩各部分，包括墩帽、立柱、承台、桩等的投影。在Ⅱ－Ⅱ剖面图中画出了桥台各部分，包括台帽、台身、承台、桩等的投影。

4. 构件图

图 9-17 为该桥梁各主要构件的立体示意图。

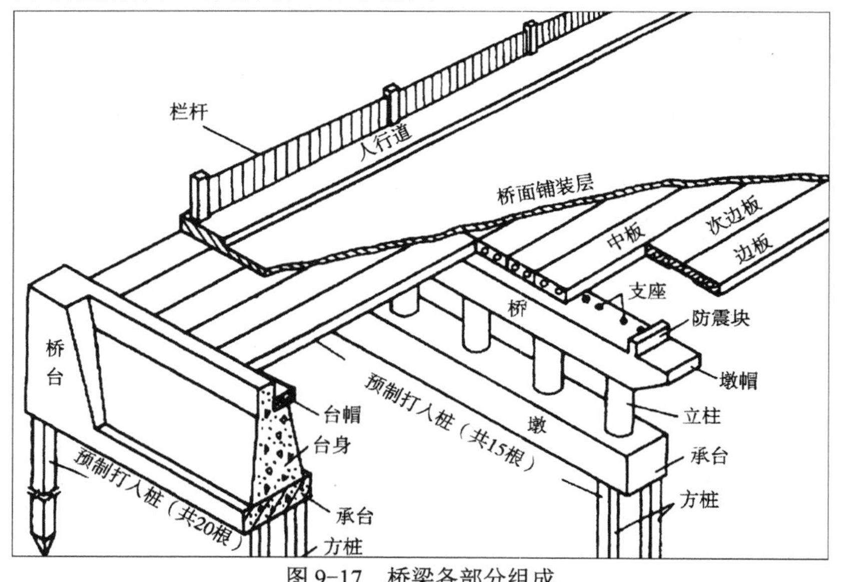

图 9-17　桥梁各部分组成

在总体布置图中，由于比例较小，不可能将桥梁各种构件都详细地表示清楚。为了实际施工和制作的需要，还必须用较大的比例画出各构件的形状大小和钢筋构造，构件图常用的比例为 1∶50～1∶10，某些局部详图可采用更大的比例，如 1∶5～1∶2。下面介绍桥梁中几种常见的构件图的画法特点。

1）钢筋混凝土空心板图

钢筋混凝土空心板是该桥梁上部结构中最主要的受力构件，它两端搁置在桥墩和桥台上，中跨为 13 m，边跨为 10 m。图 9-18 为边跨 10 m 空心板构造图，由立面图、平面图和断面图组成，主要表达空心板的形状、构造和尺寸。整个桥宽由 10 块板拼成，按不同位置分为三种：中板（中间共 6 块）、次边板（两侧各 1 块）、边板（两边各 1 块）。三种板的厚度相同，均为 55 cm，故只画出了中板立面图。由于三种板的宽度和构造不同，故分别绘制了中板、次边板和边板的平面图，中板宽 124 cm，次边板宽 162 cm，纵向是对称的，所以立面图和平面图均只画出了一半，边跨板长名义尺寸为 10 m，但减去板接头缝后实际上板长为 996 cm。三种板均分别绘制了跨中断面图，可以看出它们不同的断面形状和详细尺寸。另外，还画出了板与板之间拼接的铰缝大样图，具体施工方法详见说明。

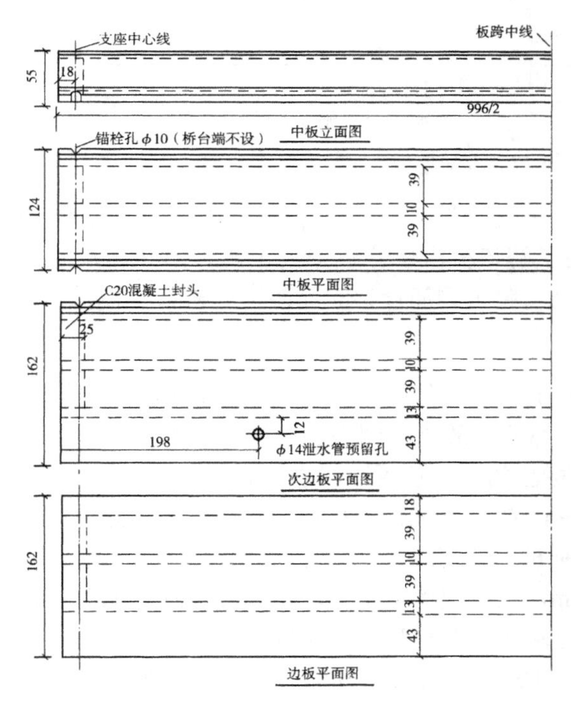

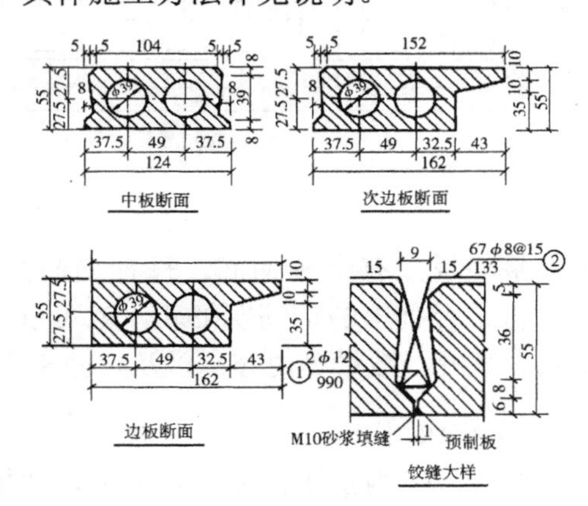

一块空心板混凝土数量表

封头	中板		边板		次边板	
C20混凝土/m³	C25混凝土/m³	安装质量/t	C25混凝土/m³	安装质量/t	C25混凝土/m³	安装质量/t
0.119	3.874	9.762	4.081	13.3	4.523	11.44

说明：

1. 本图尺寸除钢筋直径以mm计外，其余均以cm计。
2. 浇筑铰缝混凝土前先用M10水泥砂浆填底缝，待砂浆强度达50%后方可浇筑铰缝。
3. 铰缝钢筋①②号先绑扎好再放入铰缝内，并与预制板中伸出的箍筋绑扎在一起，②号钢筋每隔15cm扎一根。

图 9-18　边跨 10 m 空心板构造图

每种钢筋混凝土板都必须绘制钢筋布置图，现以边板为例介绍，图 9-19 为配筋图。立面图是用Ⅰ-Ⅰ纵剖面表示的（既然假定混凝土是透明的，立面图和剖面图已无多大区别，这里主要是为了避免钢筋过多的重叠，才这样处理）。由于板中有弯起钢筋，所以绘制图中横断面Ⅱ-Ⅱ和跨端横断面Ⅲ-Ⅲ，可以看出 2 号钢筋在中部时是位于板的底部，在端部时则位于板的顶部。为了更清楚地表示钢筋的布置情况，还画出了板的顶层钢筋平面图。

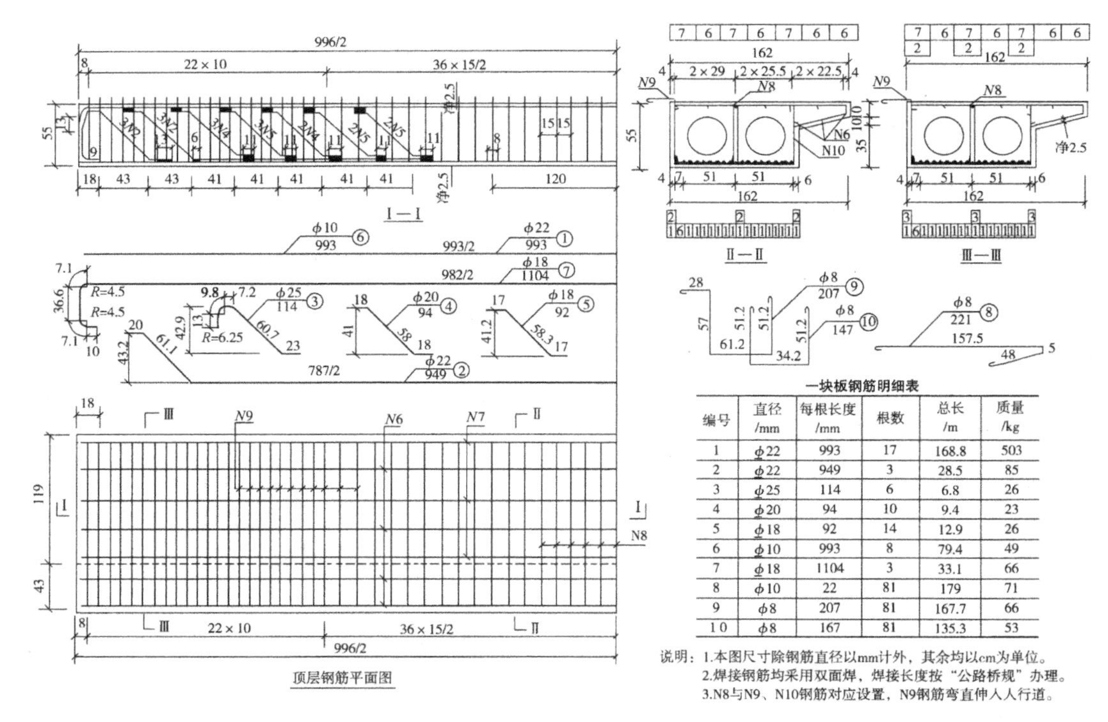

一块板钢筋明细表

编号	直径/mm	每根长度/mm	根数	总长/m	质量/kg
1	φ22	993	17	168.8	503
2	φ22	949	3	28.5	85
3	φ25	114	6	6.8	26
4	φ20	94	10	9.4	23
5	φ18	92	14	12.9	26
6	φ10	993	8	79.4	49
7	φ18	1104	3	33.1	66
8	φ10	22	81	179	71
9	φ8	207	81	167.7	66
10	φ8	167	81	135.3	53

图 9-19　边跨 10m 空心板配筋

整块板共有十种钢筋，每种钢筋都绘出了钢筋详图。这样几种图互相配合，对照阅读，再结合列出的钢筋明细表，就可以清楚地了解该板中所有钢筋的位置、形状、尺寸、规格、直径、数量等内容，以及几种弯筋、斜筋与整个钢筋骨架的焊接位置和长度。

2）桥墩图

图 9-20 为桥墩构造图，主要表达桥墩各部分的形状和尺寸。这里绘制了桥墩的立面图、侧面图和 I－I 剖面图，由于桥墩是左右对称的，故立面图和剖面图均只画出一半。该桥墩由墩帽、立柱、承台和基桩组成。根据所标注的剖切位置可以看出，I－I 剖面图实质为承台平面图，承台基本为长方体，长 1 500 cm，宽 200 cm，高 150 cm。承台下的基桩分两排交错（呈梅花形）布置，施工时先将预制桩打入地基，下端到达设计深度（标高）后，再浇筑承台，桩的上端深入承台内部 80 cm，在立面图中这一段用虚线绘制。承台上有五根圆形立柱，直径为 80 cm，高为 250 cm。立柱上面是墩帽，墩帽的全长为 1 650 cm，宽为 140 cm，高度在中部为 116 cm，在两端为 110 cm，有一定的坡度，为的是使桥面形成 1.5%的横坡。墩帽的两端各有一个 20 cm×30 cm 的抗震挡块，是防止空心板移动而设置的。墩帽上的支座，详见支座布置图。桥墩的各部分均是钢筋混凝土结构，应绘制钢筋布置图。配筋图由立面图、I－I 横断面图、II－II 横断面图及钢筋详图组成。由于墩帽内钢筋较多，所以横断面图的比例更大。墩帽内共配有九种钢筋：在顶层有 13 根①号钢筋；在底层有 11 根②号钢筋，③号为弯起钢筋，有 2 根；④、⑤、⑥号是加强斜筋；⑧号箍筋布置在墩帽的两端，且尺寸依截面的变化而变化；⑨号箍筋分布在墩帽的中部，间隔为 10 cm 或 20 cm，立面图中注出了具体位置；为了增强墩帽的刚度，在两侧各布置了 7 根⑦

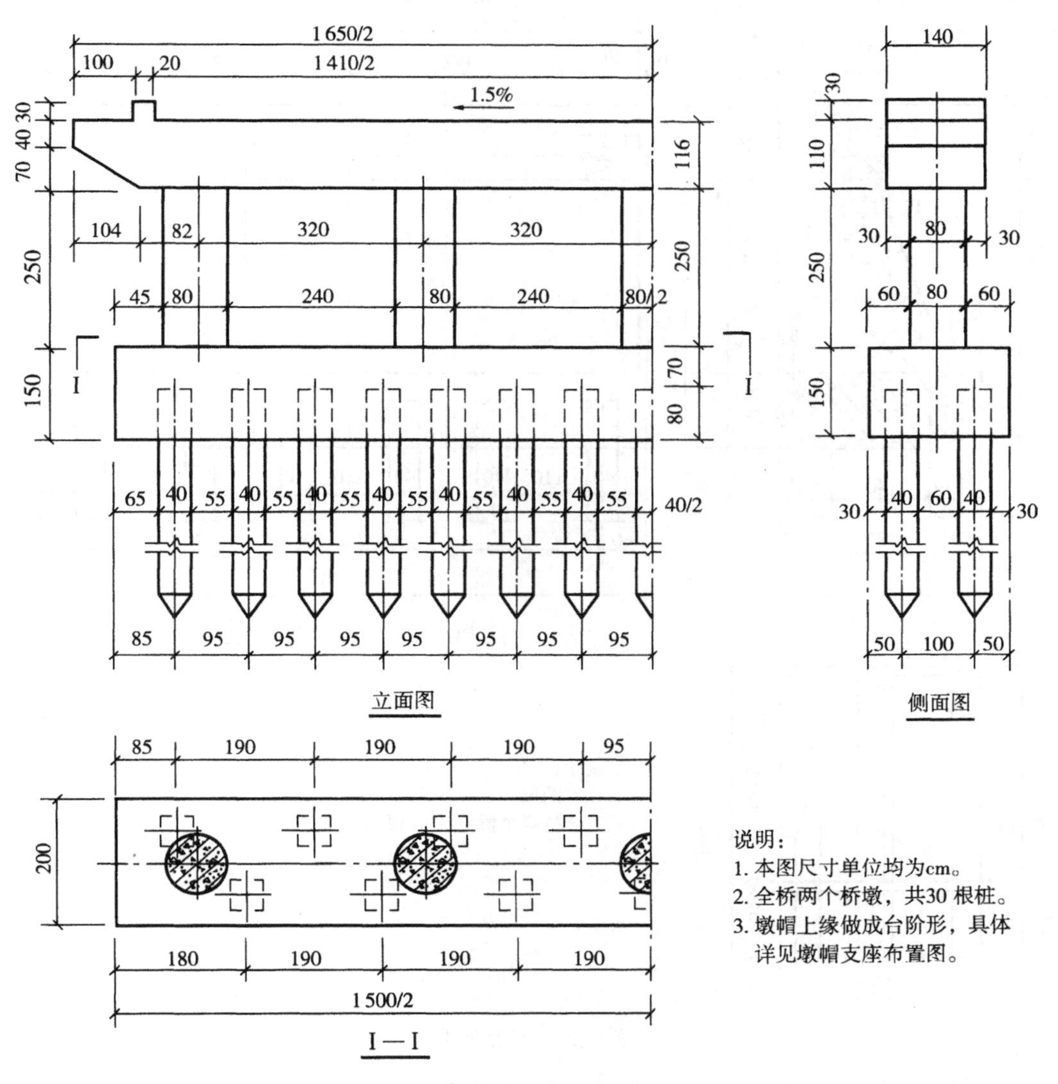

图 9-20　桥墩构造

号腰筋。由于篇幅所限，桥墩其他部分如立柱、承台等的配筋图略。

3）桥台图

桥台属于桥梁的下部结构，主要是支承上部的板梁，并承受路堤填土的水平推力。我国公路桥梁桥台的形式主要有实体式桥台（又称重力式桥台）、埋置式桥台、轻型桥台、组合式桥台等。下面举例说明桥台构造。

图 9-21 为重力式混凝土桥台构造图，用剖面图、平面图和侧面图表示。该桥台由台帽、台身、侧墙、承台和基桩组成。这里桥台的立面图用 I－I 剖面图代替，既可表示出桥台的内部构造，又可画出材料符号。该桥台的台身和侧墙均用 C30 混凝土浇筑而成，台帽和承台的材料为钢筋混凝土。桥台的长为 280 cm，高为 493 cm，宽为 1470 cm。由于宽度尺寸较大且对称，所以平面图只画出了一半。侧面图由台前和台后两个方向视图各取一半

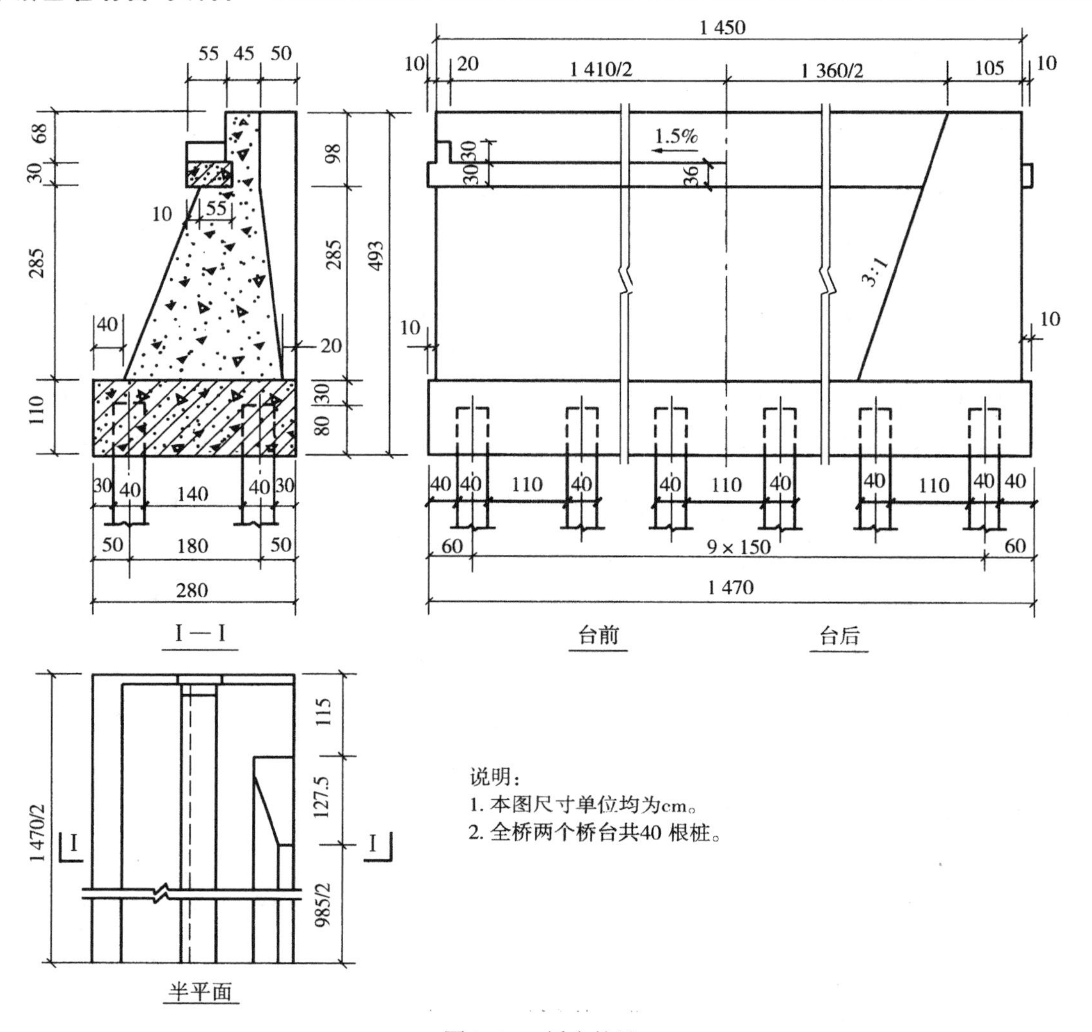

图 9-21　桥台构造

拼成，所谓台前是指桥台面对河流的一侧，台后则是桥台面对路堤填土的一侧。为了节省图幅，平面图和侧面图都采用了断开画法。桥台下的基桩分两排对齐布置，排距为180 cm，桩距为150 cm，每个桥台有20 根桩。桥台的承台等处的配筋图略。

4）钢筋混凝土桩配筋图

该桥梁的桥墩和桥台的基础均为钢筋混凝土预制桩，桩的布置形式及数量已在上述图样中表达清楚。图 9-22（a）为预制桩的配筋图，主要用立面图、断面图及钢筋详图来表达。由于桩的长度尺寸较大，为了布图的方便常将桩水平放置，断面图可画成中断断面或移出断面。

由图 9-22（a）可以看出该桩的截面为正方形（40 cm×40 cm），桩的总长为 17 m，分上下两节，上节桩长为 8 m，下节桩长为 9 m。上节桩内布置的主筋为 8 根①号钢筋，桩顶端有钢筋网 1 和钢筋网 2 共三层，在接头端预埋 4 根⑩号钢筋。下节桩内的主筋为 4 根②号钢筋和 4 根③号钢筋，一直通过桩尖部位，⑥号钢筋为桩尖部位的螺旋形钢筋。④号和

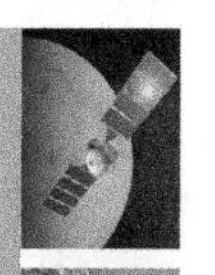

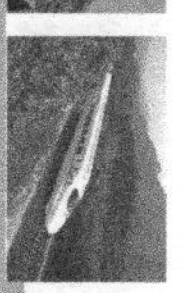

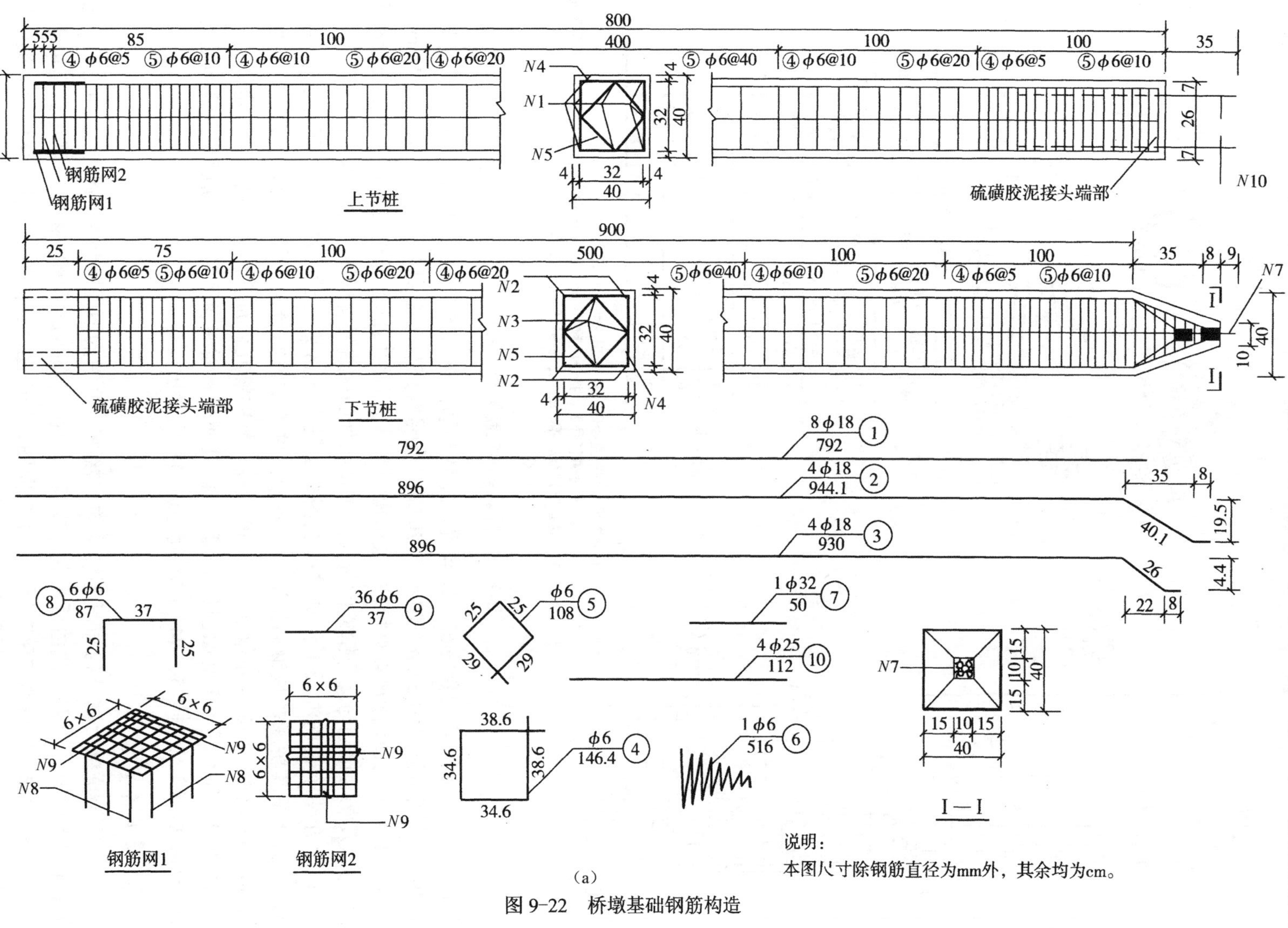

(a)

图9-22　桥墩基础钢筋构造

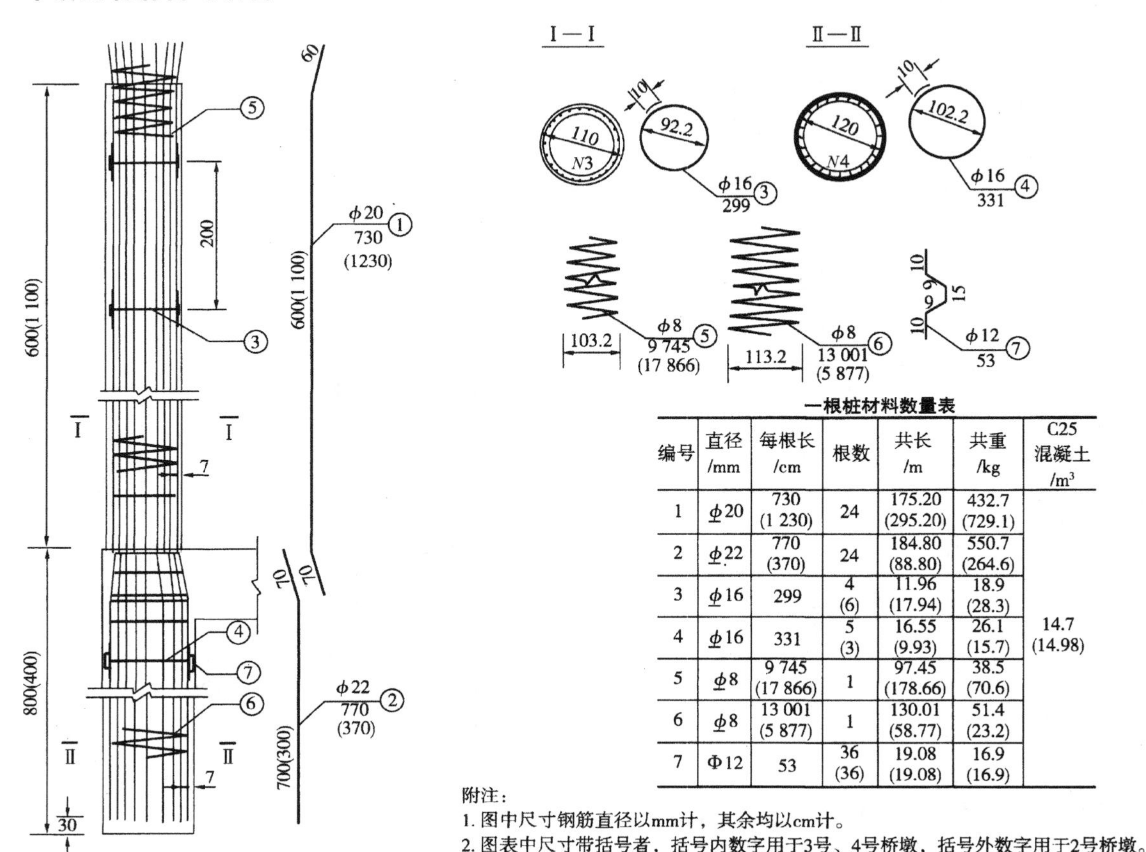

一根桩材料数量表

编号	直径/mm	每根长/cm	根数	共长/m	共重/kg	C25混凝土/m^3
1	ϕ20	730 (1 230)	24	175.20 (295.20)	432.7 (729.1)	14.7 (14.98)
2	ϕ22	770 (370)	24	184.80 (88.80)	550.7 (264.6)	
3	ϕ16	299	4 (6)	11.96 (17.94)	18.9 (28.3)	
4	ϕ16	331	5 (3)	16.55 (9.93)	26.1 (15.7)	
5	ϕ8	9 745 (17 866)	1	97.45 (178.66)	38.5 (70.6)	
6	ϕ8	13 001 (5 877)	1	130.01 (58.77)	51.4 (23.2)	
7	Φ12	53	36 (36)	19.08 (19.08)	16.9 (16.9)	

附注：
1. 图中尺寸钢筋直径以mm计，其余均以cm计。
2. 图表中尺寸带括号者，括号内数字用于3号、4号桥墩，括号外数字用于2号桥墩。
3. 定位筋7号钢筋每隔2m沿圆周等间距布设四根。

（b）

图 9-22　桥墩基础钢筋构造（续）

⑤号为两种方形箍筋，套叠在一起放置，每种箍筋沿桩长方向有三种间距，④号箍筋从两端到中央的间距依次为 5 cm、10 cm、20 cm，⑤号箍筋从两端到中央的间距分别为 10 cm、20 cm、40 cm，具体位置详见标注。画出的Ⅰ-Ⅰ剖面图实际上是桩尖视图，主要表示桩尖部的形状及⑦号钢筋与②号钢筋的位置。桩接头处的构造另有详图，这里未示出。

以上介绍了钢筋混凝土预制桩构造图，工程上还常采用钻孔灌注桩。下面以图 9-22（b）为例介绍其桥墩基桩钢筋构造图。桥墩柱桩的钢筋布置图中①、②分别为柱、桩的主筋，③、④为柱、桩的定位箍筋，⑤、⑥为柱、桩的螺旋分布筋，⑦为钢筋骨架定位筋。

图 9-22（b）用一个立面图和Ⅰ-Ⅰ、Ⅱ-Ⅱ两个断面即表达清楚。断面图中钢筋采用了夸张的画法，即 *N*3 与 *N*5、*N*4 与 *N*6 间距适当拉大画出。

5）支座布置图

支座位于桥梁上部结构与下部结构的连接处，桥墩的墩帽和桥台的台帽上均设有支座梁搁置在支座上。上部荷载由板梁传给支座，再由支座传给桥墩或桥台，可见支座虽小但很重要。图 9-23 为桥墩支座布置图，用立面图、平面图及详图表示。在立面图上详细绘制了预板的拼接情况，为了使桥面形成 1.5%的横坡，墩帽上缘做成台阶形，以安放支座。立

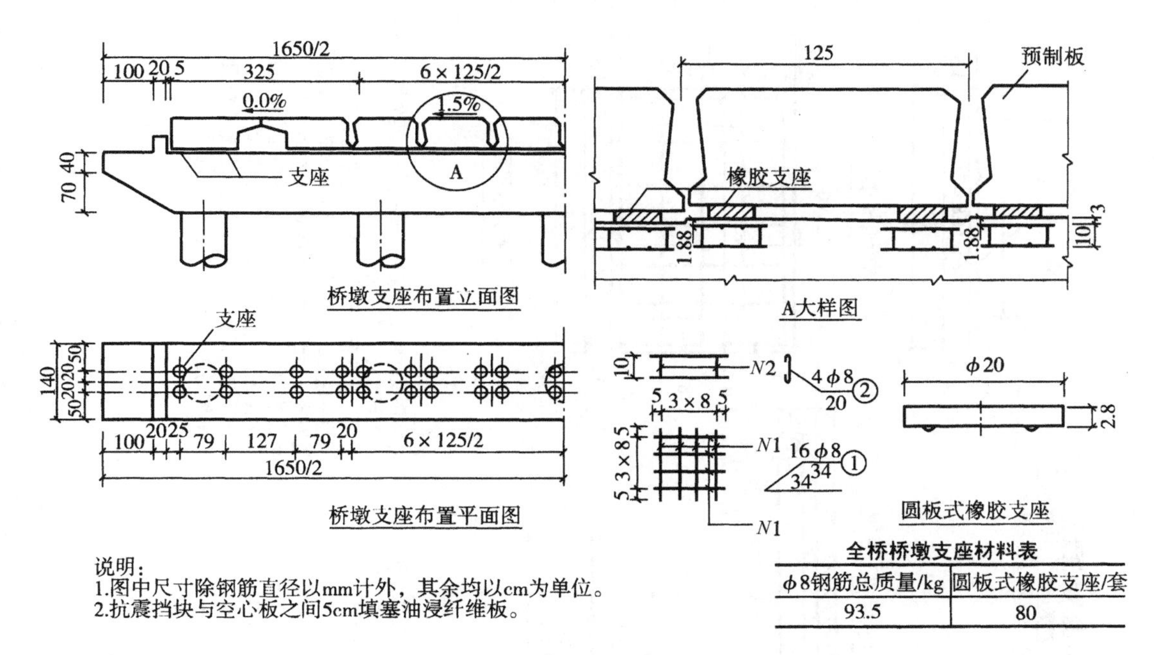

图 9-23　桥墩支座布置

面画得不是很清楚，故用更大比例画出了局部放大详图，即 A 大样图，图中注出台阶宽为 1.88 cm。

在墩帽的支座处受压较大，为此在支座下增设有钢筋垫，由①号和②号钢筋焊接而成，以加强混凝土的局部承压能力。平面图是将上部预制板移去后画出的，可以看出支座在墩帽上是对称布置的，并注有详细的定位尺寸。安装时，预制板端部的地支座中心线应与桥墩的支座中心线对准。支座是工业制成品，本桥采用的是圆板式橡胶支座，直径为 20 cm，厚度为 2.8 cm。

6）人行道及桥面铺装构造图

图 9-24 为人行道及桥面铺装构造图，这里绘出的人行道立面图，是沿桥的横向剖切而得到的，实质上是人行道的横剖面图。桥面铺装层主要是由纵向①号钢筋和横向②号钢筋形成的钢筋网，现浇 C25 混凝土，厚度为 10 cm。车行道部分的面层为 5 cm 厚沥青混凝土。人行道部分是在路缘石、撑梁、栏杆垫梁上铺设人行道板后构成架空层，面层为地砖贴面。人行道板长 74 cm，宽为 49 cm，厚为 8 cm，用 C25 混凝土预制而成，另画有人行道板的钢筋布置图。

9.3.2　钢筋混凝土 T 形梁桥

1. 桥梁总体布置图

如图 9-25 所示，为一总长度为 90 m，中心里程桩号为 K0+748.00 的五孔 T 形梁桥总体布置图。立面图和平面图采用相同的比例，两者符合长对正的投影关系，而横剖面图则采用较大的比例。

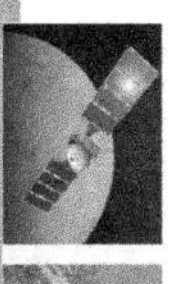
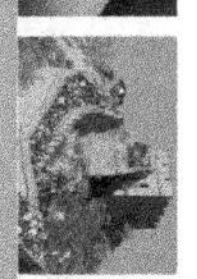
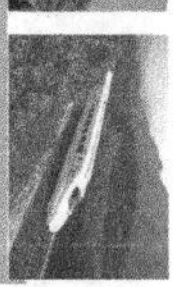

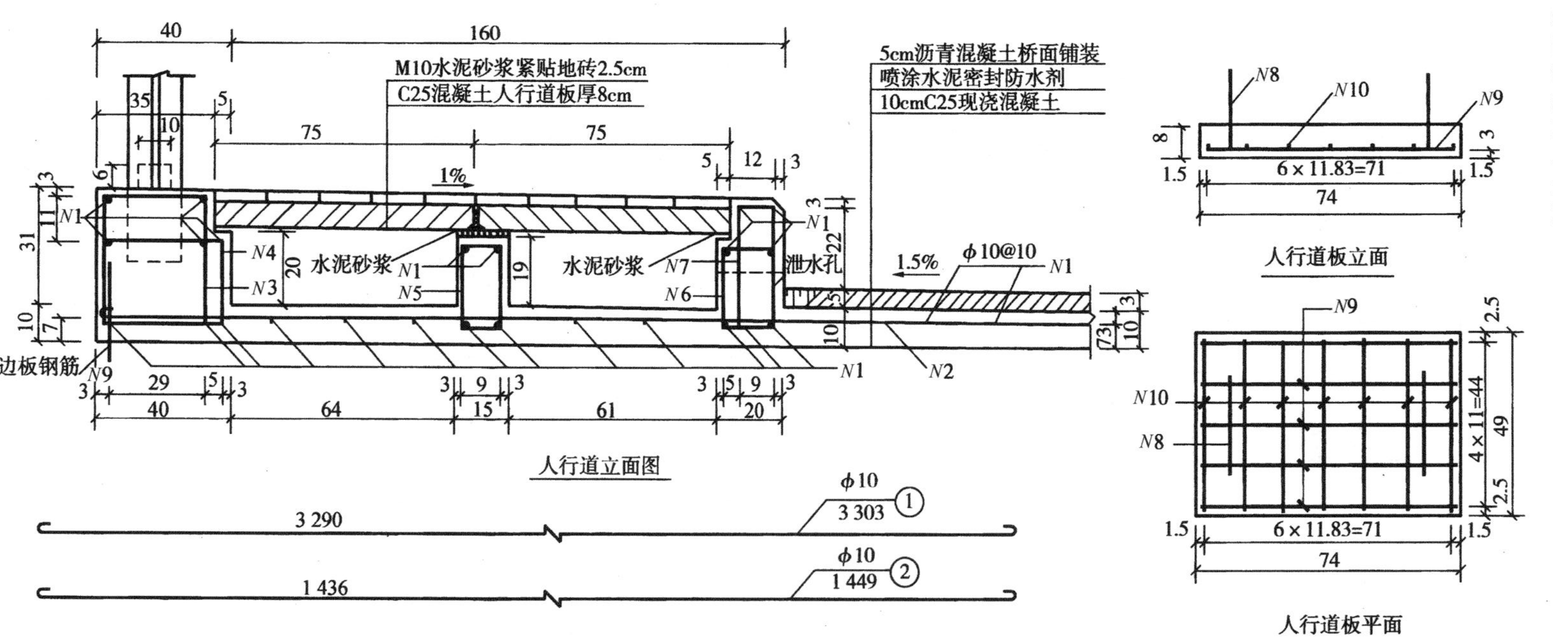

说明:

1. 本图尺寸除钢筋直径以mm计外，其余均以cm计。
2. 人行道板全桥共264块。
3. 人行道撑梁、路缘石采用现浇C25混凝土，在墩台处断开，并注意将人行道和地砖的拼接缝与其对齐，桥面泄水管在路缘石现浇时埋人。
4. 箍筋N3、N4、N5、N6、N7沿桥跨方向布置间距为20cm，在栏杆柱处可适当调整间距。
5. 边板伸出钢筋N9，应与栏杆垫梁钢筋牢固绑扎。
6. N8钢筋在人行道板安装完毕后切除。

图 9-24　人行道及桥面铺装构造

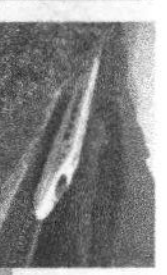

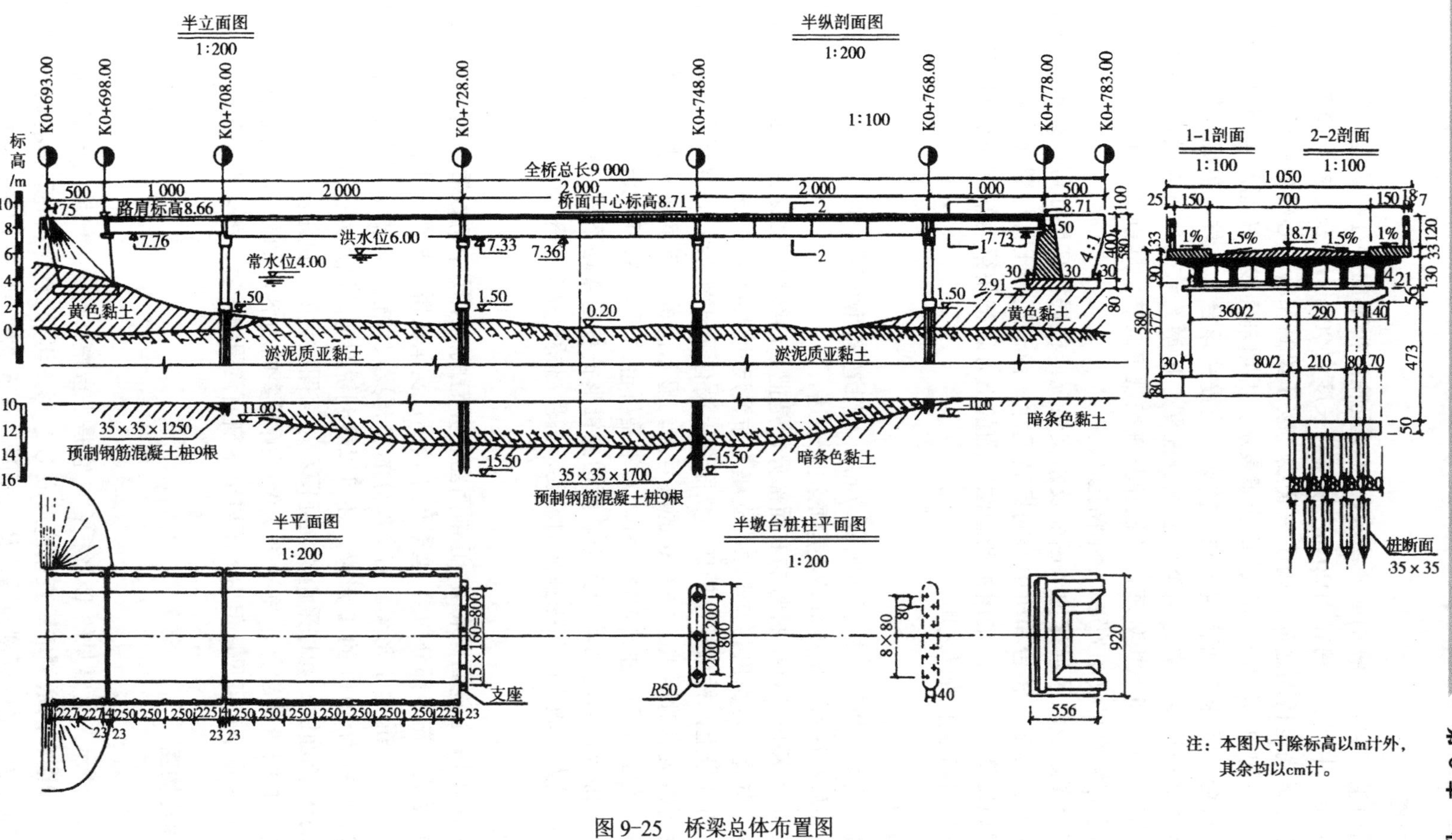

注：本图尺寸除标高以m计外，其余均以cm计。

图 9-25　桥梁总体布置图

1）立面图

立面图由半立面和半纵剖面图组成，可以反映出桥梁的特征和桥型，共有五孔，两边孔跨径为10 m，中间三孔跨径为20 m；桥梁总长度为90 m。上部结构为简支T形梁桥，立面图左半部分梁底至桥面之间，画了三条线，表示梁高和桥中心线处的桥面厚度；右半部分画成剖面图，把 T 形梁及横隔板均涂黑表示，并用剖面线把桥面厚度画出。下部结构两端为重力式桥台，河床中间有四个柱式桥墩，它是由承台、立柱、盖梁和基桩共同组成。左边两个桥墩画外形图，右边两个桥墩画剖面图，桥墩的承台、下盖梁系钢筋混凝土，在1∶200 以下比例时，可涂黑处理，立柱和基桩按规定画法，即剖切平面通过对称线时，如不画材料断面符号则可仅画外形，不画剖面线。

总体布置图还反映了河床地质断面及水文情况，根据标高尺寸可以知道，桩和桥台基础的埋置深度、梁底、桥台和桥中心的标高尺寸。由于混凝土桩埋置深度较大，为了节省图幅，连同地质资料一起，采用折断画法。图的上方还把桥梁两端和桥墩的里程桩号标注出来，以便读图和施工放样之用。

2）平面图

对照横剖面图可以看出桥面净宽为 7 m，人行道宽两边各为 1.5 m，还有栏杆、立柱的布置尺寸，并从左往右，采用分段揭层画法来表达。

对照立面图 K0+728.00 桩号的右面部分，是把上部结构揭去之后，显示半个桥墩的上盖梁及支座的布置，可算出共有十二块支座，布置尺寸纵向为50 cm，横向为160 cm；对照K0+748.00 的桩号上，桥墩经过剖切（立面图上没有画出剖切线），显示出桥墩中部是由三根空心圆柱所组成。对照 K0+768.00 的桩号上，显示出桩位平面布置图，它是由九根方桩所组成，图中还注出了桩柱的定位尺寸。右端是桥台的平面图，可以看出是 U 形桥台，画图时，通常把桥台背后的回填土揭去，两边的锥形护坡也省略不画，目的是使桥台平面图更为清晰。这里为了施工时开挖基坑的需要，只注出桥台基础的平面尺寸。

3）侧面图

侧面图是由Ⅰ－Ⅰ剖面图和Ⅱ－Ⅱ剖面图合并而成，从图中可以看出桥梁的上部结构是由六片 T 梁组成，左半部分的 T 型梁尺寸较小，支承在桥台与桥墩上面，对照立面图可以看出这是跨径为10 m 的 T 形梁。右半部分的 T 形梁尺寸较大，支承在桥墩上，对照立面图可以看出这是跨径为20 m 的 T 形梁，还可以看到桥面宽，以及人行道和栏杆的尺寸。为了更清楚地表示横剖面图，允许采用比立面图和平面图放大的比例画出。

为了使剖面图清楚起见，每次剖切仅画所需要的内容，如Ⅱ－Ⅱ剖面图中，按投影理论，后面的桥台部分亦可见，但由于不属于本剖面范围的内容，故习惯不予画出。

2. 构件结构图

1）桥台图

如图 9-26 所示，为常见的 U 形桥台，它是由台帽、台身、侧墙（翼墙）和基础组成，这种桥台是由胸墙和两道侧墙垂直相连形成 U 字形，再加上台帽和基础两部分组成。

（1）纵剖面图：采用纵剖面图代替立面图，显示了桥台内部构造和材料。

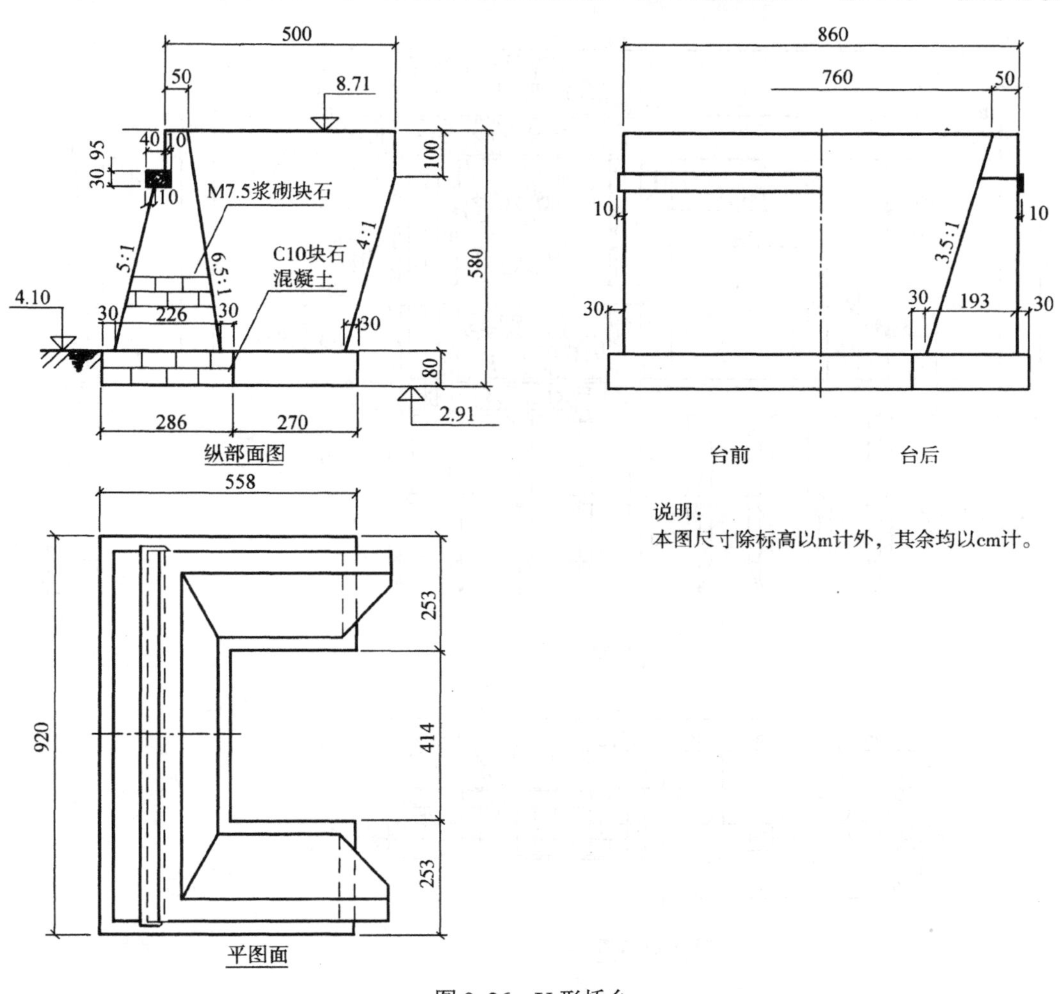

图 9-26　U 形桥台

（2）平面图：设想主梁尚未安装，后台也未填土，这样就能清楚地表示出桥台的水平投影。

（3）侧面图：由 1/2 台前和 1/2 台后两个图合成，所谓台前，是指人站在河流的一边顺着路线观看桥台前面所得的投影图；所谓台后，是指人站在堤岸一边观看桥台背后所得的投影图。

2）桥墩图

如图 9-27 所示，为某桥立柱式轻型桥墩结构图，采用了立面、平面和侧面的三个投影图，并且都采用半剖面形式。

从结构图可以看出，下面是九根 35 cm×35 cm×1 700 cm 的预制钢筋混凝土桩，桩的钢筋没有详细表示，仅用文字把柱和下盖梁的钢筋连接情况注写在说明内。平面图是把上盖梁移去，表示立柱、桩的排列和下盖梁钢筋网布置的情况，平面图中没有把立柱的钢筋表示出来，而另用放大比例的立柱断面图表示。钢筋成型图在这里没有列出来，读图时可根据投影图、断面图和表 9-6 工程数量表略图对照来分析。例如立面图中编号为①的钢筋，

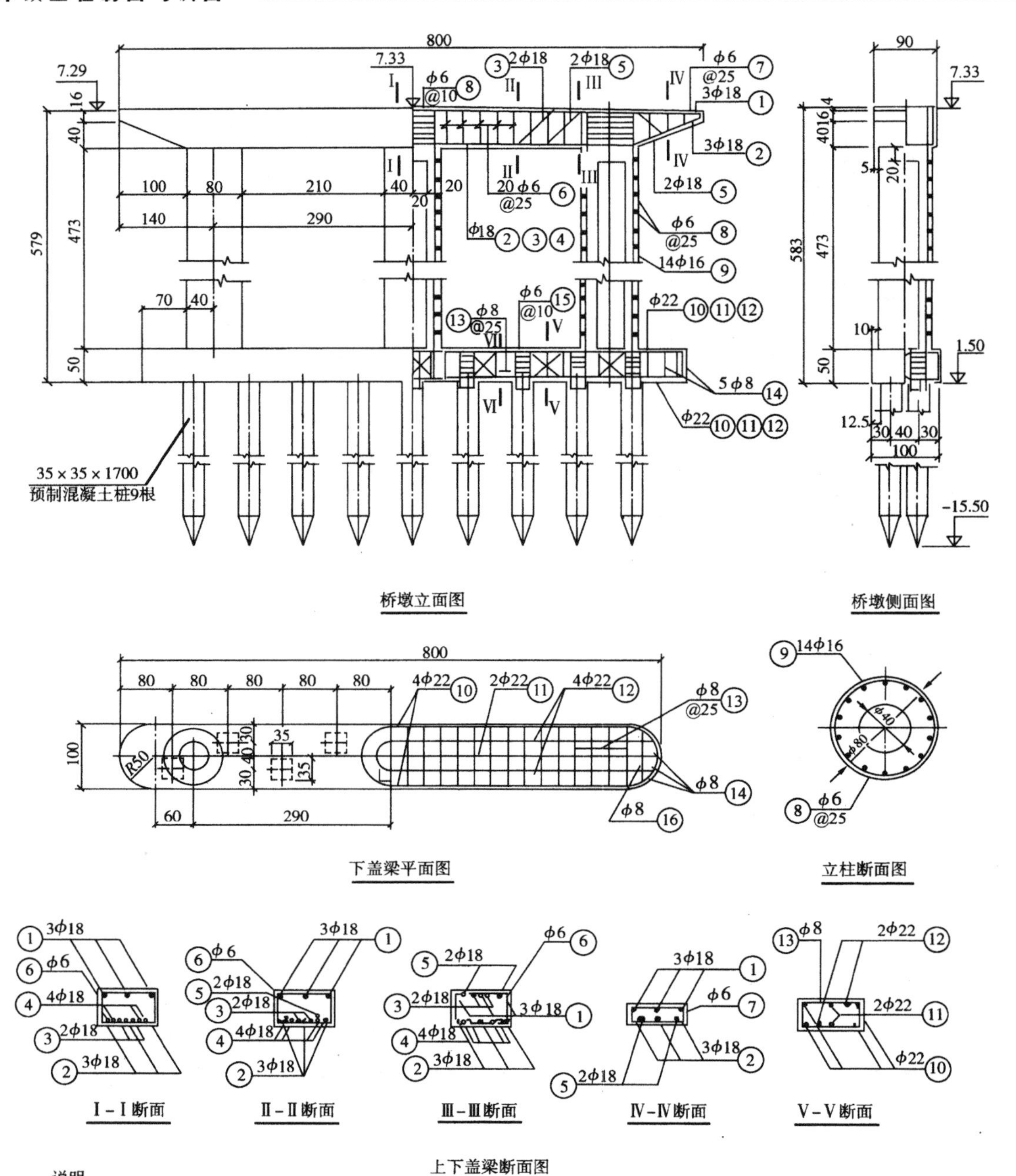

图 9-27　某桥立柱式轻型桥墩结构

可对照上盖梁断面图、侧面图和表 9-6 的略图，知道是每根直径为 18 mm 的钢筋，每根长度为 854 cm。又如编号为②的钢筋可对照立面图、断面图和略图，知道是 3 根直径为

18 mm 的 HPB335 钢筋，每根长度为 868 cm，两端弯起长度为 104 cm。

表 9-6　工程数量表

编号	直径	略　图	每根长/cm	根数	总长/m	钢筋重量/kg
1	ϕ18	854	854	3	25.62	51.3
2	ϕ18	104 660 104	868	3	26.04	52.0
3	ϕ18	61 60 324 60 61	546	2	10.92	21.8
4	ϕ18	660	660	4	26.40	52.8
5	ϕ18	20 60 80 55 20	235	4	4.70	9.4
6	ϕ6	85 65 93 63	296	20	59.20	15.4
7	ϕ6	85 11~43 93 19~51	208～272	8	19.20	4.3
8	ϕ6	252	252	75	189.00	31.8
9	ϕ16	575	575	42	261.00	412.4
10	ϕ22	700 20 148	686	4	34.72	104.1
11	ϕ22	794	794	2	15.88	47.6
12	ϕ22	90 53 53 50 50 53 53 50 50 53 53 50 50 53 53 50 91	956	2	19.12	57.5
13	ϕ8	95 45 105 55	300	29	87.00	34.3
14	ϕ8	48	48	10	4.80	1.9
15	ϕ6	30 25 38 33	126	36	45.36	10.4
16	ϕ8	80	80	4	3.20	12.6

3）钢筋混凝土桩

如图 9-28 所示，为一方形断面，长度为 17 m、横截面 35 cm×35 cm 的钢筋混凝土桩的结构图。桩顶具有三层网格，桩尖则为螺旋形钢箍，其他部分为方形钢箍，分三种间距，中间为 30 cm，两端为 5 cm，其余为 10 cm，主钢筋①为四根长度为 1748 cm 的ϕ22 钢筋，除了钢筋成型图之外，还列出了钢筋数量一览表，以便对照和备料之用。

4）主梁图（T 形梁）

T 形梁是由梁肋、横隔板（横隔梁）和翼板组成，在桥面宽度范围内往往有几根梁并在一起，在两侧的主梁称为边主梁，中间的主梁称为中主梁。主梁之间用横隔板联系，沿着主梁长度方向，有若干个横隔板，在两端的横隔板称为端隔板，中间的横隔板称为中隔板。其中边主梁一侧有横隔板，中主梁两侧有横隔板，如图 9-29 所示。

（1）主梁骨架结构图。主梁是桥梁的上部结构，图 9-30 的钢筋混凝土梁桥分别采用跨径为 10 m 和 20 m 的装配式钢筋混凝土 T 形梁。如图 9-30（a）所示，是跨径为 10 m 的一

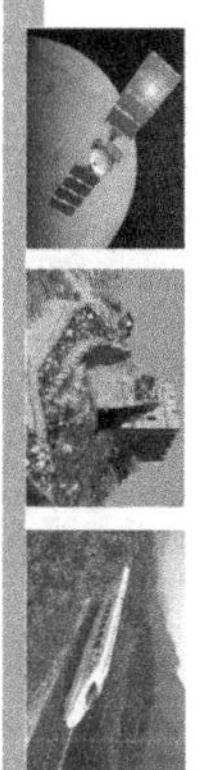

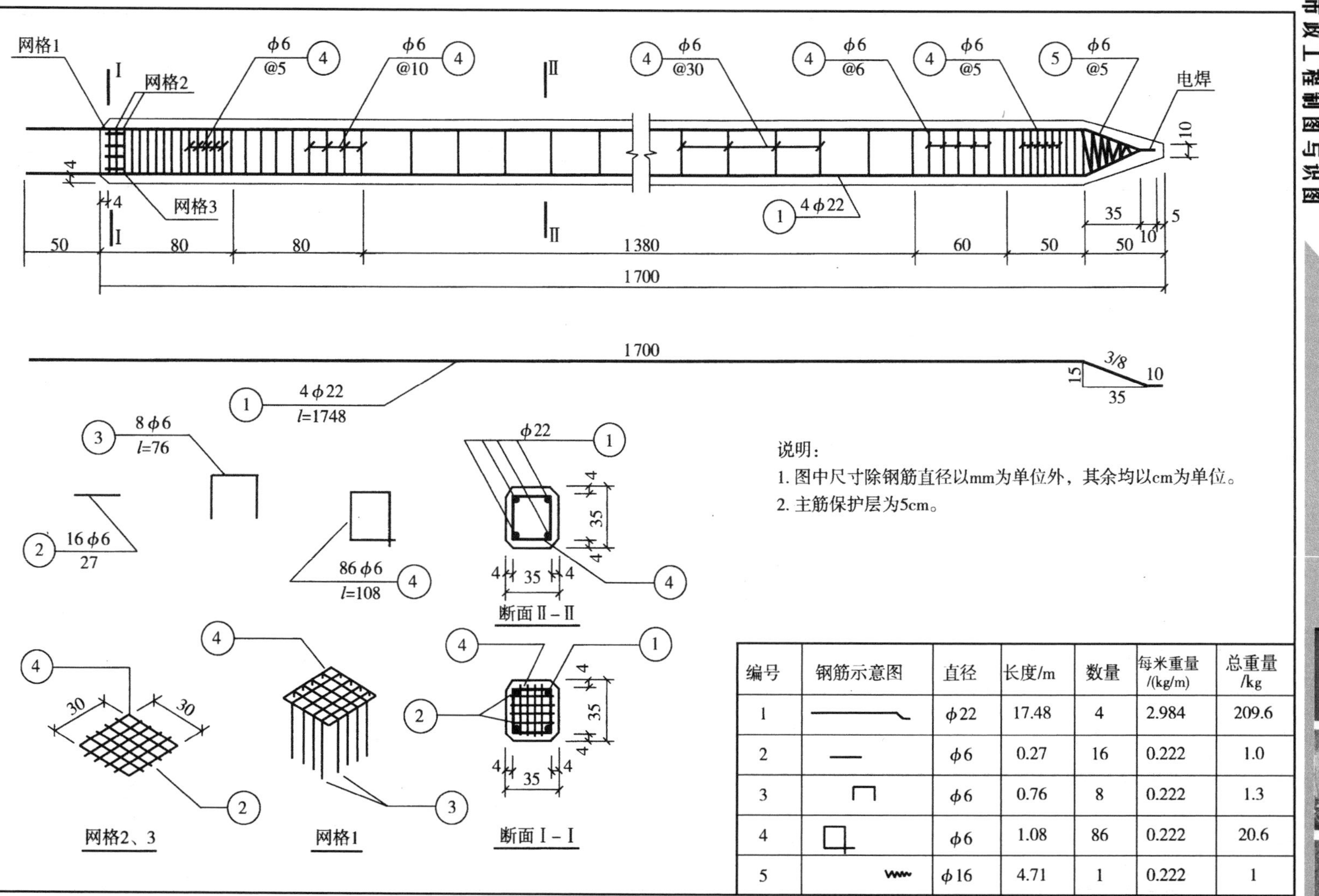

说明：

1. 图中尺寸除钢筋直径以mm为单位外，其余均以cm为单位。
2. 主筋保护层为5cm。

编号	钢筋示意图	直径	长度/m	数量	每米重量/(kg/m)	总重量/kg
1		φ22	17.48	4	2.984	209.6
2		φ6	0.27	16	0.222	1.0
3		φ6	0.76	8	0.222	1.3
4		φ6	1.08	86	0.222	20.6
5		φ16	4.71	1	0.222	1

图 9-28　钢筋混凝土桩的结构图

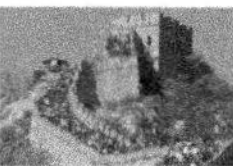

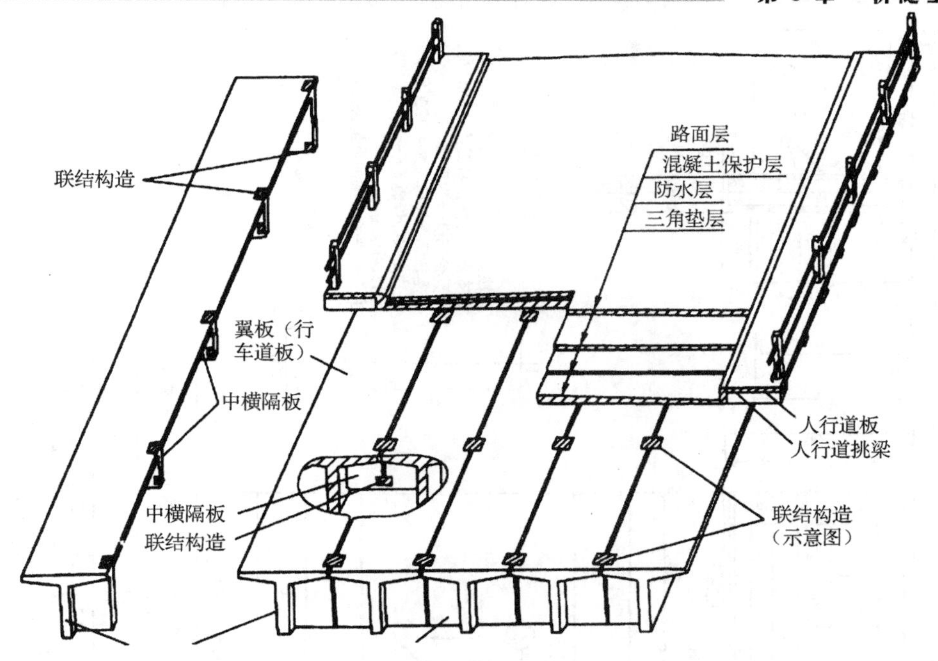

图 9-29　装配式 T 形简支梁桥

片主梁骨架结构图，其中③2ϕ22 和①2ϕ32 共四根组成架立钢筋，⑧8ϕ8 为纵向钢筋和箍筋⑦组成一起，以增加梁的刚度和防止梁发生裂缝。钢箍距离除跨端和跨中外，均等于 26 cm。②、④、⑤、⑥均为受力钢筋。图中标注出各构件的焊缝尺寸，如 8、16 及装配尺寸如 60、78、79.7 等。

图 9-30（b）是钢筋成型图，把每根钢筋单独画出来，并详细注明加工尺寸。在画图的时候，在跨中断面中可以看出钢筋②和①重叠在一起，为表示清楚也可以把重叠在一起的钢筋用小圆圈表示，图 9-30（a）主梁骨架图上钢筋③、①和②、④、⑤、⑥等钢筋端部重叠并焊接在一起，但画图的时候，故意分开来画使线条分清以便于读图。

（2）主梁隔板（横隔梁）结构图。有横隔板的 T 形梁能保证主梁的整体稳定性，横隔板在接缝处都预埋了钢板，在架好梁后通过预埋钢板焊接成整体，使各梁能共同受力。

如图 9-31 所示，为主梁隔板结构图，为了便于读图，还列出了骨架 1、2、3、4 四种钢筋成型图。如图 9-32 所示，为隔板接头的构造图，上缘接头钢板设在桥面上，下缘接头钢板设在侧面。在近墩台一面端隔板的外侧，因为不好焊接故没有做钢板接头，在中隔板内、外两侧均可布置接头。

投影图的处理，是先根据平面图作出Ⅰ－Ⅰ剖面图，然后再根据Ⅰ－Ⅰ剖面图作出Ⅱ－Ⅱ剖面和Ⅲ-Ⅲ剖面图，为了节省图幅，这里又分为端隔板和中隔板两种。

当 T 梁架好后，如图 9-33 所示，另用钢板将横隔板接缝处的预埋钢板焊牢连成整体，上面接头用两块 60 cm×12 cm×160 cm 钢板，下面接头两侧各用两块 60 cm×12 cm×160 cm 钢板，端横隔板外侧近墩台处，不好焊接，故只焊内侧一块，见图 9-33 中的Ⅱ－Ⅱ剖面图。

（3）T 梁翼板结构图。如图 9-33 所示，为 T 梁翼板钢筋图，纵方向的钢筋如③、④、⑦等为受力钢筋，①、②则为分布钢筋，⑤、⑥为预埋钢筋，当梁架好后，把⑤、⑥钢筋

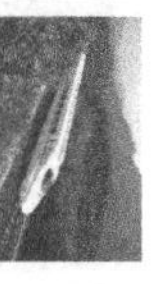

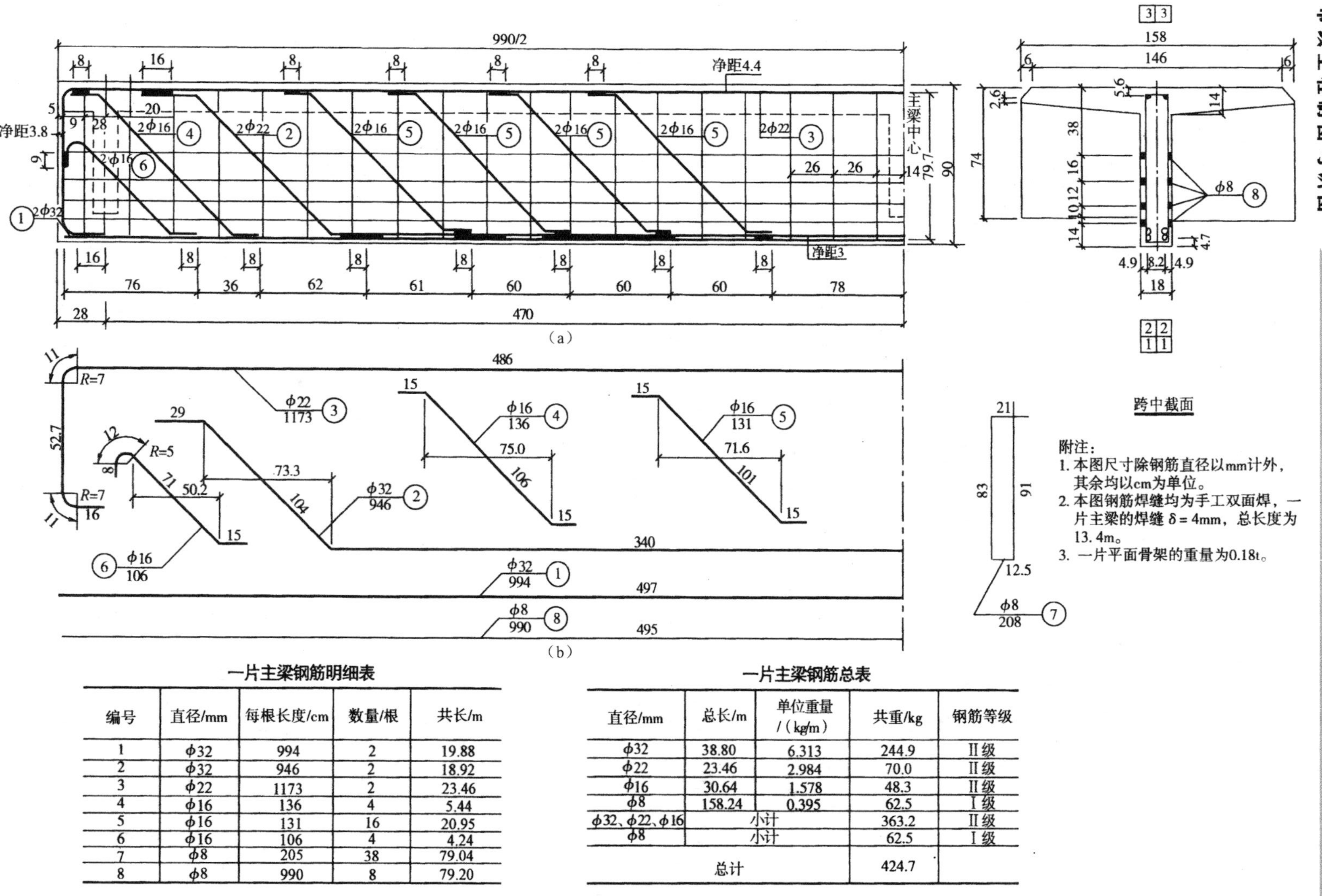

一片主梁钢筋明细表

编号	直径/mm	每根长度/cm	数量/根	共长/m
1	ϕ32	994	2	19.88
2	ϕ32	946	2	18.92
3	ϕ22	1173	2	23.46
4	ϕ16	136	4	5.44
5	ϕ16	131	16	20.95
6	ϕ16	106	4	4.24
7	ϕ8	205	38	79.04
8	ϕ8	990	8	79.20

一片主梁钢筋总表

直径/mm	总长/m	单位重量/（kg/m）	共重/kg	钢筋等级
ϕ32	38.80	6.313	244.9	Ⅱ级
ϕ22	23.46	2.984	70.0	Ⅱ级
ϕ16	30.64	1.578	48.3	Ⅱ级
ϕ8	158.24	0.395	62.5	Ⅰ级
ϕ32、ϕ22、ϕ16	小计		363.2	Ⅱ级
ϕ8	小计		62.5	Ⅰ级
总计			424.7	

图 9-30　主梁骨架结构图

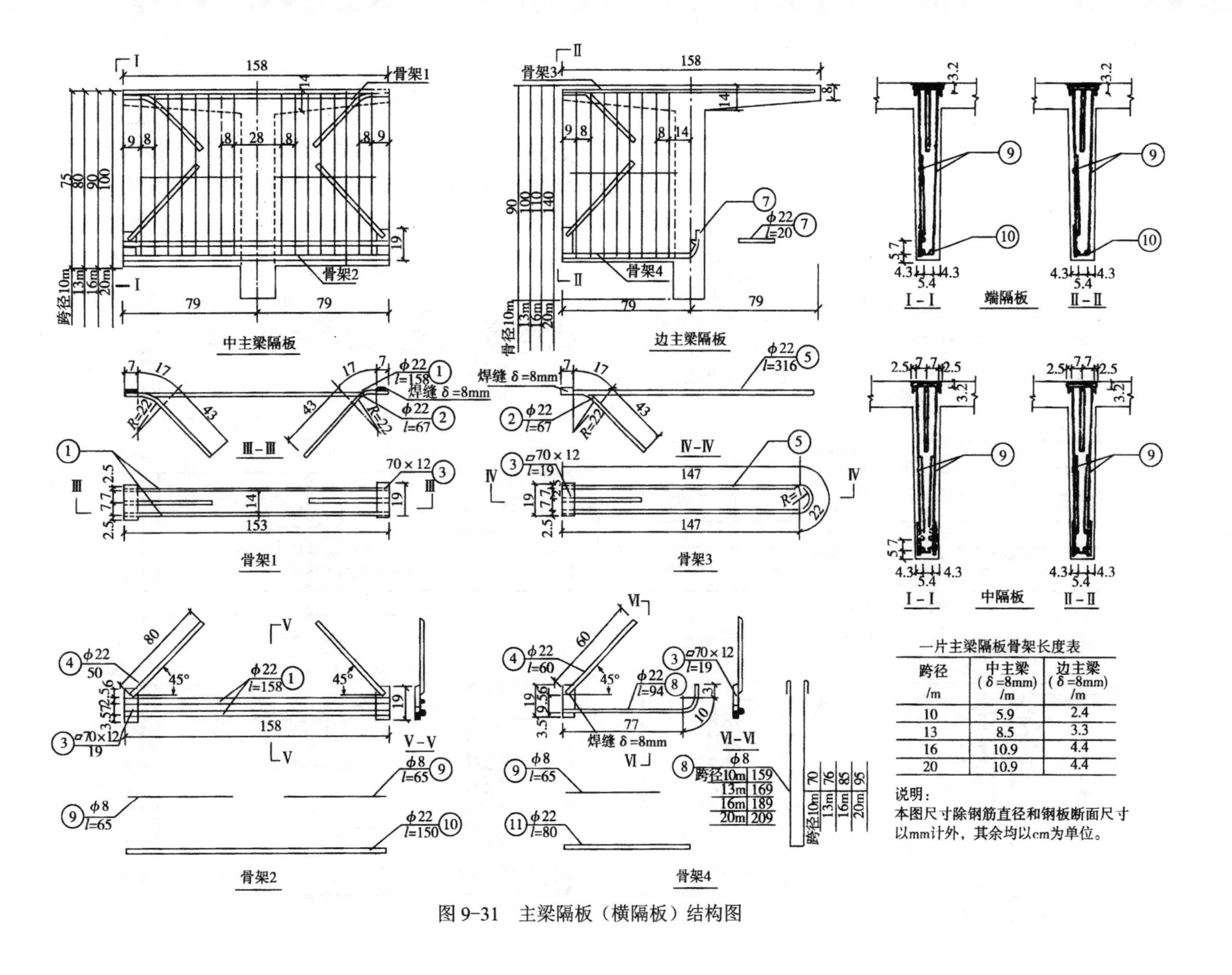

一片主梁隔板骨架长度表

跨径 /m	中主梁 (δ=8mm) /m	边主梁 (δ=8mm) /m
10	5.9	2.4
13	8.5	3.3
16	10.9	4.4
20	10.9	4.4

说明：

本图尺寸除钢筋直径和钢板断面尺寸以mm计外，其余均以cm为单位。

图 9-31　主梁隔板（横隔板）结构图

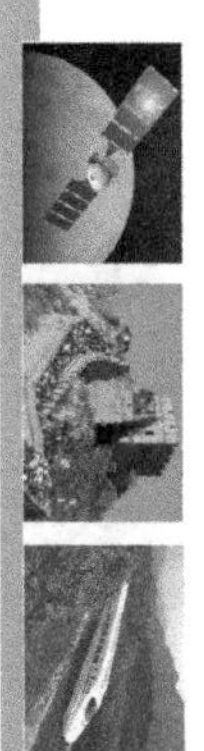

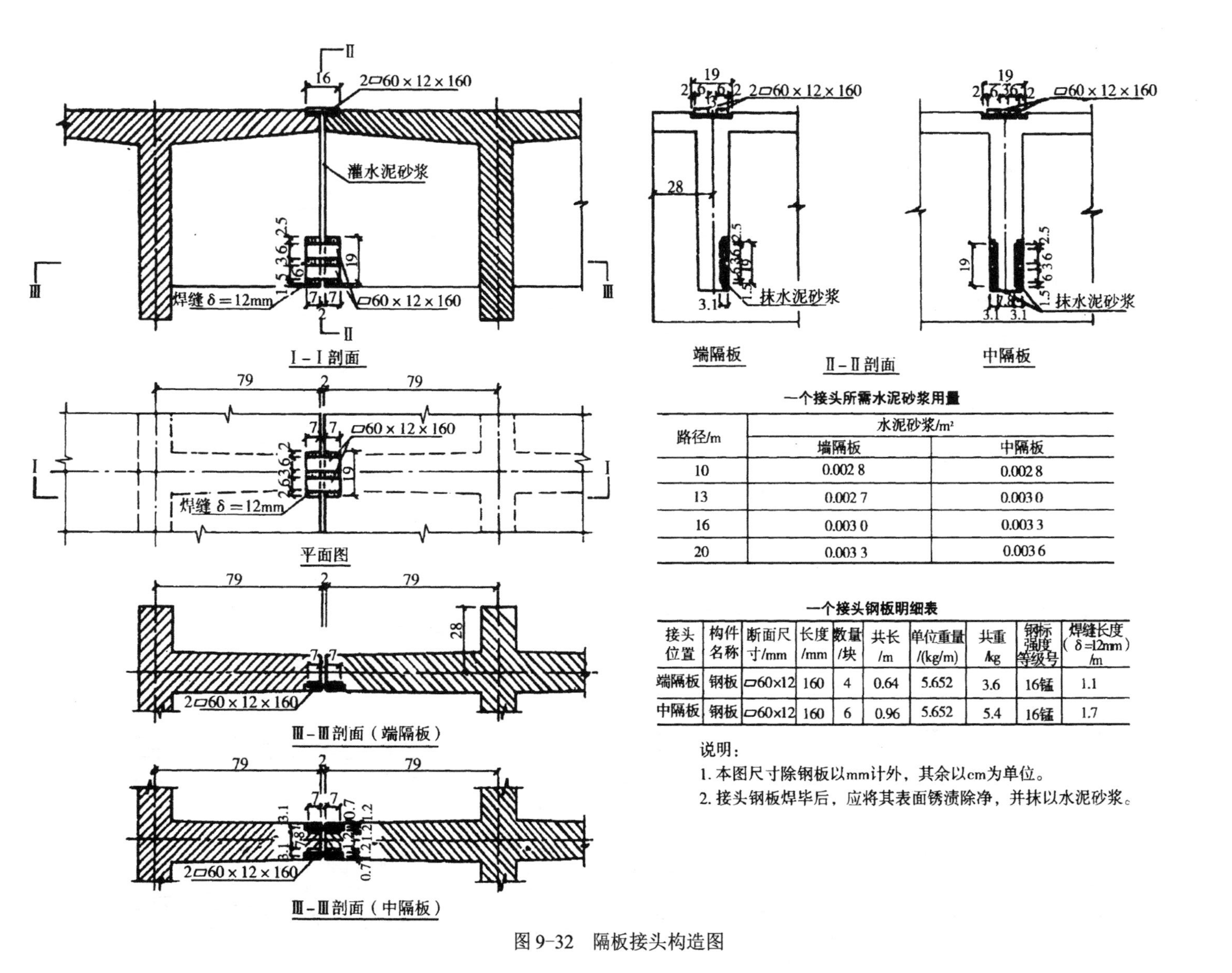

一个接头所需水泥砂浆用量

路径/m	水泥砂浆/m²	
	墙隔板	中隔板
10	0.002 8	0.002 8
13	0.002 7	0.003 0
16	0.003 0	0.003 3
20	0.003 3	0.003 6

一个接头钢板明细表

接头位置	构件名称	断面尺寸/mm	长度/mm	数量/块	共长/m	单位重量/(kg/m)	共重/kg	钢标强度等级号	焊缝长度（δ=12mm）/m
端隔板	钢板	□60×12	160	4	0.64	5.652	3.6	16锰	1.1
中隔板	钢板	□60×12	160	6	0.96	5.652	5.4	16锰	1.7

说明：

1. 本图尺寸除钢板以mm计外，其余以cm为单位。
2. 接头钢板焊毕后，应将其表面锈渍除净，并抹以水泥砂浆。

图 9-32　隔板接头构造图

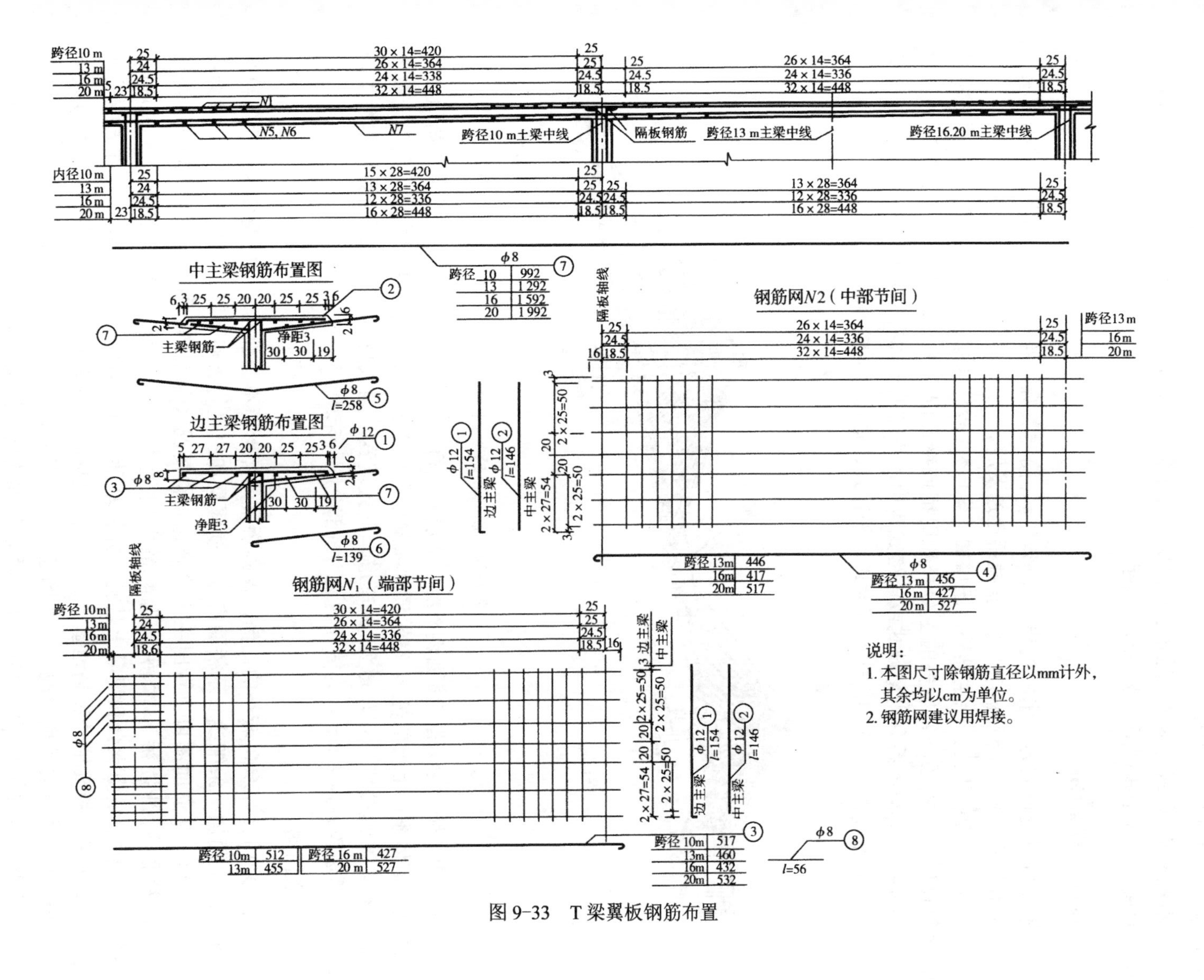

图 9-33　T 梁翼板钢筋布置

弯起和行车道铺装钢筋网连成整体。①、②和⑤、⑥钢筋沿 T 梁全长进行配置，习惯上仅画两端部，中间空掉不画。

钢筋网 $N1$ 和钢筋网 $N2$ 是相互搭接的，为了便于读图，在平面图中故意把它们分开来画，而通过隔板轴线把两块钢筋网联系起来。

9.3.3 斜拉桥

随着材料及预应力技术的进步，外形轻巧、简洁美观、跨越能力大的斜拉桥成为现代桥梁的常见桥型之一。近几年以来，斜拉桥迅速发展。

斜拉桥与梁桥相比，除主梁外，还增加了索塔和拉索。如图 9-34 所示，为一座双塔双索面斜拉桥的透视图，斜拉桥的主梁一般用钢或钢筋混凝土（或预应力钢筋混凝土）制作。斜拉桥的结构体系分为悬臂式或连续式两种，桥塔的形式有门式塔、A 形塔、独立塔或双柱式塔等形式。拉索的形式有辐射式、平行式、扇式和星式等。

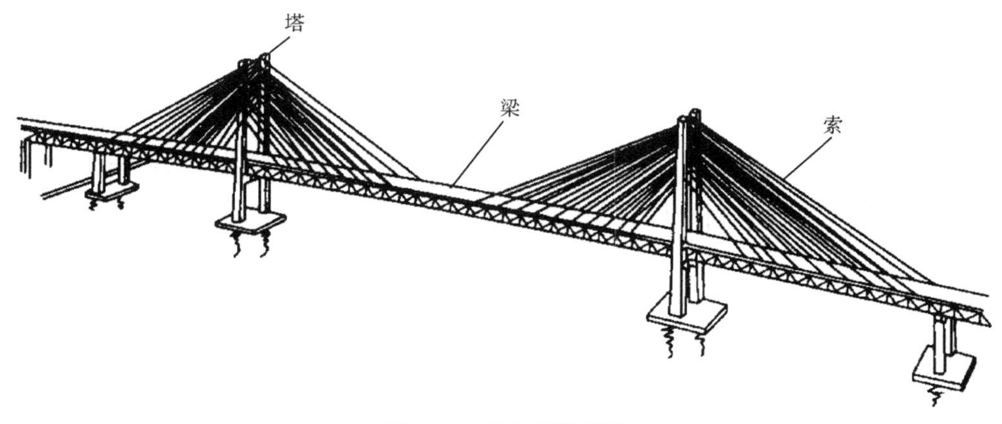

图 9-34 斜拉桥透视图

图 9-35 为一座双塔双索面钢桁组合双层斜拉桥总体布置图。其中主梁采用钢桁组合梁双层行车道体系，上层单箱 6 室箱形截面梁作为高速公路专用道：下层桁架梁用作一般公路的通行。高速公路的行车道为 6 车道，门式塔索，扇式拉索，双索面布置。本桥主跨 460 m，两边跨各为 200 m。为简便两边引桥部分断开未画。

1. 立面图

由于采用 1∶2500 较小的比例，仅画桥梁的外形而不画剖面。上层箱梁高用两条粗线表示，最上面加一条细线表示桥面高度，横隔梁和护栏均省略不画；下层仅画出了横梁各杆件的外形。从立面图可以看出主桥的分孔布置情况（即 200 m+460 m+200 m），三跨连续双层桥面钢斜拉桥。本桥主孔也是主航道通航孔，通航净高 55 m（55.903 m−0.903 m）。桥墩是由承台和混凝土基桩（井柱基础）组合而成，它和上面的塔柱固结成一整体，使作用力稳妥地传递到地基上。立面图上反映了各墩的承台顶面到桩尖的高度及混凝土基桩在顺桥内的排列情况。立面图还反映了河床起伏（地质资料另有图样，此处略）及水文情况，根据标高尺寸可知，桩和桥台基础的埋置深度、梁底、桥面中心和通航水位的标高与尺寸。

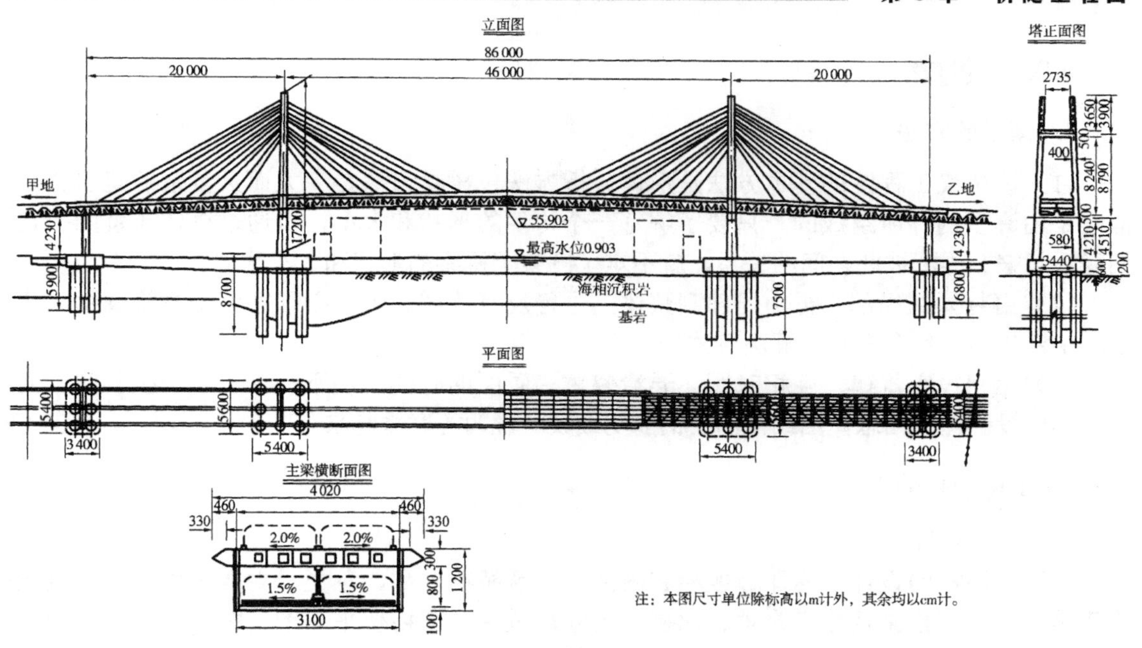

图 9-35　斜拉桥总体布置

2. 平面图

平面图采用了分层揭掉画法，以中心线为界，左半画外形，显示了上层高速公路的桥面宽度，以及塔柱断面和 1 号、2 号墩承台的水平投影，右半是把桥的上部分揭掉后显示下层的桥面桁梁行车道部分、桁梁下承重梁、下悬杆布置及 3 号、4 号墩承台和桩位的平面布置情况。

3. 塔正面图及主梁横断面图

采用较大比例画出塔正面图，从图 9-35 中可以看出塔的形式为门塔，塔的各部分尺寸也作了表示，梁的上部结构与塔的位置关系，塔与承台基桩的位置关系也作了表示。塔身分为三段，第一段高 39 m，第二段高 87.9 m，塔柱顶端宽 4 m，底宽 5.8 m，塔身顶部内侧净距 27.35 m，塔身底内侧净距 34.40 m，承台厚 6 m，第三段高 45.10 m。塔柱总高为 172.0 m，在塔身顶部还表示出了拉索在塔柱上的分布情况，对基础标高、水位标高、基桩位处的河床标高和混凝土基桩的埋置深度等也给予表达。

对主梁的断面图另用更大的比例画出，显示出整个桥跨结构的断面细部尺寸及相互位置关系。从图 9-35 上可以看出上层高速公路桥为单箱六室断面，桥面 2%的双向横坡，中间设 2.5 m 宽中央分隔带，两边设防护栏，箱梁厚 3 m，梁两翼各为 3.3 m 宽的三角形截面板，桥面总宽 40.2 m，其中车道安排为双向隔 3×3.5=10.5 m，每边护轮带 0.5 m 的行车部分。其下层梁行车部分的建筑限界也作了表示，上层梁底至下层主桁净高 8 m，主桁厚 1 m，其顶面设 2×5 道纵梁，其间距（2.44 m+33.6 m）×2，图中未标尺寸数值，用于支承下层行车道，可以看出，主梁总高 12 m，主桁下弦轴线宽 31.0 m。

9.3.4 读图

1. 读图的方法

（1）读桥梁工程图的基本方法是形体分析方法，桥梁虽然是庞大而又复杂的建筑物，但它是由许多构件所组成的，只要了解每一个构件的形状和大小，再通过总体布置图把它们联系起来，弄清彼此之间的关系，就不难了解整个桥梁的形状和大小了。

（2）由整体到局部，再由局部到整体，进行反复读图。因此必须把整个桥梁图由大化小、由繁化简，各个击破、解决整体。

（3）运用投影规律，互相对照，弄清整体。看图的时候，决不能单看一个投影图，而是同其他投影图包括总体图或详图、钢筋明细表、说明等联系起来。

2. 读图的步骤

1）总体布置图

（1）看图样的设计说明即标题栏和附注，了解桥梁名称、种类、主要技术指标，例如荷载等级、施工措施及注意事项、比例、尺寸单位等。读桥位平面图、桥位地质图了解所建桥梁的位置、水文、地质状况等。

（2）弄清楚各视图之间的关系，如有剖面、断面，则要找到剖切位置和观察方向。看图时应先看立面图（包括纵断面图），了解桥形、孔数、跨径大小、墩台数目、总长、河床断面等情况。再对照平面图、侧面图和横剖面图等，了解桥的宽度、人行道的尺寸和主梁的断面形式等，同时要阅读图中的技术说明，这样才能对桥梁的全貌有了一个初步的了解。

2）构件结构图

在看懂总体布置图的基础上，再分别读懂每个构件的构件图。构造图的读图方法与总体布置图相同，不再重复。构件结构图可按下列步骤进行读图：

（1）先看图名，了解是什么构件，再对照图中画出的主要轮廓线，了解构件的外形。

（2）看基本视图（立面图、断面图等），了解钢筋的布置情况、各种钢筋的相互位置等，找出每种钢筋的编号。

（3）看钢筋详图，了解每种钢筋的尺寸、完整形状，这在基本视图中是不能完全表达清楚的，要与详图一起对照来读。

（4）再将钢筋详图与钢筋数量表等联系起来看，搞清钢筋的数量、直径、长度等。

9.3.5 画图

绘制桥梁工程图，基本上与其他工程图样的绘制方法类似，都有共同的规律。首先是布置和画出各个投影图的基线；其次是画出各构件主要轮廓线；再画构件的细部；最后加深或上墨，并注写字符和检查全图。在绘制桥梁工程图时，要确定视图数目（包括剖面、断面图）、比例和图幅大小。各类图样由于要求不一样，采用的比例也不同。表 9-7 为桥梁工程图常用比例参考表。

表 9-7　桥梁工程图常用比例参考

图　名	说　明	比　例	
		常用比例	分类
桥位图	表示桥位、路线的位置及附近的地质、地物情况。对于桥梁、房屋及农作物等只画出示意性符号	1∶2 000～1∶500	小比例
桥位地质断面图	表示桥位处的河床地质断面及水文情况，为突出河床的起伏情况，高度比例较水平方向比例放大数倍画出	1∶500～1∶100（高度方向比例） 1∶2 000～1∶500（水平方向比例）	普通比例
桥梁总体布置图	表示桥梁的全貌、长度、高度尺寸，通航及桥梁各构件的相互位置。横剖面图可放大 1～2 倍画出	1∶500～1∶50	
构件构造图	表示梁、桥台、人行道和栏杆件的构造	1∶50～1∶10	大比例
大样图（详图）	钢筋的弯曲和焊接、栏杆的雕刻花纹、细部等	1∶10～1∶3	大比例

现以图 9-36 为例来说明总体布置图的绘制方法和步骤。本图采用 1∶100 的比例绘制。画图步骤如下：

（1）布置和画出各投影图的基线。根据所选定的比例及各投影图的相对位置把它们匀称地分布在图框内，布置时要注意空出图标、说明、投影图名称和标注尺寸的地方。当投影图位置确定后，便可以画出各投影图的基线或构件的中心线。如图 9-36（a）所示，首先画出三个图形的中心线，其次画出墩台的中心线，立面图中的水平线是以梁顶作为水平基线。

（2）画出构件的主要轮廓线。如图 9-36（b）所示，以基线或中心线作为量度的起点，根据标高及各构件的尺寸，画构件的主要轮廓线。

（3）画各构件的细部。如图 9-36（c）所示，根据主要轮廓从大到小画全各构件的投影，注意各投影图的对应线条要对齐，并把剖面、栏杆、坡度符号线的位置、标高符号及尺寸线等画出来。

（4）加深或上墨。如图 9-36（d）所示，各细部线条画完，经检查无误即可加深或上墨，最后画出断面符号、标注尺寸和书写文字等。

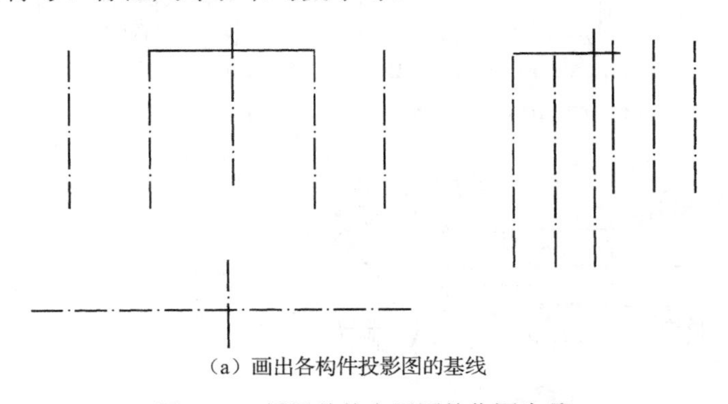

（a）画出各构件投影图的基线

图 9-36　桥梁总体布置图的作图步骤

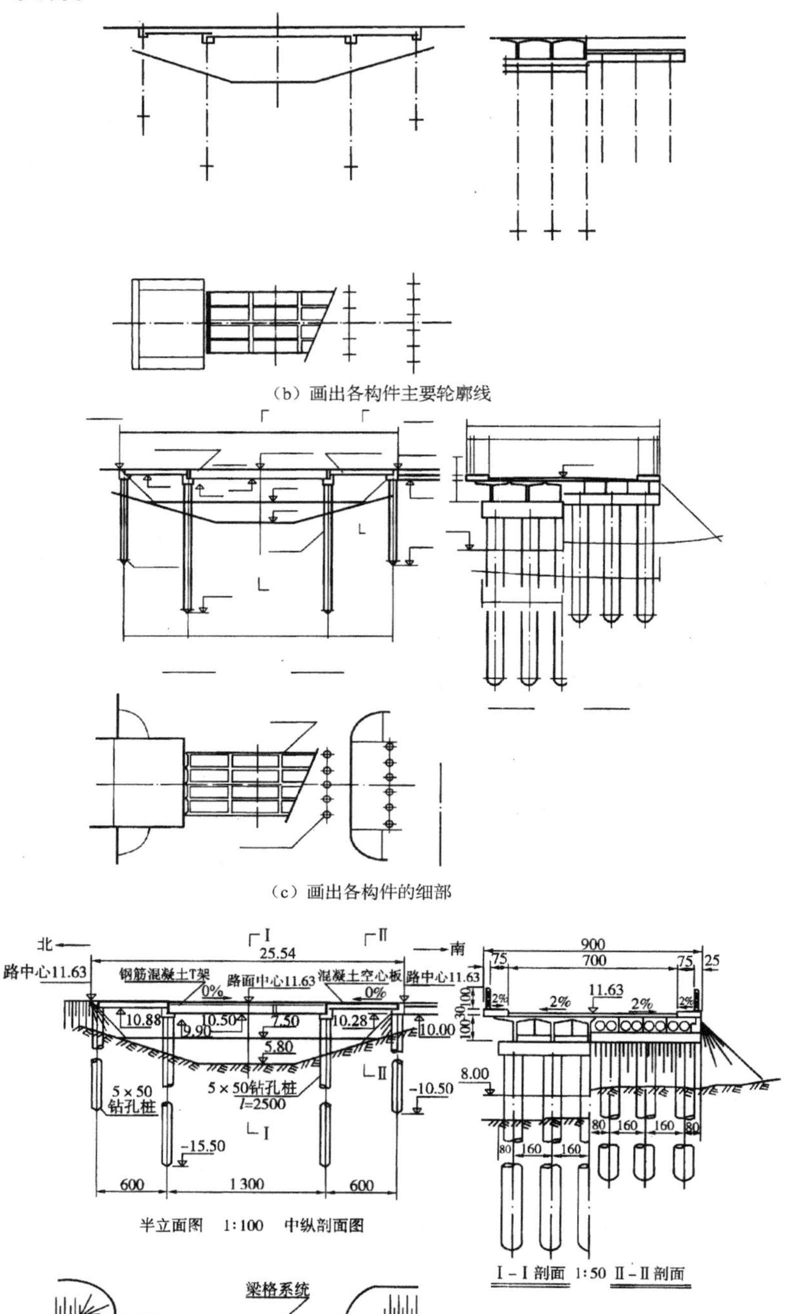

（d）加深或上墨

图 9-36 桥梁总体布置图的作图步骤（续）

任务 9.4　隧道工程图识读

隧道是道路穿越山岭的构筑物，它虽然形体很长，但中间断面形状很少变化，所以隧道工程图除了用平面图表示其位置外，它的构造图主要用隧道洞门图、横断面图（表示洞身形状和衬砌）及避车洞图等来表达。

9.4.1　隧道洞门图

隧道洞门大体上可以分为端墙式和翼墙式两种。图 9-37（a）为端墙式洞门立体图，图 9-37（b）为翼墙式洞门立体图。下面通过实例来说明隧道洞门图的识读方法。

（a）端墙式　（b）翼墙式

图 9-37　隧道洞门立体图

如图 9-38 所示，为端墙式隧道洞门三面投影图。

1. 正立面图

正立面图（即立面图）是洞门的正立面投影，不论洞门是否左右对称均应画全。正立面图反映出洞门墙的式样，洞门墙上面高出的部分为顶帽，同时也表示出洞口衬砌断面类型，它是由两个不同半径（385 cm 和 585 cm）的三段圆弧和两直边墙所组成的，拱圈厚度为 45 cm。洞口净空尺寸高为 740 cm，宽为 790 cm；洞门墙的上面有一条从左往右方向倾斜的虚线，并注有 i=0.02 的箭头，这表明洞门顶部有坡度为 2%的排水沟，用箭头表示流水方向。其他虚线反映了洞门墙和隧道底面的不可见轮廓线，它们被洞门前面两侧路堑边坡和公路路面遮住，所以用虚线表示。

2. 平面图

平面图仅画出洞门外露部分的投影，表示了洞门墙顶帽的宽度、洞顶排水沟的构造及洞门口外两边沟的位置（边沟断面未示出）。

3. Ⅰ－Ⅰ剖面图

Ⅰ－Ⅰ剖面图仅画出靠近洞口的一小段，图 9-38 中可以看到洞门墙倾斜坡度为 10∶1，

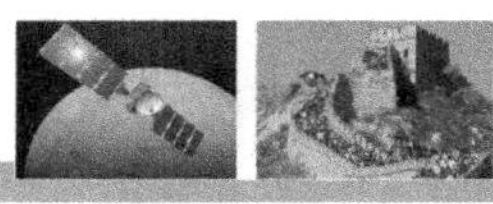

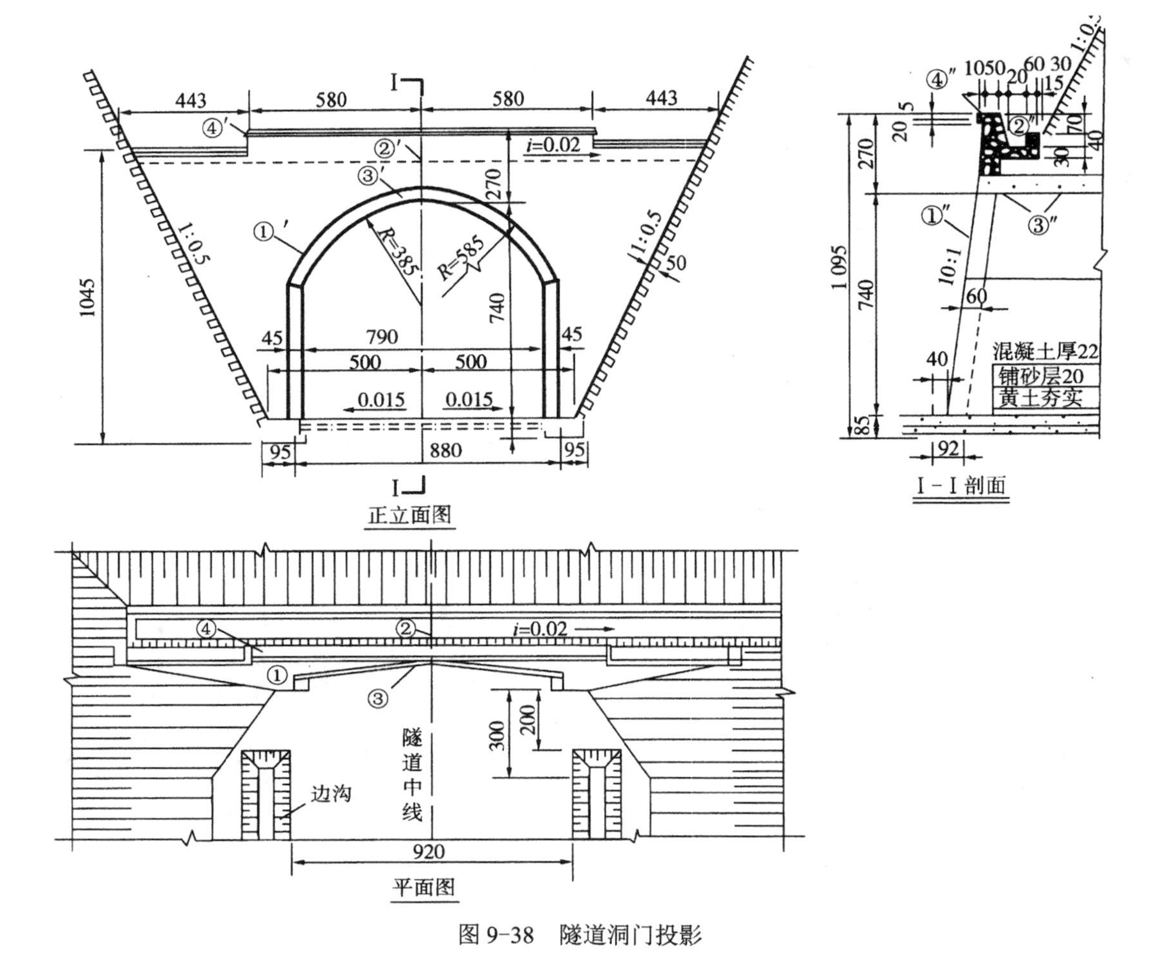

图 9-38　隧道洞门投影

洞门墙厚度为 60 cm，还可以看到排水沟的断面形状、拱圈厚度及材料断面符号等。

为了读图方便，图 9-38 还在三个投影图上对不同的构件分别用数字注出，如洞门墙为①′、①、①″，洞顶排水沟为②′、②、②″，拱圈为③′、③、③″，顶帽为④′、④、④″等。

9.4.2 避车洞图

避车洞有大、小两种，是供行人和隧道维修人员及维修小车避让来往车辆而设置的，它们沿路线方向交错设置在隧道两侧的边墙上。通常小避车洞每隔 30 m 设置一个，大避车洞则每隔 150 m 设置一个，为了表示大、小避车洞的相互位置，采用位置布置图来表示。

如图 9-39 所示，由于这种布置图比较简单，为了节省图幅，纵横方向可采用不同比例，纵方向常采用 1∶2 000 的比例，横方向常采用 1∶200 的比例。

如图 9-40（a）所示为大避车洞示意图，图 9-40（b）所示为大避车洞详图，洞内底面两边做成斜坡以供排水之用。

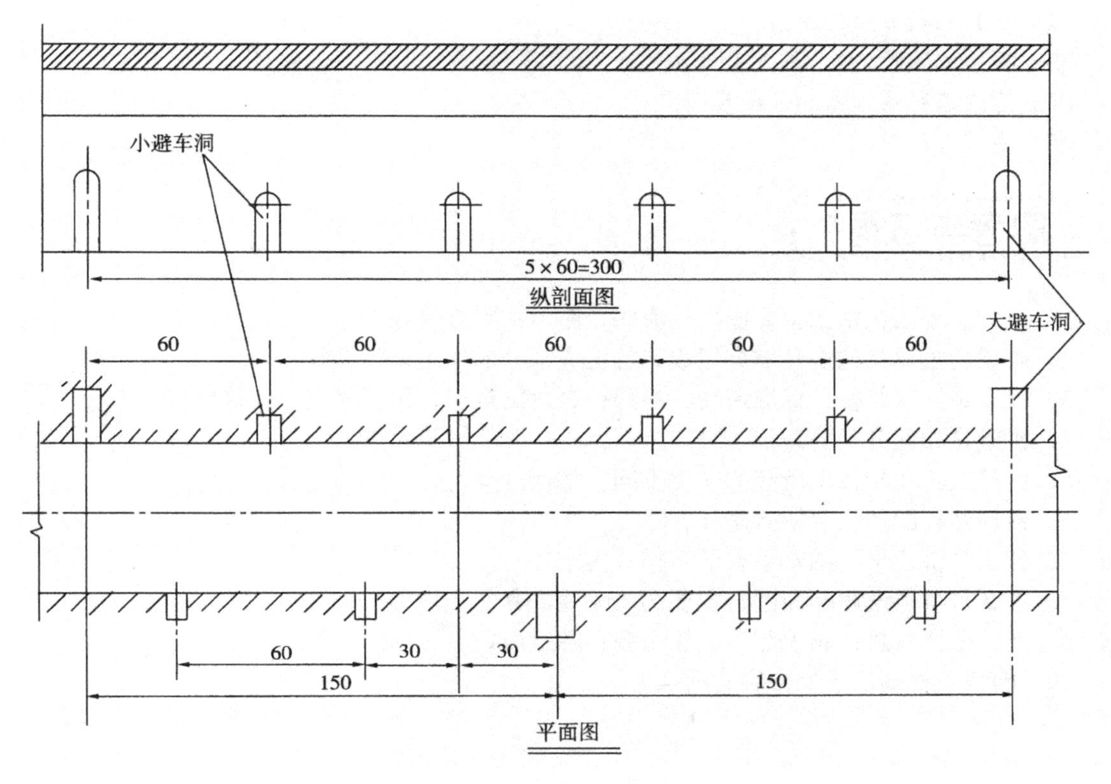

图 9-39　避车洞布置

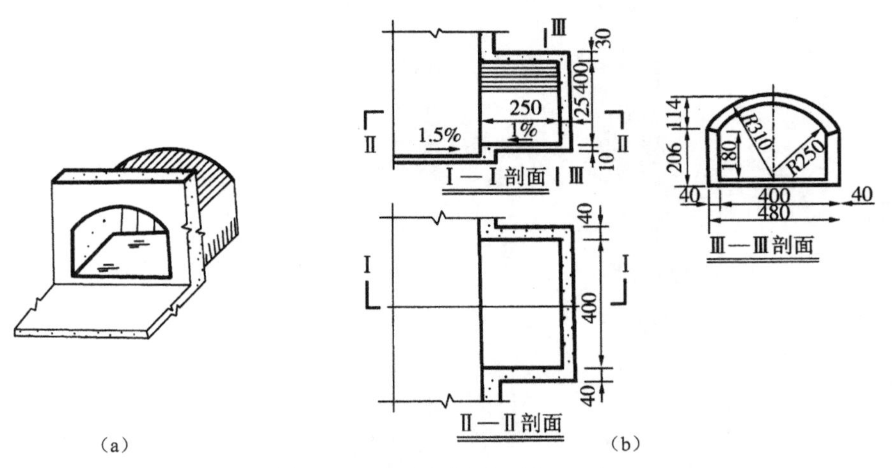

图 9-40　大避车洞示意图、详图

知识梳理与总结

本章主要内容如下：

（1）桥梁概述；

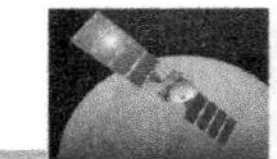
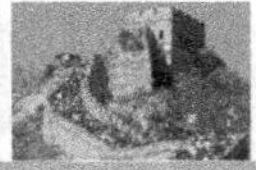

（2）钢筋混凝土结构图；
（3）桥梁工程图；
（4）桥梁工程图读图和画图步骤；
（5）隧道工程图。

思考与习题9

1. 桥梁工程图包括的主要图样有哪些？图示特点有哪些？
2. 桥梁的主要结构由几部分组成？各组成部分的作用是什么？
3. 什么是计算跨径、标准跨径、净跨径、桥梁全长、桥下净空、矢跨比？
4. 桥梁是如何分类的？
5. 钢筋按其在构件中所起的作用不同，如何分类？
6. 钢筋结构图的图示特点是什么？
7. 什么是桥位平面图？主要图示哪些内容？
8. 什么是桥位地质断面图？主要图示哪些内容？
9. 什么是桥梁总体布置图？主要由哪些图组成？
10. 隧道工程图的主要内容有哪些？

第10章 涵洞工程图

教学导航

教	知识重点	1. 涵洞的特点； 2. 各种类型的涵洞工程图的识读； 3. 通道工程图的特点； 4. 通道工程图的识读
	知识难点	1. 各种类型的涵洞工程图的识读； 2. 通道工程图的识读
	推荐教学方式	从学习任务入手，结合实际施工图纸，从实际问题出发，讲解涵洞工程图和通道工程图的相关知识和识读方法
	建议学时	2 学时
学	推荐学习方法	查资料，看图纸，看不懂的地方做出标记，听老师讲解，在老师的指导下练习识读涵洞工程图和通道工程图
	必须掌握的理论知识	1. 涵洞的特点； 2. 各种类型的涵洞工程图的识读； 3. 通道工程图的特点； 4. 通道工程图的识读
	需要掌握的工作技能	1. 能识读涵洞工程图； 2. 能识读通道工程图

涵洞是公路排水的主要构造物，作用是宣泄小量流水，与桥梁的区别在于跨径的大小。根据《公路工程技术标准》的规定，凡是单孔跨径小于 5 m、多孔总跨径小于 8 m，以及圆管涵、箱形涵，不论管径或跨径大小，孔数多少，均属于涵洞。涵洞的设置位置，孔径大小的确定，涵洞形式的选择，都直接关系到公路运输是否畅通。

任务 10.1 涵洞的分类

根据公路沿线的地形、地质、水文及地物、农田等情况的不同，构筑的涵洞种类很多，可作如下分类：

（1）按建筑材料分类：有木涵、石涵、砖涵、混凝土涵、钢筋混凝土涵、缸瓦管涵、陶瓷管涵。

（2）按构造形式分类：有圆管涵、盖板涵、箱形涵、拱涵。

（3）按断面形式分类：有圆形涵、卵形涵、拱形涵、梯形涵、矩形涵。

（4）按有无覆土分类：有明涵、暗涵。

（5）按孔数多少分类：有单孔涵、双孔涵、多孔涵。

涵洞一般由洞身、洞口、基础三部分组成，如图 10-1 所示。

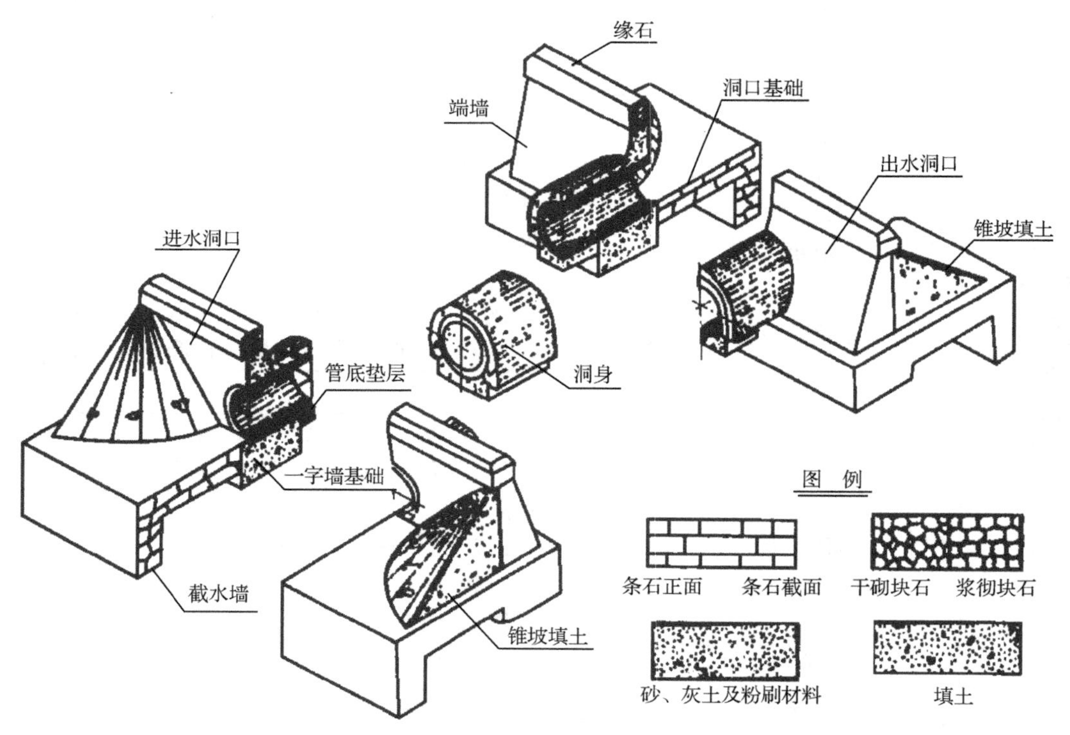

图 10-1　圆管涵的组成

洞身是形成过水孔道的主要构造，它一方面保证流水通过，另一方面也直接承受荷载压力和填土压力，并将压力传给基础。洞身通常由承重构造物（如拱圈、盖板、圆管等）、涵台、基础及防水层组成。

洞口是洞身、路基、沟道三者的连接构造，其作用是保证涵洞基础和两侧路基免受冲刷，使流水进出顺畅。位于涵洞上游侧的洞口称为进水口，位于涵洞下游侧的洞口称为出水口。洞口的形式是多样的，构造也不同，常见的洞口形式有八字式（翼墙式）、锥坡式、端墙式等，如图 10-2 所示。

图 10-2　常见的洞门形式

任务 10.2　涵洞工程图

涵洞的形状整体上看狭窄而细长，体积与桥梁相比较小，因此比例与桥梁工程图相比稍大。其内容包括：立面图（多以水流方向纵剖面图作为立面图）、平面图（有时可作半剖面图）、洞口立面图，必要时还可以增加涵洞的横剖面图、构造详图、翼墙断面图、钢筋配置图等。

本节介绍几种常用形式的涵洞，以说明涵洞工程图的图示内容和方法。

10.2.1　钢筋混凝土盖板涵

图 10-3 所示为单孔钢筋混凝土盖板涵的组成立体示意图，图 10-4 所示为该涵洞的工程图。

由图 10-3 可知，此钢筋混凝土盖板涵工程图的比例为 1∶100，洞口形式为八字翼墙式，总长度为 1 482 cm，洞高为 120 cm，净跨为 100 cm，图示内容详见图 10-4。

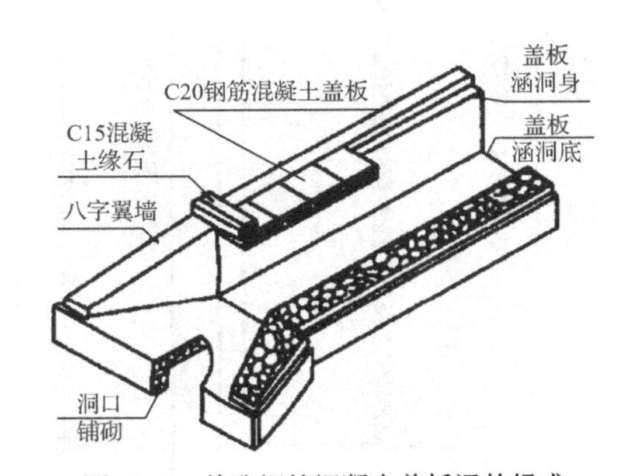

图 10-3　单孔钢筋混凝土盖板涵的组成

1. 立面图（半纵剖面图）

立面图上表示出了洞身底部设计水流坡度为 1%、洞底铺砌形状及厚度为 20 cm；可以看出洞口八字翼墙坡度为 1∶1.5，盖板、基础部分的纵剖面及缘石的横断面形状及尺寸；同时也反映了涵洞覆土的厚度要求大于 50 cm。

2. 平面图（半平面图及半剖面图）

半平面图反映了钢筋混凝土盖板的铺设位置及方向、洞口八字翼墙与洞身的连接关系、洞身宽度。半剖面图反映了洞口八字翼墙的材料、洞身材料（这一表示方法是沿上端

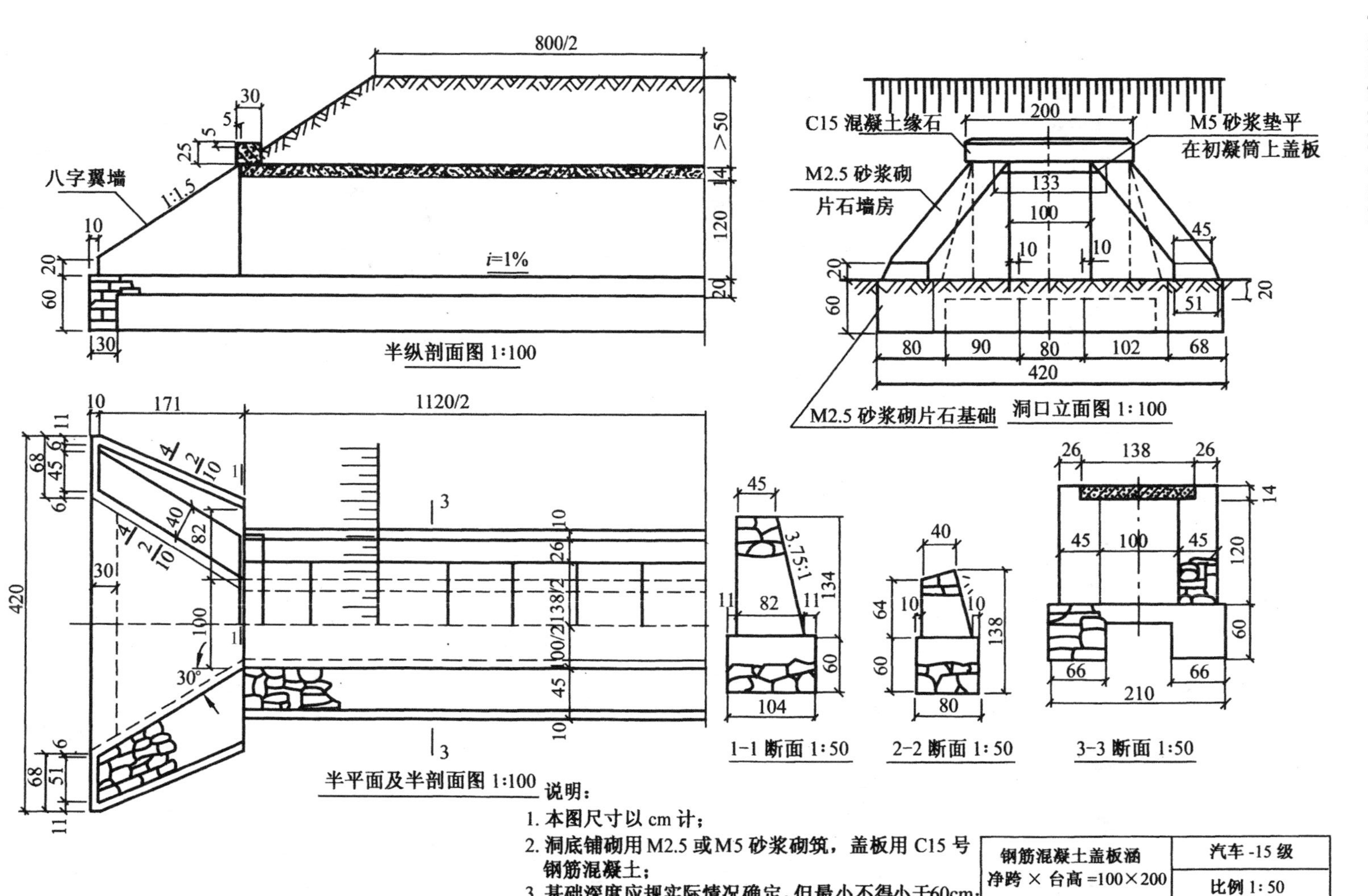

说明：

1. 本图尺寸以 cm 计；
2. 洞底铺砌用 M2.5 或 M5 砂浆砌筑，盖板用 C15 号钢筋混凝土；
3. 基础深度应视实际情况确定，但最小不得小于60cm；
4. 本工程施工时，必须安装好上部构造后才能填土。

钢筋混凝土盖板涵 净跨 × 台高 =100×200	汽车 -15 级
	比例 1:50
单孔构造图	图　号

图 10-4　钢筋混凝土盖板涵构造图

盖板底面以下作为剖切）。另外，作 4 个位置断面图表示各个位置翼墙墙身和基础的详细尺寸、墙身坡度及材料情况（图中 4-4 断面未画出）。

3. 洞口立面图（涵洞侧立面图）

洞口立面图反映洞口形式，反映了缘石、盖板、八字翼墙、基础之间的相对位置、形状及相关的尺寸。

10.2.2 钢筋混凝土圆管涵

图 10-5 为钢筋混凝土圆管涵工程图。图中比例为 1∶40，洞口为端墙式，洞口两侧铺砌 30 cm 厚干砌片石的锥形护坡，涵管内径为 75 cm，管长 1 200 cm。

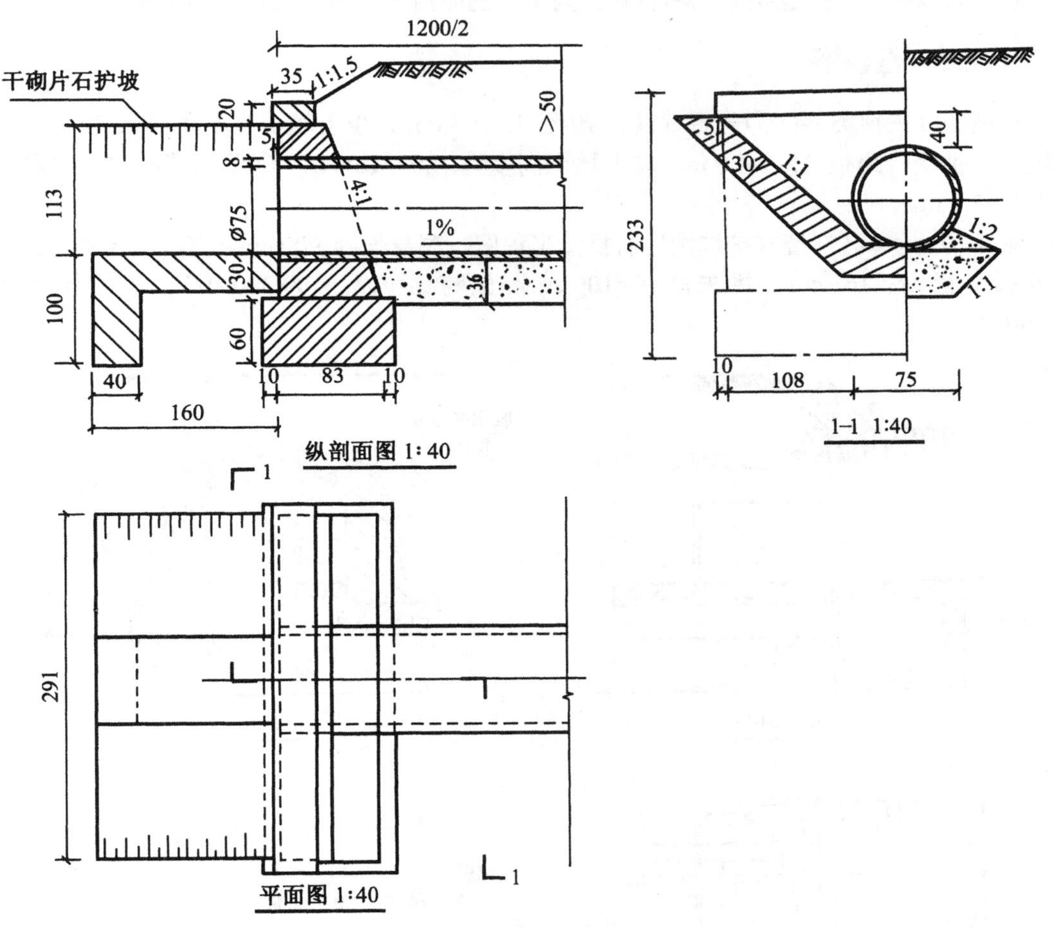

图 10-5 钢筋混凝土圆管涵工程图

1. 立面图（半纵剖面图）

立面图可只画一半，以对称中心线为分界线，也可以采用折断画法，可清楚地表达洞口构造，并简化作图。在一般情况下，可沿管子中心轴线作剖切。图中表示了涵管管身、基础、截水墙、缘石等各部分构造和连接位置及尺寸。设计水流坡度为 1%，洞底铺砌厚度为 30 cm，路基宽度为 15.2 m，覆土厚度要求大于 50 cm，锥形护坡与路基边坡坡度为

1∶1，端墙墙身坡度为 4∶1（未表示出洞身分段）。

2. 平面图（半平面图）

由于进出口一样，并依照立面图而定，所以平面图也是以中心线分界画一半或折断画出。图中反映了一字端墙顶面、缘石上端面的形状，涵管与端墙相连位置，两侧锥形护坡道路工程制图宽度，洞身分段以粗实线作为分界口，未表示出承接口连接材料。路基边缘线也要用中实线反映在半平面图中，可假定未填覆盖土。

3. 洞口立面图（洞口半立面图及 1-1 半剖面图）

洞口半立面图反映了缘石和端墙的侧面形状和尺寸，以及锥形护坡。1-1 阶梯剖面图反映了涵管与基础垫层的连接方式和材料。为了使图面清晰，覆盖土可视为透明体。

10.2.3 石拱涵

石拱涵分三种类型：①普通石拱涵:跨径 1.0～5.0 m，墙上填土高度在 4 m 以下；②高度填土石拱涵：跨径 1.0～4.0 m，墙上填土高度为 4.0～12.0 m；③阶梯式陡坡石拱涵：跨径 1.0～3.0 m。

图 10-6 为单孔端墙式护坡洞口石拱涵工程图。洞身长为 900 cm，跨径 L_0=300 cm，拱圈内弧半径 R_0=163 cm，拱矢高 f_0=100 cm，矢跨比 f_0/L_0=100/300=1/3，该图样比例为 1∶100。

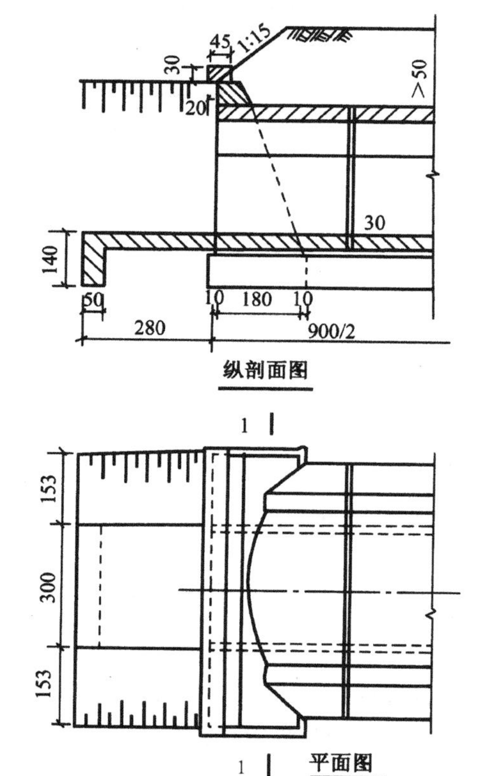

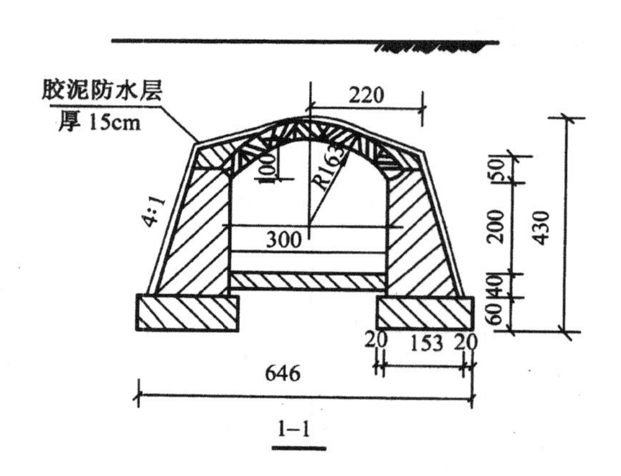

说明：

1. 本页尺寸以 cm 为单位。
2. 石料强度拱图为 U35，其他可用 U25。
3. L_0=300cm, $f_0/L_0=\frac{1}{3}$，比例为 1∶100。

图 10-6　石拱涵工程图

1. 立面图（半纵剖面图）

沿涵洞纵向轴线进行全剖，因两端洞口结构完全相同，故只画出一侧洞口及半涵洞长。立面图表达了洞身的内部结构、洞高、半洞长、基础形状、截水墙等形状及尺寸。

2. 平面图

砖墙内侧面为 4∶1 的坡面，与拱涵顶部的交线为椭圆，须按投影关系绘出。平面图表达了端墙、基础、两侧护坡、缘石等结构自上而下的形状、相对位置及各部分的尺寸。

3. 洞口立面图

洞口立面图采用 1-1 剖面图，反映了洞身、拱顶、洞底、基础的结构、材料及尺寸，同时也表达了洞身与基础的连接方式。

当石拱涵跨径较大时，多采用双孔或多孔，选取洞口立面图可以不作剖面图或者半剖面图。

任务 10.3　通道工程图

由于通道工程的跨径一般比较小，故视图处理和投影特点与涵洞工程图一样，也是以通道洞身轴线作为纵轴，立面图以纵断面表示，水平投影则以平面图的形式表达，投影过程中同时连同通道支线道路一起投影，从而比较完整地描述了通道的结构布置情况。图 10-7 所示为某通道的一般布置图。

1. 立面图

从图 10-7 上可以看出，立面图用纵断面取而代之，高速公路路面宽为 26 m，边坡坡度采用 1∶2，通道净高为 3 m，长度为 26 m，与高速路同宽，属明涵形式；洞口为八字墙，为顺接支线原路及外形线条流畅，采用倒八字翼墙，既起到挡土防护作用，又保证洞口环境美观。洞口两侧各 20 m 支线路面为混凝土路面，厚度为 20 cm，以外为 15 cm 厚砂石路面，支线纵向用 2.5%的单坡，汇集路面水于主线边沟处集中排走。由于通道较长，在通道中部即高速路中央分隔带设有采光井，以利通道内采光透亮之需。

2. 平面图及断面图

平面图与立面图对应，反映了通道宽度与支线路面宽度的变化情况、高速路的路面宽度及其与支线道路和通道的位置关系。

从平面图可以看出，通道宽 4 m，即与高速路正交的两虚线同宽，依投影原理画出通道内轮廓线。通道帽石宽 50 cm，长度依倒八字翼墙长确定。通道与高速路夹角为α，支线两洞口设渐变段与原路顺接，沿高速公路边坡角两边各留出 2 m 宽的护坡道，其外侧设有底宽 100 cm 的梯形断面排水边沟，边沟内坡面投影宽为 100 cm，最外侧设 100 cm 宽的挡堤支线，路面排水也流向主线纵向排水边沟。

在图纸最下边还给出了半Ⅰ-Ⅰ、半Ⅱ-Ⅱ的合成断面图，显示了右侧洞口附近剖切支线路面及附属构造物断面的情况。其混凝土路面厚 20 cm，砂垫层厚 3 cm，石灰土厚 15 cm，砂砾垫层厚 10 cm。为使读图方便，还给出了半洞身断面与半洞口断面的合成图，

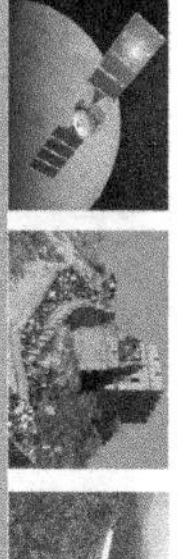

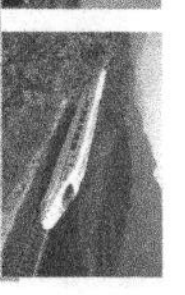

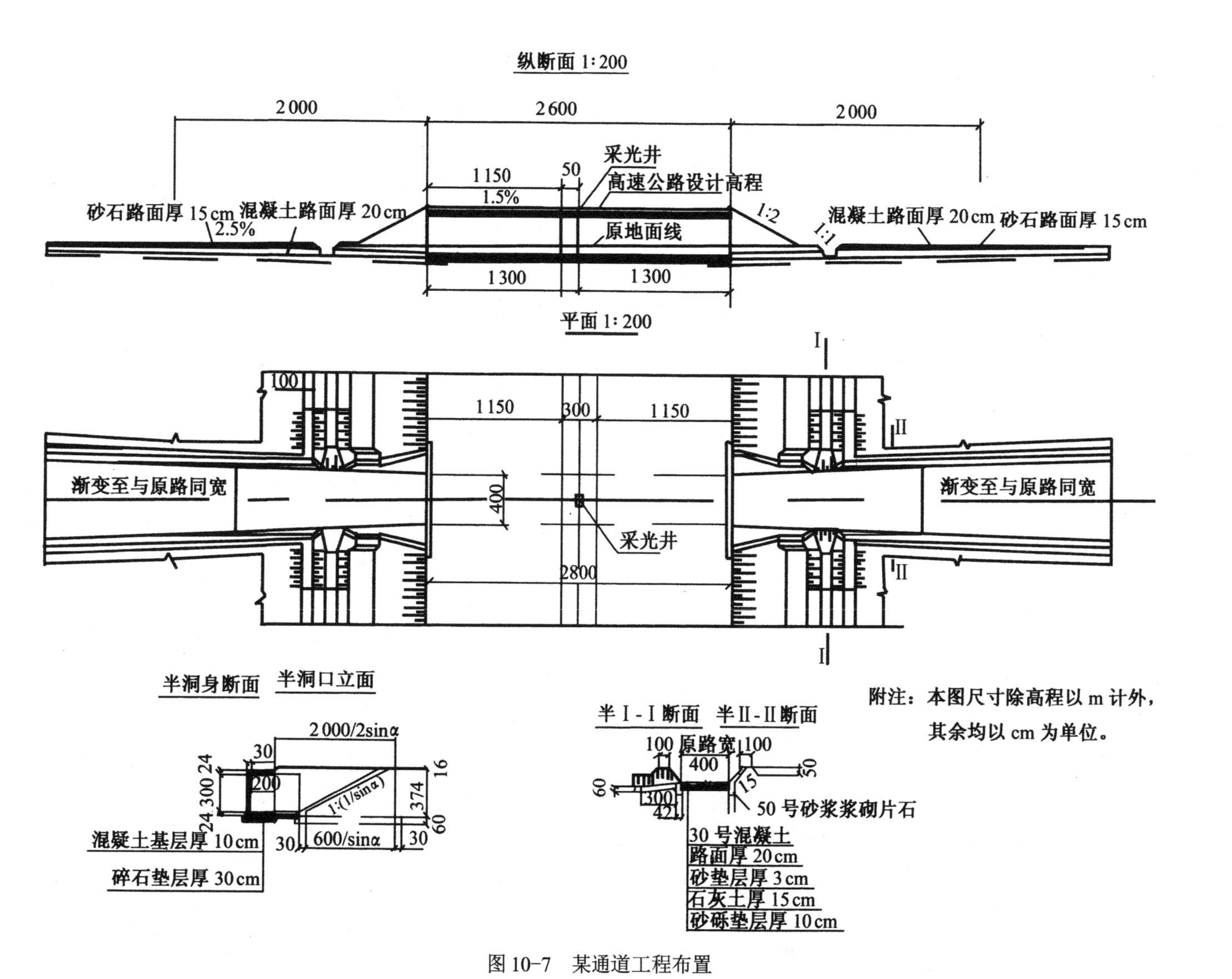

图 10-7　某通道工程布置

可以知道该通道为钢筋混凝土箱涵洞身、倒八字翼墙。

通道洞身及各构件的一般构造图及钢筋结构图与前面介绍的桥涵图类似，不再赘述。

请注意，以上三种类型的涵洞及通道工程图只是整体构造图，在实际施工中仅依靠这些图样是远远不能满足施工要求的，还必须给出各部分构件详图、详细尺寸及施工说明等资料。

知识梳理与总结

本章主要内容如下：

（1）涵洞的特点；

（2）各种类型的涵洞工程图的识读；

（3）通道工程图的特点；

（4）通道工程图的识读。

思考与习题 10

1．涵洞是如何分类的？

2．涵洞一般是由几个部分组成？

3．洞身由几部分组成？洞身的作用是什么？

4．洞口由几部分组成？洞口的作用是什么？

5．常见的洞口形式还有几种？

6．石拱涵分为哪几种？

第11章 给水排水施工图

教学导航

教	知识重点	1. 给水排水施工图的基本知识； 2. 给水排水平面图； 3. 给水排水系统图； 4. 卫生设备安装详图
	知识难点	1. 给水排水平面图； 2. 给水排水系统图
	推荐教学方式	从学习任务入手，从实际问题出发，讲解给水排水工程图纸的相关知识和识读方法
	建议学时	6学时
学	推荐学习方法	查资料，看图纸，看不懂的地方做出标记，听老师讲解，在老师的指导下练习识读给水排水工程图纸
	必须掌握的理论知识	1. 常用管道、配件知识； 2. 给水排水制图的基本规定； 3. 给水排水制图的图样画法
	需要掌握的工作技能	1. 能识读给水排水平面图； 2. 能识读给水排水系统图； 3. 能识读卫生设备安装详图

任务 11.1　给水排水施工图的基本知识

给水排水工程是现代化城市及工矿建设中必要的市政基础工程，由给水工程和排水工程两部分组成。给水工程是为居民生活或工业生产提供合格用水的工程，排水工程则是将居民生活或工业生产中产生的污、废水收集和排放出去的工程，可以分为室内外给水工程和室内外排水工程。

11.1.1　给水排水工程分类

1. 室外给水工程

室外给水工程是指向民用和工业生产部门提供用水而建造的工程设施，一般包括水源取水、水质净化、泵站加压及净水输送。

2. 室内给水工程

室内给水工程是从室外给水管网引水供室内各种用水设施用水的工程，按用途可分为生活给水系统、生产给水系统、消防给水系统和联合给水系统四类。

3. 室内排水工程

室内排水工程是将建筑物内部的污、废水排入室外管网的工程，按所排水性质的不同分为生活污水管道、工业废水管道及雨水管道。

生活污水不得与室内雨水合流，冷却系统排水可以排入室内雨水系统。生活污水管道有时又分为生活污水管道（粪便水）和生活废水管道（洗涤池、淋浴等用水）。

室内排水工程一般包括污水收集、污水排除。污水收集是指利用卫生器具收集污、废水。污水排除是指将卫生器具收集的污、废水经过存水弯和排水短管流入横支管及干管。

4. 室外排水工程

室外排水工程是指把室内排出的生活污水、工业废水及雨水按一定系统组织起来，经过污水处理，达到排放标准后，再排入天然水体。室外排水系统包括窨井、排水管网、污水泵站及污水处理和污水排放口等，处理流程为窨井→排水管网→污水泵站→污水处理→污水排放口。

室外排水系统有分流制和合流制两种。分流制指将各种污水分门别类分别排出，它的优点在于有利于污水的处理和利用，管道可以分期建设，管道的水力条件较好；缺点是投资较大。合流制指将各种污水统一汇总排放到一套管网中，它的优点在于节约投资；缺点是当雨季排水量大时，可能出现排放不及时的现象。

11.1.2　常用管道、配件知识

1. 常用材料及配件

1）管道

给水排水工程常用管材种类很多，根据不同的分类方法，主要有以下几类：

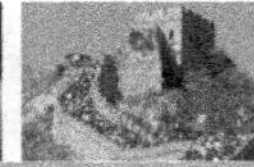

（1）按制造材质分为金属管和非金属管。金属管包括钢管、铸铁管、铜管和铅管等；非金属管包括混凝土管、钢筋混凝土管、石棉水泥管、陶土管、橡胶管和塑料管等。

（2）按制造方法分为有缝管和无缝管。有缝管又称为焊接钢管，有镀锌钢管（白铁管）和非镀锌钢管（黑铁管）两种；无缝管通常用在需要承受较大压力的管道上，在给水排水管道中很少使用。

（3）按管内介质有无压力分为有压力管道和无压力管道（或称为重力管道）。一般来说给水管道为有压力管道，排水管道为无压力管道。

2）连接配件

管道是由管件装配连接而成。常用的管件有弯头、三通、四通、大小头、存水弯及检查口等，它们分别起连接、改向、分支、变径和封堵等作用。

3）控制配件

为了控制和调节各种管道及设备内气体、液体的介质流动，需要在管道上设置各种阀门。常用的阀门有截止阀、闸阀、止回阀、旋塞阀、安全阀、减压阀和浮球阀等。

（1）截止阀：一般用于气、水管道上，其主要作用是关断管道某一个部分。

（2）闸阀：一般装在管道上，起启闭管路及设备中介质的作用，其特点是介质通过时阻力很小。

（3）止回阀：只允许介质流向一个方向，当介质反向流动时，阀门自动关闭。

（4）旋塞阀：装于管道上，用来控制管路启闭的一种开关设备。

（5）安全阀：当压力超过规定标准时，从安全门中自动排出多余的介质。

（6）减压阀：用于将蒸汽压力降低，并能将此压力保证在一定的范围内不变。

（7）浮球阀：水箱、水池和水塔等储水装置中进水部分的自动开关设备。当水箱中的水位低于规定位置时，即自动打开，让水进入水箱；当水位达到规定位置时，即自动关闭，停止进水。

4）量测配件

常用的量测配件有压力表、文氏表及水表等。

（1）压力表：用于量测管道内的压力值。

（2）文氏表：安装在水平管道上用来测定流量。

（3）水表：用于量测用水量。

2. 管道与配件的公称直径

为了使管道与配件能够互相连接，其连接处的口径应保持一致，口径大小现在常用公称直径DN表示。所谓公称直径，也就是管道与配件的通用口径。管道的公称直径与管内径接近，但它不一定等于管道或配件的实际内径，也不一定等于管道或配件的外径，而只是一种公认的称呼直径，因此又称为名义直径。

一般阀门和铸铁管的公称直径等于管道的内径，但钢管的公称直径与它的内、外径均不相等。

3. 管道及配件的压力

管道及配件的压力分为公称压力、试验压力和工作压力。

1）公称压力

公称压力用 P_g 表示，并注明压力数值。例如，P_g1.8 代表公称压力为 1.8 MPa 的管道。管道公称压力等级的划分是按《建筑给水排水与采暖工程施工质量验收规范》（GB 50242—2002）确定的。

（1）低压管道：P_g1.6 以内为低压管道。

（2）中压管道：P_g1.6～P_g10.0 为中压管道。

（3）高压管道：P_g10.0 以上为高压管道。

2）试验压力

试验压力是对管道进行水压或严密性试验而规定的压力，用 P_s 表示。例如，P_s2.0 代表试验压力为 2.0 MPa。

3）工作压力

工作压力是表示管道质量的一种参数，用 P 表示，并在 P 的右下方注明介质最高温度的数值，其数值是以介质最高温度除以 10 表示。例如，P_{25} 代表介质最高温度为 250℃。

11.1.3　给水排水制图的基本规定

1. 图线

图线的宽度 *b* 应根据图纸的类别、比例和复杂程度，按《房屋建筑制图统一标准》（GB/T 50001—2001）中的规定选用。线宽 *b* 宜为 0.7 mm 或 1.0 mm。给水排水制图采用的各种图线宜符合表 11-1 的规定。

表 11-1　给水排水施工图中图线的选用

名　称	线　型	线　宽	用　途
粗实线	————————	*b*	新设计的各种排水和其他重力流管线
粗虚线	— — — — — —	*b*	新设计的各种排水和其他重力流管线的不可见轮廓线
中粗实线	————————	0.75*b*	新设计的各种给水和其他压力流管线；原有的各种排水和其他重力流管线
中粗虚线	— — — — — —	0.75*b*	新设计的各种给水和其他压力流管线；原有的各种排水和其他重力流管线的不可见轮廓线
中实线	————————	0.50*b*	给水排水设备、零（附）件的可见轮廓线；总图中新建的建筑物和筑物的可见轮廓线；原有的各种给水和其他压力流管线
中虚线	— — — — — —	0.50*b*	给水排水设备、零（附）件的不可见轮廓线；总图中新建的建筑物和构筑物的不可见轮廓线；原有的各种给水和其他压力力流管线的不可见轮廓线
细实线	————————	0.25*b*	建筑的可见轮廓线；总图中原有的建筑物和构筑物的可见轮廓线；制图中的各种标注线

续表

名　　称	线　　型	线　　宽	用　　途
细虚线	— — — — — —	0.25b	建筑的不可见轮廓线；总图中原有的建筑物和构筑物的不可见轮廓线
单点长画线	——·——·——	0.25b	中心线、定位轴线
折断线	——∧/——	0.25b	断开界线
波浪线	～～～	0.25b	平面图中水面线；局部构造层次范围线；保温范围示意图

2. 比例

给水排水制图的比例宜按表 11-2 的规定选用。

表 11-2　给水排水制图中常用比例的选用

名　　称	比　　例	备　　注
区域规划图 区域位置图	1∶50 000、1∶25 000、1∶10 000 1∶5 000、1∶2 000	宜与总专业图一致
总平面图	1∶1 000、1∶500、1∶300	宜与总专业图一致
管道纵断面图	纵向：1∶200、1∶100、1∶50 横向：1∶1 000、1∶500、1∶300	可根据需要对纵向和横向采用不同的组合比例
水处理厂（站）平面图	1∶500、1∶200、1∶100	
水处理构筑物、设备间、卫生间、泵房平面图、泵房剖面图	1∶100、1∶50、1∶40、1∶30	
建筑给水排水平面图	1∶200、1∶150、1∶100	宜与建筑专业一致
建筑给水排水系统图	1∶150、1∶100、1∶50	宜与相应图纸一致；如局部表达有困难时，该处可按不同的比例绘制
详图	1∶50、1∶30、1∶20、1∶10、1∶2、1∶1、2∶1	

3. 标高标注

1）标高标注的一般规定

标高符号及一般标注方法应符合《房屋建筑制图统一标准》（GB/T 50001—2001）中的有关规定。室内管道的标高为了与建筑图一致以便对照阅读，采用相对标高进行标注；室外管道为了与总图对应以便定位，宜标注绝对标高，当总图无绝对标高资料时，可标注相对标高，总之应与总图标注保持一致。压力管道应标注管中心标高，沟渠和重力流管道宜标注沟（管）内底标高。

2）标高标注的部位

（1）沟渠和重力流管道的起讫点、转角点、连接点、变坡点、变尺寸（管径）点及交叉点。

（2）压力流管道中的标高控制点。

（3）管道穿外墙、剪力墙和构筑物的墙壁及底板等处。

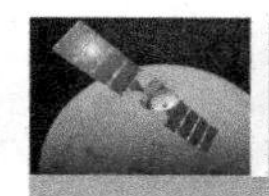

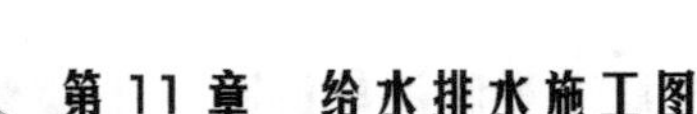

（4）不同水位线处。

（5）为了与土建其他图纸配套还应标注构筑物和土建部分的相关标高。

3）标高标注的方法

在不同的施工图上标高的标注方法各不相同，如图 11-1～图 11-3 所示。这三张图分别表示了在平面图、剖面图和轴测图中标高的标注规定。

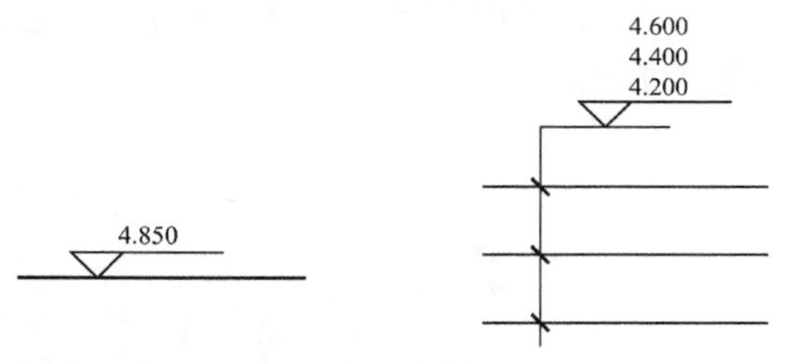

图 11-1　平面图中管道标高标注方法

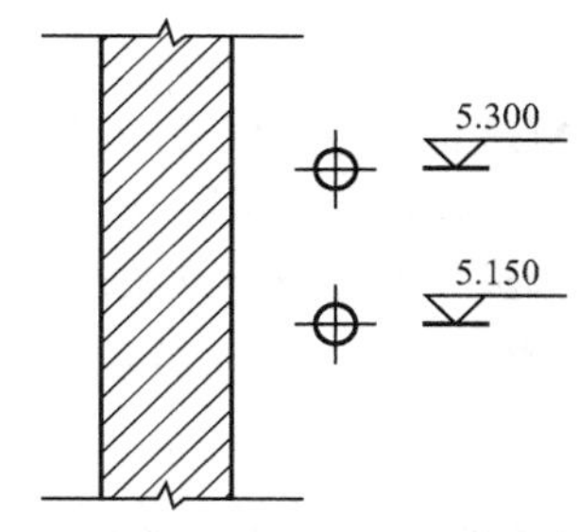

图 11-2　剖面图中管道标高标注方法

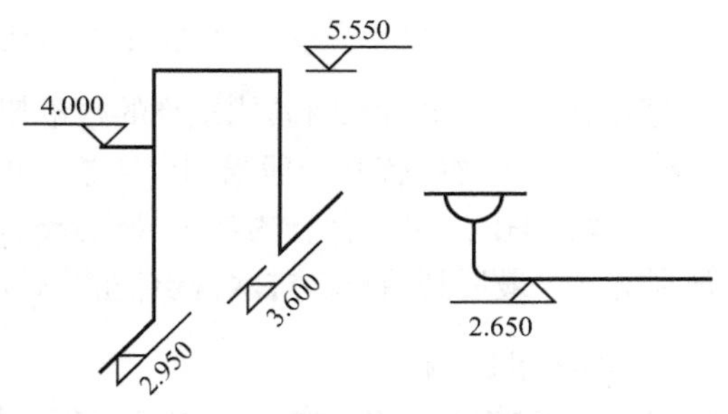

图 11-3　轴测图中管道标高标注方法

在建筑工程中，管道也可标注相对本层建筑地面的标高，标注方法为 *h*+X.XXX，其中 *h* 表示本层建筑地面标高（如 *h*+0.250）。

4）管径的标注

管径的尺寸标注应以毫米（mm）为单位，管径的表达方式应符合下列规定：

（1）水、煤气输送钢管（镀锌或非镀锌管）、铸铁管等管材，管径宜以公称直径 DN 表示（如 DN15）。

（2）无缝钢管、焊接钢管（直缝或螺旋缝）、钢管和不锈钢管等管材，管径宜以外径 D×壁厚表示（如 D108×4）。

（3）钢筋混凝土（或混凝土）管、陶土管、耐酸陶瓷管和缸瓦管等管材，管径宜以内径 d 表示（如 d230）。

（4）塑料管材管径宜按产品标准的方法表示。

（5）当设计均用公称直径 DN 表示管径时，应有公称直径 DN 与相应产品规格对照表。

管径的标注方法如图 11-4 所示。

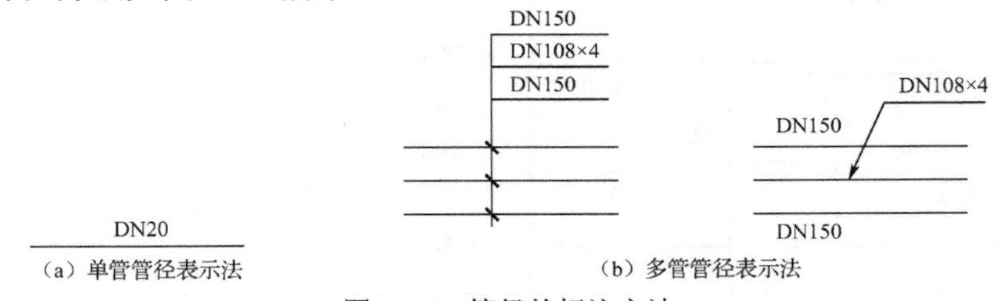

图 11-4　管径的标注方法

5）编号方法

当建筑物的给水引入管或排水排出管的数量超过一根时，宜进行编号，编号宜按图 11-5（a）的方法表示；建筑物内穿越楼层的立管，其数量超过 1 根时，也宜进行编号，编号宜按

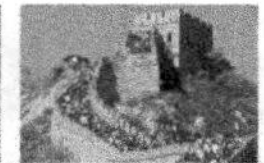

图 11-5（b）的方法表示。图 11-5（b）的左图为平面图中立管的表达，右图则是系统图中立管的表达。

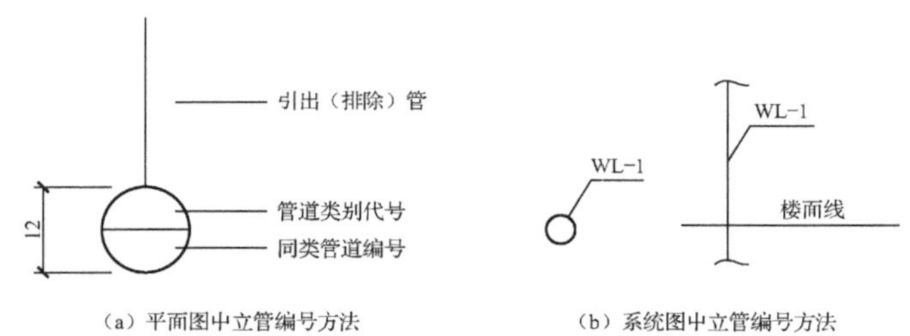

图 11-5　管道的编号方法

在图形中，当给水排水附属构筑物的数量超过 1 个时，宜进行编号。编号的方法为构筑物代号—编号。构筑物的代号一般采用汉语拼音的首字母来表示。编号一般按照介质流动的顺序来编排。例如，HFC—1，代表的是 1 号化粪池。给水构筑物的编号顺序宜为从水源到干管，再从干管到支管，最后到用户；排水构筑物的编号顺序宜为从上游到下游，先干管后支管。

6）给水排水图例

与建筑、结构施工图一样，给水排水施工图也常常采用图例来表达特定的物体。要想看懂给水排水施工图，首先要熟悉有关的图例，表 11-3 列出了给水排水中常用的一些图例。

表 11-3　管道图例

名　称	图　例	说　明	名　称	图　例	说　明
生活给水管 废水管	—— J —— —— F ——	用汉语拼音字母表示管道类别	自动冲洗水箱		
污水管	—— W ——		法兰连接		
雨水管	—— Y ——		承插连接		
管道交叉		在下方和后面的管道应断开	活接头		
三通连接			管堵		
四通连接			法兰堵盖		
多孔管		X：管道类别 L：立管 1：编号	闸阀		
管道立管	XL-1　XL-1		截止阀	DN≥50　DN<50	
存水弯			浮球阀	平面　系统	
立管检查口			放水龙头	平面　系统	
			台式洗脸盆		

续表

名　称	图　例	说　明	名　称	图　例	说　明
通气帽			浴盆		
			盥洗槽		
圆形地漏		通用，如为无水封，地漏应加存水弯	污水池		HC 为化粪池代号
坐式大便器			矩形化粪池	HC	
小便槽			阀门井 检查井		
淋浴喷头			水表	1	

11.1.4　给水排水制图的图样画法

1. 图纸规定

给水排水制图的图纸规定如下：

（1）设计应以图样表示，不得以文字代替绘图。如果必须对某部分进行说明时，说明文字应通俗易懂、简明清晰。有关全工程项目的问题应在首页说明，局部问题应注写在本张图纸内。

（2）工程设计中，本专业的图纸应单独绘制。

（3）在同一个工程项目的设计图纸中，图例、术语和绘图表示方法应一致。

（4）在同一个工程项目的设计图纸中，图纸规格应一致。如有困难，不宜超过两种规格。

（5）图纸编号应遵守下列规定：

① 规划设计采用水规则-××。

② 初步设计采用水初-××，水扩初-××。

③ 施工图采用水施-××。

（6）图纸的排列应符合下列要求：

① 初步设计的图纸目录应以工程项目为单位进行编写，施工图的图纸目录应以工程单体项目为单位进行编写。

② 工程项目的图纸目录、使用标准图目录、图例、主要设备器材表、设计说明等，如果一张图纸幅面不够使用时，可采用两张图纸编排。

③ 图纸图号应按下列规定编排：

☆ 系统原理图在前，平面图、剖面图、放大图、轴测图和详图依次在后。

☆ 平面图中应地下各层在前，地上各层依次在后。

☆ 水净化（处理）流程图在前，平面图、剖面图、放大图和详图依次在后。

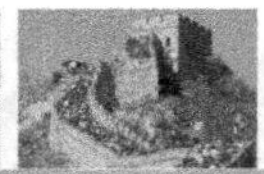

☆ 总平面图在前，管道节点图、阀门井示意图、管道纵断面图或管道高程表、详图依次在后。

2. 建筑给水排水平面图的图样画法

建筑给水排水平面图的图样画法如下：

（1）建筑物轮廓线、轴线号、房间名称和绘图比例等均应与建筑专业一致，并用细实线绘制。

（2）各类管道、用水器具及设备、消火栓、喷洒头、雨水斗、阀门、附件和立管位置等应按图例以正投影法绘制在平面图上，线型按表 11-1 的规定执行。

（3）安装在下层空间或埋设在地面下而为本层使用的管道，可绘制于本层平面图上；如果有地下层，排水管、引入管和汇集横干管可绘于地下层内。

（4）各类管道应标注管径。生活热水管要表示出伸缩装置及固定支架位置；立管应按管道类别和代号自左至右分别进行编号，且各楼层相一致；消火栓可按需要分层，按顺序编号。

（5）引入管、排出管应注明与建筑轴线的定位尺寸、穿建筑外墙标高、防水套管形式。

（6）±0.000 标高层平面图应在右上方绘制指北针。

3. 屋面雨水平面图的画法

屋面雨水平面图的画法如下：

（1）屋面形状、伸缩缝位置、轴线号等应与建筑专业一致，不同层或标高的屋面应注明屋面标高。

（2）绘制出雨水斗位置、汇水天沟或屋面坡向、每个雨水斗汇水范围、分水线位置等。

（3）对雨水斗进行编号，并宜注明每个雨水斗汇水面积。

（4）雨水管应注明管径、坡度，无剖面图时应在平面图上注明起始及终止点管道标高。

4. 系统原理图的画法

系统原理图的画法如下：

（1）多层建筑、中高层建筑和高层建筑的管道以立管为主要表示对象，按管道类别分别绘制立管系统原理图。如果绘制的立管在某层偏置（不含乙字管）设置，该层偏置立管宜另行编号。

（2）以平面图左端立管为起点，顺时针自左向右按编号依次顺序均匀排列，不按比例绘制。

（3）横管以首根立管为起点，按平面图的连接顺序，水平方向在所在层与立管相连接，如果水平呈环状管网，绘两条平行线并于两端封闭。

（4）立管上的引出管在该层水平绘出。如果支管上的用水或排水器具另有详图，其支管可在分户水表后断掉，并注明详见图号。

（5）楼地面、层高相同时应等距离绘制，夹层、跃层、同层升降部分应以楼层线反映，在图纸的左端注明楼层层数和建筑标高。

（6）管道阀门及附件（过滤器、除垢器、水泵接合器、检查口、通气帽、波纹管和固定支架等）、各种设备及构筑物（水池、水箱、增压水泵、气压罐、消毒器、冷却塔、水加热器和仪表等）均应示意绘出。

（7）系统的引入管、排水管绘出穿墙轴线号。

（8）立管、横管均应标注管径，排水立管上的检查口及通气帽注明距楼地面或屋面的高度。

5. 平面放大图的画法

平面放大图的画法如下：

（1）管道类型较多、正常比例表示不清时，可绘制放大图。

（2）比例等于和大于 1∶30 时，设备和器具按原形用细实线绘制，管道用中实线双线绘制。

（3）比例小于 1∶30 时，可按图例绘制。

（4）应注明管径、设备、器具附件、预留管口的定位尺寸。

6. 剖面图的画法

剖面图的画法如下：

（1）设备、构筑物布置复杂，管道交叉多，轴测图不能表示清楚时，宜辅以剖面图，管道线型应符合表 11-1 的规定。

（2）表示清楚设备、构筑物、管道、阀门及附件位置、形式和相互关系。

（3）注明管径、标高、设备及构筑物的有关定位尺寸。

（4）建筑、结构的轮廓线应与建筑及结构专业相一致。本专业有特殊要求时，应加注附注予以说明，线型用细实线。

（5）比例等于和大于 1∶30 时，管道宜采用双线绘制。

7. 轴测图的画法

轴测图的画法如下：

（1）卫生间放大图应绘制管道轴测图。

（2）轴测图宜按 45° 正面斜轴测投影法绘制。

（3）管道布图方向应与平面图一致，并按比例绘制。局部管道按比例不易表示清楚时，该处可不按比例绘制。

（4）楼地面图、管道上的阀门和附件应予以表示，管径、立管编号与平面一致。

（5）管道应注明管径、标高（亦可标注距楼地面尺寸），以及接出或接入管道上的设备、器具宜编号或注字表示。

8. 详图的画法

详图按下列规定绘制：

（1）无标准设计图可供选用的设备、器具安装图及非标准设备制造图，宜绘制详图。

（2）安装或制造总装图上，应对零部件进行编号。

（3）零部件应按实际形状绘制，并标注各部件尺寸、加工精度、材质要求和制造数量，编号应与总装图一致。

任务 11.2　给水排水平面图

给水排水平面图是建筑给水排水工程图中最基本的图样，它主要反映卫生器具、管道及其附件相对于房屋的平面位置。

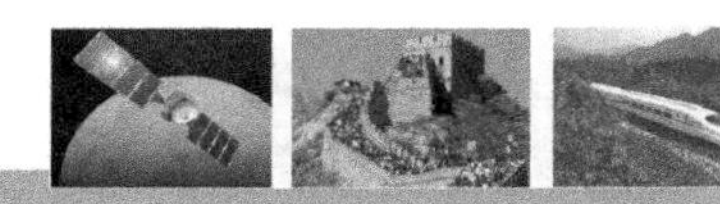

11.2.1 给水排水平面图的特点

1. 比例

给水排水平面图的比例，可采用与房屋建筑平面图相同的比例，一般为 1∶100，有时也可采用 1∶50、1∶200、1∶300。如果在卫生设备或管路布置较复杂的房间，用 1∶100 的比例不足以表达清楚时，可选择 1∶50 的比例来画。

2. 给水排水平面图的数量和表达范围

多层房屋的给水排水平面图原则上应分层绘制。底层给水排水平面图应单独绘制。若楼层平面的管道布置相同，可绘制一个标准层给水排水平面图，但在图中必须注明各楼层的层次及标高。当设有屋顶水箱及管路布置时，应单独画屋顶层给水排水平面图；但当管路布置不太复杂时，如有可能也可将屋面上的管道系统附画在顶层给水排水平面图中（用双点画线表示水箱的位置）。

3. 房屋平面图

在给水排水平面图中所画的房屋平面图，不是用于房屋的土建施工，而仅作为管道系统各组成部分的水平布局和定位基准，因此，仅需抄绘房屋的墙身、柱、门窗洞、楼梯和台阶等主要构配件，至于房屋的细部及门窗代号等均可省去。底层给水排水平面图要画全轴线，楼层给水排水平面图可仅画边界轴线。建筑物轮廓线、轴线号、房间名称和绘图比例等均应与建筑专业一致，并用细实线绘制。各类管道、用水器具及设备、消火栓、喷洒头、雨水斗、阀门、附件和立管位置等应按图例以正投影法绘制在平面图上，线型按规定执行。

4. 卫生器具平面图

室内的卫生设备一般已在房屋设计的建筑平面图上布置好，可以直接抄绘于相应的给水排水平面布置图上。常用的配水器具和卫生设备（如洗脸盆、大便器、污水池、淋浴器等）均有一定规格的工业定型产品，不必详细画出其形体，可按表 11-3 所列的图例画出；施工时可按给水排水国家标准图集来安装。而盥洗槽、大便槽和小便槽等是现场砌筑的，其详图由建筑设计人员绘制，在给水排水平面图中仅需画出其主要轮廓；屋面水箱可在屋顶平面图中按实际大小用一定比例绘出，如果未另画屋顶平面图，水箱亦可在顶层给水排水平面图上用双点画线画出，其具体结构由结构设计人员另画详图。所有的卫生器具图线都用细实线（0.25b）绘制；也可用中粗线（0.5b）按比例画出其平面图形的外轮廓，内轮廓则用细实线（0.25b）表示。

5. 尺寸和标高

房屋的水平方向尺寸，一般在底层给水排水平面图中只需注明其轴线间尺寸。至于标高，只需标注室外地面的整平标高和各层地面标高。

卫生器具和管道一般都是沿墙、靠柱设置的，因此不必标注其定位尺寸。必要时，可以墙面或柱面为基准标出。卫生器具的规格可用文字标注在引出线上，或在施工说明中写明。

管道的长度在备料时只需用比例尺从图中近似量出，在安装时则以实测尺寸为依据，所以图中均不标注管道的长度。至于管道的管径、坡度和标高，因给水排水平面图不能充

分反映管道在空间的具体位置、管路连接情况，故均在给水排水系统图中予以标注。给水排水平面图中一概不标（特殊情况除外）。

11.2.2　给水排水平面图的绘图步骤

绘制给水排水施工图一般都先画给水排水平面图。给水排水平面图的绘图步骤一般如下：

（1）先画底层给水排水平面图，再画楼层给水排水平面图。

（2）在画每一层给水排水平面图时，先抄绘房屋平面图和卫生器具平面图（因这些都已在建筑平面图上布置好），再画管道布置，最后标注尺寸、标高和文字说明等。

（3）抄绘房屋平面图的步骤与画建筑平面图一样，先画轴线，再画墙体和门窗洞，最后画其他构配件。

（4）画管路布置时，先画立管，再画引入管和排水管，最后按水流方向画出横支管和附件。给水管一般画至各卫生设备的放水龙头或冲洗水箱的支管接口，排水管一般画至各设备的污、废水的排泄口。

11.2.3　给水排水平面图的阅读

多层房屋的给水排水平面图原则上应分层绘制。底层给水排水平面图应单独绘制。楼层平面的管道布置若相同时，绘制一个标准层给水排水平面图，但在图中必须注明各楼层的层次及标高。当设有屋顶水箱及管路布置时，应单独画屋顶层给水排水平面图；但当管路布置不太复杂时，如有可能也可将屋面上的管道系统附画在顶层给水排水平面图中（用双点画线表示水箱的位置）。本书所列的某招待所的各层给水排水平面图，虽然二至五层管路布置相同，但由于部分楼层楼梯间不同，故也分层绘制。

一般由于底层给水排水平面图中的室内管道需与户外管道相连，所以必须单独画出一个完整的平面图（见图 11-6）。

在给水排水平面图上表示的管道应包括立管、干管和支管，底层给水排水平面图还有引入管和废污水排出管。为了便于读图，在底层给水排水平面图中的各种管道要编号，系统的划分视具体情况而异，一般给水管以每一引入管为一个系统，污、废水管以每一个承接排水管的检查井为一个系统。

任务 11.3　给水排水系统图

给水排水平面图主要显示室内给水排水设备的水平安排和布置，而连接各管路的管道系统因其在空间转折较多，上下交叉重叠，往往在平面图中无法完整且清楚地表达，因此，需要有一个同时能反映空间三个方向的图来表示。这种图被称为给水排水系统图（或称为管系轴测图）。给水排水系统图能反映各管道系统的管道空间走向和各种附件在管道上的位置（见图 11-6～图 11-8）。

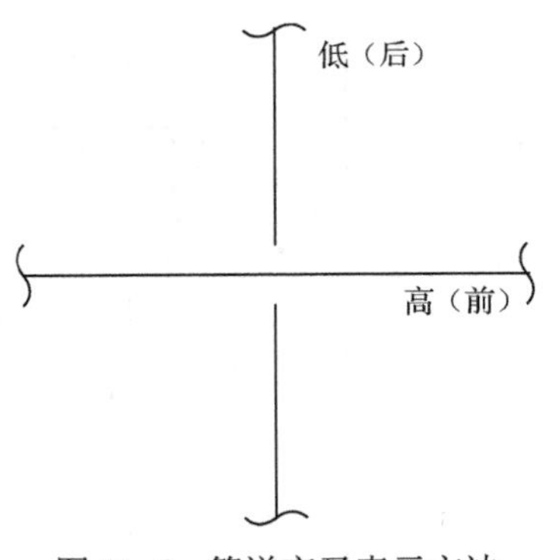

图 11-6　管道交叉表示方法

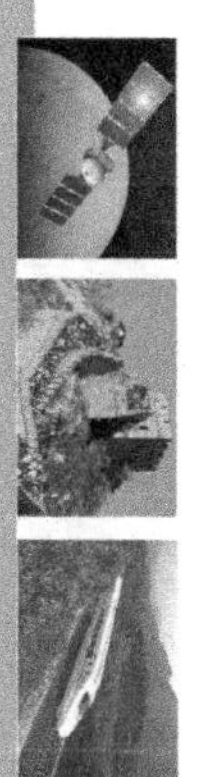

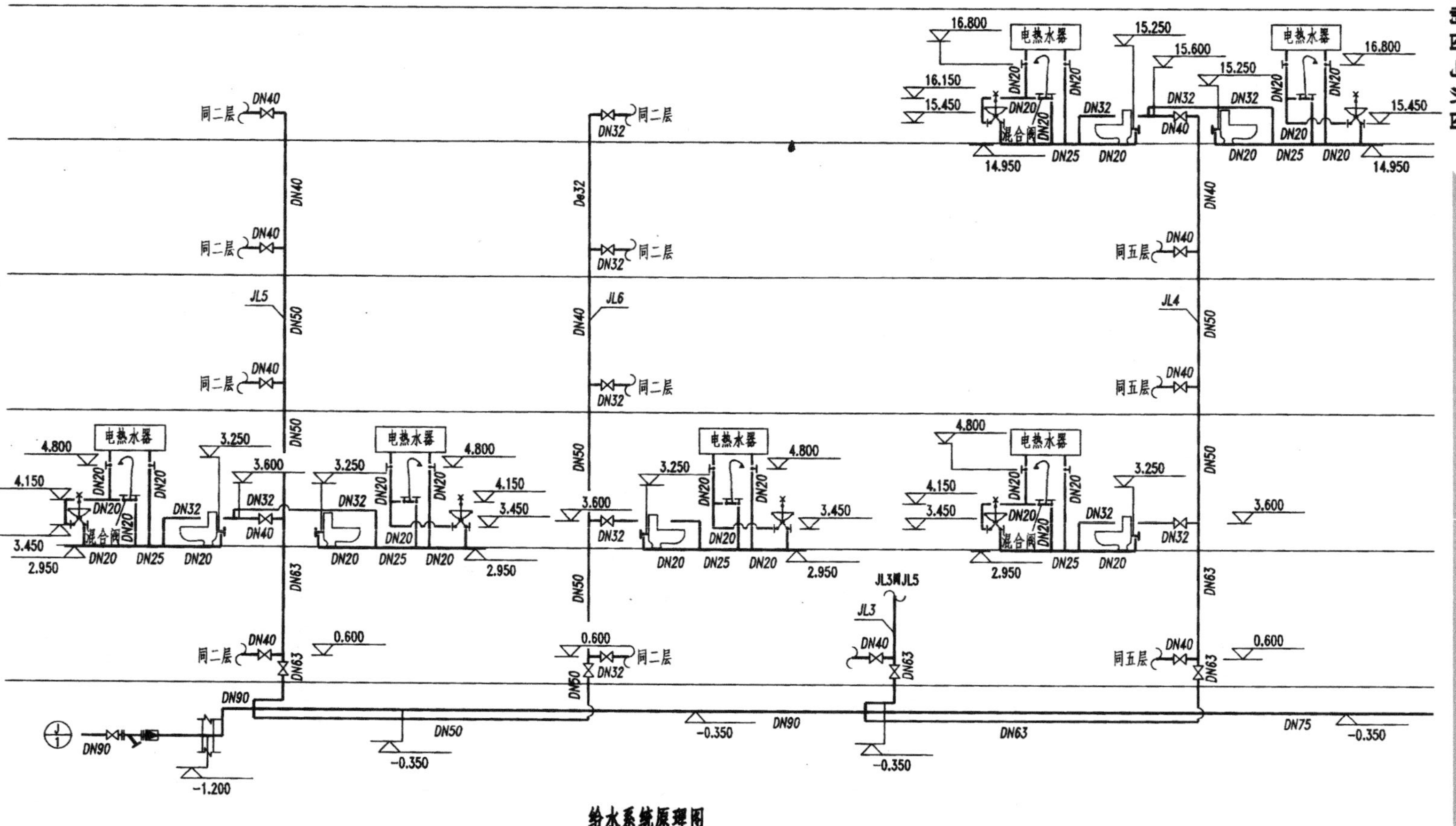

图 11-7 给水系统原理图

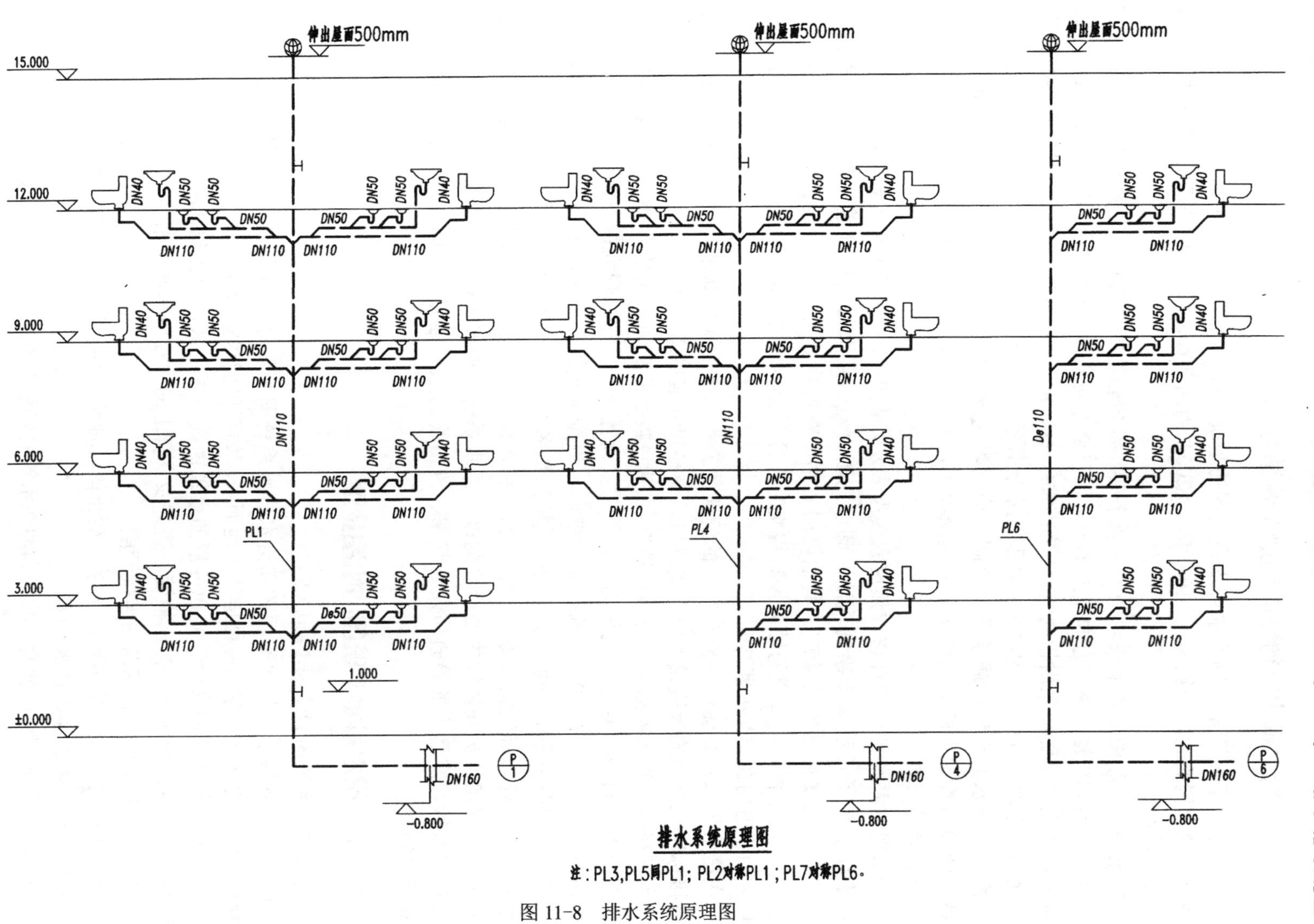

图 11-8　排水系统原理图

11.3.1 给水排水系统图的特点和表达方法

给水排水平面图是绘制给水排水系统图的基础图样。通常，给水排水系统图采用与平面图相同的比例绘制，一般为 1∶100 或 1∶200，当局部管道按比例不易表示清楚时，可以不按比例绘制。

给水排水系统图习惯上采用 45° 正面斜等轴测投影绘制。通常，将房屋的横向作为 *OX* 轴，纵向作为 *OY* 轴，高度方向作为 *OZ* 轴，三个方向的轴向伸缩系数相等且均取 1。当给水排水系统图与平面图采用相同的比例绘制时，*OX* 轴、*OY* 轴方向的尺寸可以直接在相应的平面图上量取，*OZ* 轴方向的尺寸按照配水器具的习惯安装高度量取。

给水和排水的系统图通常分开绘制，分别表现给水系统和排水系统的空间枝状结构，即系统图通常按独立的给水或排水系统来绘制，每一个系统图的编号应与底层给水排水平面图中的编号一致。

给水排水系统图中的管道依然用粗线型表示，其中给水管用粗实线表示，排水管用粗虚线表示。为了使系统图绘制简洁、阅读清晰，对于用水器具和管道布置完全相同的楼层，可以只画底层的所有管道，其他楼层省略，在省略处用 S 形折断符号表示，并注写“同底层”的字样。当管道的轴测投影相交时，位于上方或前方的管道连续绘制，位于下方或后方的管道则在交叉处断开。

在给水排水系统图中，应对所有的管段的直径、坡度和标高进行标注。管段的直径可以直接标注在管段的旁边或由引出线引出，管径尺寸应以毫米（mm）为单位。给水管径的标注水管和排水管均需标注“公称直径”，在管径数字前应加以代号“DN”，如 DN50 表示公称直径为 50 mm。给水管为压力管，不需要设置坡度；排水管为重力管，应在排水横管旁边标注坡度，如“*i*=0.02”，箭头表示坡向，当排水横管采用标准坡度时，可省略坡度标注，在施工说明中写明即可。系统图中的标高数字以米（m）为单位，保留三位有效数字。给水系统一般要求标注楼（地）面、屋面、引入管、支管水平段、阀门、龙头和水箱等部位的标高，管道的标高以管中心标高为准。排水系统一般要求标注楼（地）面、屋面、主要的排水横管、立管上的检查口及通气帽、排出管的起点等部位的标高，管道的标高以管内底标高为准。

11.3.2 给水排水系统图的绘图步骤

给水排水系统图的绘图步骤如下：

（1）为使各层给水排水平面图和给水排水系统图容易对照和联系，在布置图幅时，将各管路系统中的立管穿越相应楼层的楼地面线，如有可能尽量画在同一水平线上。

（2）先画各系统的立管，定出各层的楼地面线、屋面线，再画给水引入管及屋面水箱的管路；排水管系统中接画排出横管、窨井及立管上的检查口和通气帽等。

（3）从立管上引出各横向的连接管段。

（4）在横向管段上画出给水管系的截止阀、放水龙头、连接支管和冲洗水箱等，在排水管系中可画承接支管、存水弯等。

（5）标注公称直径、坡度、标高和冲洗水箱的容积等数据。

11.3.3　给水排水系统图的阅读

给水排水系统图以平面图中的立管符号为首要对象在图面上排序，进行展开。立管的展开排列方式为：以平面图左端（或下端）的立管为基准，在系统图中自左至右展开排列各立管，立管的排列次序按平面图中的次序排列，并应使读图者能方便地互相对照。所有编号的立管（穿楼板的立管均要编号）均在系统图中绘出。

横干管以任一个立管与横干管的连接点为基点，向一侧或两侧展开，并依次连接各立管。连接次序严格按照平面图中的连接次序。

给水排水系统图中均需绘制楼层线。相同层高的楼层线间距按等距离绘制。当个别层所画内容较多而排列不开时，可适当拉大间距。夹层、跃层及楼层升降部分均用楼层线反映。楼层线标注层数和建筑地面标高。

立管的上下两端点及横管均准确地绘制在所在层内。管道均不标注标高，其标高标注在平面图中。立管端点标高在平面图中与其连接的横管上反映。

立管上所有的阀器件（包括检查口、阀门、逆止阀、减压阀、伸缩节及固定支架等）及接出支管等均要绘出，并准确地绘制在所在层内。当接出的支管另有详图时，支管线可引出后断掉。

知识梳理与总结

本章主要内容如下：

（1）给水排水施工图的基本知识；

（2）给水排水平面图；

（3）给水排水系统图；

（4）卫生设备安装详图。

思考与习题 11

1．什么是室外给水工程？包括哪几部分？
2．什么是室内给水工程？按用途可分为哪几类？
3．什么是室内排水工程？按性质可分为哪几类？
4．什么是室外排水工程？包括哪几部分？
5．什么是分流制？什么是合流制？
6．常用的管道阀门有哪些？
7．什么叫公称直径？
8．管道公称压力等级如何划分？
9．管径的表达方式是如何规定的？

反侵权盗版声明